普通高等教育规划教材

化工测量及仪表

第四版

左锋　王玺　编著
陈忧先　主审

化学工业出版社

·北京·

内 容 提 要

《化工测量及仪表》（第四版）的主要内容包括绪论、检测基础知识和测量数据处理的基本理论、流程工业主要的五类检测对象（压力、物位、流量、温度、成分）的相关应用技术和测量设备，并介绍了流程工业工程检测的前沿技术和发展趋势。

本书适合作为普通本科院校控制信息类、电气类、仪器仪表类专业学生学习流程工业（石油化工、冶金、电力、轻化工等）自动化控制技术教材。书中所阐述的内容，同样可满足流程工业相关工艺专业的学生了解测量技术的需要，也可供有关工程技术人员和仪表工人阅读参考。

图书在版编目（CIP）数据

化工测量及仪表/左锋，王玺编著.—4 版.—北京：化学工业出版社，2020.10
普通高等教育规划教材
ISBN 978-7-122-37193-5

Ⅰ.①化…　Ⅱ.①左…②王…　Ⅲ.①化工仪表-高等学校-教材　Ⅳ.①TQ056.1

中国版本图书馆 CIP 数据核字（2020）第 097461 号

责任编辑：廉　静　　　　　　　　　　　文字编辑：张启蒙
责任校对：王　静　　　　　　　　　　　装帧设计：王晓宇

出版发行：化学工业出版社（北京市东城区青年湖南街 13 号　邮政编码 100011）
印　　订：三河市双峰印刷装订有限公司
787mm×1092mm　1/16　印张 19　字数 463 千字　2020 年 10 月北京第 4 版第 1 次印刷

购书咨询：010-64518888　　　　　　　　售后服务：010-64518899
网　　址：http://www.cip.com.cn
凡购买本书，如有缺损质量问题，本社销售中心负责调换。

定　　价：58.00 元

前言

《化工测量及仪表》自首次出版以来已经过了多次改版，在高校教学中得到了广泛的应用和良好的评价。本次是出版以来的第四版，近十年来，流程工业的测量技术伴随着电子技术、计算机技术、有线和无线通信技术的飞速发展发生着日新月异的变化，测量技术和设备的发展在不断融入着新的理念、新的手段、新的材料、新的方法，因此需要对教学内容及时更新，确保跟随工程测量技术发展飞快的步伐。

本书在保留原有基本内容的基础上，本着"基本理论适度，注重工程应用"的原则，结合目前工业应用的实际情况，对前一版教材进行了补充和修改。

主要特点有：

1. 把握核心、突出重点：将侧重点放在流程工业主要的测量技术方面，按被测参数的类型和测量系统的组成进行内容划分，把测量技术作为最为核心的内容。

2. 紧跟工业测量技术发展：在修订过程中，结合企业应用情况的调研，并通过多方收集的资料，适当删减了部分非主流技术和仪表的篇幅，同时对目前工业测量广泛应用技术和设备介绍进行了补充，加入了工业测量在工业大数据、物联网、数据融合、仿生传感技术、人工智能、虚拟仪器等方面应用的相关知识介绍。

3. 注重实际与工程应用：给出较多的实物图例和实际应用范例，将课程教授的理论知识与实际应用进行有机融合，使学生了解所学知识的应用环境。

本书文字阐述简洁易懂，理论说明尽可能做到深入浅出、易于理解、便于自学，适合作为普通高校自动化、电气工程与自动化、仪器与仪表等专业的教学资料，也可用于从事工业自动化系统设计和应用行业工作的相关技术人员的专业参考。

本次修订由东华大学负责，左锋编写了第 1、2、5、7、8 章，王玺编写了第 3、4、6、9 章，并请陈忧先先生主审。在编写过程中得到了编者的同事、学生以及企业、研究部门从事相关工作人士的许多帮助，在此表示衷心的感谢。

现代检测技术是一门日新月异的多学科交叉的技术，虽然本书编者长期从事大学本科生和研究生的教学、科研与实验工作，对工程检测有深刻的理解，但毕竟编者知识有限以及时间仓促，书中不足之处，真诚欢迎读者批评、指正。

编　者
2020 年 4 月

第二版前言

《化工测量及仪表》一书自 1982 年出版以来，被许多院校所采用。随着科学技术的不断发展和与国际接轨，测量技术与仪表都有了很大的发展与变化，国内所接触的仪表品种范围更加扩大，部分标准和规定也发生了变化。为此，本书对第一版教材进行较大的修改和增删，采用了最新的国家标准。希望通过此书能帮助读者掌握化工测量及仪表的基本原理和特性，用好现有仪表，并能温故知新，进行改进和创新。

第一版教材参加编写的人员有：华东石油学院（现石油大学）奚立明、曹文举、范玉久；上海化工学院（现华东理工大学）章先楼、沈关梁；上海纺织工学院﹝现东华大学（原中国纺织大学）﹞严隽道。由浙江大学李海青主审、上海化工学院（现华东理工大学）陈彦萼、天津大学张立儒审定。参加本次修订的人员有石油大学（华东）杜鹃（第一、二、四篇），范玉久（概述、第三篇），罗万象（第五篇）；东华大学（原中国纺织大学）陈忧先（第六篇第一、二、四、五章）、左锋（第六篇第三章）。由重庆大学朱麟章审阅。

在编写过程中得到了长期从事计量和仪表工作的专家们的帮助，特此表示感谢。

由于编者水平有限，书中尚有不足及错误之处，欢迎读者批评、指正。

编　者

2001. 5

第三版前言

《化工测量及仪表》一书自 1982 年出版以来，被许多院校所采用。2002年《化工测量及仪表》第二版问世，对第一版教材进行了较大的修改，采用了当时最新的国家标准。第二版前后共印刷了 16 次之多。

随着科学技术的迅猛发展，检测理论与测量技术都发生了巨大的变化，为此，本书对第二版进行了重大的增删和修改，书的结构也进行了重建，共分成三个模块（三大篇）。第 1 篇含第 1、2 两章，主要讲述测量的基础知识、误差的处理以及检测系统的动静态特性。第 2 篇包括第 3、4、5、6、7 共五章，主要介绍各种传感器的基本原理，强调对压力、温度、物位、流量、成分等五大重要参数的自动测量。第 8、9 两章为第 3 篇，主要讲述各类显示仪表的构成（重点分析微机化仪表和虚拟仪器两类）以及近年来涌现出的主要的测量新技术。

第一版教材参加编写的人员有：石油大学（华东）、华东理工大学以及东华大学的教师奚立明、曹文举、范玉久、章先楼、沈关梁、严隽道。第二版教材参加编写的人员有：石油大学（华东）和东华大学的教师杜鹃、范玉久、罗万象、陈忧先以及左锋。

本次修订由东华大学（原中国纺织大学）负责，陈忧先编写了第 1、2、9章，左锋编写了第 3、4、5章，董爱华编写了第 6、7章，第 8章由陈忧先、崔正刚、顾斌合作编写，并敬请范玉久先生主审。

本书配有电子教案，需要者可登录 www.cipedu.com.cn，免费下载。

在编写过程中得到了河北理工大学智能仪器厂等单位不少专家的指点，美国，NI 公司技术市场工程师倪斌先生也帮助审阅了相关章节，特此表示感谢。

现代检测技术是一门日新月异的多学科交叉的技术，虽然本书编者们长期从事大学本科生和研究生的教学、科研与实验，对工程检测有深刻的理解，但毕竟编者知识有限以及时间仓促，书中不足之处，真诚欢迎读者批评、指正。

编　者
2009.10

目录

第5章
流量测量　　　　　　　　　　　　　　　　092

第6章

温度测量

第7章
工业分析仪表
187

第1章 绪 论

1.1 测量的含义和地位

人类自古就在学着测量。古时候人们往往直接用自己的脚来丈量土地的面积，久而久之，"foot"便成为一些国家或地域的长度单位（英尺）。测量作为人类探知自然界的主要手段之一，不仅被广泛应用于现代科技社会，在人文社会领域也有其充分实践的空间。人类依靠测量来了解自然、认识世界，人类文明就这样一步一步发展起来了。

（1）测量的含义

当今世界各学科领域对于测量的定义不胜枚举，许多学科都从各自的角度赋予测量以不同的定义，例如计量学上测量的含义是"以确定量值为目的的一组操作"。

从工程检测角度，我们认为：

测量是按照某种规律，用数据来描述观察到的现象，即对事物作出量化描述。测量是对非量化事物的量化过程，是人类认识事物本质的不可缺少的过程，是人类对事物获得定量概念以及事物内在规律的过程。

测量和检测基本上是同义语，而具体的仪器仪表则是专门用于"测量"或"检测"某一参数或对象的工具。

（2）测量的地位

一生两度获诺贝尔奖（第一次获得诺贝尔物理学奖，第二次获得诺贝尔化学奖）的居里夫人有一句名言："人类看不见的世界，并不是空想的幻影，而是被科学的光辉照射的实际存在。"

放射性现象用人类的肉眼看不见，要靠某些仪器的测量来证明它的实际存在。居里夫人历时四载，从近9t的沥青铀矿的矿渣中提炼出100mg镭，并初步测量出镭的相对原子质量是225。这个简单的数字凝聚着居里夫妇的心血和汗水，更证实了这样一句名言——"没有测量就没有科学"。

一切科学都建立在精确的数据上，自然科学是如此，人文科学也是如此。而精确数据的获得依靠的就是测量。正如著名科学家钱学森先生曾指出的："信息技术包括测量技术、计算机技术和通信技术。测量技术是关键和基础。"

测量水平的高低直接反映一个国家科学水平的高低。

据美国国家标准技术研究院（NIST）的统计，美国为了质量认证和控制、自动化及流程分析，每天完成2.5亿个数据的测量，占国民生产总值的3.5％。要完成这些检测，需要大量的、种类繁多的分析检测仪器。仪器仪表与测试技术的普及与发展是当代提高生产效率、保证产品质量的一个关键环节。美国的科学技术非常发达，精密仪器仪表的生产、自动检测控制技术的开发等一批高新技术已成为国家的支柱产业，并大量出口到其他发展中国家。

　　精密的仪器仪表的应用是现代生产从粗放型经营转变为集约型经营必须采取的措施，是改造传统工业必备的手段，也是让产品具备竞争能力、打入国际市场的必由之路。只有检测技术的不断发展才能促进我国各行各业自动化技术的进步以及科学实验的进步，然而和发达国家相比，我们还有很大的差距，真可谓任重而道远。

1.2　发展中的测量技术

　　（1）科学技术发展突飞猛进

　　当今在激光技术、远红外技术、半导体集成技术、超导技术、同位素技术、超声技术、光纤技术、微波技术、仿生技术等方面新的研究成果不断涌现。科学技术的发展呈现突飞猛进之状态。

　　这些科学技术的飞速发展都离不开测量技术，同时它们的发展也进一步促进了各种测量工具和测量理论的发展。信息论的深入研究、基础数学研究的新成果以及各种新算法的提出对测量理论的提升作用是显而易见的。尤其要指出的是，计算机和网络技术的普及与提高更让现代检测技术如虎添翼。

　　（2）测量领域的扩展以及测量精度的提高

　　检测技术新发展的成果主要表现在两个方面。

　　一是大大提高了被测参数的精度。现代宇航陀螺仪制造，误差控制在"纳米级"以内。超大规模集成电路内部线路间距、物理光栅的刻划，其误差控制级别要求更高。检测技术的新发展为被测参数实现超高精度测量提供了技术保证。

　　二是极大地扩展了测量的对象和领域。在传统工业、农业、商务物流以及科学实验中，大型复杂的对象面临多输入参数和多输出参数的综合测量与控制，这离不开新型测量工具和现代测量理论的支持。此外，航空航天、遥感遥测、海洋开发、环境保护、现代化战争的演习等，都离不开新型检测技术的支持。

　　（3）测量系统的变革趋势

　　近年来，基于新型检测技术和检测理论而开发研制的测量系统或新型仪器仪表广泛采用高新科学技术研究的成果、跨学科的综合设计、高精尖的制造技术以及严格的科学管理，从而使得测量系统或仪器仪表领域发生了根本性的变革——现代仪器仪表产品已成为典型的高科技产品。它不但完全突破了传统的光、机、电的框架，向着计算机化、网络化、智能化、多功能化的方向迅速发展，而且正朝着更高速、更灵敏、更可靠、更简捷地获取对象全方位信息的方向阔步前进。

　　纵观历史，剖析现状，展望未来，可以预见：①传统的仪器仪表将仍然朝着高性能、高精度、高灵敏、高稳定、高可靠、高环境适应和长寿命的"六高一长"的方向发展；②新型的仪器仪表则将朝着微型化、集成化、电子化、数字化、多功能化、智能化、网络化、计算机化、综合自动化、光机电一体化、家庭化、个人化、无维护化以及组装生产自动化、规模化的方向发展。

　　总之，随着微电子技术、计算机技术、软件技术、网络技术的高度发展及其在仪器仪表中的应用，仪器仪表结构将不断发生新的质的变化。冲破传统思维方式、发展新的测量理论已是测量系统技术革命的大势所趋。

1.3　自动检测技术就在我们身边

　　测量是人类了解和应用自然最为基础的手段。小到日常生活的衣食住行、大到航空航天的宇宙探索，到处都有测量技术的存在，测量就在我们身边。当你关注自己的成长和健康时，身高、体重、血压、体温需要测量；当你参加锻炼比赛时，时间、距离需要测量；当你想采购合体的服装时，你的腰围、肩宽需要测量；当你想为舒适的家居生活布置房间时，室内的面积和家具的尺寸也需要测量……在现代化的工业生产和科学研究中，测量更是起着不可替代的重要作用，它就是我们监视和观察各种工业设备科学仪器的"眼睛"，如果离开了测量，我们的任何努力和探索都是盲目的，而正是由于有了测量技术的发展，人类才能越来越深入地洞悉周围的自然世界，可以说人类的发展和进步的重要表征之一就是测量技术的进步。

　　电饭煲已经是大家极为熟悉的家用电器了，我们所熟悉的是：一旦饭煮好了，电饭煲便会停止加热。而实现这一目标的关键在于电饭煲的底部有一个温度磁敏开关，当温度上升到某一温度点时，该温度磁敏开关便会失去磁性，电源就自动断开。温度磁敏开关的工作原理为居里-韦斯定律，系 100 多年前比埃尔·居里和韦斯共同提出的。

　　比埃尔·居里（法国物理学家，居里夫人的丈夫）通过测量物质的磁性与温度的关系，1891 年提出了居里定律——顺磁物质的磁化系数与绝对温度成反比。1907 年经法国物理学家韦斯利用科学实验中测量获得的数据进一步予以精确量化，提出方程：$X = C/(T-Q)$。该方程被命名为居里-韦斯定律，式中的 Q 为铁磁物质的转变温度，又称为居里点。磁性材料一旦达到此温度点，就会失去磁性，呈顺磁性状态。1950 年日本工程师井深大研究发现铁磁物质的转变温度和饭煮成熟时的温度相当，随后把这一理论研究结果假以实际应用，研制出世界上第一台电饭煲。

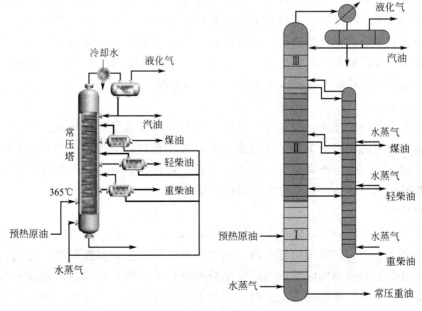

图 1-1　石油的精馏加工

目前世界上绝大多数的交通工具（飞机、轮船、汽车）使用的主要能源是化石燃料，而其中占比最大的是石油加工后的产品（汽油、柴油、煤油、燃气……）。这些产品都是通过石油的蒸馏分解产生的。图1-1所示为燃料油生产过程的一个环节——精馏加工。利用一定温度使蒸馏塔内经预先加热的石油，按不同的挥发程度分解成为不同组分的油气，再进行冷凝后，产生不同种类的油品。这个加工过程称为石油精馏，要想保证精馏加工的产品质量和数量，必须要保证各项加工条件的正常。比如：①蒸馏塔塔顶温度稳定于90～110℃范围内的某一指定温度点；石油预热温度为360～370℃范围内的某一指定温度点，这都需要准确而快速的温度测量技术。②蒸馏塔内的压力大小必须满足生产工艺的要求，压力小则耗能低，有利于汽化和分馏；压力大则耗能高，但由于压力对油气的压缩效果，使处理量提高，可提高生产效率，所以必须保证塔内的压力维持在兼顾两方面要求的水平，因此需要准确测量塔内的压力。③分馏出的油品中包含的少量挥发性高的轻质油成分要通过蒸汽提取塔（汽提塔）提取出来，以保证重质油（柴油、煤油的质量和安全性），而输送的蒸汽流量是影响提取效果的重要因素，必须进行测量，以保证准确调节蒸汽的流量。

只要我们拥有一双善于发现的眼睛，就会发现测量技术在我们身边几乎无处不在。

1.4 流程工业中测量技术的特点

工业领域的加工制造过程按照其生产方式分为两类。一类称为"离散工业"，其生产过程是非连续性的，如机械零件的加工，机械、电子产品的组装等，虽然生产流水线技术使这类企业的生产具备了一定的连续性特征，但产品的生产加工过程还是可以看作为分段、不连续的。比如汽车制造业的生产，首先加工零件，其次将零件组装为部件，最后将部件组装成最终产品。在此过程中，人工参与环节较多，并且可随时根据需要调整或停止生产流程。另一类称为"过程工业"，也称为"流程工业"，其生产过程是连续性的，涵盖了电力、化工、石油、冶金、制药、食品、环保等类型的工业生产企业。这种类型的工业生产流程大多采用管道、线缆进行原料和能源的传送，生产过程每天24h连续运行，不能随意停止。从原料到产品的变化过程中，机理复杂，影响因素繁多，人能够直接参与的环节很少。因此要保证生产流程正常安全地进行，保证产品的质量和生产效率，就必须依靠专门的测量技术为自动化控制系统提供可靠的生产过程数据。

（1）被测信号

流程工业产品的多样性，使得生产过程中的测量要求也呈现多样化。相对于离散工业的运动控制对测量的要求（主要是测量速度和位移）而言，流程工业的测量对象可以说是种类繁多，但归纳起来主要有温度、压力、流量、物位、成分等。许多流程工业自动化系统的测量都可以通过这几类信号直接或间接地反映出来。

（2）测量要求

对于任何测量系统而言，最基本的要求就是准确性，流程工业对测量也不例外，当然对准确性的要求也必须在合理的范围内，流程工业测量一般会根据生产工艺的自动控制需要，确定测量结果的准确性标准，测量结果只要符合所需标准即可，片面强调准确性而不考虑成本的做法是不值得提倡的。流程工业的企业规模很大，产品生产设备的布局散布面积通常在几千平方米到几十平方公里的范围内，因此要求测量的数据必须能进行远距离传送，以便能集中到某个地点（企业内一般称为"仪表车间"）中集中监视整个生产流程。

因此测量设备产生的测量信号通常都采用电量信号的形式（电压、电流、电感、电阻、电容、频率等），电量信号易处理和便于标准化的特点也提高了工业自动化装置的通用性和准确性。除了能够产生准确的远传信号，流程工业的测量还在一定程度上强调信号的快速性，即测量信号能及时反映被测量的工业流程状态，这种要求称为"实时性"，只有保证实时性，才能使工业自动化控制系统及时对生产过程进行调整，确保产品质量和生产安全。

（3）环境

流程工业的加工方式，决定了在生产过程中环境的复杂性和危险性，例如：石油、化工企业的产品有许多是易燃易爆（各种油、气产品）、高腐蚀性（强酸、强碱）的，冶金行业的产品具有极高的温度（熔化的金属），化工、电力行业的生产有很大的压力（高压蒸汽），大功率的电气设备（电动机、电冶金炉）外围会产生很强的电磁场。在这种环境下进行测量，必须充分考虑信号长距离传送的抗干扰性、在危险环境中测量的安全性、长期处于恶劣环境下的设备的可靠性。这些都对测量提出了许多特殊的要求。

本书主要介绍测量的一般原理、传感器的基本构成以及仪器仪表的动静态特性，更强调了流程工业中压力、物位、流量、温度、成分等五大参数的自动测量技术，同时还分析讲述了检测仪表的组成、最新的发展和新涌现的测量成果。

虽然本书定名为《化工测量及仪表》，但书中所阐述的内容也适合其他与流程工业相关专业学生的需要。衷心希望本教材对上述专业的理工科学生有实实在在的帮助。

 思考题和习题

1. 获得定量概念以及内在规律是否是测量的含义中的关键点？为什么？
2. "没有测量就没有科学"，你是否认同这样的评价？为什么？
3. 在我们学习生活的校园里，你是否发现也有不少参数正在测量着？

第2章　工业过程测量基础

2.1　检测的基本概念

2.1.1　传感器与测量系统的组成

（1）传感器（transducer）的构成

传感器是测量系统的组成环节之一，是决定测量效果的关键因素。国家标准是这样定义"传感器"的：能感受规定的被测量并按照一定的规律转换成可用输出信号的器件或装置。它通常由敏感元件和转换元件组成，参见图 2-1。

一般传感器是指借助于敏感元件接收某一物理量形式的信息 x，并按一定规律将它转换成同种或另一种物理量形式信息 y 的器件或装置。传感器输出 y 和输入 x 之间有确切的函数关系，即

图 2-1　传感器的构成

$$y = f(x) \tag{2-1}$$

图 2-1 中，敏感元件（sensor）对被测参数 x 敏感，它的输出设为 z，z 有可能是一种不易处理的物理量形式，不便于被后续的环节所利用。此时就必须在敏感元件后配一相应的转换元件，该转换元件的输出一定是易于处理的能被后继的线路所利用的信号。

易于处理的能被后续线路所利用的信号形式有很多种类，其中电量信号（例如电压、电流、电阻等）是最为常用的信号形式。电量信号精度高、动态响应快、易于运算放大、易于远距离传送、易于转换为数字量，具有许多其他信号所没有的优点。所以我们往往有目的地选用或研发能输出电信号的转换元件来和敏感元件配合，从而让传感器输出 y 成为电信号。当以测量为目的，以一定精度把被测量转换为与之有确定关系的、易于处理的电量信号输出时，我们又常常称之为"非电量电测"。

如果进一步对转换元件输出信号进行处理，转换成符合国际通用标准规定的统一信号（例如：DC 4~20mA/1~5V 电信号或 0~0.1MPa 气压信号等），则在工业上将传感器和信号转换环节构成的设备一般称为变送器，变送器输出标准信号，为设备单元化和通用性创造了条件。

当今信息处理技术取得的进展以及集成电路和计算机技术的高速发展，在传感器的开发方面也日新月异。嵌入式技术的广泛应用，使传感器、变送器越来越微型化、智能化、网络化，成了自动化控制系统和人工智能等技术中的关键部件，其重要性变得越来越明显。

（2）自动测量系统（检测仪表）的组成

在现代的自动测量系统（检测仪表）中，它的各个组成部分可以先借助"信息流的过程"来粗线条地划分。一般可以分为：信息的获得、信息的转换和信息的输出三部分。

因此作为一个完整的自动测量系统，至少应包括传感器（信息的获得）、测量电路（信息的运算、放大、处理和转换）、输出装置（信息的显示、记录）三个基本组成部分。它们之间的关系可用图 2-2 来表示。

传感器是一个获取被测量的装置，是一种获得信息的手段。因此它获得信息的正确与否，关系到整个测量系统的精度。如果传感器的误差很大，后面的测量电路、显示装置等的精度再高也将难以提高整个测量系统的精度。因此传感器在自动测量系统中占有重要的地位。

被测量 → 传感器 → 测量电路 → 输出装置

图 2-2　自动测量系统的组成

测量电路的作用是把传感器的输出信号（往往是电信号）放大、处理或转换，使信号能在显示仪表上指示或在记录仪中记录下来。测量电路的种类常由传感器的类型决定，如工业测量中常用的电阻式应变传感器，会把物体形变或受力变换成电阻值的变化。虽然电阻式应变传感器输出的信号形式就是电量，但电阻不同于电流、电压等类型的能量型信号。这就需要用某种电路来对传感器转换出来的电量进行变换和处理，使之成为便于后续显示、记录、传输或处理环节电路所需的能量型电信号。接在传感器后面具有这种功能的电路，称为测量电路或传感器接口电路。例如，电阻应变片后面往往接一个电桥，将电阻变化转换为电压变化，而且由于测量产生的电压信号变化很小，还需要使用放大电路提高信号的强度，这些环节就是"测量电路"。

要想使人们了解测量的结果，就必须进行测量信息的输出，也就是信息的显示/记录。只有把信息以人类便于观察、分析的形式传送出来，才能成为有意义的结果。信息输出的方式，目前常用的有三类：模拟方式、数字方式和图形方式。模拟方式就是利用指示装置（指针、光柱）对比刻度标尺的相对位置来表示结果；数字方式直接用数字来表示结果，例如采用数字显示的仪表或显示在屏幕上的数值，以及在记录纸上打印出的数据表格。图形方式是通过屏幕显示或打印/绘制在记录纸上的表示测量结果变化的曲线或图形。模拟方式的最大优势是直观，有利于对测量状态进行快速判断；数字模式则有利于精确读取测量信息；而图形模式则有利于观察在一个较长时间段内测量结果的变化过程，从而发现其变化趋势或规律。图 2-3 用我们常用的时间测量工具——手表表示时间的方法作为例子，显示了三种方式的区别。

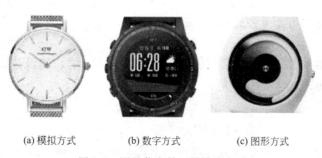

(a)模拟方式　　　(b)数字方式　　　(c)图形方式

图 2-3　测量信息的三种输出方式

由图 2-2 描述的自动测量系统组成可知，传感器只不过是测量系统的一部分，而绝非全部。因此光有传感器知识还不能使用和设计检测系统。为了全面了解测量系统，不仅要学习检测的基础理论与传感器的工作原理，也要学习检测系统的一些共性通用的原理和应用。在工程上我们往往称传感器、变送器为"一次仪表"，称传感器后续的仪器仪表部分为

"二次仪表"。各种检测仪表的用途、名称、型号、性能各不相同，差别仅在于仪表的前端，即配用的传感器和测量线路有所不同，传感器以后的仪器部分及其设计方法基本上都是相同的。

2.1.2 测量方法及其分类

一般所说的测量，就是把一个被测参数的量值（被测量）和作为标准的另一个量值进行比较，确定出被测量的量值的一组操作。量值包括"数值"和"单位"两个含义，缺一不可。通过测量可以掌握被测对象的真实状态，测量是认识客观量值的唯一手段。

在测量中，把作为测量对象的特定量称为被测量，被测量是需要确定量值的量。由测量所得到的赋予被测量的值称为测量结果。如果测量结果是一次测量的量值，也称为测得值。

（1）按测量值获得的方法分类

按数据获得的形式，可将测量方法分为直接测量、间接测量和组合测量三种方法。

① 直接测量　把被测量与作为测量标准的量直接进行比较，直接得到被测量的大小和单位。并可用下式表示：

$$y = x \tag{2-2}$$

式中，y 为被测量的量值；x 为作为标准的器具所给出的量值。

直接测量的特点是简便，例如用米尺量出一根铜管的长度。

② 间接测量　被测量不直接测量出来，而是通过与它有一定函数关系的其他量的测量来确定。设被测量为 y，影响测量结果 y 的影响量为 x_i，则可写出测量模型为：

$$y = f(x_1, x_2, \cdots, x_n) \tag{2-3}$$

例如，要确定功率 P 值，则可按公式 $P = I^2 R$ 求得。式中，I 是电流；R 是电阻值，该电阻值与温度 t 有确切的函数关系 $R = R_0 [1 + \alpha (t - t_0)]$。显然在系数 α 是常数的情况下，只要通过对电流 I、电阻 R_0 以及温度 t 进行测量，就能确定出功率 P，即

$$P = f(I, R_0, t) \tag{2-4}$$

③ 组合测量　有时候不少参数是无法用直接测量或间接测量来获取的，比如金属材料的热膨胀系数 α、β。为此我们可以利用直接测量或间接测量这两种方法测量其他的一些参数，然后用求解方程的方法求出 α、β。

金属材料的热膨胀有如下公式：

$$L_x = L_0 (1 + \alpha t + \beta t^2) \tag{2-5}$$

$t = 0℃$ 时，测得 L_0；$t = t_1$ 时，测得 L_{t1}；同理，$t = t_2$ 时，测得 L_{t2}。

可得下列联立方程组：

$$L_{t1} = L_0 (1 + \alpha t_1 + \beta t_1^2) \tag{2-6}$$

$$L_{t2} = L_0 (1 + \alpha t_2 + \beta t_2^2) \tag{2-7}$$

建立联立方程组后再求解联立方程可得到系数 α 和 β 的量值，这就是组合测量方法。

（2）按测量工具来分类

测量方法按测量工具可分类成三种。

① 偏差法　在测量过程中，用仪表指针的位移（即偏差）来表示被测量的大小。这种测量方法，不是把标准量具装在测量仪表内部，而是通过被测量对检测元件的作用，使仪表指针产生位移，仪表的刻度标尺是通过标准器具的标定确定的。这种测量方法简单快速，

但其测量精度受到标尺的精度影响，一般不是很高。偏差法是最基本的方法。在工厂和实验室里有大量的数据是通过各种测量仪表用偏差法来获取的。指针式电压表、电流表、弹簧秤、游标卡尺等都是利用偏差法来获得测量值的。

　　② 零位法　又称补偿式或平衡式测量方法。在测量过程中，将被测量与已知标准量进行比较，并调节标准量使之与被测量相等，通过达到平衡时指零仪表的指针回到零位来确定被测量与已知的标准量相等。这种测量方法的精度一般比偏差法要高许多，其误差主要受标准量误差的影响。一个典型的例子就是用天平称物，砝码就是标准量。它的缺点是每次测量要花很长时间。

　　③ 微差法　综合了偏差法和零位法的优点，将被测量的标准量与已知的标准量进行比较，得到基准值，再用偏差式测量方法测出指针偏离零值的差值，因为此差值很小，即使差值测量的精度不高，但整体测量结果仍可以达到较高的精度。我们仍用天平称物为例，先增减砝码，在指针回零过程中，一旦指针已落在零值左右的刻度之内，就不再调节砝码了（所花时间不会很多）。然后在获知砝码基准值的基础上再根据指针的偏差进行修正（加或减），就能获得准确的数值。

2.1.3　测量系统或仪表的基本性能指标和术语

　　测量系统或仪表的性能包括：静态性能、动态性能、可靠性和经济性等。本书主要讨论和介绍静态、动态性能中常用的性能指标和术语。我国已根据国际上有关文件制定出"通用计量术语及定义"，在自动化仪表方面对于一些常用术语也作了相应的规范。在应用时要确切理解其含义。只有评价的指标和含义一致时才能进行相互比较。

2.1.3.1　测量范围和量程

　　测量范围是指"测量仪器的误差处在规定极限内的一组被测量的值"，即最小被测量（下限）到最大被测量（上限）。也就是说在这个测量范围内（从最小到最大），测量仪表能保证达到规定的精度。

　　量程是指测量范围的上限值和下限值的代数差。例如：一台温度测量仪的测量范围为 $0\sim100℃$ 时，量程为 $100℃$；测量范围为 $20\sim100℃$ 时，量程为 $80℃$；测量范围为 $-20\sim+100℃$ 时，量程为 $120℃$。

2.1.3.2　测量仪表的准确性

　　（1）测量仪表的示值误差

　　测量仪表的示值就是测量仪表所给出的量值，测量仪表的示值误差定义为"测量仪表的示值与对应输入量的真值之差"。由于真值不能确定，实际上用的是约定真值或相对真值，即用更高精度级别的仪表的示值作为参考标准来代替真值。在不易与其他称呼混淆时，测量仪表的示值误差就直接简称为测量仪表的误差。

　　（2）测量仪表的最大允许误差

　　定义："对给定的测量仪表，规范、规程等所允许的误差极限值。"有时也称为测量仪表的允许误差限，或简称允许误差。

　　（3）仪表的精度等级

　　为能够对仪表测量中的误差大小建立量化标准，从而确定仪表的质量，我国规定了工业过程测量和控制用检测仪表和显示仪表分级的国家标准（GB/T 13283—2008），将仪表精度分为若干等级，定量反映测量仪表的测量准确性。等级设置有下列几种：0.01，0.02，

0.05，0.1，0.2，0.5，1.0，1.5/1.6（1.6级用于表示压力测量仪表精度），2.5，4.0，5.0。

（4）仪表的精度等级和仪表误差的关系

仪表精度等级数值含义是仪表最大允许误差的上限，根据仪表最大允许误差与其量程的相对百分比（也称最大相对引用误差）的数值范围进行划分。例如：某压力表的量程为10MPa，在整个测量范围压力表最大的绝对误差 Δ_{max} 为 ± 0.03MPa，则该压力表的最大相对引用误差 $J = (\pm 0.03/10) \times 100\% = \pm 0.3\%$。由于国标规定的精度等级中没有0.3级仪表，所以该仪表的精度等级应定为0.5级。

如果你购置了一台量程为10MPa、精度等级为0.5级的合格压力表，那么在实际测量中，这台仪表的最大相对引用误差 J 必定小于等于0.5%，即不会大于0.5%。已知一台仪表的精度等级，该仪表的最大允许误差即允许误差限也就限定了，最大的绝对误差 Δ_{max} 也限定了，其误差量值必定小于等于 ± 0.05MPa。

（5）稳定性

测量仪表在规定工作条件保持恒定时，测量仪表的性能在规定时间内保持不变的能力，即"测量仪表保持其计量特性随时间恒定的能力"。稳定性可以用几种方式定量表示，例如：用测量特性变化某个规定的量所经过的时间；或用测量特性经规定的时间所发生的变化。

（6）重复性与再现性

在相同测量条件下，重复测量同一个被测量，测量仪表提供相近示值的能力称为测量仪表的重复性。这些条件应包括相同的测量程序、相同的观测者、在相同条件下使用相同的测量设备、在相同地点、在短时间内的重复。仪表的重复性用全测量范围内各输入值所测得的最大重复性误差来确定，以量程的百分数表示。

再现性是指在相同测量条件下，在规定时间内（一般为较长时间），对同一输入值从两个相反方向上重复测量的输出值之间的相互一致程度。仪表的再现性由全测量范围内同一输入值重复测量的相应上升和下降的输出值之间的最大差值确定，并以量程的百分数表示。

2.1.3.3 测量仪表的输入、输出特性

（1）灵敏度

灵敏度是表示测量仪表对被测量变化的反应能力，定义是"测量仪表响应的变化除以对应的激励变化"。灵敏度可能与激励值有关，常用百分数或 10^{-6}、10^{-9} 等给出：

$$S = \Delta y / \Delta x = K \tag{2-8}$$

式中，Δy 为测量仪表的响应的变化；Δx 为对应的激励的变化。亦可理解为 Δy 为输出量的变化，Δx 为输入量的变化。对于线性测量仪表，S 为常数 K；对于非线性测量仪表，灵敏度 S 将随被测量的大小而变，如图2-4所示。

（2）分辨力

显示装置的分辨力的定义是"显示装置能有效辨别的最小的视值差"，就是能引起输出量发生变化时输入量的最小变化量 Δx_{min}。它说明了测量系统响应与分辨输入量微小变化的能力。分辨力也称为灵敏阈或灵敏限。

一个测量系统的分辨力越高，表示它所能检测出的输入量最小变化量值越小。对于数字测量系统，其输出显示系统的最后一位所代表的输入量即为该系统的分辨力；对于模拟测量系统，是用其输出指示标尺最小刻度分度值的一半所代表的输入量来表示其分辨力。

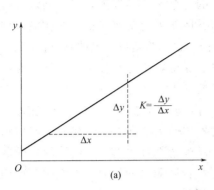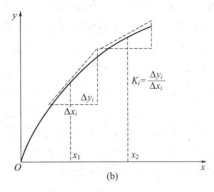

图 2-4　仪表的灵敏度

（3）死区

死区又称仪表的不灵敏区。测量仪表在测量范围的起点处，输入量的变化不致引起该仪表输出量有任何可察觉的变化的有限区间称为死区。产生死区的原因主要是仪表内部元件间的摩擦和间隙。在仪表设计中，死区的存在也有其积极的一面，它可以防止激励的极微小变化引起响应的变化。

（4）迟滞

仪表的迟滞特性也称回差。其定义是"由于施加激励的方向不同（上行程或下行程，又称正行程或反行程），测量仪表对同一激励值给出不同响应值的特性"。即在仪表全部测量范围内，被测量值上行和下行所得到的两条特性曲线之间的最大偏差（见图 2-5）。这种现象是由仪表元件吸收能量所引起的，例如机械部件的摩擦、磁性元件的磁滞损耗、弹性元件的弹性滞后等。迟滞包括滞环和死区的因素。

（5）线性度

线性度又叫非线性误差，用于反映仪表实际输入、输出特性曲线与理想线性输入、输出特性曲线的偏离程度，参见图 2-6。仪表的线性度用实测输入、输出特性曲线与理想拟合直线之间的最大偏差值 $\Delta_{\max}$ 与量程之比的百分数来表示，数值越小，测量系统的输出与输入之间函数关系越接近线性。但实际上，由于各种原因，测量系统的输入与输出之间很难达到完全线性。

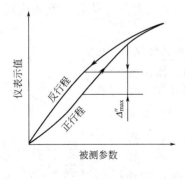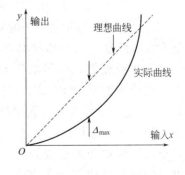

图 2-5　迟滞特性（回差）　　　　　　　　图 2-6　线性度

2.1.3.4　测量仪表的动态性能

在前面所介绍的仪表性能指标都属于静态性能，在分析和确定指标时或者不考虑时间因素，或者以很长的时间范围作为确定性能指标的一个次要参考因素。而确定仪表的动态性能时，时间是一个重要的参考指标。仪表的动态性能主要反映测量系统在输入信号随时间变化时，其输出在较短的一段时间内的变化特征，也称为测量系统的响应特性。

仪表的动态特性好，就意味着其输出随时间的变化规律能够与输入信号随时间变化的规律一致或接近一致，特别是在被测量随时间频繁发生变化时，对仪表的动态性能要求很高，但实际上由于仪表制造技术和材料、元件的特性限制，完全的一致是无法做到的，这种输入和输出在时间函数上的差异会产生测量过程中的动态误差。例如用水银体温计进行体温测量时，需要将体温计含在口腔里 3～5min，在这段时间内，体温计测量的数据和真实的体温有较大差异，除非等待 3～5min 的时间，否则测量的体温很不准确。而使用红外线体温计测量体温，需要等待的时间只有几秒。假设有物体温度变化非常频繁（2～3min变化一次），水银温度计由于动态性能较红外线温度计差，就无法胜任测量任务了。

测量仪表的动态性能通常从时域特性和频域特性两个方面表示。

（1）时域特性

采用非周期信号（通常是阶跃信号）作为测量系统输入，用测量输出响应的数学函数和曲线图形描述时域特性。数学函数的形式主要有微分方程、传递函数等。典型的时域特性类型有一阶系统和二阶系统。这些典型系统的数学函数的系数，或测量输出随时间变化的曲线，可以作为反映时域特性的参考指标。

以一阶系统为例（水银温度计测量温度的过程就是一个典型的一阶系统），将仪表对输入信号的放大/缩小作用表示为相对量，其微分方程可表示为：

$$T\frac{dy(t)}{dt}+y(t)=Kx(t) \tag{2-9}$$

对应的传递函数可表示为：

$$H(s)=\frac{Y(s)}{X(s)}=\frac{K}{TS+1} \tag{2-10}$$

式中　$y(t)$，$Y(s)$——测量仪表输出；

　　　$x(t)$，$X(s)$——测量仪表输入；

　　　　　K——系统静态增益，表示输出受输入影响稳定后，其量值与输入量值的比例关系；

　　　　　T——时间常数，反映输出受阶跃输入影响产生变化后，重新达到一个新稳定状态的时间。

一阶系统阶跃输入响应曲线如图 2-7 所示。由图中可见，当测量仪表受到阶跃输入信号的影响，经过 T 时间，输出变化幅度为最终稳态的 63.2%；当经过 4T 时间，测量输出达到最终稳态的 98.2%，可认为已达到稳定。所以时间常数 T 是描述响应一阶系统动态特性的重要参数。动态特性越好，T 值越小。以前面所举的测温仪表为例，水银温度计的 T 是分钟级的，红外线温度计的 T 是秒级的，明显红外线温度计的动态特性更好。

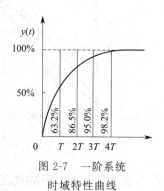

图 2-7　一阶系统
时域特性曲线

响应时间是指激励受到规定突变的瞬间，与响应达到并保持其最终稳定值在规定极限内的瞬间，这两者之间的时间间隔。

（2）频域特性

频域特性是利用测量系统对输入周期性信号（常用正弦波）的输出响应变化来反映测量系统动态性能。数学函数的表达通过传递函数的傅里叶变换，确定了测量系统的幅频特性和相频特性表达式。幅频特性用以描述测量仪表的输入和输出幅值之比随信号频率变化的情况，相频特性则反映测量输出信号相比于输入信号的变化滞后。

以下仍以一阶系统为例，设 $S=j\omega$，由式(2-10) 可得：

$$H(j\omega)=\frac{Y(j\omega)}{X(j\omega)}=\frac{1}{T(j\omega)+1} \tag{2-11}$$

幅频特性可表示为：

$$A(\omega)=\frac{1}{\sqrt{\omega^2 T^2+1}} \tag{2-12}$$

相频特性可表示为：

$$\varphi(\omega)=-\arctan(\omega T) \tag{2-13}$$

先从时域角度描述一下频域指标的作用，如图 2-8 所示。在 $x(t)$ 坐标系中有两条被测信号正弦曲线，其最大幅度相同，但 x_2 信号的频率是 x_1 信号的 2 倍。用同一个测量仪表进行测量时，产生的测量结果曲线在最大幅度上存在差异，一般来说频率 ω 越高，测量结果的最大幅度 A 越小，信号频率对最大幅度的影响可通过幅频特性表示，由式(2-11) 可知，除信号频率对幅度大小有影响外，测量仪表的时间常数越大，对相同周期信号测量输出的幅度越小。同时由曲线可见，测量输出相对输入信号的变化存在滞后，描述滞后可利用相位值 Φ 表示。ωT 越大，Φ 值越大，测量滞后也就越大。所以频域特性反映了测量系统对频繁快速变化信号的测量能力。

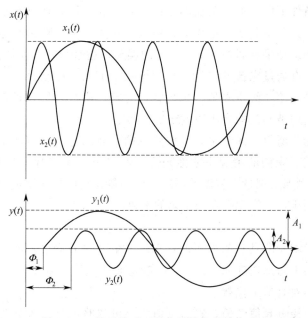

图 2-8　一阶系统对正弦信号输入的输出响应

图 2-9 为根据式(2-11) 和式(2-12) 绘制的一阶系统频率响应特性曲线。从图中可以看出 ωT 越小，$A(\omega)$ 越接近常数 1，$\Phi(\omega)$ 越接近 0，这就表示输出信号的幅度与输入信

号幅度几乎相等，且滞后几乎为零，测量系统的频率响应特性越好。从仪表系统的角度而言，就需要 T 值尽可能小。

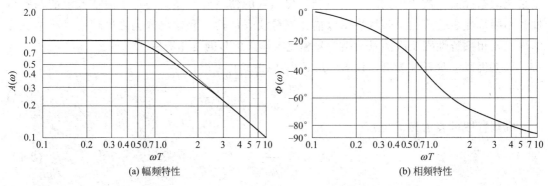

(a) 幅频特性　　　　　　　　　(b) 相频特性

图 2-9　一阶系统幅频特性曲线和相频特性曲线

2.2　测量误差概述

2.2.1　测量误差客观存在

在工程技术及科学研究中，为确定某一参数（被测量）的量值而进行测量时，总是希望测得的数值越准确越好，希望测量结果就是被测量的真实状态，是真值。随着人们认识的提高、经验的积累以及科学技术的发展，被测量的测量结果会愈来愈逼近真值，但不会完全相等，因为测量中的误差是客观存在的。

测量误差可能由多个误差分量组成。引起测量误差的原因通常包括：测量装置的基本误差；非标准工作条件下所增加的附加误差；所采用的测量原理以及根据该原理在实施测量中运用和操作的不完善引起的方法误差；标准工作条件下，随时间的变化的影响量（不是被测量，而是对测量结果有影响的量）引起的误差；还有与操作人员有关的误差因素等。

被测量的真值只有通过完善的测量，在理想状态下才可能获得，因此，真值按其本性来讲是不确定的，往往用"约定真值"来代替。约定真值有时称为指定值、约定值或参考值。通常约定真值利用被测量的多次测量结果来确定。

测量结果是由测量所得到的值来赋予被测量的，因此它仅是被测量的估计值，很多情况下它必须在多次重复观测的情况下才能确定。而对于只能进行单次测量所得到的量值，常称为"测得值"。例如要测量工程爆破后的一些参数，它们只能测量一次。

下面介绍一些用于描述客观存在的误差的术语。

（1）真值 y_0

真值是一个变量本身所具有的真实值，它是一个理想的概念，即在理想条件下的理论数据，例如地球上的重力加速度 $9.8m/s^2$，一般是无法直接测量到的。所以在计算误差时，一般用约定真值或相对真值来代替。

约定真值是一个接近真值的值，它与真值之差可忽略不计。实际测量中以在没有系统误差的情况下，足够多次的测量值之平均值作为约定真值。

相对真值是指用国家精度等级更高的仪器作为标准仪器来测量被测量，它的示值可作为低一级仪表的真值（相对真值有时称为标准）。

（2）绝对误差

设仪表的输出即示值为 y，它就是测量结果，真值为 y_0，则测量绝对误差 Δy 为：

$$\Delta y = y - y_0 \tag{2-14}$$

绝对误差是有正、负号并有量纲的。Δy 越小，表明测量结果 y 逼近被测量的真值 y_0 的程度越高，亦即测量的精确度越高。绝对误差 Δy 的单位和被测量一样，注意它不是误差的绝对值。

（3）相对误差

为了能够比较测量仪表在不同测量点或不同测量范围情况下的误差，常借助相对误差来作为误差衡量标准。相对误差值由测量的绝对误差与某个特定标准的比值决定，具有正号或负号，无量纲，用％表示。在测量中，相对误差常有以下三种表示方法。

① 实际相对误差

$$\delta_{\text{实}} = \frac{\Delta y}{y_0} \times 100\% \tag{2-15}$$

式中，y_0 为真值，由于真值不能确定，实际上是用约定真值或相对真值来代替的。

② 标称相对误差（又称示值相对误差）

$$\delta_{\text{标}} = \frac{\Delta y}{y} \times 100\% \tag{2-16}$$

式中，y 是被测量的标称值（即测量读数结果，也称示值）。

为了减少测量中的标称相对误差，在选择仪器仪表的量程时，应该使被测参数尽量接近满度值，至少要一半以上。这样标称相对误差会比较小。

③ 引用相对误差（简称引用误差）

$$\delta_{\text{引}} = \frac{\Delta y}{\text{量程}} \times 100\% \tag{2-17}$$

式中，量程是仪表刻度上限与仪表刻度下限之差，对于用零作为仪表刻度始点的仪表，量程即为仪表的刻度上限值。对于多挡仪表，引用相对误差需要按每挡的量程不同而各自计算。另外在量程范围里不同的测量点上，绝对误差 Δy 不会完全相同，故引用误差 $\delta_{\text{引}}$ 也不会处处相同。取最大的绝对误差，便可求出最大的引用误差 J，这个最大引用相对误差就是确定仪表精度等级的判定依据，即

$$J = \delta_{\text{引max}} = \frac{\Delta y_{\max}}{\text{量程}} \times 100\% \tag{2-18}$$

显然 J 是一个定量的概念，一旦最大引用相对误差 J 确定后，这台仪表在整个测量范围内其引用相对误差一定小于等于 J，这台仪表的实际精确度也就有了定量的描述。

【例 2-1】　一个满度值为 5A、精度等级为 1.5 级的电流表。检定过程中发现电流表在 2.0A 刻度处的绝对误差最大，且 $\Delta_{\max} = +0.08\text{A}$。问此电流表精度等级是否合格？

解　按式(2-18)，求此电流表的最大引用误差 J

$$J = \delta_{\text{引max}} = \frac{\Delta y_{\max}}{\text{量程}} \times 100\% = \frac{0.08}{5} \times 100\% = 1.6\%$$

即该表的误差超出 1.5 级表的允许值。所以该表的精度不合格；但该表最大引用误差小于 2.5 级表的允许值，若其他性能合格，可降为 2.5 级表使用。

【例 2-2】　测量一个约 80V 的电压，现有两台电压表：一台量程 300V，0.5 级；另一

台量程 100V，1.0 级。问选用哪一台为好？

解　如使用 300V，0.5 级表：按式(2-16)求出其可能的最大标称相对误差为

$$\delta_{标}=\frac{\Delta y}{y}\times100\%=\frac{300\times0.5\%}{80}\times100\%\approx1.88\%$$

如使用 100V，1.0 级表：其可能的最大标称相对误差为

$$\delta_{标}=\frac{\Delta y}{y}\times100\%=\frac{100\times1.0\%}{80}\times100\%\approx1.25\%$$

可见，1.0 级精度等级的仪表没有 0.5 级精度等级的仪表高，但由于仪表量程的原因，具体测量一个约 80V 的电压，选用 1.0 级表测量的精度反而比选用 0.5 级表为高。结论是选用 100V，1.0 级的表为好。

此例说明，选用仪表时不应只看仪表的精度等级，还应根据被测量的大小综合考虑仪表的等级与量程。

2.2.2　测量误差产生的规律

(1) 仪表的精密度和准确度

任何测量装置在进行测量时都存在测量误差，为评价其性能优劣，引入了仪表精度的量化标准，而这一标准是对影响测量准确性两方面因素综合化评定的结果，这两方面的因素称为仪表的精密度和仪表的准确度。

① 精密度　在等精度测量条件下多次测量所获得的结果不会完全相同，它们总是围绕在真值周围，呈一定的弥散性。测量值弥散程度小，即紧紧地围绕在真值周围，表明精密度高。精密度表征了测量过程中随机误差的影响程度。

② 准确度　多次测量所获得的测量值有时会朝同一方向偏离真值。偏离程度大，测量仪表的准确度就低；反之，准确度就高。准确度表征了测量仪表受系统误差的影响程度。

仪表的精确度是以上两方面概念的综合体，即完整表征了上述两种误差的影响大小。测量精确度高，是指测量中的弥散性和偏离程度都小的测量系统，这时测量数据比较集中在真值附近。例如有两个手表计时存在误差，一个手表每过 24h 后计时值要慢 5min，每天如此；另一个手表每过 24h 或快 1min，或慢 1min。显然前一个手表比后一个手表的精密度高，但准确度低；后一个手表虽然准确度较前一个手表高，但精密度低，所以两者都不能准确计时。测量精确度的定义是"测量结果与被测量真值之间的一致程度"，显然该定义是一个定性的概念，而其量化表示形式就是测量仪表的精度等级。

(2) 按误差产生规律定义的误差分类

从以上的定义可知，测量仪表的误差因素会以不同的方式对测量结果产生影响。按测量误差的性质和出现的特点，通常测量误差分为随机误差、系统误差和粗大误差 3 类。测量仪表的精密度和准确度分别表示了仪表受随机误差、系统误差影响的大小。

① 随机误差　在相同测量条件下（指在测量环境、测量人员、测量技术和测量仪器都相同的条件下），多次重复测量同一量值时，每次测量误差的大小和符号均不可预知，这样的误差称为随机误差。随机误差是由于测量过程中许多独立的、微小的偶然因素所引起的综合结果。它既不能用实验方法消除，也不能修正。

就一次测量来说，随机误差的数值大小和符号难以预测，但在多次的重复测量时，其总体服从统计规律。从随机误差的统计规律中可了解到它的分布特性，并能对其大小及测

量结果的可靠性等做出估计。

在我国新制定的国家计量技术规范《通用计量术语及定义》中，随机误差的定义是：随机误差 δ_i 是测量结果 x_i 与在重复条件下对同一被测量进行无限多次测量所得结果的平均值 $\bar{x}$ 之差，即

$$\delta_i = x_i - \bar{x} \tag{2-19}$$

$$\bar{x} = \lim_{n \to \infty} \frac{1}{n} \sum_{i=1}^{n} x_i \tag{2-20}$$

随机误差是测量值与数学期望之差，它表明了测量结果的弥散性，它经常用来表征测量精密度的高低。随机误差越小，精密度越高。

由于在实际工作中，不可能进行无限多次测量，只能进行有限次测量，因此，实际计算出的随机误差也只是一个近似的估计值。

② 系统误差　在相同测量条件下，多次重复测量同一量值时，测量误差的大小和符号都保持不变，或在测量条件改变时按一定规律变化的误差，称为系统误差，简称系差。前者为不变的系差，后者为变化的系差。例如，零位误差属于不变的系差；测量值随温度变化产生的误差属于变化的系差。

一般可以通过实验或分析的方法，找到系统误差的变化规律及产生的原因，使之能够对测量结果加以修正。或者采取一定的措施，改善测量条件和改进测量方法等，使系统误差减小，从而得到更加准确的测量结果。但是由于系统误差及其原因不能完全获知，因此通过修正值只能对系统误差进行有限程度的补偿，而不能完全排除系统误差。

在我国新制定的国家计量技术规范《通用计量术语及定义》中，系统误差 ε 的定义是：在相同测量条件下，对同一被测量进行无限多次重复测量所得结果的平均值 A 与被测量的真值 A_0 之差，即

$$\varepsilon = A - A_0 \tag{2-21}$$

式中，A 按式(2-20)计算。

系统误差表明了测量结果偏离真值或实际值的程度。系统误差越小，测量就越准确。所以，系统误差经常用来表征测量准确度的高低。

由于实际工作中，重复测量只能进行有限次，所以，系统误差也只能是一个近似的估计值。

③ 粗大误差　在相同的条件下，多次重复测量同一量时，明显地歪曲了测量结果的误差，称为粗大误差，简称粗差。粗大误差是由于疏忽大意、操作不当或测量条件的超常变化而引起的。粗大误差属于具有特殊性的一类随机误差，含有粗大误差的测量值称为坏值，所有的坏值都应去除，但不是凭主观随便地去除，必须科学地舍弃。正确的测量数据不应该包含粗大误差。

三种误差同时存在及其综合表现可以下例加以说明，某次实验三个学生用 10A 量程的电流表重复测量 5A 左右的电流信号，记录数据如表 2-1～表 2-3 所示。由上述误差的定义可知，系统误差、随机误差和粗大误差是三种产生原因不同、性质完全不一样的测量误差。表 2-1 的结果中三种误差都有，而且系统误差以及随机误差都很大；表 2-2 所示的测量数据系统误差很大而随机误差很小；表 2-3 所示的测量结果系统误差与随机误差都较小。

表 2-1　甲同学测量结果

测量值 1	测量值 2	测量值 3	测量值 4	测量值 5	测量值 6
5.87	5.12	4.99	5.01	5.02	4.69

表 2-2　乙同学测量结果

测量值 1	测量值 2	测量值 3	测量值 4	测量值 5	测量值 6
4.63	4.72	4.45	4.50	4.3	4.49

表 2-3　丙同学测量结果

测量值 1	测量值 2	测量值 3	测量值 4	测量值 5	测量值 6
5.03	5.12	5.05	5.21	5.02	5.09

2.3　随机误差的处理与测量不确定度的表示

2.3.1　随机误差的处理

随机误差的特点是这类误差的数值和符号就其个体而言是没有规律的，以随机方式出现，但就其总体而言是服从统计规律的。对同一被测量进行无限多次重复性测量时，所出现的随机误差大多数是服从正态分布的。

（1）随机误差的概率密度

设在重复条件下对某一个量 x 进行无限多次测量，得到一系列测得值 x_1，x_2，$\cdots$，x_n，则各个测得值出现的概率密度分布可由下列正态分布的概率密度函数来表达：

$$f(x) = \frac{1}{\sigma\sqrt{2\pi}} e^{\frac{-(x-L)^2}{2\sigma^2}} \tag{2-22}$$

该数学表达式中的 L 为真值。如果令误差为 $\delta = x - L$，则上式可改写为：

$$f(\delta) = \frac{1}{\sigma\sqrt{2\pi}} e^{\frac{-\delta^2}{2\sigma^2}} \tag{2-23}$$

式中的参数 σ 称为标准偏差，是对一个被测量进行无限多次测量时，所得的随机误差的均方根值，也称均方根误差，即

$$\sigma = \lim_{n\to\infty}\sqrt{\frac{1}{n}\sum_{i=1}^{n}(x_i - L)^2} = \lim_{n\to\infty}\sqrt{\frac{1}{n}\sum_{i=1}^{n}\delta_i^2} \tag{2-24}$$

函数 $f(x)$ 或 $f(\delta)$ 的曲线可参见图 2-10，称为正态分布的随机误差。

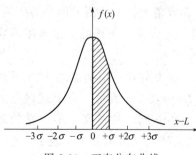

图 2-10　正态分布曲线

（2）正态分布的随机误差的特性

由图 2-10 可以看出，正态分布的随机误差具有 4 个特性：①绝对值相等的正、负误差出现的概率相同（对称性）；②绝对值很大的误差出现的概率接近于零，即误差的绝对值有一定的实际界限（有界性）；③绝对值小的误差出现的概率大，而绝对值大的误差出现的概率小（单峰性）；④由于随机误差具有对称性，在叠加时有正负抵消的作用，即具有抵偿性。即在 $n \to \infty$ 时，有

$$\lim_{n \to \infty} \sum_{i=1}^{n} \delta_i = 0 \tag{2-25}$$

当测量次数无限多时，误差的算术平均值更趋近于零：

$$\lim_{n \to \infty} \frac{1}{n} \sum_{i=1}^{n} \delta_i = 0 \tag{2-26}$$

（3）$\overline{x}$ 是被测量真值的最佳估计值

假设在无系统误差及粗差的前提下，对某一被测量进行测量次数为 n 的等精度测量（等精度测量是指在相同条件下，用相同的仪器和方法，由同一测量者以同样细心的程度进行多次测量），得到有限多个数据 x_1，x_2，$\cdots$，x_n。通常把这些测量数据的算术平均值 $\overline{x}$ 作为被测量真值 L 的最佳估值，即

$$\overline{x} = \frac{1}{n} \sum_{i=1}^{n} x_i \tag{2-27}$$

判定依据以下两点：

第一，利用式(2-24)、式(2-25)可以证明，当测量次数 $n \to \infty$ 时，各测量结果的算术平均值 $\overline{x}$（即测量值的数学期望）等于被测量的真值 L，即

$$\overline{x} = \lim_{n \to \infty} \frac{1}{n} \sum_{i=1}^{n} x_i = L \tag{2-28}$$

第二，虽然 n 不可能为无穷大，即 $\overline{x}$ 不可能就是真值，但可以证明，以算术平均值代替真值作为测量结果，其残差的平方和可达到最小值。设 υ 为残差（又叫剩余误差），有

$$\upsilon_i = x_i - \overline{x} \tag{2-29}$$

$$\sum_{i=1}^{n} (x_i - \overline{x})^2 = \sum_{i=1}^{n} \upsilon_i{}^2 = \min \tag{2-30}$$

以上两点理由告诉我们一个事实，即 $\overline{x}$ 是最接近于被测量的真值。

（4）标准偏差 σ 的估算

理论上是对一个被测量进行无限多次测量时，所得的随机误差的均方根值为 σ。在实际测量中，只能做到有限次测量，而真值要用约定真值，即用它的最佳估计值，多次测得值的算术平均值 $\overline{x}$ 来代替，所以在很多情况下是无法用式(2-24)来计算 σ 的。数学家贝塞尔为此推导出标准偏差的估算公式，即

$$\sigma = \sqrt{\frac{1}{n-1} \sum_{i=1}^{n} (x_i - \overline{x})^2} = \sqrt{\frac{1}{n-1} \sum_{i=1}^{n} \upsilon_i^2} \tag{2-31}$$

（5）标准偏差 σ 表征着测量误差的弥散性

由标偏准差的定义可知，标准偏差 σ 的大小表征了 x_i 的弥散性，确切地说是表征了它们在真值（实际用 $\overline{x}$ 代替）周围的分散性。如图 2-11 所示，σ 越小，分布曲线越尖锐，意味着小误差出现的概率越大，而大误差出现的概率越小，表明测量的精密度越高，测量值分散性越小。标准偏差 σ 的数值大小，取决于具体的测量条件，即仪器仪表的精度、测量环境以及操作人员素质等。

（6）算术平均值 $\overline{x}$ 的标准偏差 $\sigma_{\overline{x}}$

如前所述，对于有限次等精度测量，可以用有限个测量值的算术平均值作为测量结果。尽管算术平均值是被测真值的最佳估计值，但由于实际的测量次数有限，算术平均值毕竟还不是真值，它本身也含有随机误差，就是说如果分几组来测量某一参数，那么就有几个

$\bar{x}$，它们也分散在真值周围。假若各观测值遵从正态分布，则算术平均值也是遵从正态分布的随机变量。算术平均值在真值周围的弥散程度可用算术平均值的标准偏差 $\sigma_{\bar{x}}$ 来表征。可以证明，算术平均值的标准偏差为：

$$\sigma_{\bar{x}} = \frac{\sigma}{\sqrt{n}} \tag{2-32}$$

式中　$\sigma_{\bar{x}}$——算术平均值的标准偏差（亦称为测量结果的标准偏差）；

　　　σ——单次测量的标准偏差［可用"贝塞尔"公式即式（2-31）来计算］；

　　　n——测量次数。

由式（2-32）可以看出，算术平均值的标准偏差 $\sigma_{\bar{x}}$ 比单次测量的标准偏差 σ 小 $\sqrt{n}$ 倍。因此，只要 $n \geqslant 2$，$\bar{x}$ 围绕在真值周围的弥散程度远小于单次的测量值 x_i，这也再一次验证了用 $\bar{x}$ 作为测量结果，将比某单次测量值 x_i 具有更高的精密度。测量次数 n 越多，$\sigma_{\bar{x}}$ 越小，测量结果的精密度也越高。但是由于 $\sigma_{\bar{x}}$ 与测量次数 n 的平方根成反比，因此精密度提高的效率随着 n 的增加而越来越低，参见图 2-12。

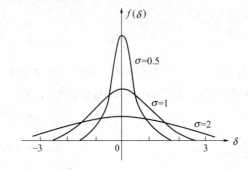 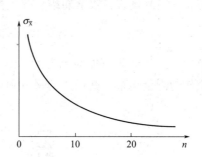

图 2-11　σ 的大小表征了 x_i 的弥散性　　　　　图 2-12　$\sigma_{\bar{x}}$ 与测量次数 n 的关系

因此，在实际测量中，一般取 n 为 10～30 次即可。有时次数如过多，引起操作人员的疲劳，随机误差反而增大。即使特殊精密的测量也很少超过 100 次。

【例 2-3】　甲、乙两人分别用不同的方法对同一电感进行多次测量，结果如下（均无系统误差及粗差）：

甲 x_{ai}（mH）：1.28，1.31，1.27，1.26，1.19，1.25。

乙 x_{bi}（mH）：1.19，1.23，1.22，1.24，1.25，1.20。

试根据测量数据对他们的测量结果进行粗略评价。

解　按式（2-27）分别计算两组算术平均值，得：

$$\bar{x}_a = 1.26 \text{mH}$$

$$\bar{x}_b = 1.22 \text{mH}$$

按式（2-31）分别计算两组测量数据的单次测量的标准偏差 σ：

$$\sigma_a = \sqrt{0.0016} = 0.04$$

$$\sigma_b = \sqrt{0.00054} = 0.023$$

按式（2-32）分别计算两组测量数据的算术平均值的标准偏差：

$$\sigma_{\bar{x}_a} = \frac{1}{\sqrt{6}} \times \sqrt{0.0016} = 0.0163$$

$$\sigma_{\overline{x}_b} = \frac{1}{\sqrt{6}} \times \sqrt{0.00054} = 0.0095$$

可见两人测量次数虽相同，但算术平均值的标准偏差 $\sigma_{\overline{x}}$ 相差较大，乙的要小很多，表明乙所进行的测量其精度高于甲。

2.3.2　测量结果的置信度

（1）置信区间与置信系数

在依据有限次测量结果计算出被测量真值的最佳估计值和标准偏差的估计值后，还需进一步评价这些估计值可信赖的程度——置信度。

随机变量的置信度通常用随机变量落于某一区间（称"置信区间"）的概率（称"置信概率"）来表示。如前所述，测量数据 x 属随机变量，测量数据的数学期望 $M(x)$ 与测量数据 x_i 的差 $\delta = x - M(x)$ 也为随机变量，随机误差 δ 绝对值小于给定的任一小量 a 的概率为：

$$P_k = P\{|\delta| \leqslant a\} = P\{|x - M(x)| \leqslant a\} \tag{2-33}$$

式中，数学期望 $M(x)$ 的定义为：

$$M(x) = \lim_{n \to \infty}\left(\frac{1}{n}\sum_{i=1}^{n} x_i\right) \tag{2-34}$$

区间 $[M(x)-a, M(x)+a]$ 和 $[-a, +a]$ 分别表示测量数据 x 和随机误差 δ 的取值范围，分别称为随机变量 x 和 δ 的置信区间，随机变量 x 落入置信区间 $[M(x)-a, M(x)+a]$ 的概率等于随机误差 δ 落入置信区间 $[-a, +a]$ 的概率。随机变量 x、δ 落入置信区间的概率 P_k 表明测量结果的可信赖程度，故称为置信概率。如图 2-13 所示，置信概率可用概率密度曲线 $f(\delta)$ 与置信区间横坐标包围的面积表示。

由于标准偏差 σ 是随机变量的重要特征量，所以置信区间极限 a 常以 σ 的倍数表示，即

$$a = k\sigma \tag{2-35}$$

式中，k 称为置信系数。

$$k = \frac{a}{\sigma} \tag{2-36}$$

（2）正态分布测量数据的置信度与置信概率

对于正态分布的随机误差，其置信概率为：

$$P_k = P\{|\delta| \leqslant k\sigma\} = \int_{-k\sigma}^{+k\sigma} f(\delta)\mathrm{d}\delta \tag{2-37}$$

当置信系数 k 为已知常数时，便可以求出概率。例如：区间 $[-\infty, +\infty]$ 的概率为 100%；$[-\sigma, +\sigma]$ 区间的概率为 68.26%；$[-2\sigma, +2\sigma]$ 和 $[-3\sigma, +3\sigma]$ 区间的概率分别为 95.44% 和 99.73%。由于在区间 $[-3\sigma, +3\sigma]$ 内误差出现的概率已经达到 99.73%，只有 0.27% 的误差可能超出这个范围，所以习惯上认为 3σ 是极限误差了，超出这个范围 $[-3\sigma, +3\sigma]$ 的误差属于粗差，应该剔除。这种判定粗大误差的方法称为拉依达准则。

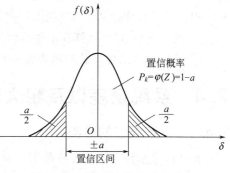

图 2-13　置信区间与置信概率

表 2-4 列出了置信系数 k 取不同数值时，正态分布下的置信概率 P_k 数值。

表 2-4　正态分布下置信概率数据表

k	P_k	k	P_k	k	P_k	k	P_k
0	0.00000	0.8	0.57629	1.7	0.91087	2.6	0.99068
0.1	0.07966	0.9	0.63188	1.8	0.92814	2.7	0.99307
0.2	0.15852	1.0	0.68269	1.9	0.94257	2.8	0.99489
0.3	0.23585	1.1	0.72867	2.0	0.95450	2.9	0.99627
0.4	0.31084	1.2	0.76986	2.1	0.96427	3.0	0.99730
0.5	0.38293	1.3	0.80640	2.2	0.97219	3.5	0.999535
0.6	0.45194	1.4	0.83849	2.3	0.97855	4.0	0.999937
0.6745	0.50000	1.5	0.86639	2.4	0.98361	5.0	0.999999
0.7	0.51607	1.6	0.89040	2.5	0.98758	∞	1.000000

（3）有限次测量情况下的置信度

严格地讲，正态分布只适用于测量次数非常多（25 次以上）的情况，在测量数据较少时，通常采用 t 分布来计算置信概率。关于 t 分布本书不详细展开了，至于工程测量中经常用到的"格鲁布斯准则"是以小样本测量数据和 t 分布为理论基础用数理统计方法推导得出的，具体使用可参见后面的 2.4.3"粗大误差的处理"这一节。

（4）测量结果的数字表示方法

关于测量结果的数字表示方法，目前尚无统一规定。比较常见的表示方法是在观测值或多次观测结果的算术平均值后加上相应的误差限。如前所述，误差限通常用标准偏差表示，也可用其他误差形式表示。同一测量如果采用不同的置信概率 P_k，测量结果的误差限也不同。因此，应该在相同的置信水平下，来比较测量的精确程度才有意义。下面介绍一种常用的表示方法，它们都是以系统误差已被消除为条件的。

① 对某被测参数测量 n 次（建议 n 不小于 25），获得 n 个测量值 x_i。

② 利用公式(2-27)计算 $\overline{x}$，按公式(2-31)计算本次测量的标准偏差 σ。

③ 给出置信系数 k，确定在相应置信概率 P_k 下的测量值数据范围：$\overline{x} \pm k\sigma$。

④ 检查上述 n 个测量值 x_i 有无落在该范围 $\overline{x} \pm k\sigma$ 之外，如有则包含粗大误差，应剔除。剔除之后重新计算 $\overline{x}$ 和标准偏差 σ，重新计算置信区间：$\overline{x} \pm k\sigma$。直到没有数据要被剔除后做下一步。当测量次数 n 小于 20 时，剔除粗差一般不能采用本方法，而应采用格鲁布斯准则，参见后面的 2.4.3"粗大误差的处理"这一节。

⑤ 按公式(2-32)计算算术平均值的标准偏差 $\sigma_{\overline{x}}$。

⑥ 写出测量结果，其表达式为 $x = \overline{x} \pm k\sigma_{\overline{x}}$。

2.4　系统误差以及粗大误差的处理

2.4.1　系统误差的分类

系统误差是指在重复性条件下，对同一被测量进行无限多次测量所得到测量结果的平均值与被测量真值之差。平均值是消除了随机误差之后的真值的最佳估算值，它与被测量真值之间的差值就是系统误差。系统误差是固定的或按一定规律变化的，可以对其进行修正。但是由于系统误差及其原因不能完全获知，因此通过修正只能对系统误差作有限程度的补偿，而不能完全排除。例如某些测量仪表由于结构上存在问题而引起的测量误差就属于系统误差。

系统误差的表现形式大致有如下分类。

（1）恒定系差

恒定的系统误差也称为不变的系统误差。在测量过程中，该误差的符号和大小是固定不变的。例如仪表的零点没校准好，即指针偏离零点，这样的仪表在使用时所造成的误差就是恒定系差。

（2）线性变化的系统误差

随着某些因素（如测量次数或测量时间）的变化，误差值也成比例增加或减小。例如用一把米尺测量教室的长和宽，若该尺比标准的长度差 1mm，则在测量过程中每进行一次测量就产生 1mm 的绝对误差，被测的距离愈长，测量的"一米"次数愈多，则产生的误差愈大，呈线性增长。

（3）周期性变化的系统误差

周期性变化的系统误差的符号与数值按周期性变化。例如指针式仪表的指针未能装在刻度盘的中心而产生的误差。这种误差的符号由正变到负，数值也由大到小到零后再变大，重复地变化。

（4）变化规律复杂的系统误差

这种误差出现的规律，无法用简单的数学解析式表示出来。例如，电流表指针偏转角和偏转力矩不能严格保持线性关系，而表盘刻度仍采用均匀刻度，这样形成的误差变化规律非常复杂。

2.4.2　系统误差的判断和消除

为了消除和减弱系统误差的影响，首先要能够发现测量数据中存在的系统误差。检验方法有很多，下面只介绍两种简单的判断方法。

（1）实验对比法

要发现与确定恒定的系统误差的最好方法是用更高一级精度的标准仪表对其进行检定，也就是用标准仪表和被检验的仪表同测一个恒定的量。设用标准仪表以及用被检验仪表重复测量某一稳定量的次数都是 n 次，则可以得到标准表的一系列示值 T_i 和被检表的一系列示值 x_i，由此可得到系统误差 Q 为：

$$Q = \overline{x} - \overline{T} = \frac{1}{n}\sum_{i=1}^{n}x_i - \frac{1}{n}\sum_{i=1}^{n}T_i \tag{2-38}$$

用这种方法不仅能发现测量中是否存在系统误差，而且能给出系统误差的数值。有时，因测量精度高或被测参数复杂，难以找到高一级准确度的仪表提供标准量。此时，可用相同精度的其他仪表进行比对，若测量结果有明显差异，表明二者之间存在有系统误差，但还说明不了哪个仪表存在系统误差。有时，也可以通过改变测量方法来判断是否存在系统误差。

（2）残差校核法

设一组测量值为 x_1，x_2，$\cdots$，x_n，将其残差 v_1，v_2，$\cdots$，v_n 按测量次序的先后进行排列，把残差分为前后数目相等的两部分各为 k 次，$k = \dfrac{n}{2}$。求这两部分残差之和的差值：

$$\Delta = \sum_{i=1}^{k} \upsilon_i - \sum_{i=n-k+1}^{n} \upsilon_i \qquad (2\text{-}39)$$

若 Δ 显著不为零，则测量中含有线性规律变化的系统误差。这一判断系统误差是否存在的判据，也称为马利科夫判据。

在测量中，系统误差的存在对测量结果有很大影响，所以一旦发现存在系统误差时，要全力以赴找出原因。先从产生系统误差的根源（测量人员、测量设备、测量方法、测量条件 4 个环节）上进行深入分析研究，找出原因，从而设法消除、减小系统误差。另外，还可以采用对测量结果修正的方法，或改进测量的方法，以削弱系统误差的影响。

2.4.3 粗大误差的处理

由于实验人员在读取或记录数据时疏忽大意，或者由于不能正确地使用仪表、测量方案错误以及测量仪表受干扰或失控等原因，测量误差明显地超出正常测量条件下的预期范围，是异常值。如果这些异常值确实是坏值，应该剔除，否则测量结果会被严重歪曲。

当在测量数据中发现某个测量数据可能是异常数据时，一般不要不加分析就轻易将该数据直接从测量记录中剔除，最好能分析出该数据出现的主观原因。判断粗大误差可以从定性分析和定量判断两方面来考虑。

（1）定性分析

定性分析就是对测量环境、测量条件、测量设备、测量步骤进行分析，看是否有某种外部条件或测量设备本身存在突变而瞬时破坏；测量操作是否有差错或等精度测量构成中是否存在其他可能引发粗大误差的因素；也可由同一操作者或另换有经验的操作者再次重复进行前面的（等精度）测量，然后再将两组测量数据进行分析比较，或者将由不同测量仪器在同等条件下获得的结果进行比较，以分析该异常数据的出现是否"异常"，进而判定该数据是否为粗大误差。这种判断属于定性判断，无严格的规则，应细致和谨慎地实施。

（2）定量判断

定量判断就是以统计学原理和误差理论等相关专业知识为依据，对测量数据中的异常值的"异常程度"进行定量计算，以确定该异常值是否为应剔除的坏值。这里所谓的定量计算是相对上面的定性分析而言的，它是建立在等精度测量符合一定的分布规律和置信概率基础上的，因此并不是绝对的。定量判断的常用方法，除了前面介绍根据正态分布特征确定的拉依达准则外，还有以小样本测量数据和 t 分布为理论基础建立的格鲁布斯（Grubbs）准则。

格鲁布斯准则对粗大误差判定和处理的过程如下：

设对被测量进行多次测量得到数据 x_1，x_2，$\cdots$，x_n，计算出其平均值 $\overline{x}$、残差值 $\upsilon_i = x_i - \overline{x}$，并按贝塞尔公式计算出标准偏差 σ。当某个测得值 x_k 的残差 υ_k 满足下式

$$|\upsilon_k| > \lambda(P,n) \cdot \sigma \qquad (2\text{-}40)$$

时，则认为该测得值 x_k 是含有粗差的坏值，应剔除。并重新计算标准偏差，再进行检验，直到判定无粗大误差为止。

$\lambda(P,n)$ 为格鲁布斯系数，由表 2-5 给出，表中 n 为测量次数，P 为置信概率。

表 2-5　格鲁布斯 λ 数值表

n	P=0.99	P=0.95	n	P=0.99	P=0.95	n	P=0.99	P=0.95
3	1.15	1.15	12	2.55	2.29	21	2.91	2.58
4	1.49	1.46	13	2.61	2.33	22	2.94	2.60
5	1.75	1.67	14	2.66	2.37	23	2.96	2.62
6	1.94	1.82	15	2.70	2.41	24	2.99	2.64
7	2.10	1.94	16	2.74	2.44	25	3.01	2.66
8	2.22	2.03	17	2.78	2.47	30	3.10	2.74
9	2.32	2.11	18	2.82	2.50	35	3.18	2.81
10	2.41	2.18	19	2.85	2.53	40	3.24	2.87
11	2.48	2.24	20	2.88	2.56	50	3.34	2.96

　　格鲁布斯准则理论推导严密，是在 n 较小时就能很好地判别出粗大误差的一个准则，所以应用相当广泛。值得注意的是，一般实际工程中等精度测量次数大都较少，测量误差分布往往和标准正态分布相差较大，因此须采用格鲁布斯准则。

　　【例 2-4】　测量某个温度 7 次，单位为℃。温度数据 T_i 见表 2-6，试判断有无粗大误差。

表 2-6　数据表

i	T_i	v_i	v^2	i	T_i	v_i	v^2
1	10.3	−0.2	0.04	5	11.5	1.0	1
2	10.4	−0.1	0.01	6	10.4	−0.1	0.01
3	10.2	−0.3	0.09	7	10.3	−0.2	0.04
4	10.4	−0.1	0.01				

解

① 求均值得 $\overline{T}=10.5$；再用贝塞尔公式即式（2-31）来估算标准偏差，即

$$\sigma = \sqrt{\frac{1}{n-1}\sum_{i=1}^{n}(T_i-\overline{T})^2} = \sqrt{\frac{1}{n-1}\sum_{i=1}^{n}v_i^2} = 0.45$$

② 取置信概率 $P=0.95$，$n=7$，由表 2-5 中可查出 $\lambda(P,n)=1.94$。

③ 利用式（2-40）求得 $|v_k|>\lambda(P,n)\cdot\sigma=1.94\times0.45=0.873$。

④ 查温度数据 T_i，第 5 个数据即 $i=5$，$T_5=11.5$，$|v_5|=1.0>0.873$，该温度值是粗大误差应剔除。

 思考题和习题

1. 非电量电测有哪些优越性？

2. 什么叫传感器？什么叫敏感元件？这两者有何联系？

3. 测量信息的显示输出方式有几种类型？各有什么特点？

4. 什么是真值？什么是约定真值？什么是相对真值？

5. 在选择仪器仪表的量程时，应该使被测参数尽量接近满度值，至少要一半以上。为什么？

6. 测量一个约 4.2A 的直流电流，现有两台电流表：一台量程 0～25A，0.5 级；另一台量程 0～5A，1.0 级。问选用哪一台为好？

7. 一台测温范围从 200～600℃的温度表，检定过程中发现温度表在 450℃刻度处的绝对误差最大，且 $\Delta_{max}=+2.5$℃，问此温度表符合国家精度等级的哪一级？

8. 测量某电阻 8 次，获得数据：21.2、21.5、22.2、22.1、20.1、20.9、21.6、21.7，单位为 Ω。检查有无粗大误差。如有，请剔除。剔除粗大误差后，给出最后的测量结果。

第3章　压力测量

压力是化工工艺中重要的测量量和工艺参数之一。正确、准确地确定压力是生产过程良好运行，达到高产、优质、低耗和安全生产的目的的基本条件。本章即介绍测量压力的一些主要方法和常用的传感测量技术。

3.1　压力检测概述

3.1.1　压力定义及单位

工程测量中所谈论的压力的定义是垂直而均匀地作用于单位面积上的力，它的大小由受力面积和垂直作用力两个因素决定，其数学表达式为：

$$p = \frac{F}{A} \tag{3-1}$$

式中　p——压力；

　　　F——垂直作用力；

　　　A——受力面积。

由式(3-1)可见，工程压力并不是一种"力"，而是对应于物理、力学上的压强与应力的概念。所以，压力的国际标准单位也为 Pa（帕斯卡/帕），其中 1Pa 的定义是在 $1m^2$ 的面积上有 1N（牛顿）的作用力。由于该单位表示的力较小，因此，工程上更多的是使用 kPa（千帕斯卡/千帕）或 MPa（兆帕斯卡/兆帕）作为压力表示单位。

除了国际标准单位外，工程上有时还使用工程大气压千克力/厘米^2（kgf/cm^2）、毫米汞柱（mmHg）、毫米水柱（mmH$_2$O）、标准大气压（atm）、巴（bar）等非标准的压力单位，它们和国际标准单位的换算关系如表 3-1 所示。

表 3-1　压力单位换算表

单位	帕 Pa(N/m^2)	工程大气压 （kgf/cm^2）	毫米水柱 （mmH$_2$O）	毫米汞柱 （mmHg）	标准大气压 （atm）	巴 （bar）
帕 Pa(N/m^2)	1	1.0197×10^{-5}	1.0197×10^{-1}	0.75×10^{-2}	0.987×10^{-5}	1×10^{-5}
工程大气压 （kgf/cm^2）	0.981×10^5	1	1×10^4	0.7356×10^3	0.9678	0.981
毫米水柱 （mmH$_2$O）	9.81	1×10^{-4}	1	0.7356×10^{-1}	0.9678×10^{-4}	0.981×10^{-4}
毫米汞柱 （mmHg）	1.33×10^2	1.36×10^{-3}	1.3595	1	1.316×10^{-3}	1.333224×10^{-3}
标准大气压 （atm）	1.013×10^5	1.0332	1.033×10^4	0.76×10^3	1	1.01325
巴 （bar）	1×10^5	1.02	1.02×10^4	0.75×10^3	0.987	1

3.1.2　压力的几种表示方法

按照物理学中的定义，真正的零压力状态是真空。但是在实际的工程环境中，更加常见的情况是测量相对于周围环境的相对压力值，或者是以某个特定压力作为参照值的压力差。因此，测量工程压力时常需要选择一个用作参考的基准量，所测压力值其实是相对于基准量的差值。一般地，在工程上压力有三种不同的表示方式。

（1）表压力和真空度

表压力和真空度的含义是被测量压力与大气压力的差值，即以大气压力为基准。当被测压力大于大气压力时，称其差值为表压力；当被测压力小于大气压力时，称其差值为真空度或负压。

（2）绝对压力

以真空作为"零"标准压力，被测量压力与真空的差值称为绝对压力。

（3）差压力

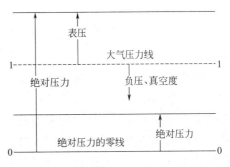

图 3-1　各种压力之间的关系

以非真空也不是大气压力的一个压力信号作为"零"标准压力，被测压力与该压力的差值称为差压力。

三种压力表示之间的关系如图 3-1 所示。

3.2　机械式压力计

弹性元件是压力测量常用的一类敏感元件。弹性元件将压力信号转换为形变或位移后，既可以直接将信号经由机械机构导引至仪表，又可诱发敏感部位的电阻或电容改变，进一步转换为电信号来测量。本节主要介绍机械式压力计，即利用受压弹性元件产生的机械弹性形变或位移输出至机械式仪表进行压力的测量。

3.2.1　弹性元件

弹性元件是压力测量最常用的敏感元件。工程测量使用的弹性元件是用特定金属材料制造的具有特定结构的金属构件，常见的类型有弹簧管、波纹管、膜片、膜盒等。弹性元件的刚度因结构和材料而异，所以在同样的压力下，不同结构、不同材料的弹性元件会产生不同的弹性变形。

3.2.1.1　弹性元件的测量原理

弹性元件的工作原理是胡克定律。即当弹性元件承受被测压力作用时，其可变形部位相应地产生弹性形变，产生位移信号。在弹性形变的范围内，其受力和形变的标量关系可表示为：

$$F = CX \tag{3-2}$$

式中　F——加载外力；

$\quad\quad X$——弹性元件的位移；

$\quad\quad C$——弹性元件的刚度系数。

当刚度系数 C 被确定时，即可根据弹性元件的形变 X 的大小测得被测压力 F 的大小。

3.2.1.2 弹性元件种类和特性

常用的弹性元件类型有膜片、弹簧管、波纹管等类型，可将压力信号转换为位移信号。

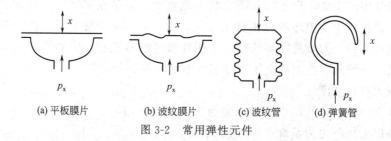

(a) 平板膜片　　　(b) 波纹膜片　　　(c) 波纹管　　　(d) 弹簧管

图 3-2　常用弹性元件

膜片主要用于低压力的测量，按剖面形状的结构可以分为平板膜片和波纹膜片，如图 3-2（a）、图 3-2（b）所示。当压力 p_x 增大时，膜片圆心处的硬心会产生直线位移 x。膜片的位移可直接带动传动机构实时显示。在工程压力测量中，常把两片膜片沿周边对焊起来，组成膜盒结构。膜盒内部充入硅油作为介质，不仅可以传递压力，而且还对膜片过载起保护作用。需要说明的是，由于膜片结构的位移较小，对压力的灵敏度低，更多的是与压力变送器配合使用。

另一种常用弹性元件是波纹管，其剖面结构如图 3-2（c）所示。当管内压力 p_x 增大时，侧壁上的褶皱曲率变小，使得自由端产生位移 x。由于波纹管受压时位移较大，所以有着灵敏度高的优点，而且一般可直接带动传动机构，就地显示。但波纹管结构一般迟滞较大，虽然受压时输出的位移比弹簧管大，但压力-位移曲线的线性度不佳，使用不方便。

弹簧管也是常用的弹性元件之一，其结构如图 3-2（d）所示。管的横截面为椭圆形，当管内压力变大时，椭圆截面在压力增大时趋向于圆形，迫使整个管曲率减小、半径增大，从而使自由端产生向外的位移。在位移量不大时，自由端的变形可近似地看作线性，位移大小与压力近似成正比。弹簧管常用的材料有锡青铜、磷青铜、合金钢、不锈钢等，适用于不同的压力测量范围和测量介质。

常见的弹性元件位移输出和压力信号的关系如表 3-2 所示。

表 3-2　弹性元件的结构和特性

类别	名称	示意图	压力测量范围/kPa		输出特性
			最小	最大	
薄膜式	平板膜片		$0 \sim 10$	$0 \sim 10^5$	
	波纹膜片		$0 \sim 10^{-3}$	$0 \sim 10^3$	
	挠性膜片		$0 \sim 10^{-5}$	$0 \sim 10^2$	

类别	名称	示意图	压力测量范围/kPa		输出特性
			最小	最大	
波纹管式	波纹管		$0\sim10^{-3}$	$0\sim10^{3}$	
弹簧管式	单圈弹簧管		$0\sim10^{-1}$	$0\sim10^{6}$	
	多圈弹簧管		$0\sim10^{-2}$	$0\sim10^{5}$	

3.2.2　弹性元件在压力测量中的应用

　　弹性元件受压输出的位移信号必须经过进一步的转换才能变为可检测信号。常用的方式有两种，一种是将位移信号通过机械结构转换为可直接观察的机械量输出，作为仪表的指示输出；另一种是将位移施加给特定结构或材料，引起其电阻、电感、电容等可检测的电学属性的改变，再经由一定的电路转换为标准的电流/电压信号。力-电转换将在以后的章节介绍，本节主要以弹簧管压力表为例说明机械转换的简要原理。

　　(1) 弹簧管的测压原理

　　单圈弹簧管是弯成 270°圆弧形的空心管，如图 3-3 所示。它的截面积呈扁圆形或椭圆形，其长轴与和图面垂直的弹簧管中心轴 O 相平行。A 为弹簧管的固定端，即被测压力的输入端；B 为弹簧管的自由端，即位移输出端；γ 为弹簧管中心角的初始角；$\Delta\gamma$ 为受压后中心角的变化量，R 和 r 分别为弹簧管弯曲圆弧的外半径和内半径；a 和 b 为弹簧管椭圆截面的长半轴和短半轴。

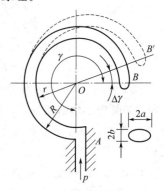

图 3-3　单圈弹簧管测压原理

　　当弹簧管的固定端通入被测压力 p 后，由于椭圆形截面在压力 p 的作用下将趋向圆形，整个管有被"拉直"的趋势，即曲率减小、半径增大，从而使自由端由 B 移到 B'，产生向外的位移。此时，弹簧管的中心角相应地减小 $\Delta\gamma$。根据材料力学的知识可推导出中心角相对变化值与压力 p 的关系，如下式所示：

$$\frac{\Delta\gamma}{\gamma}=p\,\frac{1-\mu^{2}}{E}\times\frac{R^{2}}{bh}\Big(1-\frac{b^{2}}{a^{2}}\Big)\frac{\alpha}{\beta+\kappa^{2}} \tag{3-3}$$

式中　μ，E——弹簧管材料的泊松系数和弹性模量；

$\qquad h$——弹簧管壁厚；

$\qquad \kappa$——弹簧管的几何参数，$\kappa=\dfrac{Rh}{a^2}$；

$\qquad \alpha$，β——与 a/b 比值有关的参数。

上式仅适用于计算薄壁（即 $h/b<0.7\sim0.8$）弹簧管。

由式(3-3)可知，当式中各参数为定值时，压力 p 与 $\Delta\gamma/\gamma$ 成正比，亦即压力 p 与中心角的变化量 $\Delta\gamma$ 成正比（一般取 $\gamma=270°$）；当给定压力时，$\Delta\gamma$ 随椭圆短半轴 b 的减小而增大。特别地，当 $b=a$ 时，则 $\Delta\gamma$ 将恒等于零，所以具有均匀壁厚的圆形弹簧管是不能作为测压元件的。此外，$\Delta\gamma$-p 的关系还与弹性材料的性质、几何尺寸等因素有关。常用的材料有锡青铜、磷青铜、合金钢、不锈钢等，适用于不同的压力测量范围。有时为了增大弹簧管受压变形时的位移量，还可以采用多圈的弹簧管结构，其工作原理与单圈弹簧管相同，这里不再赘述。

(2) 弹簧管压力表的结构

弹簧管压力表的结构如图 3-4 所示。被测压力由接头 9 引入（即图 3-3 中的 A）时，弹簧管 1 的自由端 B 向右上方扩张移动。自由端 B 的弹性变形位移由拉杆 2 使扇形齿轮 3 做逆时针偏转，带动与其啮合的中心齿轮 4 和同轴指针 5 做顺时针偏转，最终在面板 6 的刻度标尺上显示出被测压力 p 的数值。由于自由端的位移与被测压力之间具有线性关系，因此弹簧管压力表的刻度标尺也是线性的。图中游丝 7 是用来克服扇形齿轮和中心齿轮的间隙所产生的仪表误差的。改变调整螺钉 8 的位置（即改变机械传动臂长），可以通过调整 B 处位移与 $\Delta\gamma$ 之间倍数实现压力表量程的调整。

(3) 工作原理

假设弹簧管横截面尺寸较之长度可忽略，则可认为弹簧管长度在受力前后保持不变，则有：

$$r\gamma=r'\gamma'$$
$$R\gamma=R'\gamma'$$

两式相减，并代入 $R-r=2b$，$R'-r'=2b'$ 得：

$$b\gamma=b'\gamma' \qquad (3\text{-}4)$$

式中，r、R 分别为弹簧管弯曲圆弧的内、外半径；γ 为弹簧管中心角的初始角；b 为弹簧管椭圆截面的短半轴（图 3-3）；R'、r'、b' 和 γ' 是弹簧管受压后的相应数值。

由式(3-4)可见，弹簧管受压时有变圆的趋势，即 $b'>b$，所以变形后中心角减小，弹簧管挺直，自由端移动，这就是弹簧管能将压力转换为位移的原理。

弹簧管所用的弹性材料和参数随被测介质的性质、被测压力范围而不同。一般当 $p<20$MPa 时，采用磷青铜；当 $p>20$MPa 时，采用不锈钢或合金钢。使用压力表时必须了解被测介质的化学成分与性质。例如，测氨介质的压力时，必须采用不锈钢弹簧管，而不能采用铜质材料的弹簧管；测量氧气压力时，则严禁沾有油脂，以确保安全使用。

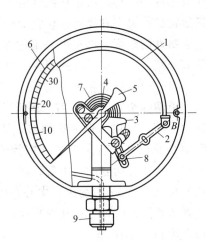

图 3-4　弹簧管压力表

1—弹簧管；2—拉杆；3—扇形齿轮；
4—中心齿轮；5—同轴指针；6—面板；
7—游丝；8—调整螺钉；9—接头

3.3 电阻式压力计

电阻式压力计的基本原理是将弹性元件受压力影响产生的形变或位移转换为电阻信号，分为电位器式和电阻应变式两类。电阻式压力计结构简单，线性、稳定性较好，在各个行业内都有广泛的应用。

3.3.1 应变效应和压阻效应的原理

3.3.1.1 金属材料的应变效应

金属导体的电阻可以表示为：

$$R = \rho \frac{L}{A}$$

式中 ρ——电阻率；

L——导体长度；

A——导体横截面积。

当金属丝受到外力而产生形变时，其长度伸长了 $\mathrm{d}L$，截面积缩小了 $\mathrm{d}A$，电阻率的变化为 $\mathrm{d}\rho$，对电阻公式两边求导，可得电阻的相对变化量为：

$$\frac{\mathrm{d}R}{R} = \frac{\mathrm{d}\rho}{\rho} + \frac{\mathrm{d}L}{L} - \frac{\mathrm{d}A}{A} \tag{3-5}$$

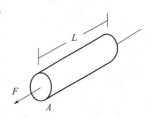

图 3-5 应变效应示意图

金属材料电阻率的变化率 $\mathrm{d}\rho/\rho$ 往往可以忽略，而几何尺寸变化率较大，所以金属电阻的变化率主要是由上式后两项所引起的。若电阻丝的截面为圆形，即 $A = \pi D^2/4$，则有：

$$\frac{\mathrm{d}A}{A} = 2\frac{\mathrm{d}D}{D} \tag{3-6}$$

式中 D——电阻丝直径。

$\mathrm{d}D/D$ 称为金属电阻丝的径向应变，$\mathrm{d}L/L$ 称为金属电阻丝的轴向应变。根据材料力学知识可知，二者有如下关系：

$$\frac{\mathrm{d}D}{D} = -\mu \frac{\mathrm{d}L}{L} \tag{3-7}$$

式中 μ——材料的泊松系数。

然后有：

$$\frac{\mathrm{d}R}{R} = (1 + 2\mu)\frac{\mathrm{d}L}{L} + \frac{\mathrm{d}\rho}{\rho} \tag{3-8}$$

在力学和工程中，常用应变来记录长度变化率。将轴向应变 $\mathrm{d}L/L$ 定义为应变 ε，则上式又可写为：

$$\frac{\mathrm{d}R}{R} = (1 + 2\mu)\varepsilon + \frac{\mathrm{d}\rho}{\rho} \approx (1 + 2\mu)\varepsilon = K\varepsilon \tag{3-9}$$

这种由于材料应变引起电阻变化的现象就称为应变效应。应变效应示意图见图 3-5。特别地，由上式可知，金属材料的相对电阻变化率和其应变量近似成正比，其中系数 $K = 1 + 2\mu$ 称为金属电阻的应变灵敏系数。

3.3.1.2　半导体的压阻效应

半导体的电阻同样可以表示为：$R = \rho \dfrac{L}{A}$。在受到外力作用后，应变元件的电阻变化同样由三部分的变化决定：

$$\frac{\mathrm{d}R}{R} = \frac{\mathrm{d}\rho}{\rho} + \frac{\mathrm{d}L}{L} - \frac{\mathrm{d}A}{A}$$

与金属材料不同的是，半导体材料的几何尺寸对电阻的变化率影响很小，故上式的后两项可以忽略不计，电阻的变化率主要是由 $\mathrm{d}\rho/\rho$ 引起的。这一现象也称为压阻效应。对于半导体单晶在沿纵向受力时，电阻率的变化为：

$$\frac{\mathrm{d}\rho}{\rho} = \pi\sigma = \pi E \varepsilon \tag{3-10}$$

式中　π——半导体材料的压阻系数；

σ——纵向应力，根据材料胡克定律 $\sigma = E\varepsilon$；

E——半导体材料的弹性模量；

ε——纵向应变。

所以应变引起的电阻变化率为：

$$\frac{\mathrm{d}R}{R} \approx \pi E \varepsilon = K\varepsilon \tag{3-11}$$

式中，$K = \pi E$，称为半导体材料的应变-电阻率灵敏系数。不同材料的半导体，灵敏系数是不同的。K 的取值一般为 $60 \sim 200$，比金属导体灵敏系数大得多。半导体的电阻受温度的影响要比金属材料大得多，且应变-电阻率曲线的线性较差，因此使用时必须考虑补偿和修正。

3.3.2　基于金属应变片的电阻式压力传感器

金属应变片是利用金属材料的应变效应而设计制成的应变-电阻转换的传感器。金属应变片可以粘贴在弹性元件上，从而通过应变片的电阻监测弹性元件的形变或位移。金属应变片有着精度高、频响特性好、结构简单且定制性强的优点，应用广泛。应变式压力传感器是采用了应变片作为传感单元的压力测量元件。

3.3.2.1　金属应变片的结构

应变片的种类分为丝式、箔式和薄膜式等，结构如图 3-6 所示。丝式应变片采用了高电阻率的金属丝（直径为 $0.015 \sim 0.05\mathrm{mm}$，长度为 $0.2 \sim 200\mathrm{mm}$），绕成栅形（也称敏感栅），并用黏合剂固定在绝缘的基片上，引出导线，表面再以极薄的覆盖膜进行保护。箔式应变片的金属敏感栅是采用光刻、腐蚀等工艺制成的，箔栅厚度在 $3 \sim 10\mu\mathrm{m}$ 之间。其优点是敏感栅的表面积占应变片的总使用面积比例较大、灵敏度高、散热好、允许通过较大的电流，同时工艺性好，易于定制、批量加工。箔式应变片在常温应用环境中有替代丝式应变片的趋势。薄膜式应变片是采用真空蒸发或沉淀的方式在薄的绝缘基底上镀上一层金属薄膜，其厚度更小（一般在 $0.1\mu\mathrm{m}$ 以下），性能更优于箔式应变片。

综上所述，应变片的敏感栅是位移-电阻转换的核心，其材料和设计对金属应变片的电阻传感性能起着决定性的作用。一般来说，敏感栅的材料需满足以下要求：①高而稳定的电阻率，较大的对应变的灵敏度系数；②电阻温度系数较低；③抗氧化、耐腐蚀；④易加工成丝、箔、膜等；⑤易于焊接，对引线的热电势小。工程应用中常需根据工作环境和材料的性能来设计、开发应变片。

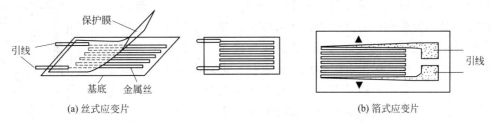

图 3-6 电阻应变片结构

(a) 丝式应变片   (b) 箔式应变片

常用敏感栅材料及其主要性能参数见表 3-3。

表 3-3 常用敏感栅材料及其主要性能参数

材料名称	主要成分	灵敏度系数 K_s	电阻率 ρ /$10^{-6}\Omega\cdot m$	电阻温度系数 α /$10^{-6}°C^{-1}$	线胀系数 β /$10^{-6}°C^{-1}$	最高工作温度 /°C
康铜	Cu 55% Ni 45%	2.0	0.45~0.52	±20	15	250(静态) 400(动态)
镍铬铁合金	Ni 36% Cr 8% Mo 0.5% Fe 55.5%	3.2	1.0	175	7.2	230(动态)
镍铬合金	Ni 80% Cr 20%	2.1~2.3	1~1.1	110~130	14	450(静态) 800(动态)
卡玛合金	Ni 74% Cr 20% Al 3% Fe 3%	2.4~2.6	1.24~1.42	±20	13.3	400(静态) 800(动态)
伊文合金	Ni 75% Cr 20% Al 3% Cu 2%					
铁铬铝合金	Cr 25% Al 5% V 2.6% Fe 67.4%	2.6~2.8	1.3~1.5	±30~40	11	800(静态) 1000(动态)
铂	Pt 100%	4.6	0.1	3000	8.9	
铂合金	Pt 80% Ir 20%	4.0	0.35	590	13	
铂钨合金	Pt 91.5% W 8.5%	4.0	0.35	192	9	800(静态)

3.3.2.2 基于金属应变片的压力传感器

应变式压力传感器大多是将应变片粘贴于弹性元件上组合而成的。正确的粘贴是应变式压力传感器正常工作的关键之一。常用的黏合剂有有机、无机两大类。其中有机黏合剂常用于低温、常温和中温环境，而无机黏合剂常用于高温环境。

基本上所有的弹性元件均可以通过粘贴应变片而形成应变式压力传感器。这里仅以应变筒的结构为例介绍其测压原理。如图 3-7 所示，应变筒 1 的上端与外壳 2 固定在一起，它的下端与不锈钢密封膜片 3 紧密接触，两片应变片 R_1 和 R_2 分别用黏合剂粘贴在应变筒的外壁上。R_1 沿应变筒的径向贴放，R_2 沿应变筒的轴向贴放。应变片与筒体之间正确黏合而无相对滑动，并且保持电气绝缘。此时，当被测压力 p 作用于不锈钢密封膜片 3 上而使应变筒轴向受压变形时，沿轴向贴放的应变片 R_2 跟随筒体受到轴向压缩应变，其阻值变小；而由于泊松比效应，应变筒在径向产生拉伸变形，因此沿径向贴放的应变片 R_1 受到拉伸应变，其阻值增大。利用这两个应变片，结合固定电阻构成直流电桥，可将应变片的电阻变化转换为相应的直流电压信号进行远传和标准化处理。有关应变片电阻信号的转换处理问题将在本章的 3.3.4 节详细讨论。

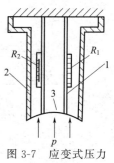

图 3-7　应变式压力
传感器

1—应变筒；2—外壳；
3—密封膜片

3.3.3　压阻元件和电阻式差压传感器

压阻元件是利用半导体材料的压阻效应制造的应变-电阻转换元件。压阻效应是指单晶半导体在沿某一轴受外力作用时，电阻率发生变化的现象。目前使用最多的是单晶硅半导体。

电阻式差压传感器主要由压阻元件和外壳组成。如图 3-8（a）所示的一个电阻式差压传感器中，在硅膜片上利用扩散工艺在其上设置四个初值相等的电阻，接入平衡电桥。构成全桥的四片电阻条中，有两片位于受压应力区，另外两片位于受拉应力区，彼此的位置相互对称于膜片中心。膜片的两边有两个压力腔，一个是和被测压力相连接的高压腔，另一个是低压腔，通常是小管和大气相通。如图 3-8（b）所示的采用波纹膜片的半导体应变片布置中，当有压力作用于膜片时，R_1、R_4 应变片位置产生的应变方向与 R_2、R_3 应变片位置的应变方向相反，而变化量相同，因此可以通过接入电桥的电阻的电压变化反映压差。

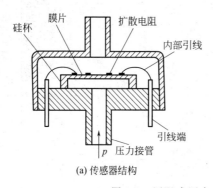

(a) 传感器结构　　　　　　　　　　　　(b) 硅杯上的应变电阻分布

图 3-8　压阻式压力传感器和硅杯结构

电阻式差压传感器是目前较为理想的、应用广泛的一种压力传感器。其特点是体积小，结构简单，动态响应好，灵敏度高，测量范围较大，支持微小压力（10Pa 级）和高压（60MPa）的监测，长期使用下稳定性好，迟滞和蠕变小，而且成本低，便于生产。

3.3.4　温度补偿与测量电路

无论是应变式压力传感器还是电阻式差压传感器，产生的电阻信号都需进一步转换为电压或电流信号，以便于进行测量信号的远传和处理。常用的方法是采用直流或交流电桥，将电阻变化转换为电压信号。同时需要考虑和去除温度等因素的影响，提高测量的精度和灵敏度，减小环境因素带来的测量误差。

3.3.4.1　金属应变片的温度误差

金属应变片的温度误差是指由于测量环境温度的改变而给测量带来的附加误差。导致温度误差的主要因素如下。

（1）电阻温度系数的影响

金属电阻丝多采用铜或铜合金材料，其阻值随温度变化的关系可用下式表示：

$$R_t = R_0(1 + \alpha_0 \Delta t) \tag{3-12}$$

式中　R_0——温度为 t_0（℃）时的电阻值；

　　　R_t——温度为 t（℃）时的电阻值；

　　　α_0——金属丝的电阻温度系数；

　　　Δt——温度变化值，$\Delta t = t - t_0$。

而半导体材料制造的压阻元件，其阻值同样会受到温度的影响，其温度-电阻特性可表示为：

$$R_T = R_0 e^{B\left(\frac{1}{T} - \frac{1}{T_0}\right)} \tag{3-13}$$

式中　T，T_0——温度值；

　　　R_T——温度为 T（K，热力学温度值）时的电阻值；

　　　R_0——温度为 T_0（K，热力学温度值）时的电阻值；

　　　B——与温度有关的材料常数。

所以当温度变化时，应变式传感器的电阻会随着温度的变化发生改变，产生附加的误差。

（2）弹性构件材料和电阻丝材料的线胀系数的影响

我们知道，金属应变片使用时必须和可产生形变的弹性构件粘贴在一起。当弹性构件与敏感栅材料的线胀系数相同时，环境温度不会诱发附加形变；而当弹性构件和敏感栅材料的线胀系数不同时，由于环境温度的变化，二者变形不同步，相互之间的约束使得电阻丝会产生附加变形，从而产生附加电阻，引起误差。

如图 3-9 所示，设电阻丝和弹性构件在温度为 0℃ 时的长度均为 L_0，它们的线胀系数分别为 β_s 和 β_g，若两者不粘贴，则当温度变化 Δt 时，它们的长度分别为：

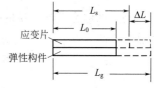

图 3-9　线胀系数
对应变片的影响

$$L_s = L_0(1 + \beta_s \Delta t) \tag{3-14}$$

$$L_g = L_0(1 + \beta_g \Delta t) \tag{3-15}$$

当二者粘贴在一起时，电阻丝产生的附加变形 ΔL、附加应变 ε_β 和附加电阻变化 ΔR_L 分别为：

$$\Delta L = L_g - L_s = (\beta_g - \beta_s) L_0 \Delta t \tag{3-16}$$

$$\varepsilon_\beta = \Delta L / L_0 = (\beta_g - \beta_s) \Delta t \tag{3-17}$$

$$\Delta R_L = K_0 R_0 \varepsilon_\beta = K_0 R_0 (\beta_g - \beta_s) \Delta t \tag{3-18}$$

由式（3-12）和式（3-18），可得由于温度变化而引起的应变片总电阻相对变化量为：

$$\frac{\Delta R}{R_0} = \frac{\Delta R_t + \Delta R_L}{R_0} = \alpha_0 \Delta t + K_0 (\beta_g - \beta_s) \Delta t$$

$$= [\alpha_0 + K_0 (\beta_g - \beta_s)] \Delta t = \alpha \Delta t \tag{3-19}$$

由式（3-19）可知，因环境温度变化而引起的附加电阻的相对变化量，除了与环境温度有关外，还与应变片自身的性能参数以及弹性构件的线胀系数有关。因此，为了避免环境温度对测量的影响，需要在进行应变片信号转换时，通过测量电路进行温度补偿，以减小环境温度带来的测量误差。

3.3.4.2 测量桥路

常用而有效的温度补偿方法是电桥补偿法。应变式传感器电阻信号的处理多采用不平衡电桥电路，按电桥的供电类型又可分为直流电桥与交流电桥。此处主要对不平衡直流电桥的应用进行说明。

如图 3-10 所示，桥路电源电压 U 为直流，4 个桥臂阻值分别为 R_1、R_2、R_3、R_4，当 $R_1=R_2=R_3=R_4$ 时，称为等臂电桥；当 $R_1=R_2=R$ 及 $R_3=R_4=R_0$（$R\neq R_0$）时，称为输出对称电桥；当 $R_1=R_4=R$ 及 $R_2=R_3=R_0$（$R\neq R_0$）时，称为电源对称电桥。

当输出端 ab 间开路时，则有电流：

$$I_1=\frac{U}{R_1+R_2} \tag{3-20}$$

$$I_2=\frac{U}{R_3+R_4} \tag{3-21}$$

在电阻 R_1 及 R_3 上的电压降分别为：

$$U_{ac}=\frac{R_1}{R_1+R_2}U \tag{3-22}$$

$$U_{bc}=\frac{R_3}{R_3+R_4}U \tag{3-23}$$

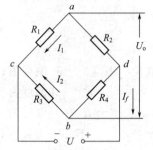

图 3-10　直流电桥

所以，桥路输出可表示为：

$$U_o=U_{ac}-U_{bc}=\frac{R_1R_4-R_2R_3}{(R_1+R_2)(R_3+R_4)}U \tag{3-24}$$

当 $U_o=0$ 时，称为电桥平衡，此时：

$$\frac{R_1}{R_2}=\frac{R_3}{R_4} \tag{3-25}$$

上式也称为直流电桥的平衡条件，电桥达到平衡时其相邻两臂的电阻比值相等。为方便说明，记

$$\frac{R_1}{R_2}=\frac{R_3}{R_4}=\frac{1}{n} \tag{3-26}$$

式中　n——桥臂电阻比。

假设电桥各桥臂电阻 R_1、R_2、R_3、R_4 都发生变化，其阻值的变化量分别为 ΔR_1、ΔR_2、ΔR_3、ΔR_4，推导可知电桥的输出近似为：

$$U_o=\frac{R_1R_2}{(R_1+R_2)^2}\left(\frac{\Delta R_1}{R_1}-\frac{\Delta R_2}{R_2}-\frac{\Delta R_3}{R_3}+\frac{\Delta R_4}{R_4}\right)U \tag{3-27}$$

右端分子、分母同时除以 R_1^2，则有：

$$U_o=\frac{n}{(1+n)^2}U\left(\frac{\Delta R_1}{R_1}-\frac{\Delta R_2}{R_2}-\frac{\Delta R_3}{R_3}+\frac{\Delta R_4}{R_4}\right) \tag{3-28}$$

输出信号的电压灵敏度为：

$$K_u=\frac{n}{(1+n)^2}U=f(n) \tag{3-29}$$

当 $f'(n)=0$ 时，K_u 有最大值，故有：

$$f'(n)=\frac{(1-n)^2}{(1+n)^4}=0 \tag{3-30}$$

由此可见当 $n=1$ 时，桥路输出的灵敏度最大，此时 $R_1=R_2=R_3=R_4$，即电桥为全等臂电桥，因此全等臂电桥是应变式传感器中常采用的形式。

全等臂直流电桥在单臂、半桥差动、全桥差动工作时的情况分别讨论如下：

① 单臂电桥。如图 3-11 所示，桥路结构中只有一个桥臂 R_1 是测量应变片，其他为固定电阻，且 $R_1=R_2=R_3=R_4=R$，单臂工作时，应变片传感器电阻发生变化，即 $R_1=R+\Delta R$，其他电阻 $\Delta R=0$，

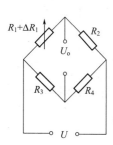

图 3-11　单臂电桥
结构

$$U_{\text{o}}=U_{\text{ac}}-U_{\text{bc}}=\frac{R_1 R_4-R_2 R_3}{(R_1+R_2)(R_3+R_4)}U=\frac{(R+\Delta R)R-R^2}{2R(2R+\Delta R)}U$$
$$=\frac{\Delta R}{2(2R+\Delta R)}U=\frac{U}{4(1+\Delta R/2R)}\times\frac{\Delta R}{R} \tag{3-31}$$

当 $\Delta R\ll R$ 时，令 $1+\Delta R/2R\approx1$，则有：

$$U_{\text{o}}=\frac{U}{4}\times\frac{\Delta R}{R} \tag{3-32}$$

电桥的输出信号与应变片电阻变化率近似成正比。可见电桥可利用其输出电压与应变的函数关系，将压力信号转换为可远传的电信号。

通过上面的推导可以看出，单臂电桥在进行电阻-电压转换中，有两个因素影响测量准确度：一个是近似线性化可能会带来无法忽略的非线性误差；另一个是应变片受环境温度影响产生的附加电阻变化，会使电桥失去平衡，产生误差。所以，在桥路中一般采用差动电桥来减少这些因素的影响，提高测量准确度。

差动电桥有两种结构：半桥和全桥。

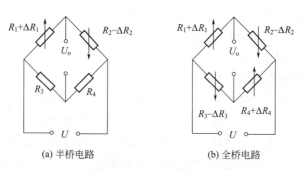

(a) 半桥电路　　　　　　(b) 全桥电路

图 3-12　差动电桥结构

② 半桥差动。如图 3-12（a）所示，相邻桥臂为两个相同类型的应变片传感器，分别位于弹性构件适当的位置上。当弹性构件发生形变时，两个应变片受到效果相反的作用，即当一个应变片受拉伸加载时，另一个应变片受等量的压缩加载。其电阻变化情况，一臂为 $R_1+\Delta R_1$，而另一臂为 $R_2-\Delta R_2$。由于 $R_1=R_2=R_3=R_4=R$，而 $\Delta R_1=\Delta R_2=\Delta R$，所以

$$U_{\text{o}}=U_{\text{ac}}-U_{\text{bc}}=\frac{R_1 R_4-R_2 R_3}{(R_1+R_2)(R_3+R_4)}U=\frac{2R\Delta R}{4R^2}U$$
$$=\frac{U}{2}\times\frac{\Delta R}{R} \tag{3-33}$$

可见，由于差动的补偿作用，电压与电阻率呈线性关系，引起非线性误差的因素理论上互相抵消；同时输出信号的灵敏度较单臂电桥提高了一倍。

当环境温度变化时，应变片电阻受温度影响相同，即一臂电阻变为 $R_1+\Delta R_1$，而另一臂也变为 $R_2+\Delta R_2$，由于应变片类型相同，所以有 $\Delta R_1=\Delta R_2=\Delta R$，若原电桥处于平衡状态，此式桥路的输出电压为：

$$U_o=\frac{R_1R_4-R_2R_3}{(R_1+R_2)(R_3+R_4)}U=\frac{(R+\Delta R)R-(R+\Delta R)R}{2R(2R+2\Delta R)}U=0 \tag{3-34}$$

可见，桥路仍然处于平衡状态，环境温度的影响被抵消。

③ 全桥差动。如图 3-12（b）所示，四个桥臂均由参与测量的应变片元件组成。在弹性构件产生形变时，其相邻桥臂的应变片受到效果相反的作用，所以

$$U_o=U\frac{\Delta R}{R} \tag{3-35}$$

可见全桥电路不仅具有差动电桥的非线性误差和温度误差的补偿功能，其灵敏度是半桥的 2 倍，是单臂电桥的 4 倍。

3.3.4.3 测量桥路所得电压信号的放大处理

通常，传感器输出的电信号是微弱的，常需要进行信号放大。在典型的工业环境中，传感器与电路之间的连接具有一定的距离，有时候距离可达 3m 以上，需要用电缆传送信号。由于传感器、电缆都有内阻，而这些电阻和放大电路自身及环境噪声引发的噪声都会对信号放大电路造成干扰，影响它正常工作。所以，信号放大电路所需满足的基本要求是：①放大电路的输入阻抗应与传感器输出阻抗相匹配；②稳定的放大倍数；③低噪声；④低的输入失调电压和输入失调电流以及低的漂移；⑤足够的带宽和转换速率（无畸变地放大瞬态信号）；⑥高共模输入范围（如达几百伏）和高共模抑制比；⑦可调的闭环增益；⑧线性度好、精度高；⑨成本低。应该指出的是，不同传感器、不同的使用环境、不同的使用条件和目的，对测量放大电路的具体要求是不同的。但是总的来说，测量放大电路是一种综合指标很高的高性能放大电路。

放大电路按测量的结构原理又可分为差动直接耦合式、调制式和自动稳定式三大类。其中，差动直接耦合式包括了单端输入（同相或反相）运算放大电路、电桥放大电路、电荷放大电路等测量放大电路。按元件的制造方式可分为分立元件结构形式、通用集成运算放大器组成形式和单片集成测量放大器三种。在三种方式中，单片集成测量放大器具有体积小、精度高、使用方便的特点。随着集成工艺的发展，单片集成测量放大器的应用在日益增多。

3.4 电容式压力计

电容式压力计的核心是电容式传感器，通过将弹性元件受压力影响产生的形变或位移转换为电容量的变化来实现对压力的监测。这类传感器具有结构简单、适应性强、具有良好的动态特性、本身发热小、支持非接触测量等特点。随着集成电子技术的不断发展，目前封装式的电容式传感器已基本克服精度受寄生电容和分布电容的影响的缺陷，成为用途广、潜力大的传感器。

3.4.1 电容式传感器的原理

当忽略边缘效应时，平行板电容器的电容量为：

$$C = \frac{\varepsilon A}{d} \tag{3-36}$$

式中　ε——电容极板间介质的介电常数；

　　　A——两平行板覆盖的面积；

　　　d——两平行板之间的距离。

由式(3-36)可知，改变 A、d、ε 其中任意一个参数都可以使电容量发生变化，在实际测量中，大多采用保持其中两个参数不变而仅改变 A 或 d 一个参数的方法，把参数的变化转换为电容量的变化。改变平行板间距 d 能够获得较高的灵敏度，可以测量微米级的位移；而改变平行板覆盖面积 A 只适用于测量厘米级的位移。根据上述原理，在应用中电容式传感器可分为变极距型、变面积型、变介电常数型，而根据电极形状，又可分为平板形、圆柱形、球面形等。

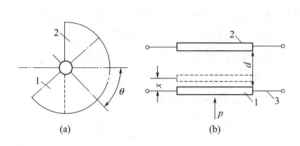

图 3-13　平行板电容器　　　　　图 3-14　电容量与极板距离关系

1—动极板；2—定极板；3—弹性元件

（1）变面积型（以角位移型为例）

如图 3-13（a）所示，1 为动极板，2 为定极板，θ 为被测压力引起的电容器动极板的角位移。当动极板有一个角位移变化时，与定极板的覆盖面积改变，从而改变了两极板之间的电容量。

当无被测压力时，$\theta = 0$，两极板面积重合，其电容量为：

$$C_0 = \frac{\varepsilon A}{d} \tag{3-37}$$

当有被测压力时，$\theta \neq 0$，则

$$C_x = \frac{\varepsilon A \left(1 - \dfrac{\theta}{\pi}\right)}{d} = C_0 \left(1 - \frac{\theta}{\pi}\right) \tag{3-38}$$

式中　C_x——角位移为 θ 时的电容量，即被测压力对应的电容量。

（2）变极距型

如图 3-13（b）所示，1 为动极板，2 为定极板，3 为弹性元件，p 为被测压力。当动极板位移变化 x 时，两极板的间距改变，引起电容量的变化。由式(3-36)可知，电容量 C 与极板间距 d 不是线性关系，而是如图 3-14 所示的曲线关系。

当 $p = 0$ 时，由式(3-37)知，动极板的位移 $x = 0$，两极板间距为 d，电容量为 C_0。当 $p \neq 0$ 时，动极板产生位移，使极板间距减小 x，此时电容量为：

$$C_x = \frac{\varepsilon A}{d - x} = \frac{\varepsilon A}{d \left(1 - \dfrac{x}{d}\right)} \tag{3-39}$$

当 $x \ll d$ 时，式(3-39) 可近似为：

$$C_{x} = \frac{\varepsilon A}{d-x} = C_0\left(1+\frac{x}{d}\right) \tag{3-40}$$

此时 C_x 与位移 x 近似为线性关系。为了使用的方便，变极距型的电容式传感器往往设计成在极小的范围内变化。由图 3-16 可知，当 d 较小时，同样 x 变化所引起的电容变化量 ΔC 增大，使传感器的灵敏度提高。但 d 过小容易引起电容器击穿，此时可在两极板之间加入云母片来提高击穿阈值。

（3）变介电常数型

这种传感器大多用于测量电介质的厚度、位移等物理量。该内容将在下一章详细介绍。

3.4.2 电容式压力传感器

3.4.2.1 变极距型电容式压力传感器

变极距型电容式压力传感器有着较高的灵敏度，它利用弹性元件的形变或位移改变电容传感器的极距，使其产生相应的电容变化。但是如上所述，极距 d 与电容量 C 之间的函数关系是非线性的，若采用近似线性化的处理方法，会不可避免地产生非线性误差。为了提高变极距型电容式压力传感器的测量精度和灵敏度，工程上常采用差动结构。

典型的差动式变极距型电容式传感器原理如图 3-15 所示，设初始时 $C_1 = C_2 = C_0$，当中间的动极板移动 x 时，一边极距增大，$C_1 - \Delta C$；一边极距减小，$C_2 + \Delta C$。

对于电容 C_2，$\Delta C = C_{x2} - C_2$，其中 $C_2 = \dfrac{\varepsilon A}{d}$，$C_{x2} = \dfrac{\varepsilon A}{d-x}$，则

$$\frac{\Delta C}{C_2} = \frac{x/d}{1-x/d} \tag{3-41}$$

当 $x/d \ll 1$ 时，可利用泰勒级数将式(3-41) 展开：

$$\frac{\Delta C}{C_2} = \frac{x}{d}\left[1+\frac{x}{d}+\left(\frac{x}{d}\right)^2+\left(\frac{x}{d}\right)^3+\left(\frac{x}{d}\right)^4+\cdots\right] \tag{3-42}$$

对于电容 C_1，$\Delta C = C_1 - C_{x1}$，$C_{x1} = \dfrac{\varepsilon A}{d+x}$，则

$$\frac{\Delta C}{C_2} = \frac{x/d}{1+x/d} \tag{3-43}$$

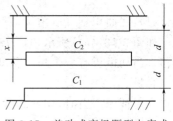

图 3-15　差动式变极距型电容式
传感器原理

当 $x/d \ll 1$ 时，可利用泰勒级数将式(3-43) 展开：

$$\frac{\Delta C}{C_2} = \frac{x}{d}\left[1-\frac{x}{d}+\left(\frac{x}{d}\right)^2-\left(\frac{x}{d}\right)^3+\left(\frac{x}{d}\right)^4+\cdots\right] \tag{3-44}$$

总输出电容为两电容串联，即

$$\frac{\Delta C}{C} = \frac{\Delta C}{C_1}+\frac{\Delta C}{C_2} = 2\frac{x}{d}\left[1+2\left(\frac{x}{d}\right)^2+2\left(\frac{x}{d}\right)^4+\cdots\right] \tag{3-45}$$

由式(3-45) 可见，式中右侧全部为奇次项，做线性近似时误差为 x/d 的三次方，由近似引起的误差的影响将大大减小，而灵敏度却提高了一倍。因此，变极距型压力传感器基本上都采用了差动方式。目前工业生产上应用最多的电容式差压变送器即基于以上原理。

电容式差压传感器如图 3-16 所示。左右对称的不锈钢基座 2 和 3 的外侧加工成环状波纹沟槽，并焊上波纹隔离膜片 1 和 4。基座内侧有玻璃层 5，基座和玻璃层中央开有孔，使隔离膜片 1、4 与测量膜片 7 连通。玻璃层内表面磨成凹球面，球面除边缘部分外镀有一层

金属膜 6，金属膜电容的左、右定极板经导线引出，与测量膜片 7（即动极板）构成两个串联电容 C_1 和 C_2。测量膜片为弹性平膜片，被夹入和焊接在基座中央，将空间分隔成左、右两部分，并在测量膜片分离的左、右空间中充入硅油。隔离膜片与壳体构成左、右两个测量室，称为正、负压室（即高、低压室）。当分别承受高压 p_1 和低压 p_2 时，硅油的不可压缩性和流动性便将差压 $\Delta p = p_1 - p_2$ 传递到测量膜片的两侧。因为测量膜片焊接前加有预张力，所以差压 $\Delta p = 0$ 时十分平整，与左、右定极板组成的电容量完全相等，即 $C_1 = C_2$。当 $\Delta p \neq 0$ 时，测量膜片发生变形，动极板与低压侧定极板之间的极距减小，而与高压侧定极板之间的极距增大，使得 $C_1 < C_2$。

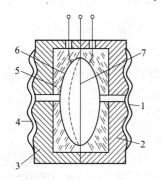

图 3-16　电容式差压传感器
1，4—膜片；2，3—基座 5—玻璃层；
6—金属膜（固定极板）；7—测量膜片（动极板）

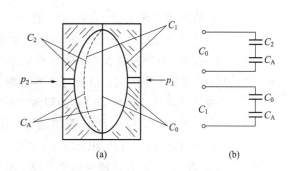

图 3-17　差压与电容的关系

如图 3-17 所示，无压差时，左、右两侧初始电容均为 C_0；有压差时，动极板变形到虚线位置，它与初始位置之间的假想电容为 C_A，虚线位置与低压侧固定极板之间的电容为 C_2，与高压侧定极板之间的电容为 C_1，因此由电容串联公式可得：

$$\frac{1}{C_0} = \frac{1}{C_2} + \frac{1}{C_A} \quad , \quad C_2 = \frac{C_A C_0}{C_A - C_0} \tag{3-46}$$

$$\frac{1}{C_1} = \frac{1}{C_0} + \frac{1}{C_A} \quad , \quad C_1 = \frac{C_A C_0}{C_A + C_0} \tag{3-47}$$

则差动电容的关系为：

$$\frac{C_2 - C_1}{C_2 + C_1} = \frac{C_0}{C_A} \tag{3-48}$$

经推导可得：

$$\frac{C_0}{C_A} = K_1(p_1 - p_2) = K_1 \Delta p_1 \tag{3-49}$$

因此式（3-49）可以表示为：

$$\frac{C_2 - C_1}{C_2 + C_1} = K_1 \Delta p \tag{3-50}$$

由式（3-50）可知，差动电容的变化值与压力差成正比。

3.4.2.2　电容式传感器的等效电路

工程中常需要对电容式传感器进行灵敏度和非线性的分析。在一定情况下可以将电容式传感器看作为纯电容器，忽略电容器的损耗和工作频率低时的电感效应。但当电容器的损耗和电感效应不能被忽略的时候，就要重新考虑电容式传感器的等效电路。

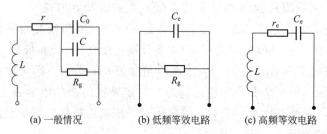

图 3-18　电容式传感器的等效电路

① 一般情况可等效为图 3-18（a）：图中，L 为包括引线电缆电感和电容式传感器本身的电感；r 由引线电阻、极板电阻和金属支架电阻组成；C 为传感器本身的电容；C_0 为引线电缆、所接测量电路及极板与外界所形成的总寄生电容；R_g 是极间等效漏电阻，包含极板间的漏电损耗和介质损耗、极板与外界间的漏电损耗和介质损耗。

② 低频等效电路：传感器电容的阻抗非常大，L 和 r 的影响可忽略。此时，等效电容 $C_e = C_0 + C$，等效电阻 $R_e \approx R_g$。具体结构如图 3-18（b）所示。

③ 高频等效电路：电容的阻抗变小，L 和 r 的影响不可忽略，漏电的影响可忽略，其中 $C_e = C_0 + C$，而 $r_e \approx r$，具体结构如图 3-18（c）所示。高频情况下的等效电容值可表示为：

$$C = \frac{C_e}{1 - \omega^2 L C_e} \tag{3-51}$$

可见，在高频情况下电容变化和激励信号频率 ω、信号传输线等效电感 L、极板间的分布电容 C_e 均有关。因此，使用高频信号作为电容测量的激励信号时，不要随意改变信号频率或更换传输导线，必要时需重新标定测量系统。

3.4.3　测量电路

电容式传感器的电容值和变化量都十分微小，必须借助于信号调节电路才能变换为电压或电流信号，从而实现显示、记录、传输。对电容信号的处理有多种方式，如利用交流电桥、交流整流电路、谐振电路等，以下选择一些较为典型的转换方法进行介绍。

3.4.3.1　调频电路

调频测量电路原理框图及测量电路图分别如图 3-19 和图 3-20 所示，电容式传感器作为振荡器谐振回路的一部分，当被测量导致电容量发生变化时，振荡器的振荡频率就发生变化。

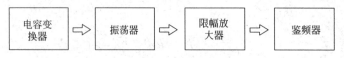

图 3-19　调频测量电路原理框图

图 3-19 中振荡器的振荡频率为：

$$f = \frac{1}{2\pi \sqrt{LC}} \tag{3-52}$$

式中　L——振荡回路的电感；

　　　C——振荡回路的总电容，$C = C_1 + C_i + C_0 \pm \Delta C$；

　　　C_1——振荡回路固有电容；

C_i——传感器引线分布电容；

$C_0 \pm \Delta C$——传感器的电容。

当被测信号为零时，$\Delta C = 0$，振荡器存在固有振荡频率 f_0：

$$f_0 = \frac{1}{2\pi\sqrt{L(C_1 + C_i + C_0)}} \tag{3-53}$$

$$f = \frac{1}{2\pi\sqrt{L(C_1 + C_i + C_0 \pm \Delta C)}} = f_0 \pm \Delta f \tag{3-54}$$

可见调频信号的频率变化与电容变化成一定的函数关系。虽然频率可作为测量系统的输出，但由于系统是非线性的，不易校正，所以上述电路中使用了鉴频器，其作用是将频率的变化转换为振幅的变化，经过放大就容易用仪表指示或记录下来。与调频电路配合的电容式传感器具有灵敏度高、可测至 $0.001\mu m$ 级位移变化量、抗干扰能力强、易于用数字仪器测量和与计算机通信等诸多优点。

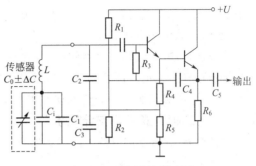

图 3-20　调频测量电路图

3.4.3.2　交流电桥

变压器式交流电桥使用元件最少，桥路内阻最小，因此目前在测量电容中较多采用。图 3-21 为变压器式交流电桥示意图，图 3-22 为电桥测量电路原理框图。

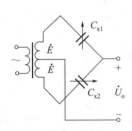

图 3-21　变压器式交流电桥

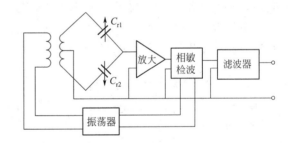

图 3-22　电桥测量电路原理框图

由于电桥的输出电压与电源电压成比例，因此要求电源电压波动极小，需采用稳幅、稳频等措施。在要求精度很高的场合，可采用自动平衡电桥传感器必须工作在平衡位置附近，否则电桥非线性增大；接有电容式传感器的交流电桥输出阻抗很高，输出电压幅值又小，所以必须后接高输入阻抗放大器将信号放大后才能测量。

3.4.3.3　运算放大器式电路

运算放大器的放大倍数 K 非常大，而且输入阻抗 Z_i 很高，可以使其作为电容式传感器比较理想的测量电路。

图 3-23 是运算放大器式电路原理图。C_x 为电容式传感器，C 为固定电容，U 是交流电源电压，U_o 是输出信号电压。由运算放大器工作原理可知：

$$U_o = -\frac{\frac{1}{j\omega C_x}}{\frac{1}{j\omega C}}U = -\frac{C}{C_x}U \tag{3-55}$$

又由 $C_x = \dfrac{\varepsilon A}{d}$，所以

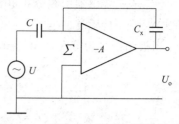

$$U_o = -\frac{UC}{\varepsilon A}d \qquad (3\text{-}56)$$

可见运算放大器的输出电压与动极板的板间距离 d 成正比。式中负号代表输出电压与输入电压反相。运算放大器电路解决了单个变极距型电容式传感器的非线性问题，从原理上保证了变极距型电容式传感器的线性。

图 3-23　运算放大器式电路原理图

如果电容式传感器是变面积式或变介电常数式的，可通过交换 C 和 C_x 在电路中的位置，使 U_o 与被测参数的函数关系仍为线性。

式(3-56)是在运算放大器的放大倍数和输入阻抗无穷大的条件下得出的，因此实际使用时仍然存在一定的非线性误差。但目前集成运算放大器的放大倍数和输入阻抗已足够大，达到 $10^5 \sim 10^6$ 数量级，其非线性误差可以忽略。

3.4.3.4　二极管双 T 形交流电桥

二极管双 T 形交流电桥电路原理图见图 3-24。U_E 是高频电源，提供幅值为 U_i 的对称方波；VD_1、VD_2 为特性完全相同的两个二极管；$R_1 = R_2 = R$，C_1、C_2 为传感器的两个差动电容。当传感器没有输入时，$C_1 = C_2$。电路工作原理如下。

当 U_E 为正半周时，二极管 VD_1 导通、VD_2 截止，于是电容 C_1 充电；在随后负半周出现时，电容 C_1 上的电荷通过电阻 R_1，负载电阻 R_L 放电，流过 R_L 的电流为 I_1。在负半周内，VD_2 导通、VD_1 截止，则电容 C_2 充电；在随后出现正半周时，C_2 通过电阻 R_2、负载电阻 R_L 放电，流过 R_L 的电流为 I_2。根据上面所给的条件，则电流 $I_1 = I_2$，且方向相反，在一个周期内流过 R_L 的平均电流为零。

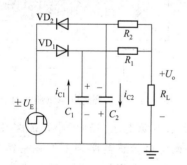

图 3-24　二极管双 T 形交流电桥原理图

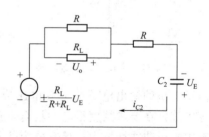

图 3-25　等效一阶电路

若二极管理想化，则当电源为正半周时，电路等效成一阶电路，如图 3-25 所示。供电电压是幅值为 $\pm U_E$、周期为 T、占空比为 50% 的方波，可直接得到电容 C_2 的电流为：

$$i_{C2} = \left\{ \frac{U_E + \dfrac{R_L}{R + R_L}U_E}{R + \dfrac{RR_L}{R + R_L}} \right\} e^{\frac{-t}{[R + RR_L/(R + R_L)]C_2}} \qquad (3\text{-}57)$$

在 $C_2[R + RR_L/(R + R_L)]$ 为 $T/2$ 时，电流 i_{c2} 的平均值 I_{c2} 可表示为：

$$I_{c2} = \frac{1}{T}\int_0^{T/2} i_{c2}\,\mathrm{d}t \approx \frac{1}{T}\int_0^{\infty} i_{c2}\,\mathrm{d}t = \frac{1}{T}\frac{R + 2R_L}{R + R_L}U_E C_2 \qquad (3\text{-}58)$$

同理，可得负半周时电容 C_1 的平均电流 I_{c1} 为：

$$I_{c2} = \frac{1}{T} \times \frac{R+2R_L}{R+R_L} U_E C_1 \tag{3-59}$$

故在负载 R_L 上产生的电压为：

$$U_o = \frac{RR_L}{R+R_L}(I_{c1}-I_{c2}) = \frac{RR_L(R+2R_L)}{(R+R_L)^2} \times \frac{U_E}{T}(C_1-C_2) \tag{3-60}$$

当 R_L 已知时，$\dfrac{RR_L(R+2R_L)}{(R+R_L)^2}$ 为常数，设为 K，则

$$U_o = K f U_E (C_1-C_2) \tag{3-61}$$

输出电压不仅与电源电压的频率和幅值有关，而且与 T 形网络中的电容 C_1、C_2 的差值有关。当电源电压确定后，输出电压只是电容 C_1 和 C_2 的函数。二极管双 T 形交流电桥电路具有线路简单、分布电容的影响小、当电源频率很高时可直接输出较高电压的优点。其灵敏度与电源频率、幅值等有关，要求必须具备高度稳定的电源。这种电路适用于具有线性特性的单组式和差动式电容式传感器，输出信号的上升时间取决于负载电阻（μs 量级），可以用作高速机械运动测量，如冲击压力。

3.4.3.5　脉冲宽度调制电路

脉冲宽度调制电路又称脉冲调制电路，如图 3-26 所示，其原理是对传感器电容充放电，从而使得电路输出脉冲的宽度随传感器电容量变化。当 $C_1=C_2$ 时，输出电压 U_o 为等宽矩形波；当 $C_1 \neq C_2$ 时，U_o 为不等宽矩形波，其占空比的变化和差动电容的容量变化有关。通过低通滤波器就能得到对应被测电容量变化的直流信号。

设传感器为差动电容传感器，分别为 C_1 和 C_2。当双稳触发器的输出端 A 为高电位时，B 端为低电位，则其通过 R_1 对 C_1 充电。当充到 C 点电位高于参比电位 U_f 时，比较器 A_1 翻转，将使触发器翻转。在翻转前，B 点为低电位，电容 C_2 通过二极管 VD_2 迅速放电，D 点电位迅速降为零值。一旦双稳触发器翻转后，A 点变为低电位，B 点变为高电位。这时将在反方向上重复上述过程，即 C_2 充电，C_1 放电。当 $R_1=R_2$ 时，可推导出电路中 A、B 两点之间电压的直流分量 U_o 为：

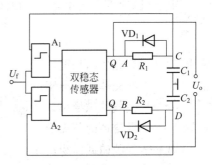

图 3-26　脉宽调制电路原理图

$$U_o = \frac{C_1-C_2}{C_1+C_2} U_1 \tag{3-62}$$

式中　U_1——双稳触发器的高电平电压。

当差动电容传感器为变间隙式时：

$$U_o = \frac{C_1-C_2}{C_1+C_2} U_1 = \frac{d_1-d_2}{d_1+d_2} U_1 = \frac{\Delta x}{d_0} U_1 \tag{3-63}$$

当差动电容传感器为变面积式时：

$$U_o = \frac{C_1-C_2}{C_1+C_2} U_1 = \frac{A_1-A_2}{A_1+A_2} U_1 = \frac{\Delta s}{A_0} U_1 \tag{3-64}$$

由此可见，对于脉冲宽度调制电路，不论是对变极距型电容式传感器还是对变面积型电容式传感器，其变化量与输出电压之间均成线性关系。

差动脉冲调宽电路的特性是能适用于任何差动式电容式传感器，并具有理论上的线性特性。它的主要优点有：电压稳定度高，对稳频和波形无要求，对元件无线性要求，对输出矩形波要求不高，不需要相敏检波与解调，矩形波电压经过低通滤波器有较大的直流电压信号输出等。

3.5 电感式压力计

电感式压力计采用的敏感元件是电感式压力传感器，利用电磁感应原理，把被测压力转换成自感或互感系数的变化，再由测量电路转换为电压或电流输出。它的种类很多，以下介绍常用的自感式和互感式两种传感器。

3.5.1 自感式传感器

3.5.1.1 工作原理

简单的自感式传感器结构原理如图 3-27 所示。它由线圈、铁芯和衔铁三部分组成。铁芯和衔铁均由导磁材料制成。在铁芯与衔铁之间为空气隙，气隙厚度为 δ。压力传感元件与衔铁相连，传感元件的位移会引起空气隙变化，从而改变磁路的磁阻，使线圈电感值发生变化。由电工学可知，线圈中的电感可以表示为：

$$L = \frac{N^2}{R_M} \qquad (3-65)$$

式中　N——线圈匝数；

R_M——磁路总磁阻。

当空气隙厚度 δ 较小时，可以忽略磁路的铁损，此时总磁阻可以表示为：

$$R_M = \frac{l}{\mu A_1} + \frac{2\delta}{\mu_0 A} \qquad (3-66)$$

式中　l——导磁体的长度；

μ——导磁体的磁导率；

μ_0——空气的磁导率；

A_1——导磁体的截面积；

A——气隙的截面积；

δ——气隙的厚度。

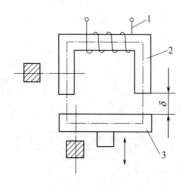

图 3-27　变气隙自感式传感器结构原理

1—线圈；2—铁芯；3—衔铁

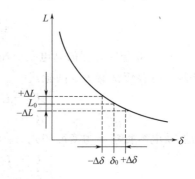

图 3-28　电感传感器 L-δ 特性

一般导磁体的磁阻与空气隙的磁阻相比要小得多，所以式(3-66) 中的第一项可以忽略不计，因此线圈的磁路总磁阻可以表示为：

$$R_{\mathrm{M}} \approx \frac{2\delta}{\mu_0 A} \tag{3-67}$$

而线圈的电感可表示为：

$$L \approx \frac{\mu_0 A N^2}{2\delta} \tag{3-68}$$

由式(3-68) 可知，当线圈匝数 N 确定之后，改变 δ 和 A 均可以引起电感 L 的变化，因此自感式传感器可分为变气隙厚度和变气隙面积两种，其中，前者的使用较广泛。图 3-28 所示为气隙厚度 δ 与电感 L 的关系曲线，变气隙式电感传感器的输出特性分析如下。

设衔铁处于起始位置时，初始气隙厚度为 δ_0，对应的初始电感为：

$$L_0 = \frac{\mu_0 A N^2}{2\delta_0}$$

当衔铁上移 $\Delta\delta$ 时，传感器的气隙减小 $\delta = \delta_0 - \Delta\delta$，对应的电感量为：

$$L = \frac{\mu_0 A N^2}{2(\delta_0 - \Delta\delta)}$$

记电感的变化量为：

$$\Delta L = L - L_0 \approx \frac{\mu_0 A N^2}{2} \times \frac{\Delta\delta}{\delta_0(\delta_0 - \Delta\delta)} = L_0 \frac{\Delta\delta}{\delta_0 - \Delta\delta}$$

而相对变化量为：

$$\frac{\Delta L}{L_0} = \frac{\Delta\delta}{\delta_0 - \Delta\delta} = \frac{\Delta\delta}{\delta_0}\left(\frac{1}{1 - \Delta\delta/\delta_0}\right)$$

当 $\Delta\delta/\delta \ll 1$ 时，将上式展开成级数形式：

$$\frac{\Delta L}{L_0} = \frac{\Delta\delta}{\delta_0}\left[1 + \frac{\Delta\delta}{\delta_0} + \left(\frac{\Delta\delta}{\delta_0}\right)^2 + \cdots\right] = \frac{\Delta\delta}{\delta_0} + \left(\frac{\Delta\delta}{\delta_0}\right)^2 + \left(\frac{\Delta\delta}{\delta_0}\right)^3 + \cdots \tag{3-69}$$

类似地，当衔铁下移 $\Delta\delta$ 时，传感器的气隙增大，$\delta = \delta_0 + \Delta\delta$，得出电感的变化量为：

$$\Delta L = L - L_0 = L_0 \frac{-\Delta\delta}{\delta_0 + \Delta\delta}$$

同样可展开成级数：

$$\frac{\Delta L}{L_0} = -\frac{\Delta\delta}{\delta_0} + \left(\frac{\Delta\delta}{\delta_0}\right)^2 - \left(\frac{\Delta\delta}{\delta_0}\right)^3 + \cdots \tag{3-70}$$

式(3-69) 和式(3-70) 均为非线性特性。然而，若忽略二次项以上的高次项，则有

$$\left|\frac{\Delta L}{L_0}\right| = \frac{\Delta\delta}{\delta_0} \tag{3-71}$$

由于高次项的存在是造成非线性误差的原因。若限制 $\Delta\delta/\delta$ 足够小，高次项将迅速减小，从而使得线性近似的误差得到改善，但这样又会使得传感器的测量范围减小。所以自感式传感器输出特性的线性度与测量范围之间是矛盾的。一般取 $\Delta\delta/\delta = 0.1 \sim 0.2$。

3.5.1.2　差动式自感传感器

工程中常使用如图 3-29 所示的差动结构来改善变气隙式传感器的非线性，其本质是限

制测量范围，即减小衔铁移动范围。由图 3-29 可见，上、下两个完全对称的自感传感器共用一个活动衔铁，该活动衔铁固定在承载压力的弹性元件（如弹簧管）的自由端。传感器的两只电感线圈作为交流电桥的相邻桥臂，与另外两个固定电阻组成交流电桥。$\dot{U}$ 为桥路交流电源，$\dot{U}_0$ 为桥路交流输出。

起始位置时，衔铁处于中间位置，上、下两侧气隙相同，即 $\delta_1 = \delta_2 = \delta_0$，则 $Z_1 = Z_2 = Z_0$，故桥路输出电压 $U_\circ = 0$，电桥处于平衡状态。当弹簧管受压力而变形，使得衔铁偏离中间位置，向上或者向下移动时，使两只电感线圈的电感量一个增大、一个减小，$\delta_1 \neq \delta_2$，则 $Z_1 \neq Z_2$，电桥失去平衡，桥路输出的大小与衔铁移动的大小成比例，其相位则与衔铁移动的方向有关。若以向上移动时电压为正，则向下移动时电压为负。桥路输出电压 $U_\circ$ 与差动电感的变化量 ΔL 有关，设衔铁上移 $\Delta\delta$，则由式（3-69）和式（3-70），有

$$\Delta L = L_1 - L_2 = 2L_0 \left[\frac{\Delta\delta}{\delta} + \left(\frac{\Delta\delta}{\delta}\right)^3 + \left(\frac{\Delta\delta}{\delta}\right)^5 + \cdots \right] \tag{3-72}$$

式中，L_0 为衔铁在中间位置时单个线圈的初始电感量。

由于式（3-72）右侧不存在偶数项，其非线性远小于单个电感传感器。与式（3-69）和式（3-70）比较可见，差动式自感传感器的灵敏度比单个传感器提高了 1 倍。

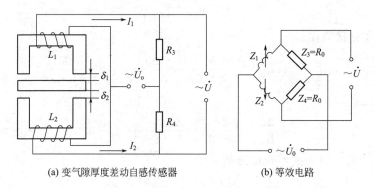

(a) 变气隙厚度差动自感传感器　　(b) 等效电路

图 3-29　差动式自感传感器结构原理

对于高 Q 值（$Q = \omega L_0 / R_0$，它是自感传感器的品质因数，Q 值大表明线圈制造质量好）的差动式传感器，由图 3-29（b）可知桥路输出电压为：

$$\dot{U}_\circ = \frac{\dot{U}}{4} \times \frac{\Delta Z_1 + \Delta Z_2}{Z_0} = \frac{\dot{U}}{4} \times \frac{j\omega(\Delta L_1 + \Delta L_2)}{R_0 + j\omega L_0} = \frac{\dot{U}}{4} \times \frac{j\omega \Delta L}{R_0 + j\omega L_0} \tag{3-73}$$

式中　ω——激励电压的角频率；

　　　Z_0——单个电感线圈阻抗；

　　　R_0——单个电感线圈电阻。

由于传感器衔铁位移变化量 $\Delta\delta$ 较小，忽略式（3-72）中高次项可得：

$$\dot{U}_\circ \approx \frac{\dot{U}}{4} \times \frac{j\omega}{R_0 + j\omega L_0} \left(2L_0 \frac{\Delta\delta}{\delta_0} \right) = \frac{\dot{U}}{2} \times \frac{j\omega L_0}{R_0 + j\omega L_0} \times \frac{\Delta\delta}{\delta_0} \tag{3-74}$$

对于高 Q 值的差动式传感器，式（3-74）可简化为：

$$\dot{U}_\circ = \frac{\dot{U}}{2} \times \frac{\Delta\delta}{\delta_0} = K \Delta\delta \tag{3-75}$$

式中，$K = \dfrac{\dot{U}}{2\delta_0}$，称为桥路电压灵敏度。

上式表明桥路输出电压幅值与衔铁位移量 $\Delta\delta$ 成正比，相位则与衔铁移动方向有关。

3.5.1.3 测量电路

(1) 变压器式交流电桥

变压器式电桥结构如图 3-30 所示。图 3-30 中相邻两工作臂 Z_1、Z_2 为差动电感传感器的两个线圈的阻抗；另两臂为变压器次级线圈的两半（每臂电压为 $\dot{U}/2$），输出电压取自 A、B 两点。

假定 0 点为零电位，且传感器线圈为高 Q 值，即 $r \ll \omega L$，则可以推导其输出特性公式为：

$$\dot{U}_o = \dot{U}_A - \dot{U}_B = \frac{Z_1}{Z_2 + Z_1}\dot{U} - \frac{1}{2}\dot{U} \tag{3-76}$$

在初始位置，即衔铁位于差动式电感式传感器中间时，由于两线圈完全对称，因此 $Z_1 = Z_2 = Z_0$，此时桥路平衡，即 $\dot{U}_o = 0$。

当衔铁上移时，上线圈阻抗增加，即 $Z_2 = Z + \Delta Z$；而下线圈阻抗减少，即 $Z_1 = Z - \Delta Z$，此时输出电压为：

$$\dot{U}_o = \frac{Z_1}{Z_2 + Z_1}\dot{U} - \frac{1}{2}\dot{U} = \frac{\Delta Z}{2Z}\dot{U} \tag{3-77}$$

因为在 Q 值很高时，线圈内阻可以忽略，所以

$$\dot{U}_o = \frac{j\omega\Delta L}{2j\omega L}\dot{U} = \frac{\Delta L}{2L}\dot{U} \tag{3-78}$$

同理衔铁下移时，可推导出：

$$\dot{U}_o = -\frac{\Delta L}{2L}\dot{U} \tag{3-79}$$

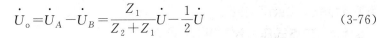

综合式(3-78)、式(3-79) 得：

$$\dot{U}_o = \pm\frac{\Delta L}{2L}\dot{U} \tag{3-80}$$

图 3-30 变压器式电桥

由式(3-80) 可见，衔铁上移和下移时，输出电压相位相反，且随 ΔL 的变化输出电压也相应地改变。因此可以根据这个性质经适当电路处理来判别位移的大小及方向。

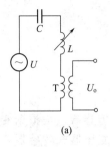
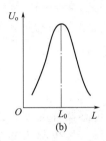
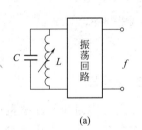
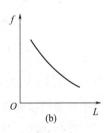

(a)　　　　　　　(b)　　　　　　　　　　　(a)　　　　　　　(b)

图 3-31 调幅电路　　　　　　　　　　　图 3-32 调频电路

（2）调幅、调频电路

将感抗变化转换为交流信号幅值的电路，称为调幅电路。如图 3-31（a）中，传感器 L 与固定电容 C、变压器 T 串联在一起，接入外接电源 U 后，变压器的次级将有电压 U_0 输出。输出电压的频率与电源频率相同，幅值随 L 变化。输出电压与电感 L 的关系曲线如图 3-31（b）所示，其中 L_0 为谐振点的电感值。实际应用时，可以使用特性曲线一侧接近线性的一段。这种电路的灵敏度很高，但线性度差，适用于对线性度要求不高的场合。

图 3-32（a）为将感抗变化转换为交流信号频率的电路，称为调频电路。把传感器电感 L 和一个固定电容 C 接入一个振荡回路中，其振荡频率为：

$$f = \frac{1}{2\pi\sqrt{LC}} \tag{3-81}$$

当 L 变化时，振荡频率随之变化，根据频率大小即可测出被测量值。频率和电感变化的关系如图 3-32（b）所示。

3.5.1.4 自感式压力计

图 3-33（a）所示是一种典型的变隙式电感式压力计的结构。它由波纹管、铁芯、衔铁及线圈等组成，衔铁与膜盒的上端连在一起。其工作原理为：当压力进入波纹管时，波纹管的顶端在压力 p 的作用下产生与压力 p 大小成正比的位移。于是衔铁也发生移动，从而使气隙发生变化，流过线圈的电流也发生相应的变化，电流的大小反映了被测压力的大小。

图 3-33（b）所示为一种变隙式差动电感压力传感器和变压器式的交流电桥测量电路。它主要由弹簧管、衔铁、铁芯和线圈等组成。其工作原理为：当被测压力进入弹簧管时，弹簧管产生变形，其自由端发生位移，带动与自由端连接成一体的衔铁运动，使线圈 1 和线圈 2 中的电感发生大小相等、符号相反的变化，即一个电感量增大，另一个电感量减小。电感的这种变化通过电桥电路转换成电压输出。由于输出电压与被测压力之间成比例关系，所以只要用检测仪表测量出输出电压，即可得知被测压力的大小。

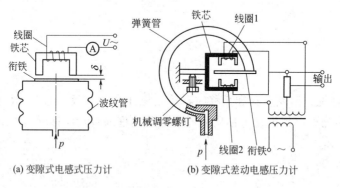

(a) 变隙式电感式压力计　　　(b) 变隙式差动电感压力计

图 3-33　自感式压力计

3.5.2 互感式差动传感器

将被测的位移或形变转换为线圈互感量变化的传感器称为互感式传感器，是根据变压器的原理制成的。且次级绕组都是采用差动形式连接，故也称为差动变压器式传感器。差动变压器结构形式多样，但工作原理相同。本节仅以目前采用较多的螺管式结构为例进行介绍。螺管式结构的互感式差动传感器可以测量 $1\sim100\text{mm}$ 的机械位移，有着精度高、结构简单、性能可靠等优点，因此除压力测量外，在其他参数（如液位、流量等）的测量中也被采用。

3.5.2.1　工作原理

螺管式差动变压器如图 3-34（a）所示。它由一个位于中间的初级线圈、两个位于边缘的次级线圈及圆柱形铁芯组成。其结构类似变压器，初级线圈作为激励相当于变压器原边；完全对称的两个次级线圈形成变压器的副边。不同的是：一般变压器为闭合磁路，原、副边之间的互感系数是常数，而差动变压器为非闭合磁路，原、副边之间的互感随衔铁移动作相应的变化。

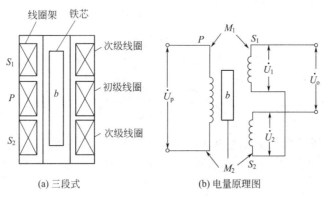

图 3-34　差动变压器结构原理图

差动变压器原理如图 3-34（b）所示。两个次级线圈反相串联，当初级线圈通以适当频率的激励电压时，两个次级线圈产生的感应电压分别为 $\dot{U}_1$ 和 $\dot{U}_2$，输出电压为 $\dot{U}_o = \dot{U}_1 - \dot{U}_2$。当铁芯处于两次级线圈的中间位置时，$\dot{U}_1 = \dot{U}_2$，$\dot{U}_o = 0$；当铁芯偏离中间位置向上（或向下）移动时，互感 M_1（或 M_2）增大，输出电压 $\dot{U}_o \neq 0$，但输出电压的相位相差 180°。

差动变压器的等效电路如图 3-35 所示。

图 3-35 中，L_p、R_p 为初级线圈电感和损耗电阻；M_1、M_2 为初级线圈与两个次级线圈之间的互感系数；$\dot{U}_p$ 为激励电压；$\dot{U}_o$ 为输出电压；L_{s1}、L_{s2} 为两个次级线圈的电感；R_{s1}、R_{s2} 为两个次级线圈的损耗电阻。

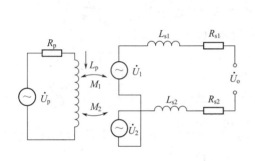

图 3-35　差动变压器的等效电路

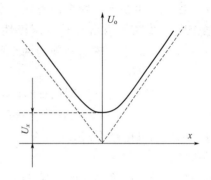

图 3-36　零点残余电压

根据变压器原理，当次级开路时，初级线圈的交流电流为：

$$\dot{I} = \frac{\dot{U}_p}{R_p + j\omega L_p}$$

式中　ω——激励电压的角频率。

次级线圈的感应电压为：

$$\dot{U}_1 = -j\omega M_1 \dot{I}_p \ ; \ \dot{U}_2 = -j\omega M_2 \dot{I}_p$$

差动变压器的输出电压为：

$$\dot{U}_o = -j\omega(M_1 - M_2)\frac{\dot{U}_p}{R_p + j\omega L_p} \tag{3-82}$$

输出电压的有效值为：

$$U_o = \frac{\omega(M_1 - M_2)U_p}{\sqrt{R_p^2 + (\omega L_p)^2}} \tag{3-83}$$

可见，当初级线圈结构和激励电压一定时，输出电压主要由互感 M_1 和 M_2 的大小所决定。输出电压的相位反映了铁芯移动的方向，输出电压的幅值反映了铁芯移动的距离。

理想情况下，当铁芯处于中间位置时，输出电压 $U_o = 0$。但实际上，由于两个次级线圈结构上不可能完全对称，激励电压中无法避免含有高次谐波等因素的影响，因此输出电压并不等于零，而是有一个微小电压 U_x，称为零点残余电压，如图 3-36 所示，一般在几十毫伏以下，必须设法消除，否则将会影响测量的精度。

3.5.2.2　测量电路

差动变压器输出的是交流电压。为了达到既能反映铁芯移动方向，又能补偿零点残余电压的目的，在工程中，常采用差动直流输出电路。差动直流输出电路有两种形式：差动整流电路和相敏检波电路。

（1）差动整流电路

它是将差动变压器的两个次级电压分别整流，然后把整流后的电压差值作为输出，如图 3-37 所示。

由图 3-37 可知，差动变压器的两个次级线圈分别接在了两个独立的电桥上进行全波整流，负载电阻均为 R。无论两个次级线圈的输出瞬时电压极性如何，两个电桥之间的连接使电路总的输出必须为两个整流桥路的差值，即 $U_o = |U_1| - |U_2|$。

图 3-38 给出了铁芯在不同位置的输出波形。当铁芯在中间位置时，$U_o = 0$；铁芯上移或下移时，输出电压的极性相反，因此这种电路不需要考虑零点残余电压的影响它会自动抵消。

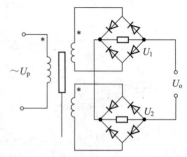

图 3-37　全波整流电路

这种电路结构简单，分布电容影响小，不需要考虑相位调整和零点残余电压的影响，并且便于远距离传送，因此得到了广泛的应用。

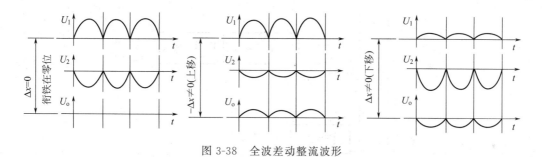

图 3-38　全波差动整流波形

（2）相敏检波电路

它可以采用由二极管构建的半波相敏检波电路或全波相敏检波电路，也可以采用集成化的相敏检波电路，例如 LZX1 单片相敏检波电路。LZX1 为全波相敏检波放大器，它与差动变压器的连接如图 3-39 所示。

相敏检波电路要求辅助电压必须要与差动变压器的次级输出电压 U_1、U_2 频率相同，而其相位应与 U_1、U_2 一致或相差 $180°$。因此，需要在线路中加入移相电路。如果位移量 Δx 很小，差动变压器输出还需要接入放大器，放大以后的信号再输入到 LZX1 的输入端。

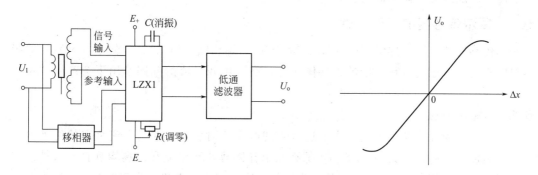

图 3-39　LZX1 与差动变压器连接电路　　　图 3-40　相敏检波后的特性曲线

通过 LZX1 全波相敏检波放大器输出的信号，还需要经过低通滤波器，滤去调制时引入的高频信号，只许与位移 Δx 对应的直流电压信号通过。输出电压信号 U_o 与位移 Δx 的关系可以用图 3-40 表示。可见输出电压不仅能反映铁芯移动的方向，而且可以使零点残余电压得到补偿。

差动式互感传感器中的铁芯可以与能产生位移（变形）的弹性元件（如弹簧管自由端）连接，实现压力信号的远传；或与压差的测量膜片相连，实现压差的测量。

3.5.2.3　互感式压力计

通过上面的介绍可知，互感式差动变压器可直接用于位移或与位移相关的机械量，如振动、压力、加速度、张力等。其中，可以通过弹性元件或者机构，将压力转换为弹性位移，被互感式差动变压器测得，从而实现互感式压力计。

如图 3-41 所示为一种互感式微压传感器的结构。互感式差动变压器中部的衔铁与膜盒相连，形成弹性元件。当被测压力由接头传至膜盒，使其自由端产生正比于被测压力的位移，从而带动衔铁在差动变压器中移动，引起电压输出。通过电压信号可以线性地反映被测压力的大小。

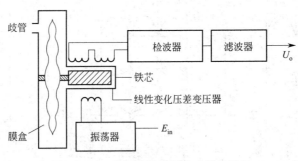

图 3-41　一种互感式微压传感器的结构

3.6　霍尔式压力计

磁电传感器是利用磁与电的相互作用将被测量转换为电信号的一种传感器，包括磁电感应式传感器、霍尔式传感器等。其中，霍尔式传感器是基于霍尔效应而制成的，它结构简单、体积小易集成式使用、噪声小、频率范围宽、可靠性高，广泛应用于电流、磁场、位移、压力、加速度、振动的测量。

3.6.1　霍尔传感器的工作原理

霍尔传感器的传感元件使用硅（Si）、锗（Ge）、锑化铟（InSb）、砷化铟（InAs）等半导体材料制造。由这类材料制造的半导体薄片，在磁场和电流的共同作用下会产生"霍尔效应"。

3.6.1.1　霍尔效应

一个半导体薄片，若使控制电流 I 通过它的两个相对侧面，在与电流垂直的另外两个相对侧面施加磁感应强度为 B 的磁场，那么在半导体薄片与电流和磁场均垂直的另外两个侧面上将产生电势信号 U_H。这一现象称为霍尔效应，产生的电势称为霍尔电势，其大小与控制电流 I 与磁感应强度 B 的乘积成正比。

霍尔效应的产生是运动电荷受磁场中洛伦兹力作用的结果。如图 3-42 所示，假设在 N 型半导体薄片的垂直方向上加一磁感应强度为 B 的恒定磁场，在半导体薄片相对两侧加一控制电流 I 时，半导体材料中的电子运动由于受到洛伦兹力的作用，而使电子运动的轨道发生偏移，沿图中虚线所示的轨迹运动，一个端面有电子积累显负极性，另一个端面因失去电子而显正极性，因此在与磁场 B 和电流 I 均垂直的两个端面上出现电位差。

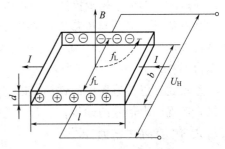

图 3-42　霍尔效应原理

霍尔电势 U_H 的大小与半导体材料、控制电流 I、磁感应强度 B 以及霍尔元件的几何尺寸等有关，可用下式表示：

$$U_H = \frac{IB}{ned} = R_H \frac{IB}{d} \qquad (3-84)$$

式中　I——控制电流；

　　　　B——磁感应强度；

n——半导体材料单位体积内的电子数；

e——电子电量；

d——霍尔片厚度；

R_H——霍尔常数，$R_H=1/ne$，它反映了材料霍尔效应的强弱，其大小由材料所决定。

金属材料中的自由电子浓度 n 很高，因此霍尔常数 R_H 很小，则产生的霍尔电势 U_H 极小，故不宜做霍尔元件。所以霍尔元件都是由半导体材料制成的。

令 $K_H=\dfrac{R_H}{d}$，则得到：

$$U_H=K_H IB \tag{3-85}$$

K_H 称为霍尔元件的灵敏度系数，它表示在单位电流和单位磁场作用下，开路时霍尔电势的大小。它与元件的厚度成反比，霍尔片越薄，灵敏度系数就越大。但在考虑提高灵敏度的同时，必须兼顾元件的强度和内阻。

由式(3-85)可知，霍尔电势的大小正比于控制电流 I 和磁感强度 B，提高 I 和 B 值可增大 U_H。I 的大小与霍尔元件的尺寸有关，尺寸愈小，I 愈小，一般，$I=3\sim20\text{mA}$（尺寸大的可达数百毫安）；B 约为 0.1T，则 U_H 约为几到几百毫伏。若磁感强度 B 与霍尔片法线之间有夹角 α，则有

$$U_H=KIB\sin\alpha \tag{3-86}$$

3.6.1.2 霍尔元件的基本特性

霍尔传感器是基于霍尔效应的传感元件，分为线型霍尔传感器和开关型霍尔传感器两种基本类型。典型的开关型霍尔传感器如霍尔转速传感器，输出为数字量；而线性型霍尔传感器则常用于测量位移与压力，输出为模拟量。图 3-43 为霍尔转速传感器与霍尔小压力传感器。

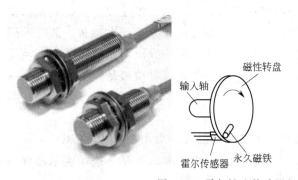

图 3-43 霍尔转速传感器与霍尔小压力传感器

使用霍尔器件时，除注意其灵敏度外，还应考虑输入阻抗、输出阻抗、额定电流、温度系数和使用温度范围。输入阻抗是指其电流输入端之间的阻抗；输出阻抗是指霍尔电压输出正、负端子间的内阻，外接负载阻抗最好与它相等，以便达到最佳匹配；额定电流是指其允许的最大值；由于半导体材料对环境温度比较敏感，所以温度系数和使用温度范围也不容忽视，以免引起过大误差。

（1）额定控制电流

当霍尔器件的控制电流使器件本身在空气中产生 10℃ 温升时，对应的控制电流值称为额定控制电流。以器件允许的最大温升为限制，所对应的控制电流值称为最大允许控制电流。因为霍尔电势随控制电流的增加而线性增加，所以实际应用中总希望选用尽可能大的

控制电流。跟许多电气元器件一样，改善它的散热条件可以增大最大允许控制电流值。

（2）输入电阻

输入电阻指在没有外磁场和室温（20℃）的条件下，电流输入端的电阻值。霍尔器件工作时需要加控制电流，这就需要知道控制电极间的电阻，即输入电阻。

（3）输出电阻

在没有外磁场和室温（20℃）的条件下，霍尔电极输出霍尔电动势。由于对后续电路而言，霍尔电极输出的霍尔电动势是电源，因此需要知道霍尔电极之间的电阻，称为输出电阻。输出电阻在无外接负载时测得。

（4）乘积灵敏度 S_H

在单位控制电流 I_c 和单位磁感应强度 B 的作用下，霍尔器件输出端开路时测得的霍尔电压 S_H 称为乘积灵敏度，其单位为 V/(A·T)。乘积灵敏度还可以表示为 $S_H = R_H/d = \rho u/d$。由此看出，半导体材料的电子迁移率 u 越大，或半导体晶片厚度越薄，则乘积灵敏度 S_H 越大。

（5）不等位电动势 U_0

当霍尔器件的控制电流为额定值 I_c 时，若器件所处位置的磁感应强度为零，则它的霍尔电动势应该为零，但实际不为零，这时测得的空载霍尔电势称为不等位电动势 U_0。这是由于在生产中工艺条件的限制，会出现霍尔电压输出端的两个电极位置不能完全对称、厚度不均匀或焊接不良等现象。U_0 越小，霍尔器件性能越好。

（6）寄生直流电动势

当没有外加磁场，霍尔器件用交流控制电流时，霍尔电极的输出除了交流不等位电动势外，还有一个直流电动势，称为寄生直流电动势。控制电极和霍尔电极与基片的连接属于金属与半导体的连接，这种连接在非完全欧姆接触时，会产生整流效应。控制电流和霍尔电动势都是交流时，经整流效应，它们各自在霍尔电极之间建立直流电动势。此外，两个霍尔电极熔点的不一致，造成两焊点热容量、散热状态的不一致，因而引起两电极温度不同产生温差电动势，也是寄生直流电动势的一部分。寄生直流电动势是霍尔器件零位误差的一部分。

（7）霍尔电动势温度系数 β

在一定磁感应强度 B 和控制电流 I_c 的作用下，环境温度每变化 1℃，霍尔电压 U_H 的相对变化值称为霍尔电动势温度系数，用 β 表示，其单位为 %/℃。β 越小表明霍尔器件的温度稳定性越好。

3.6.2 霍尔式压力计的工作原理

3.6.2.1 霍尔式压力传感器

由霍尔电势产生的原理可知，对于材料和结构已定的霍尔元件，其霍尔电势仅与 B 和 I 有关。若控制电流 I 一定，改变磁感应强度 B，则会使得霍尔电势 U_H 变化，这就是霍尔式压力传感器的基本原理。

如图 3-44 所示，分别为以弹簧管和膜盒作为弹性元件测量压力的压力表结构，被测压力由使弹性元件产生形变，采用各自的机械连接方式，使霍尔片发生位移。在霍尔片的上、下垂直安装两对磁极，使霍尔片处于两对磁极形成的非均匀磁场中。霍尔片的四个端面引出四根导线，其中与磁钢相平行的两根导线和恒流稳压电源相连，另外两根导线用来输出

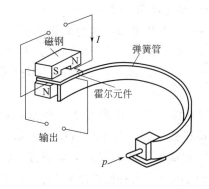
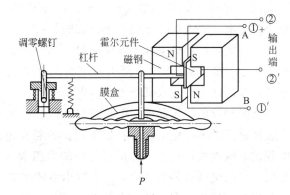

(a) 利用弹簧管产生的形变测量压力   (b) 利用膜盒产生的形变测量压力

图 3-44 霍尔式远传压力表结构

霍尔电势信号。磁场采用了图 3-45（a）所示的特殊几何形状的磁极极靴形成线性不均匀分布情况，即均匀梯度的磁场。y_0 一般为 1～2mm。

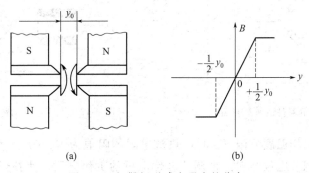

图 3-45 极靴间磁感应强度的分布

当无压力时，霍尔片处于两对极靴之间的对称位置。由于霍尔片两侧所通过的磁通大小相等、方向相反，因此由两个相反方向磁场作用而产生的霍尔电势大小相等、极性相反。因此霍尔片两端输出的总电势 U_H 为零。当传感器通入被测压力 p 后，弹性元件的弹性位移带动霍尔片偏离其平衡位置，此时霍尔片两端所产生的两个极性相反的电势之和就不再为零，由于沿霍尔片位移方向磁感应强度的分布呈均匀梯度状态，由霍尔片两端输出的霍尔电势与弹性元件的位移成线性关系。这就实现了压力—位移—霍尔电势的转换。

由于霍尔元件均为半导体材料，所以不可避免地对温度变化较为敏感，其电阻率、迁移率和载流子浓度均随温度变化，从而使霍尔电势及内阻等随温度变化。因此，需保持恒温的工作环境或采取温度补偿措施，尽量减小温度引起的测量误差。另外，传感器的制造工艺缺陷带来的不等位电势造成的误差，也需要通过测量电路进行补偿，来减小其影响。

3.6.2.2 测量电路

霍尔元件在实际应用中的测量误差，主要有两大原因：一是由制造工艺缺陷造成的不等位电势；二是温度变化对半导体材料特性的影响。以下就误差产生的原因分别处理。

（1）不等位电动势及其补偿

不等位电动势是零位误差的主要成分。它主要是由器件输出极焊接不对称、厚薄不均匀、两个输出极接触不良等造成的。不等位电动势可以通过桥路平衡的原理予以补偿。

如图 3-46 所示，将霍尔器件等效为一个电桥，4 个桥臂电阻分别为 r_1、r_2、r_3、r_4。当两个霍尔电动势电极处于同一等位面时，$r_1=r_2=r_3=r_4$，电桥平衡，这时输出电压 $U_。$等于零；当霍尔电动势电极不在同一等位面上时，如 r_3 增大、r_4 减小，则电桥失去平衡，输出电压 $U_。$ 就不等于零。恢复电桥平衡的办法是减小 r_2、r_3，比如在制造中可采用机械修磨或化学腐蚀的方法来减小不等值电动势。

对已经制成的霍尔器件，则可采用外接补偿线路进行补偿。图 3-47 所示为一种常见的具有温度补偿的不等位电动势补偿电路。该补偿电路接成桥式电路，其工作电压由霍尔器件的控制电压提供；其中一个桥臂为热敏电阻 R_t，且 R_t 与霍尔器件的等效电阻的温度特性相同。在该电桥的负载电阻 R_{r2} 上取出电桥的部分输出电压（称为补偿电压），与霍尔器件的输出电压反接。在磁感应强度 B 为零时，调节 R_{r1} 和 R_{r2}，使补偿电压抵消霍尔器件此时输出的不等位电动势，从而使 $B=0$ 时总输出电压为零。

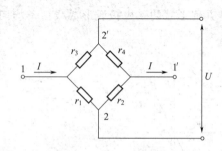

图 3-46　霍尔器件的等效电路

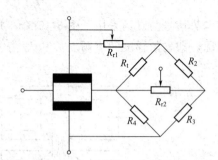

图 3-47　不等位电动势的桥式补偿电路

在霍尔器件的工作温度下限 T_1 时，热敏电阻的阻值为 $R_t（T_1）$。电位器 R_{r2} 保持在某确定位置，通过调节电位器 R_{r1} 来调节补偿电桥的工作电压，使补偿电压抵消此时的不等位电动势，此时的补偿电压称为恒定补偿电压。

当工作温度由 T_1 升高到 $T_1+\Delta T$ 时，热敏电阻的阻值为 $R_t（T_1+\Delta T）$。R_{r1} 保持不变，通过调节 R_{r2}，使补偿电压抵消此时的不等位电动势。此时的补偿电压实际上包含了两个分量：一个是抵消工作温度为 T_1 时的不等位电动势的恒定补偿电压分量，另一个是抵消工作温度升高 ΔT 时的不等位电动势的变化量的变化补偿电压分量。

根据上述讨论可知，采用桥式补偿电路，可以在霍尔器件的整个工作温度范围内对不等位电动势进行良好的补偿，并且对不等位电动势的恒定部分和变化部分的补偿可相互独立地进行调节，从而可达到相当高的补偿精度。

（2）温度误差及其补偿

由于半导体材料载流子浓度和迁移率随着温度变化，引起电阻率也随温度变化，因此，霍尔器件的性能参数，如内阻、霍尔电动势等对温度的变化也是很敏感的。一些常见材料的霍尔器件的输出电动势与温度变化的关系如图 3-48 所示。由图 3-48 可知，锑化铟材料霍尔器件的输出电动势对温度变化的敏感最显著，且是负温度系数；砷化铟材料的霍尔器件比锗材料的霍尔器件受温度变化影响小，但它们都有一个转折点，到了转折点就从正温度系数转变成负温度系数，转折点的温度就是霍尔器件的上限工作温度。考虑到器件工作时的温升，其上限工作温度应适当地降低一些。硅材料霍尔器件的温度电动势特性较好。

为了减小霍尔器件的温度误差，除选用温度系数小的材料（如砷化铟）或采取恒温措施外，用恒流源供电方式往往可以得到比较明显的效果，如图 3-49 所示。恒流源供电的作用是减小器件内阻随温度变化所引起的控制电流变化。需要指出的是，采用恒流源供电还不能完全解决霍尔电动势的稳定性问题，还必须配合其他补偿线路。

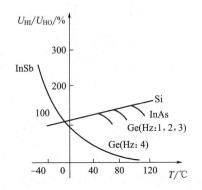

图 3-48　霍尔器件输出电动势与温度变化的关系

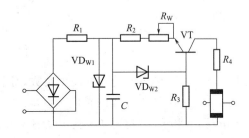

图 3-49　恒流源补偿电路

3.7　其他压力测量方法

3.7.1　压电式压力计

压电式压力计的传感元件是基于压电效应的压电传感器。所谓压电效应，是指当某些晶体沿着某特定方向受压或受拉而发生机械变形（压缩或伸长）时，其内部产生极化而使其表面上异性电荷集聚的现象。压电效应是可逆的，当晶体受到外电场影响时会产生形变，这种现象称为"逆压电效应"。常用的压电材料有石英晶体（单晶体）、压电陶瓷（多晶体）和压电高分子材料三大类。

3.7.1.1　压电特性

（1）石英晶体

石英晶体（二氧化硅）是单晶结构，为六角形晶柱，两端呈六棱锥形状，如图 3-50 所示。在三维直角坐标系中，x 轴称为电轴，y 轴称为机械轴，z 轴称为光轴。石英晶体在 3 个不同方向上的物理特性是不同的。沿电轴 x 方向施加作用力产生的压电效应称为纵向压电效应；沿机械轴 y 方向施加作用力产生的压电效应称为横向压电效应；而沿光轴 z 方向施加作用力则无压电效应。

从石英晶体上沿 y 方向切下一块如图 3-50（c）所示的晶片，当沿着 x 轴方向施加作用力 f_x 时，则在与 x 轴垂直的两个平面上有等量的异性电荷 q_x 与 $-q_x$ 出现，如果 A_x 代表 x 方向的受力面积，p 代表作用在 A_x 上的压力，则 $f_x = pA_x$，产生的电荷为：

$$q_x = k_1 f_x = k_1 p A_x \tag{3-87}$$

式中　k_1——x 轴方向受力的压电常数，$k_1 = 2.31 \times 10^{-12} \mathrm{C/N}$。

当在同一切片上，沿 y 轴方向施加作用力 $f_y = pA_y$ 时，则仍然会在与 x 轴垂直的平面上产生电荷，其值为：

$$q_y = k_2 \frac{a}{b} p A_y = -k_1 \frac{a}{b} p A_y \tag{3-88}$$

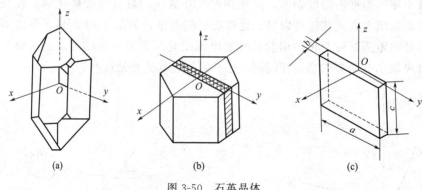

图 3-50　石英晶体

式中　k_2——y 轴方向受力的压电常数，因石英轴对称，所以 $k_2 = -k_1$；

　　　　a，b——分别为晶片的长度和厚度。

电荷 q_x 和 q_y 的符号由是受拉力还是受压力作用所决定。由式（3-87）、式（3-88）可知，q_x 的大小与晶片几何尺寸无关，而 q_y 则与晶片几何尺寸有关。因此采用式（3-87）的方式测量更方便，当 A_x 确定时，则测出 q_x 便可以得到 p。

（2）压电陶瓷

压电陶瓷属于铁电体物质，是一种经极化处理后的人造多晶体，由无数细微的电畴组成。在无外电场时，各电畴杂乱分布，其极化效应相互抵消，因此原始的压电陶瓷不具有压电特性。但在一定的高温（100～170℃）下，对两个极化面加高压电场进行人工极化后，陶瓷体内部保留有很强的剩余极化强度。此时当沿极化方向（定义为 x 轴）施力时，在垂直于该方向的两个极化面上产生正、负电荷，其电荷量 q_x 与力 f_x 成正比，即

$$q_x = k_1 f_x = k_1 p A_x \tag{3-89}$$

式中　k_1——压电陶瓷的纵向压电系数，可达几十至几百。

对压电陶瓷来说，平行于极化方向的轴为 x 轴，垂直于极化方向的轴为 y 轴，它不再具有 z 轴，这是与石英晶体不同的地方。压电陶瓷的极化见图 3-51。

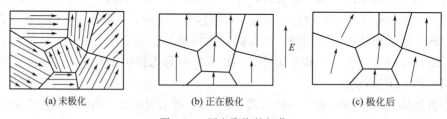

(a) 未极化　　　　　　　(b) 正在极化　　　　　　　(c) 极化后

图 3-51　压电陶瓷的极化

压电陶瓷材料主要有极化的铁电陶瓷（钛酸钡）、锆钛酸铅等。钛酸钡是使用最早的压电陶瓷，它具有较高的压电常数，约为石英晶体的 50 倍。但它的居里点低，约为 120℃；机械强度和温度稳定性都不如石英晶体。锆钛酸铅系列压电陶瓷（PZT），随配方和掺杂的变化可获得不同的性能。它的压电常数很高，约为 $(200 \sim 500) \times 10^{-12} C/N$，居里点约为 310℃，温度稳定性比较好，是目前使用最多的压电陶瓷。

压电陶瓷的压电常数大、灵敏度高、价格低廉。作为压电传感元件应用广泛。

（3）高分子压电材料

新型压电材料主要包括有机压电薄膜、压电半导体等。有机压电薄膜是由某些高分子聚合物经延展、拉伸、极化后形成的具有压电特性的薄膜，如聚偏二氟乙烯、聚氟乙烯等，具有柔软、不易破碎、面积大等优点，可制成大面积阵列传感器和机器人触觉传感器。

有些材料如硫化锌、氧化锌、硫化钙等，既具有半导体特性，又具有压电特性。由于同一材料上兼有压电和半导体两种物理性能，因此既可以利用其压电性能制作敏感元件，又可以利用半导体特性制成电路器件，形成新型集成压电传感器。

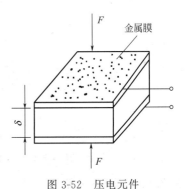

图 3-52　压电元件

3.7.1.2　压电式传感器的等效电路

压电传感元件的结构一般是在压电晶片产生电荷的两个工作面上进行金属蒸镀，形成两个金属膜电极，如图 3-52 所示。

当压电晶片受力时，在晶片的两个表面上聚积等量的正、负电荷，晶片两表面相当于电容器的两个极板。两极板之间的压电材料等效于一种介质，因此压电晶片本身相当于一只平行极板介质电容器，其电容量为：

$$C_a = \frac{\varepsilon_r \varepsilon_0 A}{d} \tag{3-90}$$

式中　A——极板面积；

　　　ε_r——压电材料的相对介电常数；

　　　ε_0——压电材料的真空介电常数；

　　　d——压电晶片的厚度。

当压电传感器受力的作用时，两个电极上呈现电压。因此，压电传感器既可以等效为一个与电容相串联的电压源，也可以等效为一个电荷源，如图 3-53 所示。实际应用中需考虑测量电路中连接电缆的等效电容、放大器的输入电阻、输入电容以及压电传感器的泄漏电阻等因素的影响。

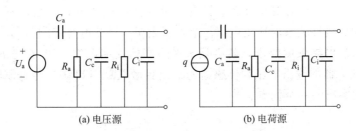

(a) 电压源　　　　　　　　　　(b) 电荷源

图 3-53　压电传感器的实际等效电路

由于后续电路的输入阻抗不可能无穷大，压电元件本身也存在漏电阻，极板上的电荷由于放电而无法保持不变，从而导致压电传感器的测量误差。测量动态信号时，交变电荷变化快，通电量相对较小。因此，压电式传感器不宜用于测量静态信号，而适合做动态信号的测量。

3.7.1.3　压电式压力计

一种典型的单向压电式压力传感器的结构如图 3-54 所示，两块 xy 切型石英晶片被用作传感元件，利用其纵向压电效应，实现力-电转换。当压力加载在传力上盖时，并联的石英晶片在电轴方向出现电荷。负电荷由电极引出，正电荷则与底座连接。石英晶片的厚度一般来说由所测力的范围决定。这种单向压电力传感器体积小、质量轻（仅 10g）、固有频率高，适用于检测较大范围的动态力。

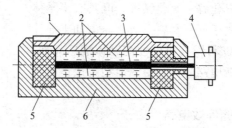

图 3-54 基于石英晶片的压电式压力传感器

1—传力上盖；2—压电片；3—电极；4—电极引出插头；5—绝缘材料；6—底座

3.7.1.4 测量电路

由于压电式传感器输出的电荷量很小，而压电元件本身的内阻很大，因此，通常把传感器信号先输入至高输入阻抗的前置放大器，经其放大、阻抗变换后，再进行后续处理。

压电式传感器按输出的类型，其前置放大器有电压放大器和电荷放大器两种形式。电压放大器采用高输入阻抗的比例放大器，电路比较简单，但输出受到连接电缆对地电容的影响。因此工程中常采用电荷放大器做前置放大器。

电荷放大器本质上是一个具有深度电容负反馈的高增益放大器，其等效电路如图 3-55 所示。图中 K 是放大器的开环增益，若放大器的开环增益足够高，则运算放大器的输入端的电位接近地电位。由于放大器的输入级采用了场效应晶体管，因此放大器的输入阻抗极高，放大器输入端几乎没有电流，电荷 q 只对反馈电容 C_f 充电，充电电压接近等于放大器的输出电压，即

$$U_y \approx \frac{-Kq}{C_a + C_c + C_i + (1+K)C_f} = \frac{-q}{C_f} \tag{3-91}$$

上式表明，电荷放大器的输出电压只与输入电荷量和反馈电容有关，而与放大器的放大系数的变化或电缆、电容等均无关。因此，只要保持反馈电容的数值不变，就可以得到与电荷量 q 变化成线性关系的输出电压。上式还表明，反馈电容 C_f 越小，输出就越大，因此要达到一定的输出灵敏度要求，就必须选择适当的反馈电容。当 $(1+K)C_f \gg (C_a + C_c + C_i)$ 时，放大器的输出电压和传感器的输出灵敏度就可以认为与电缆电容无关了。这是电荷放大器很突出的一个优点。

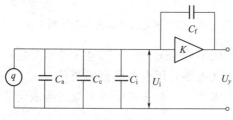

图 3-55 电荷放大器的等效电路

3.7.2 振动式压力计

3.7.2.1 振弦谐振式压力计

谐振式压力传感器是靠被测压力所形成的应力改变弹性元件的谐振频率，经过适当的电路输出脉冲频率信号进行远传。这种传感器特别适合与数字电路配合使用，组成高精度的测量控制系统。根据谐振原理可以制成振弦、振膜及振筒式压力传感器，下面以振弦式传感器为例，对其工作原理进行说明。

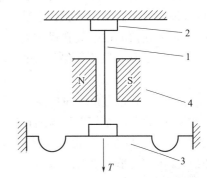

图 3-56 振弦式传感器工作原理
1—振弦；2—支承；3—测量膜片；4—永久磁铁

（1）振弦式压力传感器

振弦式传感器的工作原理如图 3-56 所示。振动元件是一根张紧的金属丝，称为振弦。它放置在磁场中，一端固定在支承上，另一端与测量膜片相连，并且被拉紧，具有一定的张紧力 T，张紧力的大小由被测压力 p 所决定。在激励作用下，振弦会产生振动，其固有振动频率为：

$$f_0 = \frac{1}{2\pi}\sqrt{\frac{c}{m}}$$

对于振弦来说，弦的横向刚度系数为 $c = \frac{T}{l}\pi^2$，弦的质量为 $m = l\rho$，则

$$f_0 = \frac{1}{2l}\sqrt{\frac{T}{\rho}} \tag{3-92}$$

式中　T——振弦的张紧力；

　　　l——振弦的有效长度；

　　　ρ——振弦的线密度，即单位弦长的质量。

由式（3-92）可见，若振弦的长度 l 和线密度 ρ 已定，则固有振动频率 f_0 的大小就由张力 T 所决定。由于振弦置于磁场中，因此在振动时切割磁力线会感应出电势，感应电势的频率就是振弦的振动频率，测量感应电势的频率即可得振弦的振动频率，从而可知张力的大小。

利用上述原理可以制成不同结构的振弦式压力传感器。图 3-57 所示为一种振弦式压力传感器的实际结构，它既可以测压力又可以测压差。

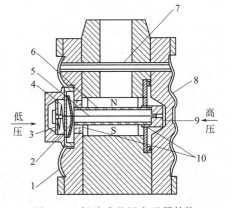

图 3-57 振弦式差压变送器结构
1，8—膜片；2—弹簧片；3—垫圈；
4—过载保护弹簧；5—振弦；6—保护管；
7—导管；9—固定件；10—绝缘衬垫

振弦密封于保护管中，一端固定，另一端与膜片相连，低压作用在膜片 1 上，高压作用在膜片 8 上，两个膜片与基座之间充有硅油，并且经导管 7 相通。借助硅油传递压力并提供适当的阻尼，以防止出现振荡。硅油仅存在于膜片与支座之间，保护管 6 内并无硅油，所以对振弦的振动没有妨碍。

在低压膜片内侧中部有提供振弦初始张力的弹簧片 2，还有垫圈 3 和过载保护弹簧 4，使保护管中的振弦具有一定的初始张力。振弦的右端固定在固定件 9 上，此零件套在保护

管右端部，与高压膜片无直接关系。当差压过大时，硅油流向左方，垫圈 3 中央的固定端将会使振弦张力增大，这时过载保护弹簧会压缩而产生反作用力，使张力不再增大。若差压继续增大，高压膜片将会紧贴于基座上，从而防止过载损坏测量膜片。

永久磁铁的磁极装在保护管外，即图 3-57 中的 N、S。振弦和保护管的热膨胀系数相近，以减小温度误差。保护管两端和支座之间装有绝缘衬垫 10，以便振弦两端信号线的引出。

（2）振弦信号的测量电路

振弦的振动是靠电磁力的作用产生和维持的，可以采用连续激振或间歇激振两种方式。图 3-58 是一种连续激振的传感器测量电路。振弦的电阻为 r，它与电阻 R_3 串联形成分压器，接在放大器 A 的输出端，a 点引出的分压 U_a 送到放大器的同相输入端作为正反馈。放大器的输出还经过 R_1、R_2 分压后引入到反相输入端作为负反馈，并且在 R_1 旁并联了场效应管 T，起到自动稳幅和提高激振可靠性的作用。

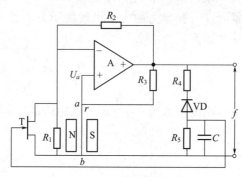

图 3-58　振弦式传感器的测量电路

场效应管的栅极电压由 R_1、VD、R_5 及电容 C 组成的半波整流电路控制。当由于工作条件变化使放大器输出幅值增加时，输出信号经 R_4、VD、R_5 及 C 检波后，R_5 上的压降是上负下正，使 T 的栅极有较大的负电压，则场效应管的源漏极之间的等效电阻增加，相当于 R_1 增大，从而使负反馈系数增大，信号放大的倍数降低，输出信号的幅值减小。反之，当条件变化引起输出幅值减小时，场效应管的源漏极之间的等效电阻减小，相当于 R_1 减小，则信号放大的倍数提高，输出信号幅值会增加，起到自动稳定振幅的作用。

3.7.2.2　压电谐振式压力计

压电谐振式传感器利用了压电晶体谐振器的共振频率随被测物理量变化而变化的特性进行测量。当在压电晶体的电极上加上电激励信号时，利用逆压电效应，振子将按固有共振频率产生机械运动，与此同时按正压电效应，电极板上又将出现交变电荷，通过连接的外电路对振子进行适当的能量补充，构成了使振荡等幅持续进行的振荡电路。

石英振子的固有谐振频率为：

$$f_0 = \frac{1}{2h}\sqrt{\frac{c}{\rho}} \tag{3-93}$$

式中　h——石英晶片厚度；

　　　c——石英晶体的厚度剪切模量；

　　　ρ——晶体密度。

当石英振子受到静态压力作用时，振子的共振频率将发生变化，且频率变化与所施加的压力的函数关系近似线性。这主要是由于石英晶体的厚度剪切模量 c 随压力变化而产生的。

　　如图 3-59 所示为一种石英谐振式压力传感器的石英谐振器结构。它由石英的薄壁圆柱筒、石英谐振器、石英端盖以及电极等部分组成。其关键元件是一个频率为 5MHz 的精密透镜形石英谐振器，位于石英圆柱筒内。圆柱筒空腔内充氦气，用石英端盖进行密封。

　　为了消除热应力，筒和盖相对于结晶轴的取向一致，以保证所有方向的线胀系数相等，或者振子和圆筒为整体结构，由一块石英晶体加工而成。石英圆筒能有效地传递振子周围的压力，并有增压作用。在传感器内部采用双层恒温器，以保证传感器工作温度的稳定（误差不大于 ±0.05℃）。被测压力通过隔离膜片由高弹性、低线胀系数的液体介质传递给石英谐振器。这种传感器可以测量液体的压力，量程达到 70MPa。

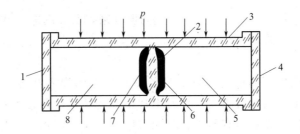

图 3-59　石英谐振器的结构

1，4—石英端盖；2—石英谐振器；3—薄壁圆柱筒；6，7—电极；5，8—圆柱筒空腔

　　图 3-60 为这种石英谐振式压力传感器的结构。图中所示石英谐振器靠薄弹簧片悬浮于传压介质油中。压力容器由铜套筒和钢套筒构成，隔膜与钢套筒连接。石英谐振器的温度由内加热器和外加热器共同控制。当传感器工作时，可使石英谐振器保持在 ±0.05℃ 恒温以内，从而使振子达到零温度系数。隔膜是容器内的油和外压力介质的分界层。液体油（合成磷酸盐脂溶液）的热膨胀系数比较低，以便减小因温度变化引起的液体油压变化而造成的（温度）读数误差。端盖用不锈钢制造，p 为压力进口，与传感器配套实现数字测量的电路框图如图 3-61 所示。

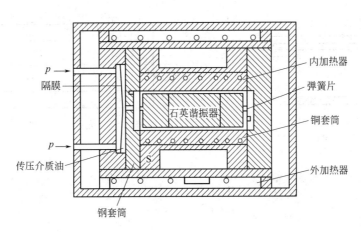

图 3-60　石英谐振式压力传感器的结构

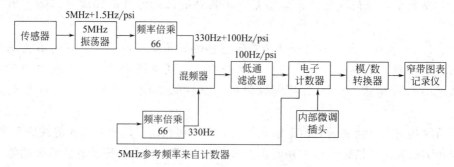

图 3-61　与传感器配套实现数字测量的电路框图（1psi＝6894.76Pa）

3.7.3　光纤压力计

3.7.3.1　光纤原理

光导纤维（简称光纤）自 20 世纪 70 年代问世以来，发展迅速，目前已广泛用于温度、压力、位移、应变等量的检测。

（1）光纤的结构

光纤是一种由透明度很高的材料制成的传输光信息的导光纤维，其结构如图 3-62 所示。光纤共分 3 层：最里层是透明度和折射率都很高的芯线，通常由石英制成；中间层为折射率低于芯线的包层，其材质有石英、玻璃或硅橡胶等，因不同用途与型号而异；最外层是保护层，它与光纤特性无关，通常为塑料。

在光纤结构中，最主要的是芯线与包层。除特殊光纤外，芯线与包层是两个同心的圆柱体，各有一定的厚度，两层之间无间隙。两者所采用的材料特性是相异的，为了使光纤具有传输光的性能，必须使芯线折射率 n_1 大于包层折射率 n_2，才能发生全反射。

（2）光纤的导光原理

光纤的工作原理是光的全反射，如图 3-63 所示。当光线 AB 由折射率为 n_0 的空间介质进入光纤时，与芯线轴线 OO' 的交角为 θ_i，入射后以折射角 θ_j 折射至芯线与包层分界面 2，并交该分界面于 C 点，光线 BC 与分界面法线 NN' 成 θ_K 角，之后再由分界面折射至包层，CD 与 NN' 的夹角为 θ_T。根据斯乃尔定律可知：

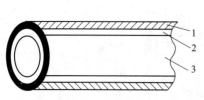

图 3-62　光纤结构

1—保护层；2—包层；3—芯线

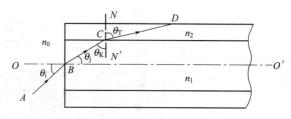

图 3-63　光纤工作原理示意图

$$n_0 \sin\theta_i = n_1 \sin\theta_j \qquad (3\text{-}94)$$

$$n_1 \sin\theta_K = n_2 \sin\theta_T \qquad (3\text{-}95)$$

由上式可得：

$$\sin\theta_i = \frac{1}{n_0}\sqrt{n_1^2 - n_2^2\sin^2\theta_T} \qquad (3\text{-}96)$$

式中，n_0 为入射光线 AB 所在空间介质的折利率；n_1 为芯线折射率；n_2 为包层折射率。

空间介质通常为空气，即 $n_0 = 1$。此时式（3-96）变为：

$$\sin\theta_i = \sqrt{n_1^2 - n_2^2\sin^2\theta_T}$$

由折射定律可知，当 $n_1 > n_2$ 时，即光线从光密物质射入光疏物质时，$\theta_K < \theta_T$。随着入射角 θ_i 的减小，θ_K、θ_T 都相应增大。当入射角减小到 $\theta_i = \theta_0$ 时，$\theta_T = 90°$。此时所有光线被反射，这一现象被称为全反射现象。θ_0 为全反射的临界入射角，有

$$\sin\theta_0 = \sqrt{n_1^2 - n_2^2} = NA \qquad (3\text{-}97)$$

在纤维光学中将上式中的 $\sin\theta_0$ 定义为"数值孔径"，用 NA 表示。它是光纤重要参数之一，其数值由 n_1 和 n_2 大小所决定。式（3-97）又可表示为：

$$\sin\theta_0 = \sqrt{(n_1 + n_2)(n_1 - n_2)} \approx n_1\sqrt{2\Delta} \qquad (3\text{-}98)$$

式中，Δ 为相对折射率差，$\Delta = (n_1 - n_2)/n_1$。

由图 3-63 和式（3-98）可看出，$\theta_T = 90°$时，$\theta_0 = \arcsin NA$。由上述分析可知，只要入射角 $\theta_i < \theta_0$，光线就能在芯线与包层的分界面上产生全反射，此时光线沿光纤轴向传输而不会损失。数值孔径 NA 越大，临界角 θ_0 越大，光纤可以接收的光线能量越多。但实践证明，NA 的数值不能无限增大，它受全反射条件的限制，NA 值增大将使光能在光纤中传输的衰减增大。

对石英光纤来说，$NA = 0.25$，求得 $\theta_0 = 15°$，$2\theta_0 = 30°$，称为光纤的接收角。这表明在 30°范围内入射的光线将沿光纤传输，大于这一角度的光线将穿越包层而被吸收，不能完全传输到远端。

（3）光纤分类与材料

光纤根据传输光的模式可分为单模光纤与多模光纤。多模光纤的特点是芯线和包层间的折射率大，传输的能量也大，芯线径较粗，光波在多模光纤中传输可同时有几个模式；与此相对，单模光纤芯线径较细，芯径和包层间的折射率小。

作为光纤材料的基本条件是可以加工成均匀而细长的丝，具有高透光性、长期稳定性和价格便宜的优点。因此，以石英光纤为主的氧化物光纤因其具有可绕性好、抗拉强度高、原料资源丰富、化学性能稳定等特点，应用最为广泛。

（4）光纤传感器的分类

光纤传感器已广泛用于温度、压力、位移、应变的测量。根据光纤在传感器中的作用，可将其分为功能型和非功能型两大类。其中功能型光纤传感器（FF）又称全光纤型或传感器型光纤传感器。其特点是光纤既是敏感元件，又起导光的作用。非功能型光纤传感器（NFF）又称传光型传感器。其特点为感温功能由非光纤型敏感元件完成，光纤仅起导光的作用。目前实用的光纤传感器多为此类。

光纤传感器有着不可比拟的优点。

a. 电、磁绝缘性好。由于光纤中传输的是光信号，即使用于高压大电流、强磁场、强辐射等恶劣环境也不易受干扰，此外还有利于克服光路中介质气氛及背景辐射的影响，因而适用于一些特殊环境。

b. 高灵敏度。即使在被测量对象很小的情况下，也可通过耦合其他结构，引发微小的机械形变，从而显著地改变光强或相位，实现多种多样的物理量的测量，满足现场各种使用要求。

c. 其他。光纤体积小、重量轻、强度高、可绕性好，克服了光路不能转弯的缺点，便于在各种特殊场合下安装。

3.7.3.2 光纤弯曲式压力传感器

光纤弯曲式压力传感器是利用压力改变光纤形状，通过接收端的光强监测压力的光纤传感器。其原理如图 3-64 所示，光纤在经过弯曲段时，部分光的入射角小于临界角，使得这一部分的光进入包层，从而导致接收端的光能强度降低。

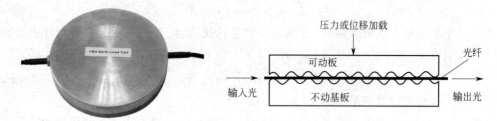

图 3-64　光纤微压力计及其结构

基于以上原理，可以将光纤制成微压力（或位移）传感器。光纤经过两块互相啮合的波形板（常用尼龙、有机玻璃等制成），当受力一侧波形板受到压力时，压迫光纤发生弯曲，部分光能因折射而损耗，使接收端的光强度降低。

光纤式传感器与传统器件相比，灵敏度高、原理和结构简单、便于远程测量，最主要其材料绝缘且不受电磁干扰、耐腐蚀高温，因此适用于一些较为极端严苛的工作环境。

3.7.3.3 光纤传感器的信号处理

如上所述，光纤传感器是利用了光作为一种波，在传播过程中容易受外界影响而改变波的信号特征这一基本原理。对输出光进行分析，并与输入光进行比对的设备叫作调制器。调制器是分析光波的时域、频域参数的重要设备。根据所利用的信号特征的种类，常用的调制类型有光强调制、波长调制、相位调制、偏振调制以及频率调制等。上述光纤微弯曲压力传感器就是一种典型的光强调制型光纤传感器。

3.8　压力表的选择和安装

正确地选择和安装是保证压力仪表在生产过程中发挥应有作用及保证测量结果安全可靠的重要环节。

3.8.1　压力仪表的选择

压力表的选择应根据使用要求，在符合生产过程所提出的技术条件下，本着经济合理的原则，进行种类、型号、量程、精度等级的选择，选择主要考虑以下三个方面。

3.8.1.1 量程的选择

为了保证敏感元件能在安全范围内可靠地工作，在选择压力表测量范围时，必须根据被测压力的大小和压力变化范围，留有充分的余地。因此，压力表的上限值应该高于工艺生产中可能出现的最大压力值。根据《化工自控设计技术规定》，在测量稳定压力时，最大工作压力不应超过测量上限值的 2/3；测量脉动压力时，最大工作压力不应超过测量上限值的 1/2；测量高压时，最大工作压力不应超过测量上限值的 3/5；一般被测压力的最小值不应低于仪表测量上限值的 1/3，从而保证仪表的输出与输入之间的线性关系，提高仪表测量结果的精确度和灵敏度。

选择的具体方法是，根据被测压力的最大值和最小值计算求出仪表的上、下限，但不能以此数值直接作为仪表的测量范围，而必须在国家规定生产的标准系列中选取。国内目前生产的压力仪表测量范围规定系列有：

$-0.1 \sim 0 \mathrm{MPa}$、$-0.1 \sim 0.06 \mathrm{MPa}$、$0.15 \mathrm{MPa}$；

$0 \sim 1 \mathrm{kPa}$、$1.6 \mathrm{kPa}$、$2.5 \mathrm{kPa}$、$4 \mathrm{kPa}$、$6 \mathrm{kPa}$、$10 \mathrm{kPa}$、$10^n \mathrm{kPa}$（其中 n 为自然整数，可为正、负值）。

一般所选测量上限应大于（最接近）或至少等于计算求出的上限值，并且同时满足最小值的规定要求。

3.8.1.2　精度等级的选择

根据工艺生产上允许的最大绝对误差和选定的仪表量程，以及计算仪表允许的最大引用误差 q_{max}，在国家规定的精度等级中确定仪表的精度。国家规定的精度等级有：0.01、0.02、0.05、0.1、0.16、0.2、0.25、0.4、0.5、1.0、1.5、2.5 等。

一般所选精度等级加上"％""±"后应小于或至少等于工艺要求的仪表允许最大引用误差 q_{max}。在满足测量要求的情况下尽可能选择精度较低、价廉耐用的仪表，以免造成不必要的投资浪费。

3.8.1.3　仪表类型的选择

根据被测介质的性质（如温度高低、黏度大小、腐蚀性、脏污程度、是否易爆易燃等）、是否提出特殊要求、是否需要信号远传、记录或报警以及现场环境条件（湿度、温度、磁场强度、振动）等对仪表类型进行选择。

如果要求就地压力指示，一般选用压力表即可。对常用的水、气、油等介质可采用普通弹簧管压力表；对特殊介质要选用专用压力表。例如：对炔、烯、氨以及含氨介质的测量，应选用氨用压力表；对氧气的测量，应选用氧用压力表；对腐蚀性介质的测量，要选择用耐腐（耐酸、耐硫等）材料制造的压力表。

如果要求压力信号远传，一般应选用压力传感器或变送器。对于易燃易爆危险场所，应选用防爆型仪表。对于黏稠、易凝、易结晶等的介质，宜选择法兰式结构的传感器或变送器。

3.8.2　压力表的安装

压力仪表的安装正确与否，直接影响到测量结果的准确性和仪表的使用寿命。

3.8.2.1　取压位置的选择

取压位置要具有代表性，应该能真实地反映被测压力的变化。因为测取的是静压信号，取压位置应按下述原则选择。

① 要选在被测介质直线流动的管段部分，不要选在管路拐弯、分叉、死角或其他易形成漩涡的地方。

② 取压位置的上游侧不应有凸出管路或设备的阻力件（如温度计套管、阀门、挡板等），否则应保证一定的直管段要求。

③ 取压口位置应使压力信号走向合理，避免发生气塞、水塞或流入污物。就具体情况而言，当被测介质为液体时，取压口应开在容器下方（但不是最底部），以避免气体或污物进入导压管；当被测介质为气体时，取压口应开在容器上方，以避免气体凝结产生的液滴进入导压管。

④ 测量差压时，两个取压口应在同一个水平面上，以避免产生固定的系统误差。

3.8.2.2　导压管的安装

导压管的安装要注意以下几方面。

① 一般在工业测量中，管路长度不得超过 60m，测量高温介质时不得小于 3m；导压管直径一般为 7～38mm。表 3-4 列出了导管长度、直径与被测流体的关系。

表 3-4　被测流体在不同导压管长度下的导管直径　　　　　　　　　　　mm

被测流体	管路长度/m		
	<16	16～45	45～90
水、蒸气、干气体	7～9	10	13
湿气体	13	13	13
低、中黏度的油品	13	19	25
脏液体、脏气体	25	25	38

② 导压管口最好应与设备连接处的内壁保持平齐，若一定要插入对象内部，则管口平面应严格与流体流动方向平行。此外导压管口端部要光滑，不应有凸出物或毛刺。

③ 取压点与压力表之间在靠近取压口处应安装切断阀，以备检修压力仪表时使用。

④ 对于水平安装的导压管应保证有 1∶10～1∶20 的倾斜度，以防导压管中积液（测气体时）或积气（测液体时）。

⑤ 测量液体时，在导压管系统的最高处应安装集气瓶；测量气体时，在导压管的最低处应安装水分离器；当被测介质有可能产生沉淀物析出时，应安装沉淀器；测量差压时，两根导压管要平行放置，并尽量靠近以使两导压管内的介质温度相等。

⑥ 如果被测介质易冷凝或冻结，则必须增加保温伴热措施。

3.8.2.3　压力仪表的安装

压力仪表的安装要注意以下几方面。

① 压力仪表应安装在易观察和易维修处，力求避免振动和高温影响。

② 测量蒸汽压力或压差时，应装冷凝管或冷凝器，如图 3-65（a）所示，以防止高温蒸汽直接与测压元件接触；对有腐蚀性介质的测量，应加装充有中性介质的隔离罐，如图 3-65（b）所示。另外针对具体情况（高温、低温、结晶、沉淀、黏稠介质等）采取相应的防护措施。

③ 压力仪表的连接处根据压力高低和介质性质，必须加装密封垫片，以防泄漏。一般低于 80℃ 及 2MPa 时，用石棉板或铝垫片；温度和压力更高（50MPa 以下）时，用退火紫铜或铅垫。另外要考虑介质性质的影响，如测量氧气时，不能使用浸油或有机化合物垫片；测量乙炔、氨介质时，不能使用铜垫片。

④ 当被测压力较小，而压力仪表与取压点不在同一高度时，如图 3-65（c）所示，由高度差引起的测量误差应考虑进行修正。

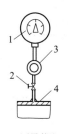 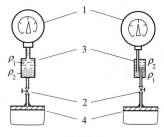 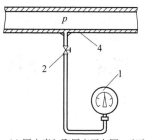

(a) 测量蒸汽　　　　(b) 测量有腐蚀性介质　　　　(c) 压力表与取压点不在同一高度

图 3-65　压力表安装示意图

1—压力表；2—切断阀；3—隔离罐；4—生产设备；ρ_1，ρ_2—隔离液和被测介质的密度

 ## 思考题和习题

1. 什么叫压力？表压、负压力（真空度）和绝对压力之间有何关系？

2. 膜片、波纹管、弹簧管在测量压力时各有什么特点？

3. 什么是应变效应？简述应变片的工作原理。

4. 金属应变片和半导体应变片的工作原理有何区别？各有什么优缺点？

5. 环境温度影响应变片测量的因素有哪些？为什么差动直流电桥电路可以减小温度对应变片测量的影响？

6. 如何利用硅杯上的 4 个半导体应变片组成差动全桥测量电路？差动全桥电路对比单臂测量电桥的优点是什么？

7. 利用电容量变化测压力的方法按原理可分为哪几类？

8. 为什么变极距型差动电容传感器可以减小测量的非线性误差？

9. 为什么电容测量容易受干扰？如何减小干扰对测量的影响？

10. 自感式压力传感器和互感式差动传感器在测量原理上有什么区别？为什么要使用差动结构进行信号转换？

11. 为什么互感式差动传感器存在零点残余电压？怎样消除零点残余电压对测量的影响？

12. 什么是霍尔效应？简述霍尔压力传感器的测量原理。

13. 为什么霍尔元件存在不等位电势？如何减小不等位电势对测量的影响？

14. 为什么液柱压力计采用斜管结构可以提高测量的灵敏度？

15. 什么是压电晶体的压电效应和逆压电效应？石英晶体和压电陶瓷在产生压电效应的原理上有何不同？

16. 某台空压机的缓冲器，工作时压力波动较大，其工作压力范围为 1.1～1.6MPa，要求测量误差不大于罐内压力的 ±5%，试选择压力表的量程和准确度等级。

17. 假设某反应器最大压力为 0.8MPa，允许最大绝对误差为 0.01MPa。现用一只测量范围为 0～1.6MPa、准确度等级为 1 级的压力表来进行测量，问是否符合工艺要求？若其他条件不变，测量范围改为 0～1.0MPa，结果又如何？试说明其理由。

第 4 章　物位测量

物位是距离量的一种，指工业上存放在容器或储罐中的物质的高度或位置。如液体介质液面的高低称为液位；液体-液体或液体-固体的分界面称为界位；固体粉末或颗粒状物质的堆积高度称为料位。液位、界位及料位的测量统称为物位测量。

物位测量的目的和意义在于及时地测知容器或设备中储藏物质的容量或质量，了解物料消耗量或产量计量，从而对生产和运行进行自动检测与控制，保障连续生产和设备安全。根据物位测量对象的不同，可分为液位计、界位计及料位计。

4.1　浮力式液位计

浮子式液位计包括恒浮力和变浮力两类，前者是利用浮子随液面升降来测量液位的，后者是利用液面升降对浮筒的浮力的影响来测量液位的。典型的应用分别为浮子式浮力计和浮筒式液位计。

4.1.1　浮子式液位计

4.1.1.1　测量原理

如图 4-1 所示，浮子由绳索经滑轮与容器外的平衡重物相连，浮子所受重力和浮力之差与平衡重物的重力相平衡，使浮子漂浮在液面上。对力列平衡式，有

$$W = F - G \qquad (4-1)$$

式中　W——浮子所受重力；

　　　F——浮子所受浮力；

　　　G——平衡重物的重力。

当液位上升时，平衡重物会使浮子向上移动，并停留在新的液位高度；反之亦然。其实质上是通过浮子把液位的变化转换为机械位移的变化。

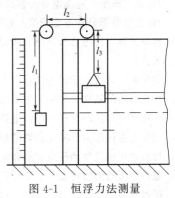

图 4-1　恒浮力法测量
液位原理示意图

若忽略绳索重力的影响，式 (4-1) 中的 W 和 G 可认为是常数，因此浮子停留在任何高度的液面上时，F 的值也应为常数，故此方法也称为恒浮力法。

当然，在实际使用时，由于浮子上承受的力除平衡重物的重力之外，还有绳索两端垂直长度 l_1 和 l_3 不等时绳索本身的重力以及滑轮的摩擦力等，这些外力都会使上述的平衡条件受到影响，因而引起测量误差。其中，绳重对浮子施加的载荷随液位而变，相当于在恒定的 W 上附加了变动成分，因此它引起的误差是有规律的，能够在刻度分度时予以修正。但摩擦力引起的误差最大，且与运动方向有关，无法修正，唯有加大浮子的定位能力来减小其影响。浮子的定位能力是指浮力变化量 ΔF 对浸没浮子高度变化量 ΔH 的灵敏度，即

$$\frac{\Delta F}{\Delta H}=\frac{\rho g A \Delta H}{\Delta H}\qquad(4\text{-}2)$$

式中，A 为浮子的截面积；ρ 为液体密度；g 为重力加速度。可见增加浮子的截面积能显著地增大定位能力，这是减小摩擦阻力误差的最有效的途径，尤其在被测介质密度较小时，效果更为突出。

4.1.1.2　浮球式液位计

如图 4-2 所示，浮球 1 是由金属（一般为不锈钢）制成的空心球。它通过连杆 2 与转动轴 3 相连，转动轴 3 的另一端与容器外侧的杠杆 5 相连，并在杠杆 5 上加上平衡重物 4，组成以转动轴 3 为支点的杠杆力矩平衡系统。一般要求浮球的一半浸没于液体之中时，系统满足力矩平衡，否则可调整平衡重物的位置或质量实现上述要求。当液位升高时，浮球上升，杠杆 5 作顺时针方向转动，直至在新的液面达成新的力平衡。对力矩平衡列式：

$$(W-F)l_1=Gl_2\qquad(4\text{-}3)$$

式中　W——浮球的重力；

　　　F——浮球所受的浮力；

　　　G——平衡重物的重力；

　　　l_1——转动轴到浮球的垂直距离；

　　　l_2——转动轴到重物中心的垂直距离。

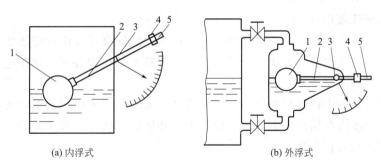

(a) 内浮式　　　　　　　　　　(b) 外浮式

图 4-2　浮球式液位计

1—浮球；2—连杆；3—转动轴；4—平衡重物；5—杠杆

如果在转动轴的外侧安装一个指针，便可以由输出的角位移知道液位的高低。当然，也可采用其他的转换方法将此位移转换为标准电信号进行远传。

浮球式液位计常用于温度、黏度较高而压力不太高的密闭容器的液位测量。它可以直接将浮球安装在容器内部（内浮式），如图 4-2（a）所示；对于直径较小的容器，也可以在容器外侧另做一个浮球室（外浮式）与容器相通，如图 4-2（b）所示。外浮式便于维修，但不适于黏稠或易结晶、易凝固的液体。内浮式的特点则与此相反。浮球液位计采用轴、轴套、密封填料等结构，既要保持密封又要将浮球的位移灵敏地传送出来，因而它的耐压受到结构的限制而不会很高。它的测量范围受到其运行角的限制（最大为 35°）而不能太大，故仅适合于窄范围液位的测量。汽车的油量表一般为内浮式浮球液位计，通过指针滑动改变外接电阻的阻值使液位转为电信号。

4.1.1.3　磁翻转式液位计

磁浮子式液位计主要的结构原理如图 4-3 所示。图 4-3（a）为磁浮子翻板液位计，图 4-

3（b）为磁浮子翻球液位计。在与容器连通的非导磁（一般为不锈钢）管内，带有永磁体的浮子随管内液位升降。永磁体的吸引使得当前液位处的同样带有磁性的红白两面分明的指示翻板或翻球产生翻转，使液体的位置红色朝外，而无液体的位置白色朝外，根据红色指示的高度可以读得液位的具体数值，如图4-3（c）所示。

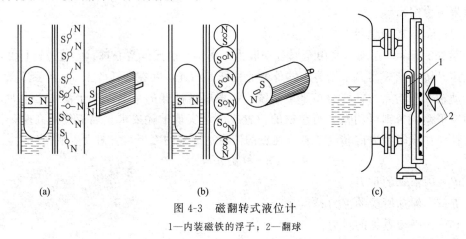

图 4-3　磁翻转式液位计

1—内装磁铁的浮子；2—翻球

当需要进行信号远传时，液位计的传感部分可用一组与介质隔离的电阻和干簧管组成，当液位变化时，利用浮子的磁性使干簧管通断，改变传感部分的电阻，经转换部分变为4～20mA的标准电流信号进行远传。

4.1.1.4　伺服式液位计

随着系统集成度的提高，基于伺服电动机和浮子的伺服式液位计渐渐成熟并获得较多采用。伺服式液位计也是浮子式液位计的一种，其基本结构由浮子、伺服电动机、霍尔元件、微处理器等构成。

伺服式液位计基于浮力平衡的原理。如图4-4所示，浮子用测量钢丝悬挂在仪表外壳内，而测量钢丝缠绕在精密加工过的外轮鼓上；外磁铁被固定在外轮鼓内，并与固定在内轮鼓内的内磁铁耦合在一起。

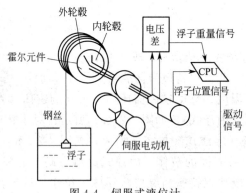

图 4-4　伺服式液位计

在初始状态，浮子的重力、所受液体浮力及钢丝拉力三者处于平衡，附于磁铁上的霍尔传感器输出电压为稳定值。而当液位发生变化时，浮子作用于细钢丝上的重力在外轮鼓的磁铁上产生力矩，从而引起磁通量的变化。轮鼓组件间的磁通量变化导致内磁铁上的霍尔元件的输出电压信号发生变化。其电压值与储存于微处理器中的参考电压之差作为伺服电动机的驱动信号，使得浮子相应地上升/下降，并到达新的平衡状态。整个测量系统是一个闭环反馈回路。液位的变化数值由微处理器记录驱动电动机的转动速度、次数及维持时间，从而计算得出。

当前行业所用伺服式液位计的精确度可达±0.7mm，而且，常自身带有挂料补偿功能，能够补偿由于钢丝或浮子上附着被测介质导致的钢丝张力的改变，从而减小测量误差。

4.1.1.5　磁致伸缩液位计

近来，随着科学技术的迅猛发展，出现了高科技含量的磁致伸缩液位传感器。应用于各类储罐的液位测量。该种液位计具有精度高、环境适应性强、安装方便等特点，广泛应用于石油、化工等液位测量领域，并有取代其他传统的传感器的趋势。

如图 4-5 所示，磁致伸缩液位计由三部分组成：探测杆（外管）、波导丝、浮子和电路。其工作原理是波导原理。由顶端的电路单元产生电流脉冲，该脉冲沿着波导丝向下传输，并随之产生一个环形的磁场。当脉冲和脉冲磁场到达浮子时，与浮子所带的永磁体及相应的磁场相遇，使得当前位置的波导丝产生一个瞬时的扭转脉冲波。此扭转脉冲波沿着波导丝返回发射端，并被电路识别。利用脉冲波的发送时间与扭转脉冲的返回时间之差，即可计算出浮子的位置，即液位。

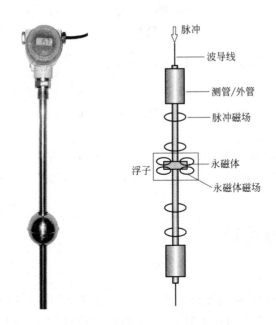

图 4-5　磁致伸缩液位计及其原理

磁致伸缩液位计的优点是可以满足大多数工业液体测量要求，比如：

核心工作元件封闭在不锈钢管内，和测量介质非接触，远离干扰源，可靠性强且使用寿命长；由于基于波导脉冲，测量精度高，远超其他传感器；防爆性能高，使用安全，特别适合对化工原料和易燃液体的测量；安装和维护简单，一般通过罐顶已有管口进行安装，且安装过程中不影响正常生产；所输出信号便于系统自动化工作等。

4.1.2　浮筒式液位计

浮筒式液位计利用部分浸没在液体中的浮筒所受浮力随液位浸没高度而变化的原理测

量液位，因此称为变浮力法。

浮筒式液位计结构与测量原理如图 4-6 所示。一个截面相同、重力为 W 的圆筒形金属浮筒悬挂在弹簧上，浮筒部分被液体浸没。当浮筒在液面上稳定时，浮力、重力、弹簧力达到力平衡，即

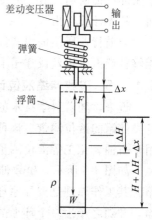

$$cx = W - AH\rho g \qquad (4-4)$$

式中　c——弹簧刚度；

x——弹簧压缩位移；

A——浮筒的截面积；

H——浮筒被液体浸没的高度；

ρ——被测液体密度；

g——重力加速度。

图 4-6　变浮力法测量原理示意图

当液位变化时，浮筒所受的浮力发生变化，浮筒的位置也要发生变化。例如液位升高 ΔH，则浮筒要向上移动 Δx，此时的平衡关系为：

$$c(x - \Delta x) = W - A(H + \Delta H - \Delta x)\rho g \qquad (4-5)$$

将上述式（4-4）与式（4-5）相减便得到：

$$c\Delta x = A(\Delta H - \Delta x)\rho g, \Delta x = \frac{A\rho g}{c + A\rho g}\Delta H \qquad (4-6)$$

可见，浮筒产生的位移 Δx 与液位变化 ΔH 成比例。如果在浮筒的连杆上安装一个位移-电气转换装置（例如差动变压器），便可输出相应的电信号，实现液位的信号的远传和标准化处理。

综上所述，变浮力法测量液位是通过检测元件把液位的变化转换为力的变化，再将力的变化转换为机械位移（线位移或角位移）。所得机械位移可以通过转换元件转换为标准信号，以便进行远传和显示。

4.2　静压式液位计

4.2.1　测量原理

静压式液位计是利用了测得液位与液柱高度产生的静压成正比来实现液位测量的。其原理如图 4-7 所示，p_A 为密闭容器中 A 点的静压（气相压力），p_B 为 B 点的静压，H 为液柱高度，ρ 为液体密度。根据流体静力学的原理可知，A、B 两点的压力差为：

$$\Delta p = p_B - p_A = H\rho g \qquad (4-7)$$

若图 4-7 中的容器为敞口容器，则 p_A 为大气压，则式（4-7）可写为：

$$\Delta p = p_B = H\rho g \qquad (4-8)$$

式中　p_B——B 点的表压力。

由式（4-7）和式（4-8）可知，液体中任何一点的静压力是液位高度和液体密度的函数，当液体的密度为常数时，A、B 两点的压力或压差仅与液位高度有关。因此可以通过测量 p 或 Δp 来实现液位高度的测量。这样液位高度的测量就变为液体的静压测量，凡是能够测量压力或压差的仪表，只要量程合适均可用于液位测量。

特别地，根据上述原理还可以直接求得容器内所储存液体的质量。因为式（4-7）和式（4-8）中 p 或 Δp 代表了单位面积上一段高度为 H 的液柱所具有的质量。所以测得 p 或 Δp 再乘以容器的截面积，即可得到容器中全部液体的质量。

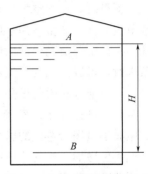

图 4-7　静压法液位测量原理

4.2.2　压力式液位计

压力式液位计正是基于测压仪表所测压力高低来测量液位的原理，主要用于敞口容器的液位测量，针对不同的测量对象可以分别采用不同的方法。

4.2.2.1　接触式直接测量

如图 4-8（a）所示，测压仪表（压力表或压力变送器）通过引压导管与容器底部相连，由测压仪表的指示便可知道液位的高度。若需要信号远传则可以采用传感器或变送器进行压力-电气信号转换。

必须指出的是，只有测压仪表的测压基准点与最低液位一致时，式（4-8）的关系才能成立。如果测压仪表的测压基准点与最低液位不一致，则必须要考虑附加液柱的影响，了解正迁移、负迁移的程度，然后针对性进行修正。

这种方式适用于黏度较小、洁净液体的液位测量。当测量黏稠、易结晶或含有颗粒液体的液位时，由于引压导管易堵塞，不能从导管引出液位信号，可以采用如图 4-8（b）所示的法兰式压力变送器测量液位的方式。

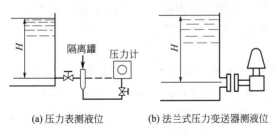

(a) 压力表测液位　　　　(b) 法兰式压力变送器测液位

图 4-8　测压仪表测液位

4.2.2.2　非接触式测量：吹气法

对于测量有腐蚀性、高黏度或含有悬浮颗粒液体的液位，可以使用隔离液防止腐蚀性液体进入差压计或采用吹气法进行测量。如图 4-9 所示，敞口容器中插入一根导管，压缩空气经过滤器、减压阀、节流元件、转子流量计，最后由导管下端敞口处逸出。

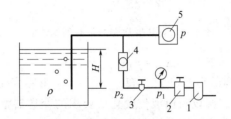

图 4-9　吹气法测量原理

1—过滤器；2—减压阀；3—节流元件；4—转子流量计；5—测压仪表

测量时，压缩空气 p_1 的压力根据被测液位的范围，由减压阀 2 控制在某一数值上。调整节流元件 3 调整 p_2 的压力，保证液位上升至最高点时，仍有微量气泡从导管下端敞口处逸出。由于节流元件前的压力 p_1 变化不大，根据流体力学原理，当满足 $p_2 \leqslant 0.528p_1$ 的条件时，可以达到气源流量恒定不变的要求。

合理地选择吹气量是准确测位的关键。通常吹气流量约为 20L/h，吹气流量可由转子流量计 4 进行显示。经验表明，吹气量选大一些，有利于吹气管的防堵、防止液体反充、克服微小泄漏所造成的影响及提高灵敏度等。但是另一方面，随着吹气量的增加，气源的耗气量也增加，吹气管的压降将会呈比例增加，增加造成泄漏的可能性。所以吹气量的选择要兼顾各种因素而具体设置。

当液位上升或下降时，液封压力会升高或降低，致使从导管下端逸出的气量也要随之减少或增加。导管内的压力几乎与液封静压相等，因此，由测压仪表 5 所测得的压力值即可反映出液位的高度 H。

4.2.3 差压式液位计

差压式液位计主要用于密闭有压容器中的液位测量。由式（4-7）可知，由于容器内气相压力对 p_B 点的压力有影响，因此只能用差压计测量气、液两相之间的差压值来得知液位高低。所以，凡是能够测量差压的仪表都可以用于密闭容器液位的测量。

4.2.3.1 零点迁移问题

采用差压式液位计测量液位时，由于安装位置不同，一般情况下均会存在零点迁移的问题。零点迁移相当于使差变测量范围的上、下限平移，而不改变量程宽度。通常，零点迁移有无迁移、正迁移和负迁移三种情形。

（1）无迁移

如图 4-10（a）所示，当被测介质黏度较小、无腐蚀、无结晶，并且气相部分不冷凝，变送器安装高度与容器下部取压位置在同一高度，正、负压室分别与容器下部和上部的取压点 p_1、p_2 相连接。设被测液体的密度为 ρ，则作用于差压变送器正、负压室的差压为：

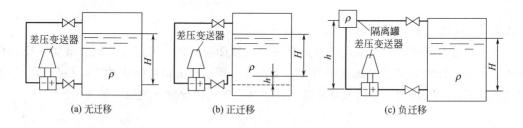

图 4-10　差压变送器测量时的安装情况

$$\Delta p = p_1 - p_2 = H\rho g \tag{4-9}$$

当液位由 $H=0$ 变化到最高液位 $H=H_{max}$ 时，Δp 由零变化到最大差压 Δp_{max}，变送器对应的输出为 4～20mA。假设对应液位变化所要求的变送器量程 Δp 为 5000Pa，则变送器的特性曲线如图 4-11 中曲线 a 所示，称为无迁移。

（2）正迁移

实际测量中，变送器的安装位置有时低于容器下部的取压位置，如图 4-10（b）所示，被测介质也是黏度较小、无腐蚀、无结晶，并且气相部分不冷凝，变送器安装高度低于测

量下限的距离为 h。这时液位高度 H 与压差 Δp 之间的关系式为：

$$\Delta p = p_1 - p_2 = H\rho g + h\rho g \tag{4-10}$$

由式（4-10）可知，当 $H=0$ 时，$\Delta p = h\rho g > 0$，并且为常数项，作用于变送器使其输出大于 4mA；当 $H = H_{max}$ 时，最大压差 $\Delta p = H_{max}\rho g + h\rho g$，使变送器输出大于 20mA。这时可以通过调整变送器的零位迁移弹簧，使变送器在 $H=0$，$\Delta p = h\rho g$ 时，其输出为 4mA。变送器的量程仍然为 $H_{max}\rho g$；当 $H = H_{max}$，最大压差 $\Delta p = H_{max}\rho g + h\rho g$ 时，变送器的输出为 20mA，从而实现了变送器输出与液位之间的正常对应关系。

假设变送器量程仍然为 5000Pa，而 $h\rho g = 2000$Pa，则当 $H=0$ 时，$\Delta p = 2000$Pa，调整变送器的零位迁移弹簧，使变送器输出为 4mA；当 $H = H_{max}$ 时，$\Delta p_{max} = 5000 + 2000 = 7000$Pa，变送器的输出应为 20mA。变送器的特性曲线如图 4-11 中曲线 b 所示，由于调整的压差 Δp 是大于零（作用于正压室）的附加静压，则称为正迁移。

（3）负迁移

有些测量介质对仪表会产生腐蚀作用，或者气相部分会产生冷凝使导管内的凝液随时间而变。此时，往往需要采用在正、负压室与取压点之间分别安装隔离罐或冷凝罐的方法。一种典型的安装情况如图 4-10（c）所示，变送器安装高度与容器下部取压位置处在同一高度，但由于气相介质容易冷凝，而且冷凝液高度随时间而变，故事先将负压导管充满被测液体。则此时液位高度 H 与压差 Δp 之间的关系式为：

$$\Delta p = H\rho g - h\rho g \tag{4-11}$$

上式中，当 $H=0$ 时，$\Delta p = -h\rho g < 0$，称为负迁移量（作用于负压室），使得变送器输出小于 4mA；当 $H = H_{max}$ 时，最大压差 $\Delta p = H_{max}\rho g - h\rho g$，使变送器输出小于 20mA。这时可以通过调整变送器的零位迁移弹簧，使变送器在 $H=0$，$\Delta p = -h\rho g < 0$ 时，其输出为 4mA；当 $H = H_{max}$，最大压差 $\Delta p = H_{max}\rho g - h\rho g$ 时，变送器的输出为 20mA，变送器的量程仍然为 $H_{max}\rho g$。

假设变送器的量程为 5000Pa，而 $h\rho g = -7000$Pa，则当 $H=0$ 时，$\Delta p = -7000$Pa，调整变送器的零位迁移弹簧，使变送器输出为 4mA；当 $H = H_{max}$ 时，$\Delta p_{max} = 5000 - 7000 = -2000$Pa，变送器的输出应为 20mA，其压差-输出特性曲线如图 4-11 中曲线 c 所示。

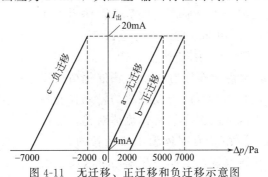

图 4-11　无迁移、正迁移和负迁移示意图

由上述可知，处理零点迁移的实质是通过迁移弹簧改变差压变送器的零点，使得被测液位为零时，变送器的输出为正确的起始值（4mA）。它仅改变了变送器测量范围的上、下限，而量程的大小不会改变。

需要注意的是，并非所有的差压变送器都支持对零点迁移的调整。在选用差压式液位计时，应在差压变送器的规格中注明是否带有正、负迁移装置并要注明迁移量的大小。

4.2.3.2 特殊介质的液位、料位测量

（1）腐蚀性、易结晶或高黏介质

当测量具有腐蚀性或含有结晶颗粒，以及黏度大、易凝固等介质的液位时，可以采用法兰式差压变送器，如图 4-12 所示。变送器的法兰（一对凹凸相对的圆盘，用螺栓连接，用垫片密封）直接与容器上的法兰连接，作为敏感元件的测量头 1（金属膜盒）经毛细管 2 与变送器的测量室相连通，在膜盒、毛细管和测量室所组成的封闭系统内充有硅油作为传压介质，同时将变送器与被测介质隔离开。毛细管的直径较小（一般内径为 0.7～1.8mm），外面套以金属蛇皮管进行保护，具有可挠性，单根毛细管长度一般可以选择为 5～11m，安装比较方便。法兰式差压变送器有单法兰、双法兰、插入式或平法兰等结构形式，可根据被测介质的不同情况进行选用。

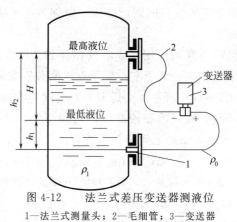

图 4-12　法兰式差压变送器测液位
1—法兰式测量头；2—毛细管；3—变送器

法兰式差压变送器测量液位时，同样存在零点迁移问题，迁移量的计算方法与前述差压式相同。如图 4-12 中 $H=0$ 时的迁移量为：

$$\Delta p = p_1 - p_2 = h_1 \rho g + h_2 \rho_0 g$$

式中　　ρ_0——毛细管中硅油密度。

由于正、负压侧的毛细管中的介质相同，变送器的安装位置升高或降低，两侧毛细管中介质产生的静压，作用于变送器正、负压室所产生的压差相同，迁移量不会改变。

（2）流态化粉末状、颗粒状固态介质

在石油化工生产中，常需要对流态化粉末状催化剂在反应器内流化床床层高度进行测量。因为流态化的粉末状或颗粒状催化剂近似流体，所以可以把它们看作流体对待，通过测压差反映床层的高度。但由于有固体粉末或颗粒的存在，测压点和引压管线很容易被堵塞，因此必须采用反吹风即吹气法配合差压变送器进行测量。

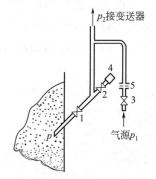

图 4-13　流化床反吹风取压系统
1～3—针阀；4—堵头；5—限流孔板

流化床内测压方式如图 4-13 所示，设被测压力为 p，测量管线引至变送器的压力为 p_2（即限流孔板后的吹气压力），吹气管线压降为 Δp，则有 $p_2 = p + \Delta p$。经验表明，当采用限流孔板只满足测压点及引压管线不堵的条件时，反吹风气量可以很小，Δp 可以忽略不计，即 $p_2 \approx p$。为了保证测量的准确性，必须保证吹气系统中的气量是恒流。适当地设计限流孔板，使 $p_2 \leqslant 0.528 p_1$，并维持 p_1 不发生大的变化，便可满足上述要求。

4.3　电容式液位计

电容式物位计由电容物位传感器和变送器组成。它适用于各种导电、非导电液体的液位或粉末状料位的测量，以及不同介质的界面位置的检测。电容式物位计结构简单、无可动部分、易维护，故应用范围较广。

4.3.1　测量原理

电容式物位传感器是根据圆筒形电容器原理进行工作的，结构如图 4-14 所示。

两个长度为 L、半径分别为 R 和 r 的圆筒形金属导体组成内、外电极，中间隔以绝缘物质构成圆筒形电容器。电容的表达式为：

$$C = \frac{2\pi\varepsilon l}{\ln\dfrac{R}{r}} \tag{4-12}$$

式中　ε——内、外电极之间的介电常数。

由式（4-12）可见，改变 R、r、ε、L 其中任意一个参数时，均会引起电容 C 的变化。实际物位测量中，几何尺寸 R 和 r 一般固定，因此可采用改变 ε 或 L 的方式进行电容测量。电容式物位传感器实际上是一种可变电容器，随着物位的变化，必然引起电容量的变化，且与被测物位高度成正比，从而可以测得物位。

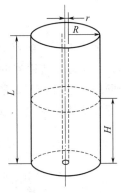

图 4-14　电容式物位
测量原理

由于所测介质的性质不同，采用的方式也不同，下面分别介绍测量不同性质介质的方法。

4.3.2　非导电介质的液位测量

当测量石油类制品、有机液体等非导电介质时，可以采用如图 4-15 所示方法。光电极1作为内电极，与它绝缘的同轴金属圆筒 2 作为外电极，外电极上开有孔和槽，以便被测液体自由地流进或流出。内、外电极之间采用绝缘材料 3 进行绝缘和固定。

当被测液位 $H=0$ 时，电容器内、外电极之间气体（最常见的是空气）的介电常数为 ε_0，电容器的电容量为：

$$C_0 = \frac{2\pi\varepsilon_0 L}{\ln\dfrac{R}{r}} \tag{4-13}$$

当液位为某一高度 H 时，电容器可以视为两部分电容的并联组合，即

$$C_x = \frac{2\pi\varepsilon_x H}{\ln\dfrac{R}{r}} + \frac{2\pi\varepsilon_0 (L-H)}{\ln\dfrac{R}{r}} \tag{4-14}$$

式中　H——电极被液体浸没的高度；

　　　ε_x——被测液体的介电常数；

　　　ε_0——气体的介电常数。

液位变化时，引起电容的变化量为 $\Delta C = C_x - C_0$，将式（4-13）和式（4-14）代入可得：

$$\Delta C = \frac{2\pi(\varepsilon_x - \varepsilon_0)}{\ln\dfrac{R}{r}}H \tag{4-15}$$

可见，ΔC 与被测液位 H 成正比，因此测得电容的变化量便可以得到被测液位的高度。为了提高灵敏度，希望 H 的系数尽可能大。由式（4-14）可得：

$$C_x = \frac{2\pi(\varepsilon_x - \varepsilon_0)H}{\ln\dfrac{R}{r}} + \frac{2\pi\varepsilon_0 L}{\ln\dfrac{R}{r}} = KH + C_0 \tag{4-16}$$

式中，$K = \dfrac{2\pi(\varepsilon_x - \varepsilon_0)}{\ln\dfrac{R}{r}}$，为电容-液位转换的灵敏系数。

上式表明，电容中介质介电常数与空气介电常数的差值越大，或内、外电极的半径 R 和 r 越接近，传感器的灵敏度越高，所以测量非导电液体的液位时，传感器一般不采用容器壁做外电极，而是采用直径较小的竖管（如图 4-15 所示）做外电极，或将内电极安装在接近容器壁的位置，以提高测量系统的灵敏度。

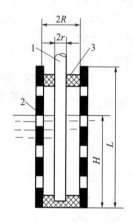

图 4-15　非导电液位测量

1—内电极；2—外电极；3—绝缘材料

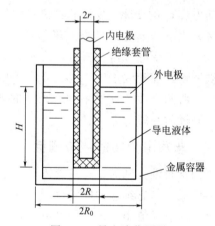

图 4-16　导电液位测量

4.3.3　导电介质的液位测量

如果被测介质为导电液体，内电极就要采用绝缘材料覆盖，如图 4-16 所示。直径为 $2r$ 的紫铜或不锈钢材料所制的内电极，外套聚四氟乙烯塑料套管或涂以搪瓷作为电介质和绝缘层，内电极外径为 $2R$。金属容器直径为 $2R_0$，当容器中没有液体时，介电层为空气加塑料或搪瓷，电极覆盖长度为整个 L。若容器中有高度为 H 的导电液体时，则导电液体就是电容的外电极的一部分。在高度范围内，电容器外电极的液体部分的内径为 R，内电极直径为 r。因此整个电容量为：

$$C_x = \frac{2\pi\varepsilon_x H}{\ln\dfrac{R}{r}} + \frac{2\pi\varepsilon_0(L-H)}{\ln\dfrac{R_0}{r}} \tag{4-17}$$

式中　H——电极被液体浸没的高度；

　　　ε_x——绝缘套管或涂层的介电常数；

ε_0——电极绝缘层和容器内气体共同组成的电容器的等效介电常数。

当容器空时，即 $H=0$，上面公式的第二项就成为电极与容器组成的电容器，其电容量为：

$$C_0 = \frac{2\pi\varepsilon_0 L}{\ln \dfrac{R_0}{r}} \tag{4-18}$$

将式（4-18）代入式（4-17）得：

$$C_x = \left(\frac{2\pi\varepsilon_x}{\ln \dfrac{R}{r}} - \frac{2\pi\varepsilon_0}{\ln \dfrac{R_0}{r}}\right) H + C_0 = KH + C_0 \tag{4-19}$$

式中，$K = \dfrac{2\pi\varepsilon_x}{\ln \dfrac{R}{r}} - \dfrac{2\pi\varepsilon_0}{\ln \dfrac{R_0}{r}}$，为传感器的灵敏系数。

由于容器半径 $R_0 \gg$ 金属电极内径 r，且 $\varepsilon_0 \ll \varepsilon_x$，所以有

$$\frac{2\pi\varepsilon_x}{\ln \dfrac{R}{r}} \gg \frac{2\pi\varepsilon_0}{\ln \dfrac{R_0}{r}} \quad \Rightarrow \quad K \approx \frac{2\pi\varepsilon_x}{\ln \dfrac{R}{r}} \tag{4-20}$$

$$\Delta C = C_x - C_0 = \frac{2\pi\varepsilon_x}{\ln \dfrac{R}{r}} H \tag{4-21}$$

式中，ε_x、R 和 r 均为常数，因此测得 ΔC 即可获得被测液位 H。但此种方法不能适用于黏滞性介质，因为当液位变化时，黏滞性介质会黏附在内电极绝缘套管表面上，造成液位信号虚假。

4.3.4 固体料位的测量

由于固体物料的流动性较差，常有滞留现象。对于非导电固体物料的料位测量，通常采用一根不锈钢金属棒与金属容器器壁构成电容器的两个电极，如图 4-17 所示，金属棒 1 作为内电极，容器壁作为外电极。将金属电极棒插入容器内的被测物料中，电容变化量 ΔC 与被测料位 H 的函数关系仍可用非导电液位的式（4-15）来表述，只是式中的 ε_x 代表固体物料的介电常数，R 代表容器器壁的内径，其他参数相同。

如果是测量导电固体的料位，则需要对图 4-17 中的金属棒内电极加上绝缘套管，测量原理同导电液位测量一样，可用式（4-21）表述。同理，还可以用电容物位计测量导电和非导电液体之间及两种介电常数不同的非导电液体之间的分界面，这里不再赘述。

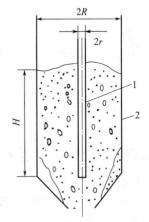

图 4-17 非导电料位测量
1—金属棒内电极；2—容器壁

目前，电容式物位计发展出一类专门针对物料滞留问题的射频导纳式物位计。其基本原理为：传感器、罐壁、待测介质之间的导纳值随物料高度而变化，可破高频无线电波测得，从而实现物位测量。射频导纳技术引入了电阻，使物位计的分辨力、准确性、应用范围均大大提高。需要注意的是在对导电介质进行测量时需做好安装、使用的防护

工作。

4.4　非接触式物位测量

上文中介绍的工业用物位测量仪表均属于接触式测量方法。除此之外，工业中还常用到一些非接触测量的方法，如辐射式、超声波、光电式物位测量。

4.4.1　超声波物位计

4.4.1.1　测量原理

超声波是指频率高于人类可听频率上限（20kHz 以上频段）的声波。超声波可以在气体、液体、固体中传播，穿越障碍会衰减或被吸收，在穿过不同介质的分界面时会产生反射。反射波的强弱决定于分界面两边介质的声阻抗，介质的声阻抗差别越大，反射波越强。声阻抗即介质的密度与声速的乘积。根据超声波从发射至接收到反射回波的时间间隔与物位高度之间的关系，就可以进行物位的测量。

工程中使用的超声波传感器主要有两种，一种是利用超声阻断来识别物体或障碍，一种是超声物位计，后者正是利用了超声波的回声测距原理。按传声介质的不同，超声波物位计有气介式、液介式和固介式；根据结构的不同，又可分为单探头液位计、双探头液位计和料位计等。以下分别讨论不同情况下使用超声波物位计的测量方法。

4.4.1.2　测量方法

（1）液介式

如图 4-18（a）所示，探头固定安装在液体中最低液位处，探头发出的超声脉冲在液体中由探头传至液面，反射后再从液面返回到同一探头而被接收。液位高度与从发到收所经历时间之间的关系可表示为：

$$H = \frac{1}{2}vt \tag{4-22}$$

式中　H——探头到液面的垂直距离；

　　　v——超声波在介质中的传播速度；

　　　t——超声波由发射到接收经历的时间。

（2）气介式

如图 4-18（b）所示，探头安装在最高液位之上的气体中，式（4-22）仍然完全适用，只是 v 代表气体中的声速。

（3）固介式

图 4-18（c）所示是固介式测量方法，将一根传声的固体棒或管插入液体中，上端要高出最高液位，探头安装在传声固体的上端，式（4-22）仍然适用，但 v 代表固体中的声速。

（4）双探头液介式

如图 4-18（d）所示，若两探头中心间距为 $2a$，声波从探头到液位的斜向路径为 S，探头至液位的垂直高度为 H，则

$$S = \frac{1}{2}vt \tag{4-23}$$

而
$$H = \sqrt{(S^2 - a^2)} \tag{4-24}$$

（5）双探头气介式

如图 4-18（e）所示，只要将 v 替换为气体中的声速，则上面关于双探头液介式的讨论完全可以适用。

（6）双探头固介式

如图 4-18（f）所示，它需要采用两根传声固体：超声波从发射探头经第一根固体传至液面，再在液体中将声波传至第二根固体，然后沿第二根固体传至接收探头。超声波在固体中经过距离 $2H$ 所需的时间，将比从发到收的时间略短，所缩短的时间就是超声波在液体中经过距离 d 所需的时间，所以

$$H = \frac{1}{2}v(t - \frac{d}{v_H}) \tag{4-25}$$

式中　v——固体中的声速；

　　　v_H——液体中的声速；

　　　d——两根传声固体之间的距离。

当固体和液体中的声速 v、v_H 已知，两根传声固体之间的距离 d 固定时，则可根据测得的 t 求得 H。

图 4-18（a）～（c）属于单探头工作方式，即该探头发射脉冲声波，经传播反射后再接收。这导致了在开始的一段时间内，回波和发射波不易区分。这段时间所对应的距离称为测量盲区（大约为 1m）。因此，探头安装时高出最高液面的距离应大于盲区距离，这是使用单探头方式时应注意的。图 4-18（d）～（f）属于双探头工作方式，由于接收与发射声波由两探头独立完成，使盲区大为减小。

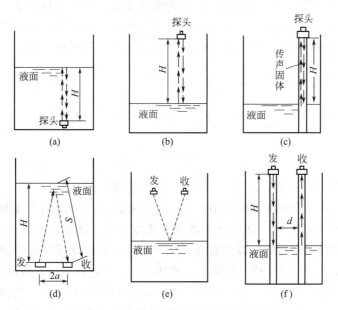

图 4-18　超声波测量液位的几种基本方案

（7）液-液相界面的测量

利用超声波反射时间差的方法也可以检测液-液相界面位置。如图 4-19 所示，两种不同的液体 A、B 的相界面在 h 处，液面总高度为 h_1，超声波在 A、B 两液体中的传播速度分别为 v_1 和 v_2。采用单探头方式，则超声波在液体 A 中传播并被 A、B 液体相界面反射回

来的往返时间为：

$$t_1 = \frac{2h}{v_1} \qquad (4\text{-}26)$$

超声波在液体 A、B 中传播并被液面反射回来的往返时间为：

$$t_2 = \frac{2(h_1 - h)}{v_2} + \frac{2h}{v_1} \qquad (4\text{-}27)$$

将式（4-26）代入式（4-27）可得：

$$h = h_1 - \frac{(t_2 - t_1)v_2}{2} \qquad (4\text{-}28)$$

由式（4-26）也可得：

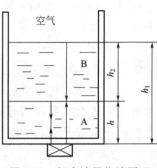

图 4-19　超声波界位计原理

$$h = \frac{t_1 v_1}{2} \qquad (4\text{-}29)$$

由以上两式可知，通过检测 t_1、v_1 或者 t_1、t_2 和 v_2 均可确定分界面位置高度 h。超声波界面传感器的精度可达 1%，检测范围为数米时的分辨率达 $\pm 1\text{mm}$。

4.4.1.3　声速的校正

在上面的超声波物位计的使用中，声速 v 值的准确与否对测量液位的准确性是至关重要的。介质中的声速与介质的密度有关，而介质密度又随温度和压力而改变。因此，实际声速常随环境而变化。为了排除声速变化对测量的影响，应对声速进行校正。工程上常采用声速校正具，其结构如图 4-20 所示。它是在传声介质中取相距为固定距离 S_0 的两端安装一个超声探头（校正探头）和反射板组成的测量装置。液介式情况下，校正具应安装在液体介质底部以远离水面反射声波的影响。同理，气介式情况下，校正具应安装在容器顶端的容器中。设超声波从探头发射经时间 t_0 后返回探头，其行程为 $2S_0$，所以实际声速为：

$$v_0 = \frac{2S_0}{t_0} \qquad (4\text{-}30)$$

将式（4-30）代入 $H = \frac{1}{2}vt$ 中（即 $v_0 = v$），则有

$$H = \frac{t}{t_0}S_0 \qquad (4\text{-}31)$$

上式表明，被测液位高度 H 变为时间 t、t_0 的函数。

若在测量时，声速沿高度方向是不同的，比如被测介质密度随高度而变化，或温度随高度而变化，则可采用图 4-21 所示的浮臂式声速校正具。该校正具的上端连接一个浮子，下端装有转轴，使校正具的反射板随液面变化而升降，确保发射探头与测量探头之间的声波和物位计探头发出的声波一样，跨越整个液体高度。这样就可以获取准确的平均声速。

超声波物位测量系统的测量范围可从毫米数量级到几十米以上，其精度在不加校正具时为 1%，加校正具后精度为 0.1%。超声波物位测量法的优点是：可进行非接触测量，适用于有毒、高黏度、腐蚀性液位的测量；无可动机械部件，易于维护。

4.4.2　雷达物位计

雷达物位计（图 4-22）的基本原理是雷达测距。即通过发射波与接受波之间的时间差计算液面与参考高度之间的距离，从而测得液面深度。雷达测距与超声波测距原理相近，

但是也有很大区别。首先，雷达所用的是电磁波，而非机械性的超声波。正因为如此，超声波物位计无法用于真空环境，也无法用于大测量范围（能量衰减、信噪比降低）。因此，雷达物位计的测量范围要比超声波物位计大很多。其次，雷达物位计有喇叭式、杆式、缆式，相对于超声波物位计能够应用于更复杂的工况，也具有更好的精度，但相应地成本较高。最后，由于雷达物位计所用的是电磁波，在应用的时候要考虑介质的介电常数，如不适用于塑料板、塑料皮等低介电常数的物体。总的来说，雷达物位计与超声波物位计原理基本相同，只是适用于不同的应用情景，因此这里不过多介绍。

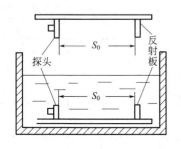

图 4-20 声速校正具

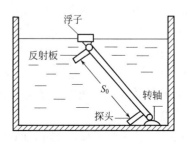

图 4-21 浮臂式声速校正具

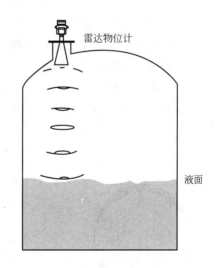

图 4-22 雷达物位计及其使用原理

4.4.3 光电式物位计

光学式物位计最简单的模式是：发光光源（如灯泡）放在容器的一侧，另一侧相对光源处装置光敏元件，当物位升高至物料遮挡光源时，光敏元件输出信号突变，仪表发出开关信号，进行报警或控制。

目前常用的光源发射器有激光器、发光二极管、普通灯光等，光源的接收可由光敏电阻、光电二极管、光电池、光电倍增管等多种光电元件来实现。在选定某种光源器件后，再据此来选择接收元件，并与合适的线路配合，组成物位计。

4.4.3.1 传感器测量原理

光接收器件是光电式测量系统的关键部件，起着将光转换为电信号的作用。基于光电效应原理工作的光电转换元件称为光电器件或光敏器件，按其转换原理可分为光电发射型、光导型和光伏型。在此简要介绍一下光导型和光伏型光电元件的原理。

（1）光导效应和光导型传感器

大多数半导体受到光照吸收光子的能量后，其电阻率会发生改变，使半导体的电阻值下降而易于导电，这种现象称为光导效应。其原因是半导体内部的带电粒子吸收了光的能量后，使材料内部的带电粒子增加，从而使导电性增强，光线越强，阻值越低。基于这一原理制造的半导体光电器件有光敏电阻、光电二极管和光电晶体管。

① 光敏电阻　光敏电阻是用具有光导效应的半导体材料制成的电阻器件。当受到光照时，其电阻值下降，光线越强，阻值也就变得越低；光照停止，阻值又恢复原值。把光敏电阻连接到外电路中，如图4-23所示，在外加电压（直流偏压或交流电压）作用下，电路中的电流及其在负载电阻上的压降将随光线强度变化而变化，这样就将光信号转换为电信号。

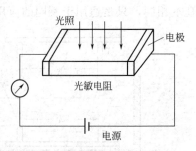

图 4-23　光敏电阻工作原理

光敏电阻在不受光照时的电阻值称为暗电阻，受光照时的电阻值称为亮电阻。暗电阻越大越好，亮电阻越小越好，这样光敏电阻的灵敏度就高。实际光敏电阻的暗电阻一般在兆欧数量级，亮电阻在几千欧以下，暗电阻和亮电阻之比一般为 $10^2 \sim 10^6$。

一块安装在绝缘衬底上的带有两个欧姆接触电极的光电导体，半导体吸收光子而产生的光电效应，仅限于光照的表面薄层。虽然产生的载流子也有少数扩散到内部去，但深入厚度有限，因此光电导体一般都做成薄层。为了获得很高的灵敏度，光敏电阻的电极一般采用梳状，如图4-24所示。这种梳状电极，由于在间距很近的电极之间有可能采用大的极板面积，所以提高了光敏电阻的灵敏度。

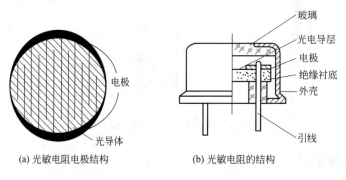

(a) 光敏电阻电极结构　　　　　(b) 光敏电阻的结构

图 4-24　光敏电阻的结构

② 光敏二极管　其结构与一般二极管相似，但装在透明玻璃外壳中，其 PN 结装在管顶，便于接受光的照射。光敏二极管在电路中工作时，一般加上反向电压，如图4-25所示。光敏二极管在电路中处于反向偏置，在没有光照射时，反向电阻很大，反向电流很小，称为暗电流；当光照射在 PN 结上，光子打在 PN 结附近时，PN 结附近产生光生电子和光生空穴对，使少数载流子的浓度大大增加，因此通过 PN 结的反向电流也随之增加。

如果入射光照度变化，光生电子-空穴对的浓度也相应变化，通过外电路的光电流强度也随之变化。可见光敏二极管能将光信号转换为电信号输出。光敏二极管不受光照射时处于截止状态，受光照射时处于导通状态。

③ 光敏晶体管　光敏晶体管又称光敏三极管，结构与一般晶体管很相似，具有两个 PN 结。它在把光信号转换为电信号的同时，又将信号电流加以放大。图 4-26 所示为 NPN 型光敏晶体管的基本简化电路。当集电极加上相对于发射极为正的电压而不接基极时，基极-集电极结就是反向偏压。当光照射在基极-集电极结上时，就会在结附近产生电子-空穴对；从而形成光电流，输入到晶体管的基极。由于基极电流增加，因此集电极电流是光生电流的 β 倍，即光敏晶体管有放大作用。

图 4-25　光敏二极管基本电路

图 4-26　光敏晶体管的基本简化电路

光敏二极管和光敏晶体管使用时，应注意保持光源与光敏管的合适位置，使入射光恰好聚焦在管芯所在的区域，光敏管灵敏度最大。为避免灵敏度改变，使用中必须保持光源与光敏管的相对位置不变。

(2) 光生伏特效应及光伏传感器

光照射引起 PN 结两端产生电动势的现象称为光生伏特效应。当 PN 结两端没有外加电压时，在 PN 结势垒区仍然存在着结电场，其方向是从 N 区指向 P 区，如图 4-27 所示；当光照射到 PN 结上时，若光子的能量大于半导体材料的禁带宽度，则在 PN 结内产生电子-空穴对，在结电场作用下，空穴移向 P 区，电子移向 N 区，电子在 N 区积累和空穴在 P 区积累使 PN 结两边的电位发生变化，PN 结两端出现一个因光照射而产生的电动势。用导线将 PN 结两端连接起来，电路中就有电流流过，电流的方向由 P 区流经外电路至 N 区。若将电路断开，就可以测出光生电动势。

光电池就是基于光生伏特效应，直接将光能转变为电动势的光电器件，属于有源传感器。光电池应用电路如图 4-28 所示。

光电池在光线作用下实质上就是电源，电路中有了这种器件就不再需要外加电源。光电池的种类很多，有硒光电池、氧化亚铜光电池、锗光电池、硅光电池、磷化镓光电池等。其中最受关注的是硅光电池，因为它具有稳定性好、光谱范围宽、频率特性好、换能效率高、耐高温辐射等一系列优点。

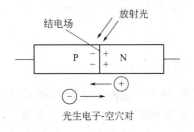

图 4-27　PN 结光生伏特效应原理

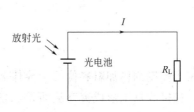

图 4-28　光电池应用电路原理

4.4.3.2 光电式物位计的组成与应用

（1）光电式传感器的基本组成

光电式传感器是以光为媒介、以光电效应为基础的传感器，主要由光源、光学通路、光电器件及测量电路等组成，如图 4-29 所示。

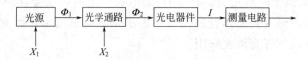

图 4-29　光电式传感器的基本组成

光电式传感器中的光源可采用白炽灯、气体放电灯、激光器、发光二极管及能发射可见光谱、紫外线光谱和红外线光谱的其他器件。此外还可采用 X 射线及同位素放射源，这时一般需要实现辐射形式能量到可见光形式能量转换的转换器。

光学通路中常用的光学元件有透镜、滤光片、光阑、光楔、棱镜、反射镜、光通量调制器、光栅及光导纤维等，主要是对光参数进行选择、调整和处理。

被测信号可通过两种作用途径转换成光电器件的入射光通量 Φ_2 的变化，其一是被测量（X_1）直接对光源作用，使光通量 Φ_1 的某一参数发生变化；其二是被测量（X_2）作用于光学通路中，对传播过程中的光通量进行调制。

光电器件的作用是检测照射其上的光通量。选用何种形式的光电器件取决于被测参数、所需的灵敏度、反应的速度、光源的特性及测量环境、条件等。

大多数情况下，光电器件的输出电信号较小，需设置放大器。对于变化的被测信号，在光路系统中常采用光调制，因而放大器中有时包含相敏检波及其他运算电路，对信号进行必要的加工和处理。测量电路的功能是把光电器件输出电信号变换成后续电路可用的信号。

完成光电测试需要制订一定形式的光路图。光路由光学元件组成，通过光学元件实现光参数的选择、调制和处理。在测量其他物理量时，还需配以光源和调制件。常用的光源有白炽灯、发光二极管和半导体激光器等，用以提供恒定的光照条件；调制件是用来将光源提供的光量转换成与被测量相对应变化光量的器件，调制件的结构依被测量及测量原理而定。

（2）半导体激光料位计

图 4-30 所示为半导体激光料位计原理示意图。

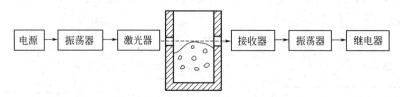

图 4-30　半导体激光料位计原理示意图

用于控制固体加料料位的半导体激光料位计的工作方式为遮断方式，当物料遮断激光束时，在接收器上形成突变从而发出信号。激光器采用砷化镓半导体为工作介质，经电流激发，调制发出 840nm 波长的红外光束，光束经过透镜后到达接收器。接收器由硅光敏三极管组成。当接收到激光照射时，光敏元件产生光电流；有物料挡住光束时，线路终端输出脉冲信号，可控硅导通，继电器工作，发出信号。

（3）光电式液位计

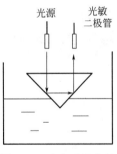

光电式液位计利用光的全反射原理实现液位测量，如图 4-31 所示。发光二极管作为发射光源，当液位传感器的直角三棱镜与空气接触时，由于入射角大于临射角，光在棱镜内产生全反射，大部分光被光敏二极管接收，此时液位传感器的输出便保持在高水平状态；而当液体的液位到达传感器的敏感面时，光线则发生折射，光敏二极管接收的光强明显减弱，传感器从高电平状态变为低电平，由此实现液位的检测。

图 4-31　光电式液位计

思考题和习题

1. 浮子式液位计与浮筒式液位计在测量原理上有何不同？

2. 什么是静压法液位测量系统的零点正迁移和负迁移？

3. 用电容式液位计测定液位时，导电物质与非导电物质所用的电极为什么不一样？

4. 料位测量与液位测量有哪些重要区别？

5. 常用的非接触式物位仪表有哪些？有什么特点？

第 5 章　　流量测量

流量是流程工业生产过程中一个非常重要的参数，其原料、半成品、成品以及生产加工过程中使用的能源大部分都是以流动物质的状态传递输送的。所以在石油、化工、冶金、电力等典型流程工业中，流量测量是保证产品质量和成本的关键因素之一。

5.1　流量测量的基本概念

5.1.1　流量的定义

在工业测量中一般把流体移动的量称为流量。在实际的工程测量中，对被测流量有不同的表示方式，常见的有以下几类。

（1）体积流量

$$q_v = uA \tag{5-1}$$

式中，A 为管道的有效截面积。流体在管道中流动时，同一截面上各点的流速并不相同，所以式（5-1）中 u 指截面的平均流速（在本章中，如无特殊说明，均指平均流速）。体积流量单位一般用 m^3/h 表示。

（2）质量流量

如果流体密度为 ρ，由式（5-1）可以导出：

$$q_m = \rho q_v = \rho uA \tag{5-2}$$

质量流量单位一般用 kg/h 表示。

（3）瞬时流量和累积流量

通常情况下，无论是测量体积流量还是质量流量，都强调测量值在一个单位时间内的变化情况，工程上把单位时间内流过管道横截面或明渠横截面的流体量称为瞬时流量。瞬时流量量值的单位中都包含有时间部分（如小时，h，分钟，min、秒，s）。本章介绍的绝大多数流量计都是测量瞬时流量的。但有时测量的要求是统计在一个较长时间范围内的通过管道截面流量的总和（例如加油机流量测量或水表、燃气表的测量），这类测量装置的测量结果称为总量或累积流量。测量结果的单位表示中不再引入时间部分。

5.1.2　流体特性参数对流量测量的影响

在流体测量时，流体本身的一些物理特性对测量精度有较大影响，必须加以考虑。

5.1.2.1　流体的密度变化

流体的密度会随温度或压力发生变化。对于液体，由于压力温度变化对密度的影响非常不大，一般可以忽略不计。但是测量准确度要求较高的场合，或温度变化较大的情况下，要适当考虑温度的影响。而气体由于密度受温度、压力变化影响较大，例如，在常温环境下，温度每变化 10℃，密度变化约为 3%；在常压环境下，压力每变化 10kPa 时，密度约变化 3%。因此在测量气体流量时，必须同时测量流体的温度和压力，并将不同工况下的体积流量换算成标准体积流量 q_{vN}（m³/h）作为测量结果。所谓标准体积流量，在工业上是指压力为 101325Pa，温度为 20℃ 时的体积流量。

5.1.2.2　流体的黏度

黏度是反映流体在运动时彼此之间或流体和传输管道管壁之间摩擦力大小的物理量，也称为流体的黏性。流体的黏度随流体传输时的温度和压力而变化。通常温度上升，流体黏度变小，而气体黏度变大。压力对液体黏度的影响只有在压力很高时才需要修正，而对气体的影响在测量中必须时时注意。流体的黏度表示常用的有以下两种：

（1）动力黏度。流体运动时，阻滞剪切变形的黏滞力 F 与流体的速度梯度（du/dy）和接触面积成正比，即

$$F = \mu A \frac{du}{dy} \tag{5-3}$$

式（5-3）称为牛顿黏性定律，服从该定律的流体称为牛顿流体。式中的系数 μ 称为流体的动力黏度。

（2）运动黏度。流体的动力黏度和流体密度之比称为流体的运动黏度。即

$$\upsilon = \mu/\rho \tag{5-4}$$

有专门的工业手册提供各种常用被测流体的黏度数据，用于流量测量的结果修正。

（3）热膨胀率和压缩系数

由于气体体积受环境温度和压力变化影响较大，在测量时需要考虑温度或压力对其体积流量的影响。热膨胀率 β 是指流体温度变化 1℃ 时的体积相对变化率，即

$$\beta = \frac{1}{V} \times \frac{\Delta V}{\Delta T} \tag{5-5}$$

式中，V 和 ΔV 分别为流体原有体积和因温度变化膨胀的体积；ΔT 为流体温度与标准温度（20℃）的差值。根据 β 可修正温度变化对体积的影响。

压缩系数 κ 是压力发生变化时，气态流体体积的相对变化率，即

$$\kappa = \frac{1}{V} \times \frac{\Delta V}{\Delta p} \tag{5-6}$$

式中，V 和 ΔV 分别为流体原有体积和因温度变化膨胀的体积；Δp 为流体所处环境压力与标准压力（101325Pa）的差值。根据 κ 可修正压力变化对体积的影响。常用被测流体的 β 和 κ 值，可以通过相关工业手册查找获得。

5.1.3　流动状态与流量测量

在流量测量中，测量流速是测定流量的一个常用方法，流体在管道中流动时，流体的流动状态对截面上的各点流速分布有密切的关系，选择适当的流动状态进行流量测量，对于保证测量精度有重要的意义。

根据流体力学的相关理论，当流体充满水平管道并水平流动时，流动状态可分为层流、紊流。

（1）层流

层流是流体的一种流动状态。流体在管内流动，当流速很小时，流体分层流动，互不混合，流体质点沿着与管轴平行的方向做平滑直线运动。层流状态下，管道截面的流速分

布如图 5-1 所示，流体的流速在管中心处最大，其近壁处最小。这种流动状态下各点的流速相差较大，在测量中，如果仅用某个局部的流速代表整个截面流速，会产生较大的测量误差。

（2）紊流

随着流速的增加，流体的流线开始出现波浪状的摆动，摆动的频率及振幅随流速的增加而增加，此种流况称为过渡流；当流速增加到很大时，流线不再清楚可辨，流场中有许多小漩涡，此时的水流在沿管轴方向向前运动的过程中，各层或各微小流束上的质点形成涡体彼此掺杂混合，从每个质点的轨迹看，没有确定的规律性，但是从整个管道截面来看，流体每个质点的运动速度接近一致。这种流动状态称为紊流，又称为乱流、扰流或湍流。紊流状态下，截面各点的流速接近一致。

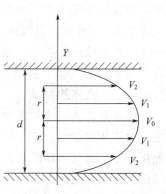

图 5-1　层流流速分布示意图

层流或紊流状态不仅取决于流体流动速度，也和流体的黏度、管道结构等有关，因此需要根据雷诺数 Re 的大小进行判定。雷诺数是一个无量纲的值，它是流体的密度、黏度、流速、圆管直径的函数。雷诺数计算公式为：

$$Re = \frac{\rho ud}{\mu} = \frac{ud}{\nu} \tag{5-7}$$

式中，$\nu = \dfrac{\mu}{\rho}$，称为运动黏性系数，或运动黏度，m^2/s；d 为流体管道的直径；u 为流体平均流速。

流态转变时的雷诺数值称为临界雷诺数。一般管道雷诺数 $Re < 2100$ 时为层流状态，$Re > 4000$ 时为紊流状态，$Re = 2100 \sim 4000$ 时为过渡状态。在通过测量流速 u 确定流量的方法中，一般需要流体流动状态为紊流，流体的临界雷诺数要大于 4000。

5.1.4　流体流动中的能量状态转换

（1）静压能和动压能

水平管道中流动的流体在管道截面上的任意一个流体质点具有动压和静压两种能量形式，其大小可用相应的压力值表示。其中静压是由于流体分子不规则运动与物体表面摩擦接触产生的，静压对任何方向均有作用。流体在管道中流动，通过任何一个截面，势必受到截面处的流体静压力作用。这就要截面上游侧流体做一定的功以克服静压力的作用，因此越过截面的流体便带着与这部分功相当的能量进入系统。我们就把与这部分功相当的能量称为静压能。

动压指流体流动时产生的压力，只要管道内流体流动就具有一定的动压，其作用方向为流体的流动方向。动压是截面上流体运动具备的能量，故也称动压能。

（2）能量的转换和伯努利方程

如果流体在流动过程中的密度不会随压力变化而发生改变，则称这种流体为理想流体。根据反映流体运动规律的伯努利方程可知，理想流体在水平管道任意截面上的静压能和动压能存在一种守恒关系，可表示为：

$$\frac{p}{\rho} + \frac{u^2}{2} = 常数 \tag{5-8}$$

式中　p——截面上流体的静压；

　　　ρ——流体密度；

　　　u——截面流体的流速。

又因为理想流体的密度 ρ 不受温度压力的影响，上式可改为：

$$p + \frac{u^2}{2}\rho = 常数 \tag{5-9}$$

式中，p 为单位面积流体具有的静压；$u^2\rho/2$ 为单位面积流体具有的动压。静压对任何方向都有作用，而动压的作用方向是流体运动的方向（流向）。它说明了理想流体流过任一截面的总能量不变，同时也反映出流动过程中各种机械能相互转化的规律。这一规律被许多以流速测量来确定流量的测量方案采用。

5.1.5　流量测量方法分类

流程工业测量的各种流体的性质、状态千差万别，很难仅靠极少的几种测量方法和测量装置据全部满足要求，所以流量测量采用的测量方法很多，测量原理和传感器结构也各不相同。按测量原理一般可分为以下三大类。

（1）速度式

速度式流量计通过测量流体在输送管路有效截面上的流动速度来确定流体的瞬时流量。速度式流量计利用传感器将流体的流速变换为转速、力矩、压差、频率、电压等信号形式，再通过电测技术以间接测量的方式测定流量大小。典型的速度式流量计有电磁式、超声波式、差压式、涡轮式、漩涡式、弯管式、靶式、转子式等。这类流量计测定的流量首先是体积流量，如需要测量质量流量还需要利用密度进行修正换算。由于进行间接测量时需要引入许多对体积或质量的修正因素，所以较易受到测量环境的影响，要实现高精度测量难度较大。

（2）容积式

容积式流量计以机械装置组成活动的标准计量空间，通过累积标准计量空间在单位时间内输送的流体体积进行流量测量。简单而言，就是拿一个标准体积容器一次一次地测量流体并进行输送，所以根据计算单位时间内标准容器传送的次数就可判定体积流量，只要保证测量仪器的机械加工和装配精度，其体积流量测量准确性就远大于速度式流量计。但这类流量计受流体影响大，不适合测量杂质含量高、密度低、气液或液固态混合的流体；测量质量流量同样因为需要引入密度修正而带来较大误差。常见的有椭圆齿轮、旋转活塞或刮板式流量计。

（3）质量式

质量式流量计利用一定质量的流体在热交换时的特性或流动时受外力影响而产生的运动状态变化进行质量流量测量，典型的类型有科氏力流量计、热质流量计等。这种测量方式受流体压力、温度、黏度等因素影响较小，测量质量流量时精度较高。

5.2　节流式流量计

节流式流量计的敏感元件是管道中安装的阻力件，流体通过阻力件所在截面时，由于流通面积变化，在阻力件前后出现静压力差（简称差压），可以通过测量此差压并按一定的函数关系确定流量值。在流量仪表中，一般称此阻力件为节流件，并称节流件与取出差压的整个装置为节流装置。这种类型的流量计被称为节流式流量计。由于是通过阻力件产生的差压信号来测量流量，这种类型的流量计也被称为差压式流量计。

节流式流量计由四个部分组成，如图 5-2 所示：①将被测流体的流量值变换成差压信号的节流装置，其中包括节流件、取压装置和测量所要求的直管段；②传送差压信号的信号管路；③更换维修设备时使用的手动截断阀；④检测差压信号并转化为标准电信号的差压变送器。

节流件的类型较多。严格地说，在管道中装入任意形状的节流件都能产生节流作用，并且节流件前后两侧的差压与流过流体的流量值都会有相应的关系。但是，它们并不都是可以找到差压与流量之间存在适合需要的函数关系，只有差压与流量之间存在稳定的函数关系，并且重复性好，适于应用的节流件才有实用价值。目前已经应用的节流件种类有孔板、文丘里管、喷嘴、V 形内锥管、多孔平衡式节流件等。

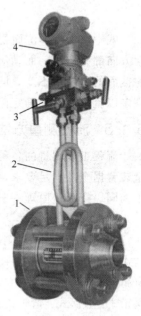

图 5-2　差压式流量计的组成
1—节流件；2—信号管路；
3—截断阀；4—差压变送器

5.2.1　测量原理

5.2.1.1　差压的产生

为说明节流式流量计的工作原理，以下以孔板为例，分析在管道中流动的流体经过节流件时流体的静压力和动压力的变化情况。图 5-3 所示为流体在水平管道中经过节流件的流动情况，在距孔板前（0.5～2）D（管道内径）处，流束开始收缩，即靠近管壁处的流体开始向管道的中心处加速，管道中心处流体的动压力开始下降，靠近管壁处有涡流形成，静压力也略有增加。流束经过孔板后，由于惯性作用而继续收缩，在孔板后的 (0.3～0.5)D 处流束的截面积最小、流速最快、动压力最大、静压力最低。在这以后，流束开始扩展，流速逐渐恢复到原来的速度，静压力也逐渐恢复到最大，但不能恢复到收缩前的静压力值，这是由于实际的流体经过节流件时会有永久性的压力损失 δ_p。

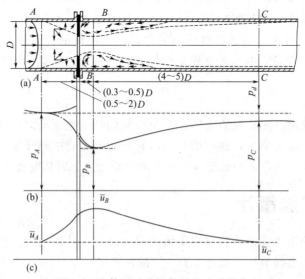

图 5-3　流体通过节流件时的流动状态
（a）流线和涡流区示意；（b）沿轴向静压力变化示意；（c）沿轴向动压力变化示意

流体的静压和动压在节流件前后的变化，反映了流体的动能和静压能的相互转换情况。假定流体是处于稳定流动状态，即同一时间内，通过管道截面 A 和节流件的开孔截面 B 的流体质量是相同的，由于截面 B 的面积远小于截面 A 的面积，则通过截面 B 时的流速必然要比通过截面 A 时的流速快，这个速度的改变是由动压能增加、静压能降低造成的，从而产生节流件前后的静压力差。此压力差的大小与通过流体的流量大小有关。

5.2.1.2 流量方程

流量方程用以描述流量和节流件上下游侧静压差的函数关系。为便于推流量方程，将图 5-3 的节流过程简化成如图 5-4 所示。假定流体在水平管道中处于理想流动状态，以下分别对不可压缩流体和可压缩流体的流量方程进行推导。

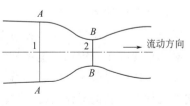

图 5-4　节流效果简图

（1）不可压缩流体

由于不可压缩流体的密度可以认为是不变的，根据伯努利方程可得：

$$\frac{p_1}{\rho}+\frac{u_1^2}{2}=\frac{p_2}{\rho}+\frac{u_2^2}{2} \tag{5-10}$$

式中　p_1，p_2——A、B 截面上流体的静压；

　　　　ρ——流体密度；

　　u_1，u_2——A、B 截面流体的流速。

由于流动是稳定的，则从截面 A 流入的流体质量与从截面 B 流出的流体质量必然相等，所以有连续性方程：

$$Au_1\rho=au_2\rho \tag{5-11}$$

式中　A——截面 A 处的截面积；

　　a——截面 B 处的截面积。

式（5-10）和式（5-11）就是不可压缩流体的伯努利方程和连续性方程。

假定管道的直径为 D（$A=\pi D^2/4$），节流件的开孔直径为 d（$a=\pi d^2/4$），由上述两个公式可求得流经节流件的流速为：

$$u_2=\frac{1}{\sqrt{1-(d/D)^4}}\sqrt{\frac{2(p_1-p_2)}{\rho}} \tag{5-12}$$

流过截面 B 的体积流量为 $q_v=au_2$。令直径比 $\beta=d/D$，差压 $\Delta p=p_1-p_2$，体积流量的理论方程为：

$$q_v=\frac{a}{\sqrt{1-\beta^4}}\sqrt{\frac{2\Delta p}{\rho}}=\frac{\pi}{4}\times\frac{d^2}{\sqrt{1-\beta^4}}\sqrt{\frac{2\Delta p}{\rho}} \tag{5-13}$$

根据质量流量的定义，$q_m=au_2\rho$，可写出质量流量的理论方程为：

$$q_m=\frac{a}{\sqrt{1-\beta^4}}\sqrt{2\rho\Delta p}=\frac{\pi}{4}\times\frac{d^2}{\sqrt{1-\beta^4}}\sqrt{2\rho\Delta p} \tag{5-14}$$

式（5-13）和式（5-14）表示了流量和节流件上、下游压力差的平方根之间存在一定的比例关系。公式推导的前提条件是理想流体（流体的体积、密度不受环境影响）在流动时不存在压力损失。实际流体由于具有黏性，在流过节流件时必然产生压力损失，因此实际流量要小于理想状态的推算结果，故要引入流出系数 C（$0<C<1$）进行修正。实际流量公

式为：

$$q_{v}=\frac{\pi}{4}\times\frac{Cd^{2}}{\sqrt{1-\beta^{4}}}\sqrt{\frac{2\Delta p}{\rho}} \tag{5-15}$$

$$q_{m}=\frac{\pi}{4}\times\frac{Cd^{2}}{\sqrt{1-\beta^{4}}}\sqrt{2\rho\Delta p} \tag{5-16}$$

（2）可压缩流体

对于可压缩流体，流体经过节流件时，由于流体的动能增加而降低了静压，流体的密度必然也要减小，因而不能忽略在节流过程中流体密度的变化。假设流体符合理想气体的条件，流体经过节流件时是等熵过程，这样通过引入一个表示密度变化的修正系数ε，并规定节流件上游侧的流体密度为ρ，可得压缩流体的质量流量和体积流量的流量方程。

$$q_{v}=\frac{\pi}{4}\times\frac{Cd^{2}\varepsilon}{\sqrt{1-\beta^{4}}}\sqrt{\frac{2\Delta p}{\rho}} \tag{5-17}$$

$$q_{m}=\frac{\pi}{4}\times\frac{Cd^{2}\varepsilon}{\sqrt{1-\beta^{4}}}\sqrt{2\rho\Delta p} \tag{5-18}$$

式中，ε为可膨胀性系数，是表示流体可压缩性的影响，对于可压缩性流体$\varepsilon<1$。ε值可通过工程手册提供的图表或公式，结合被测流体的物理参数和测量工况参数进行计算。

5.2.2 常用节流装置

节流装置是节流式流量计的敏感元件，是由节流件、取压装置和节流件上游第一个阻力件、第二个阻力件、下游第一个阻力件以及它们间的直管段所组成的。标准节流装置同时规定了它所适应的流体种类、流体流动条件以及对管道条件、安装条件、流体参数的要求。

节流件的形式很多，下面将根据节流装置对流体流动形状的调整方式分类进行介绍。

5.2.2.1 边缘节流式

这一类型的标准节流件有标准孔板、喷嘴、文丘里管。

（1）标准孔板结构

孔板的形状如图 5-5 所示。孔板是一块与管道轴线同轴，直角入口非常锐利的薄板。孔板在管道内的部分是圆的，并与节流孔同心。在设计及安装孔板时，要保证在工作条件下，受差压或其他任何应力引起孔板的塑性扭曲和弹性变形所造成的影响时，如连接孔板表面上任意两点的直线，与垂直于轴线的平面之间的斜度不得超过 1%。在进行测量时，孔板必须是清洁的。

孔板上下游端面都应该是平的，并且相互平行。孔板的表面粗糙度对孔板的流量系数有直接影响，上游端面 A 的加工精度较下游端面的加工要求高。孔板厚度和开孔厚度以上游管道内径 D 乘以一定的系数作为加工参照标准。节流孔的直径 d 均应等于或大于 12.5mm，孔径和管道直径比 $\beta=d/D$ 应在 $0.20\leqslant\beta\leqslant0.75$ 的范围内。

由节流件附近的压力分布情况可以看出，即使流过节流件的流量是同一数值，如果在节流件上、下游的两个取压口的位置不同，则其差压的大小也不相同。自然对于不同的取压口位置，应该是有不同的数据和要求的。

常用的取压方式有角接取压和法兰取压。角接取压的压力测量取压口位于孔板（或喷

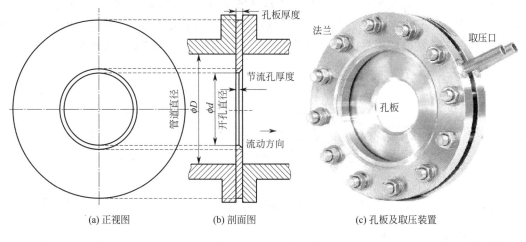

(a) 正视图　　　　　　(b) 剖面图　　　　　　(c) 孔板及取压装置

图 5-5　孔板的结构

嘴）的上、下游端面处，也就是在节流件与管壁的两个夹角处取出静压力。法兰是管道上加持固定孔板的安装管件，如图 5-3（c）所示。法兰取压就是在法兰与孔板的上、下游端面的距离为 25.4mm 的位置打孔作为压力测量点。

（2）喷嘴的结构形式

喷嘴是依据流束收缩形状设计节流装置的内径变化轮廓，其流束通道长度长于孔板结构，同时上游端有一定的弯曲弧度，可在压缩流束形状时，减小压力损失和漩涡干扰，参见图 5-6。相比于孔板结构，喷嘴测量精度高、压损小、寿命长，但成本高、加工技术要求高。喷嘴在设计加工时，对结构的几何尺寸和光洁度同样有特定的要求，其差压信号的提取位置同样是在安装法兰或节流装置上、下游的指定位置，具体数据可参考相关的国标手册或工业手册，在此不再具体说明。

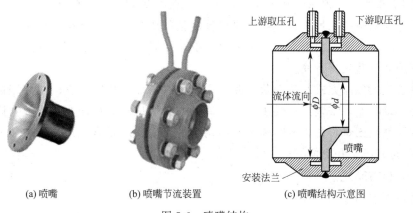

(a) 喷嘴　　　　　　(b) 喷嘴节流装置　　　　　　(c) 喷嘴结构示意图

图 5-6　喷嘴结构

（3）文丘里管的结构形式和特点

由于这种流体压差测量装置的结构是意大利物理学家 G·B·文丘里发明的，因此命名为文丘里管。作为标准节流件的文丘里管结构如图 5-7 所示，其管道结构由入口圆筒段 A、圆锥收缩段 B、圆筒形喉部 C 及圆锥扩散段 D 组成，剖面为先收缩而后逐渐扩大的管道，形成的流束形变和产生的差压符合伯努利定理。测出其入口截面和最小截面处的压力差，即可求出流量。文丘里流量计也是在孔板流量计的基础上，用一段渐缩渐扩的短管代替孔板，测量精度高，阻力损失小，但加工难度大，必须进行精细加工才能保证测量精度；在高温高压情况下，喉段管道易磨损，如采用耐高温耐磨材料，则节流装置成本很高。

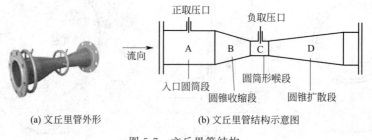

(a) 文丘里管外形   (b) 文丘里管结构示意图

图 5-7　文丘里管结构

（4）管道条件

对于中心收缩式的节流式流量计，要求节流装置上游管道内流体流动状态接近典型的充分发展的紊流流动状态且无漩涡。由于在管路中安装有弯管、阀门、扩大管和缩小管等其他管件时，很容易破坏流体流动状态，因此，节流装置安装和管道铺设要符合其规定。节流装置必须水平安装在管道中，节流装置上、下游侧必须保留足够长的水平直管道，具体长度要求可参见相关工业设计手册。

管道内壁应该洁净，可以是光滑的，也可以是粗糙的。管道材质的粗糙度（详见工业设计手册）与管道直径之比小于某个工程标准所规定的下限值时，就可视为光滑管；若该比值大于工程规定的下限值时，则称为粗糙管，就需要适当增加节流件上、下游侧直管段长度。如空间不够，可以在管内加装调整流速分布的整流器，来缩短直管段。

（5）边缘节流式节流装置的特点

这类节流装置的设计和加工技术成熟，对其设计、制造和安装都有详尽的国际标准，我国已于 2007 年实施了依照国际化标准（ISO、IEC）制定的国家标准 GB/T 2624—2006。在严格按照标准实施的测量工程中，可以确保测量的质量达到标准提供的指标。节流装置的结构简单、维护方便，由于采用了标准化，不需要对每个节流装置单独进行测量精度标定，设备使用和制造较为方便。

但是由于这类节流方式对流动状态要求高，所以需要较长的直管段或专用的管件保证符合要求的流动状态，安装条件要求高。节流方式会造成较大的压损和涡流，因此实现高测量精度的测量较困难，孔板和喷嘴由于结构上的问题在测量含杂质流体时需要经常（周期为 3～6 个月）维护和更换。

5.2.2.2　中心节流式

（1）节流装置的结构

虽然中心收缩式的节流装置的加工和测量技术已非常成熟，并早已有了国际和国家标准，使测量装置的制造和使用有了非常详尽的技术指导。但是由于这类节流方式对流体流动状态要求高，安装限制较多，另外孔板节流装置压损大，易产生漩涡扰流，信号波动大，不利于高精度测量。

V 形内锥管正是为克服这种缺陷而设计出的一种新型节流装置，其结构如图 5-8 所示。在管道中心处悬挂一锥形节流件，锥形件阻碍介质的流动，重塑流速曲线。在锥体前端，有效流通面积大，流速较慢；到锥体后端，有效流通面积减小，在截面流量相等时，流速较快，因此动压能增大，静压能较前端减小，在锥形件的下游可立即形成负压区，管道上游的正压同经节流件节流后的下游的负压之间有一压差，将正、负压用取压口取出，正压口位于管道的上游，负压口位于锥体的末端，由于其方向背向流向，因此受动压影响很小。通过测量两者之间压差，根据伯努力方程即可计算出管道中的流量。锥体位于管线中心，可对所测介质的流速曲线进行优化，因此测量精度高，对仪表上、下游的直管段要求低。另外在测量间歇性蒸汽流量或含水量较高的湿气体时，负压测量采用在锥体后端位置的管壁上垂直取压，避免水分凝结对测量的影响。

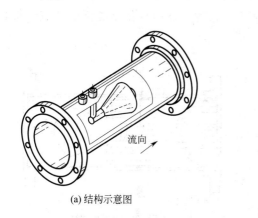
(a) 结构示意图

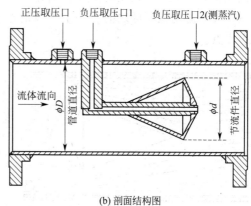
(b) 剖面结构图

图 5-8　V 形内锥管流量计

（2）V 形内锥管的流量公式

　　V 形内锥管节流件所处管道的有效流通截面形状为环形，因此表示测量时压力差和流量关系的流量公式要进行修改，主要需要修改的是与流通面积比有关的 β 值。其体积流量和质量流量的公式分别为：

$$q_{\mathrm{v}} = \frac{\pi}{4} \times \frac{(D^2 - d^2)C\varepsilon}{\sqrt{1 - \beta_{\mathrm{v}}^4}} \sqrt{\frac{2\Delta p}{\rho}} \qquad (5\text{-}19)$$

$$q_{\mathrm{m}} = \frac{\pi}{4} \times \frac{(D^2 - d^2)C\varepsilon}{\sqrt{1 - \beta_{\mathrm{v}}^4}} \sqrt{2\rho\Delta p} \qquad (5\text{-}20)$$

式中　β_{v}——锥管前、后端有效流通面积之比的相关系数，$\beta_{\mathrm{v}} = \sqrt{\dfrac{(D^2 - d^2)}{D^2}} = \dfrac{\sqrt{(D^2 - d^2)}}{D}$；

　　D，d——工况下的管道直径和锥管最大截面积处的直径；

　　　ρ——流体工况密度；

　　Δp——正压和负压之差；

　　　C——流量计的流出系数；

　　　ε——被测流体为气体时的压缩修正系数。

　　对于 V 形内锥管流量计 ε 可按下式计算。

$$\varepsilon = 1 - (0.649 + 0.649\beta_{\mathrm{v}}^4)\frac{\Delta p}{\kappa p_1} \qquad (5\text{-}21)$$

式中　Δp——在常用流量下，内锥前后正压和负压之差；

　　　　κ——被测介质（可压缩流体）的等熵指数；

　　　　p_1——工况下节流件（内锥）上游取压孔处测得的静压值。

（3）V形内锥管节流件的特点

V形内锥管节流件是一种具有整流功能的节流装置。如图 5-9 所示，在上游远离锥体时，中心点流速大于管壁处。靠近和通过锥体时，流线分布从轴心向管壁方向扩散，管壁处流体流速逐渐加快，最终形成一个各点流速相同的环形流通界面，起到了流体整形的作用。通过锥体后流线向轴心汇聚，并在锥尾部产生的是一种高频率低幅值的漩涡涡流，这些涡流在整体上会产生相互的削弱抵消作用，锥体与其尾随面之间的锐角结合面边缘使得流体在进入下游的低压区之前有一个平滑的过渡区。这种节流结构使该类型的节流装置具有很多优点。

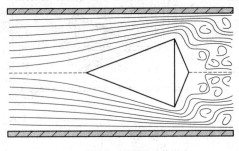
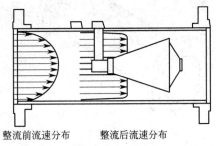

(a) V形锥体对流体流动的影响　　　　(b) V形锥体对流速的调整

图 5-9　V形锥体对流动状态的影响

一般管道内流体的流速分布是轴心高、管壁低。由于锥体对流速的整形作用，提高了近管壁处的流体流速，使流速分布达到理想状态。流体流经内锥形成非常短的涡流，这些涡流产生的高频低幅信号由锥体尾部流向中央，相互抵消，因此干扰小。且由于干扰的频率高、幅度低，易于消除，因此精度较高，可达 0.5～1.0 级。

由于锥体对流速的整形作用，不是仅依靠直管段整流，所以 V 形内锥流量计安装对直管段要求低，易于满足条件，且节省成本。

流体流经圆锥体时无突然波动，而是沿着锥形体形成一个边界层，并引导流体离开锥体的后角。所以锥体夹角不受不清洁流体的磨损，β 值可长期不变，并保证长期精确测量。

内锥体的流线型设计，使压损大大减小。同时，极其稳定的信号使得差压的量程下限远比一般差压流量计的低，因此量程得以向下限扩展，雷诺数低至 8000 仍可保持信号线性。如果采用曲线修正，在更低的雷诺数条件下仍然可测量并可保证较好的重复性，使 V形内锥流量计具备宽量程比和低流速测量的能力。

锥形流线型彻底吹扫式设计避免了流体中的残渣、凝结物或颗粒的滞留，可以保持锥体长期清洁。由于锥体对流体整形，加快了管壁流体的流速，因此减少了正取压口的脏污停留。倒角的设计使流体流经锥体后加速离去，使负取压孔不会污损。所以在较长的时间内（2～3 年）无须维护清洗。

目前我国已于 2014 年开始实施该类型的流量计测量应用的国家标准 GB/T 30243—

2013，为这一类型的流量计的广泛应用创造了条件。

5.2.2.3　平衡节流式

（1）节流装置的结构和流量公式

平衡节流式的节流装置是在传统的孔板节流装置基础上产生的一种新型节流装置，在敏感元件的设计方面，将传统的管道整流管件和标准孔板的结构形式、性能特点相结合，形成了新的节流整流型敏感元件。

图 5-10 所示为多孔平衡式节流件的外形结构和对管道中流体流动状态的影响，节流件上的每个开孔的数量、位置及尺寸都是经过特定公式和实测数据计算所得，其分布方式和大小是多样的。因为每个孔的位置和大小都需要利用特定的函数演算确定，这些流通孔也被称为"函数孔"。在同一节流件上对称分布的开孔可能孔径相同，也可能不同。其流量测量原理同样是基于伯努利方程，但在进行节流件设计时，还应用了能量平衡的原理，引入了许多优化函数（如动能方程、范宁方程、熵率方程等）进行性能优化的设计。对于同一个测量工程，不同的优化设计目标所产生的流量系数和流量装置结构（节流件的开孔形式）是不同的。

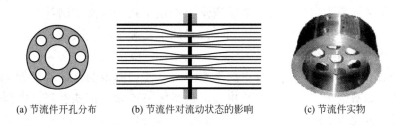

(a) 节流件开孔分布　　(b) 节流件对流动状态的影响　　(c) 节流件实物

图 5-10　平衡式节流装置

平衡式流量计的流量公式如下：

$$q_v = \frac{\pi}{4} \times \frac{Cd^2\varepsilon}{\sqrt{1-\beta^4}}\sqrt{\frac{2\Delta p}{\rho}} \tag{5-22}$$

$$q_m = \frac{\pi}{4} \times \frac{Cd^2\varepsilon}{\sqrt{1-\beta^4}}\sqrt{2\rho\Delta p} \tag{5-23}$$

式中　d——工况下的平衡式孔板的等效节流孔直径（根据多孔流通面积换算为单孔直径）；

　　　β——直径比 d/D；

　　　ρ——流体工况密度；

　　　Δp——正压和负压之差；

　　　C——流量计的流出系数；

　　　ε——被测流体为气体时的压缩修正系数。

可见，虽然结构不同，但是流量测量的原理和流量公式与孔板是相同的。当然由于结构的不同，流量公式中的一些修正系数（C、ε）的确定方式和计算公式不同。

（2）平衡式流量计的特点

采用平衡式节流装置的流量计相比前两类节流式流量计具有压力损失小、测量范围大、测量方式灵活、对管道条件要求低、测量精度高等优点。表 5-1 列出了它们各自的特点对比。

表 5-1　常用差压节流装置的对比

节流装置	平衡式流量计	V形内锥管	孔板	文丘里管
节流方式	平衡节流	中心节流	边缘节流	缩管截流
管径范围/mm	15～3000	15～3000	50～1000	50～1200
最小直管段要求	前$(0.5\sim2)D$ 后$(0.5\sim2)D$	前$(3\sim5)D$ 后$(1\sim3)D$	前$(20\sim40)D$ 后$(5\sim8)D$	前$(10\sim20)D$ 后$(3\sim5)D$
精度等级	0.3～0.5	0.5～1.0	1～2	1～2
长期稳定性	最好	好	最差	好
量程比	大于 10：1	10：1	3：1	5：1
压力损失	10%～30%	30%～50%	60%～90%	10%～30%
雷诺数范围	$200\sim10^7$	$8000\sim5\times10^6$	大于 8000	大于 80000
耐脏堵性能	好	好	差	好
敏感元件加工	简单	复杂	简单	复杂

从表 5-1 中可以看到平衡式节流装置的几个明显的优点。

平衡式节流装置的结构特征使之具有调节流动状态、减少压力损失、降低不规则流动造成的测量噪声等特点。正是因为其本身结构设计就包含了管道流体的整流管件功能，使流体的流动状态稳定，截面流速的一致性增强，在安装时对直管段要求低。而减少涡流形成，即减少了永久性压力损失，又降低了测量中噪声干扰，提高了测量精度；同时由于涡流减少，避免了脏污介质在节流件某些死角位置的沉淀和堆积，减少了取压孔被堵塞的可能性，提高了流量计耐脏堵性能。

由于平衡式节流装置的对流速分布的平衡能力，使被测量的流体稳定性大大提高，所以其量程比和雷诺数范围很大，无论是快速流还是慢速流测量都能胜任。根据工业测量实际需要，常规量程比为 10：1，选择合适的参数，可做到 30：1～50：1。

平衡式节流件的多个流通孔分散受力，大大降低了每个孔上游侧的锐角磨损，使测量系统特性长时间保持稳定。

平衡式节流装置还具备其他节流型装置没有的功能。由于其流通孔及取压位置不同于孔板，是对称相同的，加工和安装时没有上游侧或下游侧的区别，所以安装后并不规定流体流动方向。测量时沿流向的前一个取压位置是正压，后一个取压位置是负压。所以平衡式流量计可以测量双向流。

目前平衡式流量计正逐渐取代孔板流量计成为最新一代的节流式流量计。它继承了传统节流式流量计结构简单，技术成熟，加工、制造、安装、维护方便的特点，同时在性能上有了极大的提升。但是由于知识产权等因素的影响，这种节流装置的设计技术还未完全公开和标准化。另外，在设计中引入的多种参考条件使设计过程复杂化，设计时需提供更多工艺环境数据，每个节流件的结构和流量公式的关键参数必须利用有专利方授权的专用软件进行设计推算，所以在使用成本上要远大于传统的节流式流量计，同时节流装置的通用性有一定局限。

5.2.3　节流装置的安装

差压流量计的安装包括节流装置、差压信号管路和差压计（或差压变送器）三个部分的安装。需要提及的是，流量和压差间为平方关系，传统的差压计标尺上的流量分度是不均匀的，愈接近标尺上限代表的流量愈大，它的输出信号必须通过附加的开方器进行开方，才能代表流量。随着微处理器的普及，带微处理器的灵巧式差压计本身就能实现开方、乘系数、工程单位换算等功能。数字式调节器或计算机控制系统本身也可对差压信号进行开方运算，从而获得流量信号，而不必额外配用开方器。

5.2.3.1　节流装置的安装

节流装置应安装在两段具有恒定横截面积的水平圆型直管道之间。要求节流装置上游管道内流体流动状态接近典型的充分发展的紊流流动状态，且流动无漩涡。要求用目测检查表明管道是直的，上、下游侧都应有直管段，其长度因节流装置的形式不同而要求不同，要根据工业设计手册确定，其中边缘节流装置的要求是最严格的。

5.2.3.2　导压管路的安装

在节流式差压流量计中，导压管安装的正确和可靠与否，对保证将节流装置输出的压差信号准确地传送到差压计或差压变送器上是十分重要的。据统计，在节流式差压流量计中，导压管路的故障约占全部故障的 70%，因此，对导压管的配置和安装必须引起高度重视。

（1）取压口

位于测量气体流量的水平管的取压口，应设在管道垂直截面的上方，以防液体或脏污物进入。测量液体流量的水平管上的取压口，可设在下方，以防气体进入。具体位置的选择如图 5-11 所示。测量蒸汽流量的取压口，可设在水平管截面的水平方向。至于垂直管道上的取压口，可在取压装置的平面上任意选择。

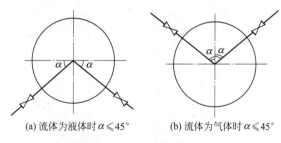

(a) 流体为液体时 $\alpha \leqslant 45°$　　(b) 流体为气体时 $\alpha \leqslant 45°$

图 5-11　取压口位置示意图

（2）导压管的设置

为把节流件前后的压差传送至差压计，应设两条导压管。导压管应按最短的管路来敷设，最长不超过 90m；管内径要根据导压管的长度来确定，一般不得小于 6mm。

两根导压管应尽量保持相同的温度。两导压管里流体温度不同时，将引起其中流体密度变化，引起差压计的零点漂移。因此，两根导压管应尽量靠近。

导压管内应保证是单相的流体。严寒地区和高温地区应加防冻和防止汽化的措施。安装时必须考虑有排除管内积水或积气的管路，也应避免将导压管水平安装。导压管的倾斜度不得小于 1:12，其顶部应设放气阀，凹部应设放水阀。应切实保证导管内的液体不存留气泡，否则就不能传递压差。

（3）阀

为了在必要时将测量管与主管路完全切断，应设置截断阀；阀应设在离节流件很近的地方。

（4）冷凝器

测量蒸汽流量时，要再设置冷凝器。其作用是使被测量的蒸汽冷凝，并使正负导压管中冷凝液具有相同的高度且保持恒定。冷凝器的容积应大于全量程内差压计或差压变送器工作空间的最大容积变化的 3 倍。

（5）集气器和沉降器

集气器或排气阀设置在导压管的最高点，排出导压管中被测液体中产生的气体。沉降器或排污阀设在导压管的最低点，排除被测流体中含有的杂质或在测量蒸汽时积存的水垢。

（6）隔离器和隔离液

当被测量的流体有腐蚀性、易冻结、易析出固体或具有很高黏度时，应采用隔离器和隔离液，以免破坏差压计或差压变送器的工作性能。隔离液应选择沸点高、凝固点低、化学与物理性能稳定的液体，如甘油、乙醇等。

（7）清洗装置

为防止脏污液体或灰尘积存在导压管和差压计中，应定期进行清洗。其方法是：在导压管旁并入清洗用气体或液体输入管道，检修维护设备时用洁净的空气或液体从导压管吹入主管道，清除污物堵塞。这种在导压管路上安装的附加管路称为"吹洗管"。

（8）信号管路安装举例

① 被测流体为清洁液体时，导压管路安装方式如图 5-12 所示。

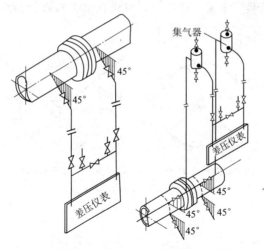

(a) 差压仪表在管道下方　(b) 差压仪表在管道上方

图 5-12　清洁液体时的安装示意图

② 被测流体为清洁的干燥气体时，导压管路安装方式如图 5-13 所示。
③ 被测流体为蒸汽时，导压管路安装如图 5-14 所示。
④ 被测流体为洁净湿气体时，信号管路安装方式如图 5-15 所示。

5.2.3.3　差压仪表的安装

差压仪表的安装主要是安装地点周围条件（例如：温度、湿度、腐蚀性、振动等）的选择，以及操作和维护是否方便。如果现场安装的周围条件与差压计（或差压变送器）使用时规定的条件有明显差别时，或者不利于操作和维护时，应采取相应的预防措施或者改变安装地点。其次，当测量流体流量时或引压导管中为液体介质时，应使两根导压管路的液体温度相同，以免由于两根导压管中密度差别而引起附加的测量误差。

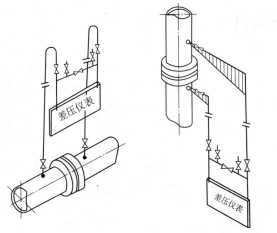

(a) 差压仪表在管道上方　(b) 垂直管道差压仪表在管道下方

图 5-13　清洁干气时的安装示意图

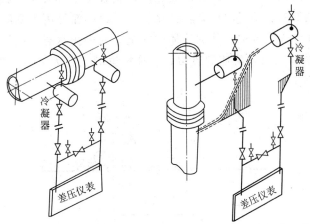

(a) 仪表在管道下方　(b) 垂直管道，仪表在取压口下方

图 5-14　测量蒸汽时的安装示意图

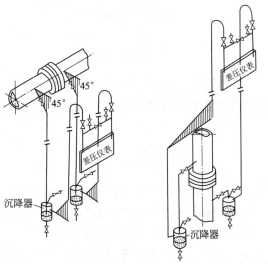

(a) 仪表在管道下方　(b) 垂直管道仪表在取压口上方

图 5-15　洁净湿气时的安装示意图

5.3 动压式流量计

在式（5-9）中 $u^2\rho/2$ 项称为动压力。动压力与流速 u 有一定关系。如果迎着流体流动的方向安放阻力体或使管道弯曲，则由于流体流动受阻或迫使流束方向改变，流体必然要冲击此障碍物，失去动量并加在阻力体或弯曲管道上一个等于 $u^2\rho/2$ 的动压力。测出这个动压力或者作用在阻力体上的作用力，便可以知道流速，进而求出流量。这就是应用流体动压力测量流量的方法。

在工业上应用这种方法构成的流量仪表有：基于测量阻力体受力的靶式流量计和挡板流量计、基于测量弯曲管道受力的动压管流量计、直接测量动压力的皮托管等。本节以皮托管为例进行介绍。

5.3.1 测量原理

假如在一个流体以流速 u 均匀流动的管道里，安置一个弯成 $90°$ 的细管（图 5-16），仔细分析流体在细管端处的流动情况可知：紧靠管端前缘的流体因受到阻挡而向各方向分散以绕过此障碍物；而处于管端中心处的流体就完全变成静止状态。假设管端中心的压力为 p_0，而 p 是同一截面未受扰动流体的压力，并且那里的流速为 u、密度为 ρ，则由伯努利方程可得：

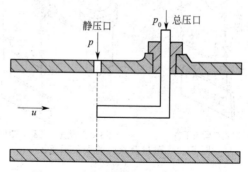

图 5-16　应用皮托管测量流量示意图

$$p+\frac{u^2}{2}\rho=p_0=常数 \tag{5-24}$$

一般称 p_0 为总压力。由于总压力是动压力 $u^2\rho/2$ 与静压力 p 之和，即把测量动压力归结为测量总压力与静压力之差，所以有时也将皮托管称为动压管，并由上式可导出流速与压力差之间的关系：

$$u=\sqrt{\frac{2}{\rho}(p_0-p)} \tag{5-25}$$

为了通过上式关系求出流速，就要准确测出总压力 p_0 和静压力 p，而测定静压力 p 要比测定总压力困难得多，因为测量流速的总压力和静压力的开孔不在同一点时，两点的流速情况不一定相同，所以测量的结果不能完全符合上式关系。

国际标准化组织 ISO 建议的动压测量管结构，称为基型动压测量管，如图 5-17 所示，其结构是一种双层管道，内部中心管测量和传送总压，外环管道测量和传送静压。其静压取压口在 L 型管道动压口端面（$6\sim8$）d（d 是动压孔直径）处，且开设多个测压孔进行均压，减少动压管节流效应对静压测量的影响。由于动压测量管的直径与管道直径之比很小，因此以动压测量管侧面开孔测出的绕流静压代替管端中心的静压力 p，误差很小。

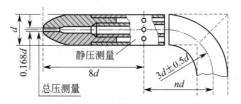

图 5-17 基型动压管结构

实际应用时，动压测量管的制造精度、全压力和静压力测量孔的开孔直径、测得的全压力 p_0 和静压力 p 与理论值的差别等均对示值有影响，因此实际计算公式必须引入一个修正系数 ξ，于是式（5-25）可表示为：

$$u = \xi \sqrt{\frac{2}{\rho}(p_0 - p)} \qquad (5\text{-}26)$$

式（5-26）为应用皮托管测量不可压缩性流体的基本方程式。

基型动压测量管的 $\xi = 1$（要求按测量管直径 d 算得的雷诺数 $Re_d > 500$）。在测量高速流动的气体时还要考虑气体压缩性的影响，需要乘以系数 k_p 进行修正。一般温度为 273K 的空气，当马赫数 $M = 0.1$ 时，由于压缩性造成密度的相对变化量为 0.5％左右。

必须指出，动压测量管测得的流速，是它所在那一点的流速，而不是平均流速，如果仅用一个皮托管测流量，在轴心位置测出的流速不能代表截面的平均流速，因此利用它来测量管道中流体的流量时必须按具体情况确定测点的位置。理论和实践均证明，在圆管内做层流流动的流体，距管中心 $0.707R$（R 为圆形管道的半径）处的流速等于截面上的平均流速，如图 5-18 所示。如果圆管内达到充分发展的紊流流动，在直管段长度大于 50 倍管径的情况下，根据实验，距管中心 $0.762R$ 处的流速近似等于平均流速。

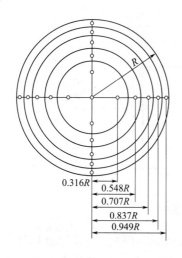

图 5-18 测量点的分布

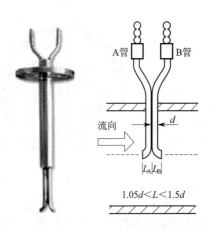

图 5-19 S 型皮托管结构

5.3.2　皮托管的其他应用结构

（1）S型皮托管

S型皮托管的结构和外观如图 5-19 所示，主体是将两个外形相同的空心金属管背向焊接而成，其结构和加工复杂性远低于基型皮托管。加工时测量端两段弯管 A、B 的截面要求严格平行，管内径均为 d，弯头部分的水平长度 $L_A=L_B=L$，且 $1.05d<L<1.5d$。

测量时截面正对流向的管道（图 5-19 中 A 管）测出总压，截面背对流向的管道（图 5-19 中 B 管）测出静压，两压力之差即为动压，流量方程为：

$$u=\xi\sqrt{\frac{2}{\rho}(p_A-p_B)} \tag{5-27}$$

式中　u——流速；

　　　ρ——流体工况密度；

　　　ξ——皮托管修正系数；

p_A，p_B——测量得到的总压和静压值。

这种类型的皮托管被广泛用于企业的烟气排放流量检测，国外采用 S 型皮托管测量烟气排放，进而推算企业实际碳排放数量已成为通用方法。

（2）均压管

如果需要较高的测量精度，就需要测量管道圆形截面的平均流速。均压管就是为这个目的设计的，它是在皮托管的基础上直接测量平均流速的方法。

均压管的结构如图 5-20 所示，把管道圆形截面积分成 4 个相等的部分（两个半环形和两个半圆形），见图 5-20（a），选取合理的位置取出各个小面积范围的总压力的平均值，然后再取出它们的平均值即作为总压力的平均值。如图 5-20（b）所示，总压力取压管在面向流束方向开 4 个取压孔（小孔的位置由理论计算得出），以测量 4 个小面积上的平均压力。在取压管中间插入一根取总压力平均值的导管，导管取压孔开在管道轴线位置。背着流束方向安置一根导管取静压力。由此测出的总压力与静压力之差，便可根据公式求出流量。

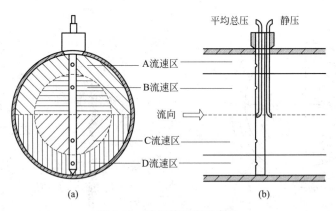

图 5-20　均压管原理示意图

均压管又名笛形管、阿牛巴管，由均压元件组成的流量计称为均速管流量计，又称阿牛巴流量计。除安装拆卸方便外，如采用截止阀的动压平均管，其安装和拆卸时均不必中断工艺流程。另外，动压平均管压力损失小，能耗小，对节约能源有重要意义。其不可恢复的压力损失仅占表上压差的 2%～15%。它可用于测量液体、气体与蒸汽等各种流体。管径范围为 25～9000mm，管径越大其优越性越突出，准确度为±1%，稳定性为实测值的±0.1%。

5.4　离心式流量计

流体在曲率为 90°弯曲管道中流动时，由于在做圆周运动而受到离心力的作用，其离心力的大小与管道的曲率半径、流体的密度以及流体的流动速度等因素有关，并且可以通过弯管内的内侧壁和外侧壁处的压力差反映出来。因此，当弯管的形状和被测流体的性质已经确定时，便可以通过测量弯管内、外侧管壁处的差压值而求出流经弯管流体的流量值。一般将这种应用离心力原理，以弯管作为流量测量元件的流量计称为弯管流量计。弯管流量计也是利用伯努利方程原理测量流速的流量计，只是其产生差压的方式和原理不同于节流式流量计。

5.4.1　测量原理

（1）弯管中流体的流动状态分析

假设被测流体是在水平管道中做稳定流动的不可压缩流体，处于紊流状态，忽略其黏度的影响。通过流体力学试验发现，在流体进入弯管前两侧管壁处的压力分布已经开始变化，内壁的压力在 20°以前变化很大，20°～40°之间变化很小。外壁压力在 20°～65°范围内虽然各个角度的压力并不完全相同，但相差不大，并且比较平稳。从内外侧两壁间的差压来看，在 20°～ 45°区域差压较大，也比较平稳。

近年来利用计算流体力学方法直接求解描述流体流动过程的三维欧拉方程的数值解，并结合仿真，对弯管中的流体流动过程进行了分析。通过分析可知，流过弯管的流体主流动速度向量约在弯管进口侧 $2D$ 之内逐渐由等速流动状态转变成了近似的梯形速度分布流动状态，靠向弯管内侧的流体被加速，而靠向弯管外侧的流体被减速，在弯管中点 45°横截面附近。该速度分布形式达到了极限状态，内侧流速达到最大值，而外侧流速达到最小值。

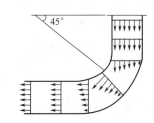

图 5-21　90°弯管内的流速分布

在弯管出口侧，其流动速度梯形分布变化过程基本与入口过程对称，最终消失在弯管后 $2D$ 直管范围内，然后转入截面各质点等速流动的稳定流动状态。流速分布变化如图 5-21 所示。这种受离心力影响的流动状态变化称为流体的自由漩涡流动方式。

（2）弯管流量计的流量公式

根据自由漩涡理论，流体由于离心力的影响，在进入弯管前的一段距离内，管道内侧的流体被加速，管道外侧的流体被减速。在弯管中 45°位置这种作用最强。弯管截面外侧流速最低，内侧流速最高。根据欧拉方程和牛顿第二定律，推导出弯管截面上各点的流速分布可用下式表示：

$$u = \frac{K}{R \pm x} \tag{5-28}$$

式中　R——弯管轴心的曲率半径；

　　　x——弯管管道截面某点距管道轴心的距离；

　　　K——常数。

式（5-28）为自由漩涡的流速分布公式，速度分布情况如图 5-22 所示。

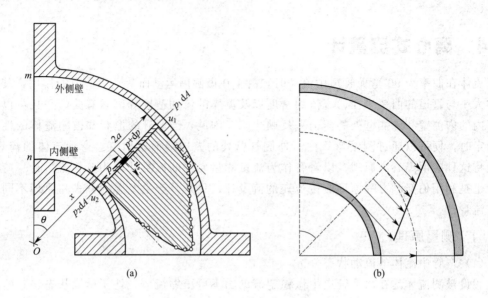

图 5-22　90°弯管流量计的原理

设在 45°位置的截面上管道轴心处流速为 u_0，最外侧流速为 u_1，最内侧的流速为 u_2。弯管轴心曲率半径为 R，管道半径为 a，由式（5-28）可知：

在轴心处：
$$u_0 = \frac{K}{R} \tag{5-29}$$

在管壁外侧：
$$u_1 = \frac{K}{R+a} \tag{5-30}$$

在管壁内侧：
$$u_2 = \frac{K}{R-a} \tag{5-31}$$

由于弯管内各流线的能量相等，则可写出伯努利方程式：
$$p_1 + \frac{u_1^2}{2}\rho = p_2 + \frac{u_2^2}{2}\rho \tag{5-32}$$

将式（5-29）～式（5-31）代入化简，可求出弯管内、外壁间的压力差与轴心流速的函数关系为：
$$\Delta p = p_1 - p_2 = \frac{\rho u_0^2 R^2}{2}\left[\frac{1}{(R-a)^2} - \frac{1}{(R+a)^2}\right] \tag{5-33}$$
$$u_0 = \frac{1 - a^2/R^2}{\sqrt{2a/R}}\sqrt{\Delta p/\rho} = \frac{1 - D^2/4R^2}{\sqrt{D/R}}\sqrt{\Delta p/\rho} \tag{5-34}$$

式中　D——弯管直径。

设 $\beta = D/R$，并令
$$\varphi = \frac{1-\beta^2}{\sqrt{\beta}} \tag{5-35}$$

设截面各质点都处于自由漩涡流动状态，则截面平均流速和轴心流速函数关系可表示为：

$$\bar{u} = C_1 u_0 = C_1 \varphi \sqrt{\Delta p / \rho} \tag{5-36}$$

弯管中流量与差压的函数关系可表示为：

$$q_{vt} = A\bar{u} = AC_1 \varphi \sqrt{\Delta p / \rho} \tag{5-37}$$

式中，A 为截面积，$A = \pi d^2 / 4$；q_{vt} 为理论流量。

由于流体黏性等因素的影响，实际的流速分布达不到所假设的那样，因此，要用自由漩涡公式的流量系数 C_f 对上述的理论公式进行修正，求出实际流量 q_v。

$$q_v = C_f q_{vt} = C_f A\bar{u} = AC_f C_1 \varphi \sqrt{\Delta p / \rho} = CA\sqrt{\Delta p / \rho} \tag{5-38}$$

式中　C——弯管流量计的流量系数，$C = C_f C_1 \varphi$。

弯管流量计的流量系数取决于管道直径的弯管曲率直径比 β、流体雷诺数、测孔截面位置、管道粗糙度以及流体的一些物理特性等因素。实际应用中需先进行标定。

5.4.2　弯管流量计的应用特性

5.4.2.1　实用弯管流量计的结构和安装

作为实用的工业测量装置，弯管流量计按管道结构分为 L 型（90°管）和 S 型（135°管和180°管）。这里所标注的角度是指弯管流入口端面和流出口端面的夹角，在实际的测量段结构还是 90°夹角，使用 S 型 180°管不改变工艺管道流向，而使用其他两种类型会改变管道流向。由于 S 型管道与标准 L 型弯管在结构上存在差异，其流量系数要通过标定确定。图 5-23 所示为三种弯管传感器结构的区别。

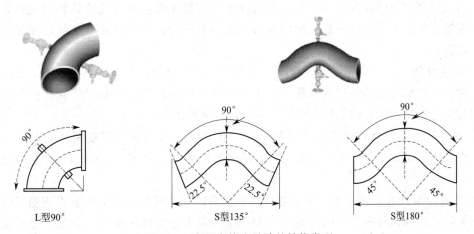

图 5-23　实用弯管流量计的结构类型

在安装时，弯管流量计分为水平安装型和垂直安装型，其中以水平安装型较为常用和典型。水平安装型其前后直管段均与地面平行，处于同一水平面，两个取压口垂直于管壁圆弧切线，处于同一水平面。垂直安装型至少有一段直管段垂直于地面，取压口平行于直管段轴向，处于同一垂直面。两种类型不能互换。图 5-24 所示为两种安装方式的示意图，其中的温度、压力测量部分是为确定工况下流体密度而设置的辅助测量系统。

5.4.2.2　弯管流量计的特点

① 压力损失小，有利于节能和低流速测量。因为在管道中不存在附加节流件，弯管流量计作为测量元件的压损很低，不会因为测量流量而带来附加的能耗。这对于低压头的流量测量和流量测量中的节能是非常有利的，对于低沸点的液体，可以防止流量测量过程中

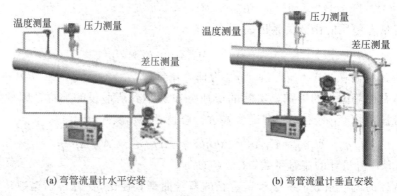

(a) 弯管流量计水平安装　　　　　　　(b) 弯管流量计垂直安装

图 5-24　弯管流量计的安装方式

因节流产生汽化现象造成测量失真。弯管流量计可以测量双向流的流量、脏污介质的流量，实验表明，弯管流量计也可以用于气体流量测量。

② 传感器维护的要求低。弯管流量计对磨损不敏感；在高速流体冲击下不易变形、扭曲、振动；长期高低温工作条件下敏感元件不会老化、变质而降低稳定性和灵敏度；对于环境中可能出现的振动、粉尘、潮湿、电磁场干扰不敏感；经过长周期运行它的稳定性、灵敏度、准确性不会发生明显变化。

③ 抗污能力强。弯管中不存在易产生涡流的死角，不会造成杂质堆积、停滞，可测量容易脏污、易堵塞传感器的流体，特别是流体中含有较大固体颗粒或块状物的流体，弯管流量计有较强的适应性，即使是长期的运行也能保证弯管流量计的正常工作，保证其足够的测量精度。

④ 适应性强，量程范围宽、直管段要求不严格，一般只需要保证前 5D、后 2D 即可。振动、冲击对弯管传感器的正常工作几乎没有影响，而高温、高压对于弯管传感器来说只要采用与工艺管道相同材质的标准弯头，就可以得到解决。

⑤ 弯管作为流量计的敏感元件结构简单、价格低、寿命长、测量精度较高、重现性好。在保证加工精度的条件下，弯管流量计的测量准确度可达到 0.5%～1%，重现性精度高达 0.2%。

⑥ 弯管流量计可测双向流。由于弯管结构没有内置节流件，水平安装式流量计无论流体方向如何，内侧、外侧产生的压差情况相同。所以无论流体流动方向如何，弯管流量计都可测量，但垂直安装式流量计不具备此特点。

虽然弯管流量计有许多优点，但是高精度弯管流量计加工要求高，主要是弯管轴线曲率和截面形状的加工精度要得到保证。由流量计算公式可以看出弯管流量计的几何结构尺寸 R 和 D 对流量系数的影响是明显的，实际应用中应当严格控制。若不能严格对应，则会产生大于 5% 的误差。

另外流量计测量系数的影响因素较多，还需通过实际的校正实验才能确定。目前尚无专门针对该类型流量计设置的国家标准和国际标准。

5.5　电磁式流量计

在炼油、化工生产中，有些液体介质是具有导电性的，因而可以应用电磁感应的方法去测量流量。电磁流量计的特点是能够测量酸、碱、盐溶液以及含有固体颗粒（例如泥浆）或纤维液体的流量。近几年来随着传感器技术的发展，一些新型的电磁流量计也可以测量部分低导电性的流体。电磁流量计在工业测量中的应用比例正在逐渐扩大。

5.5.1　测量原理

根据信号的检出方式，可将电磁流量计分为接触式和电容式。接触式是最先投入应用的电磁流量计，而电容式则是近十几年才开发出来的新型电磁流量计。以下分别就其信号产生和测量原理进行介绍。

（1）常规接触式电磁流量计

由电磁感应定律可以知道，导体在磁场中运动而切割磁力线时，在导体中便会有感应电势产生，这就是发电机原理。同理，如图 5-25（a）所示，导电的流体介质在磁场中做垂直方向流动而切割磁力线时，也会在两电极上产生感应电势，感应电势的方向可以由右手定则判断，并存在如下关系：

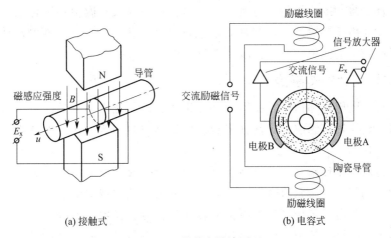

(a) 接触式　　　　　　　　　(b) 电容式

图 5-25　电磁流量计原理

$$E_x = BDu \times 10^{-8} \tag{5-39}$$

式中　E_x——感应电势；

B——磁感应强度；

D——管道直径，即导体垂直切割磁力线的长度；

u——垂直于磁力线方向的液体速度。

体积流量 q_v 与流速 u 的关系为：

$$q_v = \frac{1}{4}\pi D^2 u \tag{5-40}$$

将上式代入式（5-39），便得：

$$E_x = 4 \times 10^{-8} \frac{B}{\pi D} q_v \tag{5-41}$$

式中，$k = 4 \times 10^{-8} B/(\pi D)$ 称为仪表常数，在管道直径 D 已确定并维持磁感应强度 B 不变时，k 就是一个常数。这时感应电势则与体积流量具有线性关系。因此，在管道两侧各插入一根电极，便可以引出感应电势，由仪表测出流量的大小。

（2）电容式电磁流量计

电容式电磁流量计的基本原理与常规电磁流量计相同，但其测量电极是与不同被测流体接触的，其原理如图 5-25（b）所示。两个电极和流体之间相对面可看作两个串联的平板电容，绝缘的管壁或衬里作为电容之间的电介质。在高频交流励磁信号的作用下，流体运动产生的交变信号可通过电容耦合传送给测量电极。其电势与磁感应强度及介质流速同样存在如下关系：

$$E_x = K\dot{B}u \tag{5-42}$$

式中　$\dot{B}$——交变磁场磁感应强度；

　　　E_x——感应电势；

　　　K——同管道结构有关的系数；

　　　u——垂直于磁力线方向的液体速度。

从以上分析可以看出，电磁流量计的测量方式使传感器结构不存在对流体流动的影响，测量部件与流体少接触或无接触，有利于对于含杂质量高或有腐蚀性流体的测量，以及测量时的节能。同时由于其对流体的特性要求低，只要是具有一定导电性的流体，即使电导率低，也可进行信号的测量，所以目前其应用非常广泛。

5.5.2　电磁流量计的传感器结构

电磁流量计由传感器和信号转换器两部分组成。被测流体的流量经传感器变换成感应电势，然后再由转换器将感应电势转换成统一的标准信号作为输出，以便进行指示、记录或与计算机配套使用。

电磁流量计由流量传感器和信号转换器两个单元组成，分为一体化和分离式两种结构类型。一体化结构将两个单元组合为一个整体，分离式结构将传感器和信号转换器分别安装在不同地点，通过电缆将传感器的电信号输送到信号转换器进行处理，避免现场环境信号转换器的影响。但这种长距离的信号传送容易导致信号受电磁干扰的影响，所以目前电磁流量计产品还是一体化结构的比例较高。

5.5.2.1　常规电磁流量计的传感器的结构

常规的电磁流量计传感器主要由导管、绝缘衬里、电极、励磁线圈、外壳及法兰构成，其具体结构随着测量管口径的大小而不同。如图 5-26 所示为典型的传感器结构。

（1）励磁线圈

从理论上说电磁流量计的磁场可以是直流或交流磁场。直流磁场可用永久磁铁来实现，结构简单，易于制造；但是单一的磁场方向在测量电极上产生的是固定方向的直流电势，流体中的离子会被电极吸附，因而产生极化现象，形成极化电压，测量电极上得到的是极化电压与信号电压叠加在一起的合成信号。这种合成信号用转换放大器很难将流量信号从中分离。同时极化电压又是温度的函数，信号随温度变化发生漂移，造成测量的误差，这种误差称为极化误差。所以除用于液态金属测量的电磁流量计外，绝大多数电磁流量计一般采用励磁线圈，利用交变电信号产生交变磁场。

励磁线圈的结构形式因测量导管的口径不同而有所不同，图 5-26（b）所示是一种集中绕组式结构。它用于大口径电磁流量计的励磁作用，大口径的励磁线圈由两只串联或并联的马鞍形励磁绕组组成，夹持在测量导管上下两边，在导管和线圈外边再放一个磁轭，以便得到较大的磁通量和在测量导管中形成均匀磁场。绕制励磁线圈的材料是漆包线，漆包线耐温等级会影响电磁流量计的测量条件，一般漆包线的耐温上限是180℃，所以电磁流量计测量的流体温度都在180℃以下。

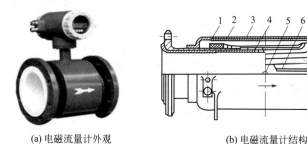

(a) 电磁流量计外观　　　　(b) 电磁流量计结构

图 5-26　电磁流量计变送器外观及结构

1—外壳；2—励磁线圈；3—磁轭；4—内衬；5—电极；6—绕组支持件

（2）测量导管

由于测量导管处在磁场中，为了使磁力线通过测量导管时磁通量被分流或短路，测量导管必须由非导磁、低电导率、低热导率和具有一定机械强度的材料制成，可选用不锈钢、玻璃钢、陶瓷、塑料等。

（3）电极

电极（图 5-27）一般由非导磁的不锈钢材料制成。而用于测量腐蚀性流体时，电极材料多用铂铱合金、耐酸钨基合金或镍基合金等。要求电极与内衬齐平，以便流体通过时不受阻碍。电极安装的位置宜在管道水平方向，以防止沉淀物堆积在电极上而影响测量准确度。

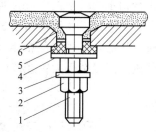

图 5-27　接触式电极的结构

1—电极；2—螺母；3—导电片；4—垫圈；5—绝缘套；6—衬里

（4）绝缘衬里

用不锈钢等导电材料做导管时，在测量导管内壁与电极之间必须有绝缘衬里，以防止感应电势被短路。为防止导管被腐蚀并使内壁光滑，常常在整个测量导管内壁涂上绝缘衬里，衬里材料视工作温度不同而不同，一般常用搪瓷或专门的橡胶、环氧树脂等材料。

5.5.2.2　电容式电磁流量的传感器结构

电容式电磁流量计传感器的组成单元与常规接触式电磁流量计相同，在传感器结构上最主要的区别是电极的形式。除了流体本身的影响外，电极间的电容的阻抗对信号耦合传递有较大的影响，电容容量大，则交流阻抗小，输出的信号大。其电极和流体相对面之间的电容容量可用下式表示：

$$C = \frac{S\varepsilon_0\varepsilon_i}{\delta} \qquad (5-43)$$

式中　S——等效极板的面积；

ε_0——真空介电常数；

ε_i——管道绝缘管壁和衬里介电常数；

δ——管壁和衬里厚度。

所以增大电极的极板面积、减小管壁或衬里厚度、增加介质介电常数，是减少信号源内阻，增大输出信号的有效方法。

（1）导管

导管材料一般选择高介电常数的非导电物质，如高纯度的氧化铝、氧化钛、氧化锆等。利用这些材料制造的工业陶瓷管道可获得较大的耦合电容值。此外在确保管道耐压性能的前提下，适当减小管壁厚度也能起到一定效果。

（2）电极的结构

为增大电极的等效极板面积，电容式电磁流量计传感器的电极采用弧面形状，最为先进的加工方式是在绝缘陶瓷导管的外壁通过表面金属化的方式制造检测电极。在检测电极外侧还要设置金属屏蔽层（也称为"屏蔽电极"），以减少高频强磁场对测量电路的电磁干扰。

（3）信号检出

由于电容式电磁流量计的传感器输出电阻很大，同时产生的信号很小，最大只有几毫伏。传感器所处的测量环境存在温度波动大、流动和电磁干扰强等很多不利因素，在传感器上设置具有高阻抗、低噪声和低温漂、高共模抑制比的前置放大器，对电极送出的信号进行初步的转换放大，为准确获得测量信号、方便信号转换环节的处理创造了条件。

传感器整体结构如图 5-28 所示。相比于常规接触电极传感器结构，由于被测流体与电极不接触，这样能从根本上解决电极腐蚀、污染、液体泄漏问题。弧形曲面电极的优点：①流速测量范围大；②截面的电导率大于单点电导率，可测更小电导率的流体流量。

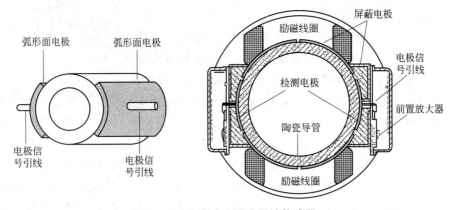

图 5-28　电容式电磁流量计传感器

5.5.3　电磁流量计的信号转换器

电磁流量计的信号转换单元主要承担测量信号的标准化处理、励磁信号的生成、测量结果的显示存储等功能，按照其信号处理的技术特点可分为模拟电路型和智能型。

5.5.3.1　转换器的组成

（1）模拟电路型

模拟电路型转换器的各信号处理部分电路主要是由分立元件、运放和集成电路组成的，按照功能可划分为带通滤波交流放大器、采样保持、同步解调、直流放大和输出转换电路。如图 5-29 所示为模拟电路型转换器的一个示例。励磁线圈利用交变的方波信号产生交变磁场，电磁流量计的传感器部分输出交流信号，经运算放大器构成的差动放大电路进行测量信号检出，然后利用电子开关电路，在振荡回路信号控制下，进行检测信号的采样和整理后，变为直流电压信号。再对直流信号进行放大和转换，变为标准直流检测信号（4～

20mA）或频率信号进行输出。

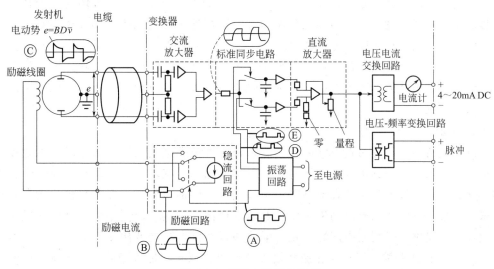

图 5-29 模拟电路型转换器

除了测量信号的整理输出外，电路中还包含了励磁信号的控制电路部分，振荡电路的方波信号控制由集成电路和场效应管组成电子开关电路，产生周期变化的励磁电流信号，驱动励磁线圈。

模拟电路型转换器技术成熟，成本较低，但功能少，与数字化、智能化设备连接，因受信号形式的限制，还需要进一步转换。目前正逐渐趋于淘汰。

（2）智能型

将嵌入式技术应用到电磁流量计信号转换电路而制造的转换器，称为智能型信号转换器。高性能电磁流量计的智能化功能包括对各种参数传感器灵敏度与口径、上下限报警值、阻尼系数等的设置，瞬时、累积单位的多种选择，励磁故障、设置参数故障的自诊断，以及正反向流量自动切换、单量程内 100∶1 宽动态范围、满量程设置、励磁频率可选等功能。

图 5-30 所示为智能型电磁流量计的信号转换器结构框图。

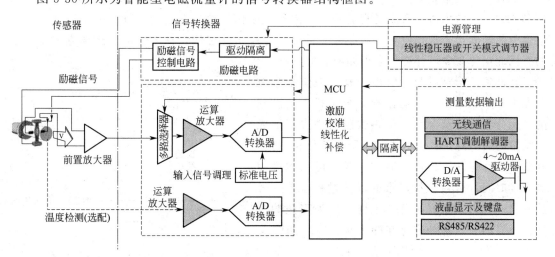

图 5-30 智能型信号转换器结构组成

智能型信号转换器主要由输入信号调理、微处理器（MCU）、测量结果输出、电源管理、励磁电路组成，其核心是微处理器。传感器的测量信号经输入信号调理部分转化为数字信号后，送入微处理器，利用微处理器强大的数据处理功能完成各种处理运算，产生的数字量结果通过输出单元以各种标准通信协议输出，或经过 D/A 转换后以模拟信号方式输出，也可以直接用液晶显示电路在现场直接显示。微处理器还可以利用软件生成励磁信号波形，经过驱动电路的功率放大后控制励磁电流。电源管理单元为转换器提供稳定的工作电源，减少干扰影响。

5.5.3.2 励磁信号的产生

励磁方式有两种，分为直流励磁和交流励磁。直流励磁是利用直流电流或永磁铁产生一个恒定的均匀磁场。其优点是结构简单，受交流磁场干扰较小，可以忽略液体中自感的影响，其缺点是电极上产生的直流电势将引起被测液体的电解，因而产生极化现象，破坏了原来的测量条件。所以直流励磁只用于非电解质液体的测量，例如液态金属钠或汞等的流量测量。交流励磁是利用周期性变化的电流通过线圈产生交变磁场。最初励磁信号采用工频（50Hz）的正弦波，但由于正弦波信号会因线路耦合和传输滞后产生干扰，同时由于正弦信号交流励磁的电磁感应，磁路、测量管和流体将产生涡流损失和磁滞损失，增大仪表的功率损耗，所以目前基本不再使用，而改为主要采用低于工业频率的方波，作为励磁信号产生交变磁场，以克服直流励磁的极化现象。

因此目前电磁流量计广泛采用低频二态矩形波、三态矩形波及双频波励磁方式，如图5-31所示。

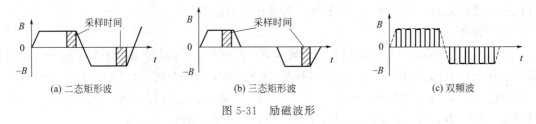

| (a) 二态矩形波 | (b) 三态矩形波 | (c) 双频波 |

图 5-31 励磁波形

低频矩形波励磁电流的频率为工频 50Hz 的偶数分之一，一般为工频的 1/32～1/4。在矩形波的一个波内可以看成是直流励磁，因此正弦信号产生的正交干扰几乎不存在，分布电容引起的共模干扰也没有，从而大大提高零点稳定性和测量精度。由于磁场方向是交变的，因此极化现象不存在，原理如图 5-31 （a）所示。

在低频矩形波励磁中，由于励磁电流矩形波存在上升沿和下降沿，会出现微分干扰。其沿越陡，微分干扰电势越大，但很快就会消失，形成一很窄的尖峰脉冲；上升沿和下降沿变化越缓慢，则微分干扰越小，但经历时间越长。可以通过控制采样时间，躲过干扰严重的过渡过程，等信号达到稳定时再对信号采样。采样宽度为工频的整数倍，可消除这种普遍存在的干扰，原理如图 5-32 所示。低频方波还可以节省励磁本身消耗的电能。但由于每次采样需要等待一段时间，动态响

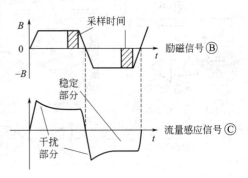

图 5-32 控制采样时间消除干扰

应慢，被测流量波动的频率要比励磁频率低得多才行。

三态矩形波励磁方式的励磁电流一般采用工频的 1/8 频率，以 $+B$，0，$-B$ 三值进行励磁，通过对正—零—负—零—正变化规律的三种状态进行采样和处理，如图 5-31（b）所示。其主要的特点是能在零态时动态校正零点，有效地消除了流量信号的零位噪声，从而大大提高了仪表零位的稳定性。

双频波励磁方式是在低频二值矩形波 6.25Hz 频率的基础上，加上一个高频率 75Hz 的调制波。采用双频波励磁方式除具有低频矩形波励磁方式的优点外，还具有动态响应好、噪声小的优点，如图 5-31（c）所示。

5.5.4　电磁流量计的特点和应用

5.5.4.1　电磁流量计的特点

电磁流量计性能可靠，精度高，功耗低，零点稳定，参数设定方便。在工业测量中具有以下特点。

① 电磁流量计对流体流动状态要求低。在测量工作过程中，电磁流量计的输出只与被测介质的均匀流速成正比，而与对称分布下的活动状况（层流或湍流）无关。所以电磁流量计的量程规模极宽，其丈量规模度可达 100∶1，有的乃至达 1000∶1 的可运转流量规模。电磁流量计反应迅速，可以测量脉动流量。

② 电磁流量计不受流体特性影响。电磁流量计输出信号与流量间具有线性关系，它不受被测介质的压力、温度、黏度、密度及电导率的影响。因而，电磁流量计只需经水标定后，就可直接用来测量其他导电性液体的流量。

③ 测量导管内无可动部件或凸出于管道内的部件。因而压力损失很小。由于可实现与流体无接触的测量，电磁流量计除可测量一般导电液体的体积流量外，还可用于测量强酸、强碱等强腐蚀液体和泥浆、矿浆和纸浆等，这是电磁流量计的突出特点。

④ 电磁流量计功能多样化。传感器无特定的流向要求，可测正向流量、反向流量。智能化信号处理方式使其具备了各种参数传感器灵敏度与口径、上下限报警值、阻尼系数等的设置，瞬时、累积单位的多种选择，励磁故障、设置参数故障的自诊断，以及正反向流量自动切换、单量程内 100∶1 宽动态范围、满量程设置、励磁频率可选等功能。

但是，事物都是一分为二的，电磁流量计也有局限性和不足之处。

（1）工作温度和工作压力有限制

电磁流量计的最高工作温度，取决于管道衬里和励磁线圈的材料发生膨胀、形变和质变的温度。因具体仪表而有所不同，一般低于 120℃。最高工作压力取决于管道强度、电极部分的密封情况，以及法兰的规格，一般不超过 4MPa。由于管壁太厚会增加涡流损失或者增大信号源内阻，一般测量导管管壁做得较薄。

（2）不能测量非导电性流体

电磁流量计不能测量气体、蒸汽和大多数石油制品等非导电流体的流量。对于导电介质，从理论上讲，凡是相对于磁场流动时，都会产生感应电势，实际上，电极间内阻的增加，要受到传输线的分布电容、放大器输入阻抗，以及测量准确度的限制。

（3）管道条件必须符合要求

流量计如用来测量带有污垢的黏性液体，如果电极上污垢物达一定厚度，可能导致仪表测量误差加大。流量计测量导管结垢或磨损改变内径尺寸，会造成测量误差。

电磁流量计也是速度式仪表，感应电势是与平均流速成比例的。而这个平均流速是在各点流速对称于管道中心的条件下求出的。因此流体在管道中流动时，截面上各点流速分布情况对仪表示值有很大的影响。对一般工业上常用的圆形管道点电极的变送器来说，如果破坏了流速相对于导管中心轴线的对称分布，电磁流量计就不能正常工作。因此在电磁流量计的前后，必须有足够的直管段长度，以消除各种局部阻力对流速分布对称性的影响。一般要求上游侧直管段长 5D，下游侧直管段长 2D。

5.5.4.2　使用电磁流量计应注意的问题

① 变送器的安装位置，要选择在任何时候测量导管内都能充满液体，以防止由于测量导管内没有液体而指针不在零点所引起的错觉。最好是垂直安装，且流向由下向上。水平安装时，不要装在管道最高处，以便减少由于液体流过在电极上出现气泡造成误差。安装位置如图 5-33 所示。

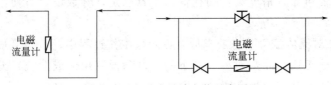

图 5-33　电磁流量计安装示意图

② 电磁流量计的信号比较微弱，在满量程时只有 2.5～8mV，流量很小时，输出仅有几微伏，外界略有干扰就能影响测量的准确度。因此，变送器的外壳、屏蔽线、测量导管，以及变送器两端的管道都要接地。并且要求单独设置接地点，以免因接地而引入干扰。

③ 信号转换器的安装地点要远离一切磁源（例如大功率电机、变压器等），不能有振动。做好电磁屏蔽措施，减少环境干扰。

④ 对于接触式电磁流量计如果传感器使用日久，绝缘被破坏而导致电极短路，测量信号会愈来愈小，甚至骤然下降。所以在使用中必须注意维护。

5.6　超声波流量计

利用超声波测量流速和流量已有很长的历史，在工业、医疗、河流和海洋观测等的测量中有着广泛的应用，这里主要介绍工业生产中的超声波流量计。超声波流量计的特点是可以把探头安装在管道外边，做到无接触测量，在测量流量过程中不妨碍管道内的流体流动状态，并可以测量高黏度的液体、非导电介质以及气体的流量。

利用超声波测量流量的原理有多种，这里着重介绍传播速度差法和多普勒方法。

5.6.1　传播速度法的测量原理

声波在静止流体中的传播速度与在流动流体中的传播速度不同，也就是对固定坐标系来说，声波的传播速度与流体的流动速度有关。因而可以通过测量声波在流动介质中的传播速度的方法求得流过管道的流量值。

（1）测量基本原理

传播速度差法最为典型的流量测量系统如图 5-34 所示。在管道两侧安装两个既能发射超声波脉冲，又能接受超声波脉冲的探头（也称为"换能器"）。两个探头之间的直线距离 L 就是超声波传输通道（简称"声道"）的长度。设声波传输通道与管道轴线的夹角为 θ，

管道直径为 D。在测量时，两个探头分别承担发出超声波脉冲和接受超声波的功能，并以一定的周期交换功能。

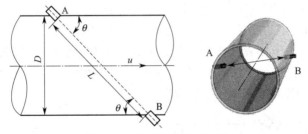

图 5-34　超声波流量计原理

超声波在具有一定流速的流体中沿声波通道传送时，其速度会受到流体流速影响发生变化。当超声波从换能器 A 发出，由换能器 B 接收时，由于顺流受流速 u 的影响，传输速度加快，传输时间 t_1 较短；当超声波从换能器 B 发出，由换能器 A 接收时，因逆流受流速 u 的影响，传输速度变慢，传输时间 t_2 较长。两个时间的差值与流速有关。根据两个时间的差值，可以推算流速，进而测得流量。

如图可知声道长度与管道直径的关系为：

$$L = \frac{D}{\sin\theta} \tag{5-44}$$

若超声波在静止流体中的传播速度为 c，超声波脉冲在顺流和逆流传送时，通过声道的时间分别为：

$$t_1 = \frac{L}{c + u\cos\theta} \tag{5-45}$$

$$t_2 = \frac{L}{c - u\cos\theta} \tag{5-46}$$

由式（5-46）代入式（5-45）化简可得：

$$u = \frac{L}{2\cos\theta} \times \frac{t_2 - t_1}{t_1 t_2} = \frac{D}{2\sin\theta\cos\theta} \times \frac{t_2 - t_1}{t_1 t_2} \tag{5-47}$$

所以测量时间 t_1、t_2 就可得到流速 u，进而推算出流量。

为方便地测量时间 t_1、t_2，两个换能器探头采用循环方式进行工作。首先从换能器 A 沿顺流方向发射超声脉冲，在换能器 B 处接收这个超声信号。换能器 B 收到超声信号后立刻转换成发送模式，输出超声波脉冲到换能器 A；同时换能器 A 也转换成接收模式，待收到超声信号后，再次发出超声脉冲，以后重复进行。在这种模式下，换能器 B 收到的信号重复周期是 t_1，换能器 A 收到的信号重复周期是 t_2。这时既可以按式（5-47）推算流速，也可以利用两个换能器收到信号的频率之差，确定流速。因为

$$\Delta f = f_1 - f_2 = \frac{1}{t_1} - \frac{1}{t_2} = \frac{2u\cos\theta}{L} = \frac{2u\sin\theta\cos\theta}{D} \tag{5-48}$$

所以

$$u = \frac{D}{2\sin\theta\cos\theta}\Delta f \tag{5-49}$$

实际上式（5-47）、式（5-49）是同一种结论的两种表示方法。

超声波流量计只在被测管道或渠道上安装一对换能器的形式称为单声道结构。图 5-33 所示为"直射式"径向声道（也称 Z 方式），主要用于管径在 200mm 以上的流量测量。对于小管径流量测量则可采用"反射式"声道。图 5-35 所示为反射式径向声道（也称 V 方式）。可以看出 V 方式的声道距离更长，受流速影响的效果更明显，另外如果流体存在不规则流动（如漩涡），产生垂直于轴向的流速分量时，V 方式受到的干扰更小，反射式声道在管径为 15～200mm 的流量测量中使用较为广泛。

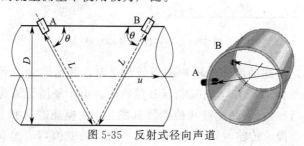

图 5-35　反射式径向声道

单声道结构构造简单、使用方便，但这种流量计对流态分布变化适应性差，测量精度不易控制，精度等级为 1.5～5 级，一般用于中小口径管道和对测量精度要求不高的渠道。

（2）多声道超声波流量计

超声波流量计是通过流速测量来测定流量的，管道内部的流体流动状态会受管道影响发生变化，同一截面上流速分布不是均匀的，而且还存在涡流造成的声速传递干扰。多声道超声波是在被测管道或渠道上安装多对超声波换能器构成多个超声波通道，综合各声道测量结果求出流量。与单声道超声波流量计相比，多声道超声波流量计对流态分布变化适应能力强，测量精度高，可用于大口径管道和流态分布复杂的管渠。

图 5-36 所示为几种多声道超声波流量计的声道布置方案。在多声道结构的声道结构布局中，声道数最少两条，多的可达十几条。不仅可以采用直射式声道，也可采用反射式声道，或两种模式混合使用。声道既可以交叉，也可以平行。声道数越多，换能器越多，对测量信号发送和接收的电路设计复杂度也越高，安装调试的要求也越高，当然成本也就越高。根据实际应用经验，DN200 以下的圆形直管，在声道数大于 4 后，管道数量增加对测量精度提高效果有限，根据精度、复杂性和成本的性价比关系，除一些超大口径的流量测量需要外，一般采用 4～8 声道的方案较多。

在测量中每对换能器测得所在流层的平均流速，然后根据各声道的平均流速与流速分布系数的关系，可以计算管道测量截面上流体的平均流速。

$$\bar{u} = \sum_{i=1}^{n} W_i u_i \tag{5-50}$$

式中　n——声道数；

　　　i——声道序号；

　　　W_i——第 i 声道权重系数；

　　　u_i——第 i 声道测得的平均流速。

所以圆形管道的流量公式为：

$$q_v = A\bar{u} = \frac{\pi}{4} D^2 \sum_{i=1}^{n} W_i u_i \tag{5-51}$$

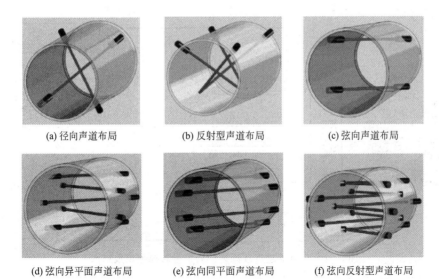

(a) 径向声道布局　　　　(b) 反射型声道布局　　　　(c) 弦向声道布局

(d) 弦向异平面声道布局　　(e) 弦向同平面声道布局　　(f) 弦向反射型声道布局

图 5-36　多声道超声波流量计的声道布置方案

式中　D——管道工况直径。

换能器的安装定位和权重系数 W_i 可根据国际电工协会的标准确定。表 5-2 所示为 IEC6041 关于 4 声道和 8 声道圆管超声波流量计关于弦向声道位置和权重系数的规定。

表 5-2　IEC6041 关于 4 声道和 8 声道圆管超声波流量计关于弦向声道位置和权重系数的规定

声道编号	声道位置	权重系数
1（5）	0.809017	0.369316
2（6）	0.309017	0.597566
3（7）	−0.309017	0.597566
4（8）	−0.809017	0.369316

表 5-2 中声道位置为声道所在平面与管道轴线平面距离 x_i 和管道半径之比，绝对值相同的正值和负值两声道所在平行面相对平行轴心面对称。

由于多声道超声波流量计的流量计算公式采用了较严格的数学理论推算，多声道分布的测量点可更准确地测量管道中的流速分布，使超声波流量计测量精度达到了 0.2～0.5 级。

（3）信号转换器的组成

超声波流量计的信号转换器包括发射、接收、信号处理和显示电路。超声波流量计的换能器通常利用压电元件制造，可利用压电元件的逆压电效应和压电效应，将交变脉冲信号转换为电信号，也可接收超声波转化为交流电信号。

图 5-37 为一双声道超声波流量计的信号转换器组成框图。激励信号产生和放大电路负责生成超声波的激励驱动信号，回波信号采集和整理电路采集换能器收到的声波信号，并进行放大滤波和 AD 转换。FPGA 单元执行 A/D 信号的高速采样，并控制激励信号的 D/A 转换。微处理器负责测量过程的控制、回波采样信号的处理以及与其他测量系统连接的设备的信号标准化、通信、提供仪表人机操作界面等功能。

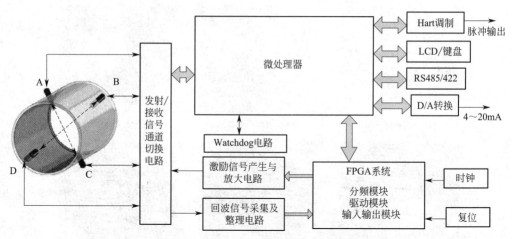

图 5-37　双声道超声波流量计的信号转换器组成框图

测量时，微处理器向 FPGA 发出启动指令，将 FPGA 内部 ROM 中保存的激励信号波形数据传送给激励信号产生和放大单元的高频 DAC 电路，经过 D/A 转换后将数据变为模拟信号形式，再经电压放大、功率放大等环节后送至发送/接收通道切换电路。在微处理的控制下，选择换能器作为发送端，通过压电元件的逆压电效应产生超声波并发送，超声波经过声道传递至对应接收换能器，在微处理器控制下通过接收通道将信号送至回波信号采集及处理电路，经电压放大、带通滤波、自增益放大、差分电路放大等整理环节后，进行 A/D 转换，结果存入 FPGA 的 RAM 存储区。以上过程重复 4 次分别得到两个声道的正向和逆向传送数据，完成一个处理周期后，FPGA 将 4 组数据传送给微处理器，微处理器完成最终的结果计算、显示和传输。

5.6.2　多普勒法的测量原理

当声波在流体中运动时，流体介质的杂质含量对声波的传递会造成影响，对于杂质含量高或气泡数多的流体，或者含液滴较多的气体，用时间差法测量误差较大，用超声波测量这类流体的流量时，就要用到多普勒法。

5.6.2.1　测量原理

声音传播的多普勒效应，在日常生活中经常遇到，当一辆连续鸣笛的汽车或火车快速经过时，亦或是乘坐在快速运行的车辆中，听到车外位置固定的鸣笛声时，人会感觉到鸣笛声音的频率变化。这就是声音传播的多普勒效应。根据多普勒效应的理论，当声源和观察者之间有相对运动时，观察者所感受到的声频率将不同于声源所发出的频率，这个因相对运动而产生的频率变化与两者的相对速度成正比。

当声源移动，接收器位置固定时，接收点测得的频率为：

$$f_2 = \frac{c}{c-u} f_1 \quad \text{（两者相对靠近）} \tag{5-52}$$

或

$$f_2 = \frac{c}{c+u} f_1 \quad \text{（两者相对远离）} \tag{5-53}$$

当接收器位置移动，声源时固定，接收点测得的频率为：

$$f_2 = \frac{c+u}{c} f_1 \quad \text{（两者相对靠近）} \tag{5-54}$$

或 $$f_2 = \frac{c-u}{c}f_1 \quad （两者相对远离） \tag{5-55}$$

式中 c——声波在介质中传播的速度;

　　　u——声源或接收器运动的速度;

　　　f_1——声源固有频率。

如图 5-38 所示,假设流体中有一固体颗粒(或气泡),其运动速度与周围的流体介质相同,流速为 u。超声波发射器与管道轴线夹角为 θ。对于固定的超声波声源来说,粒子是运动的接受体,微粒运动方式是以 $u\cos\theta$ 的速度离去。如果换能器发射超声波频率为 f_1,则粒子接收到的频率为 f_2。

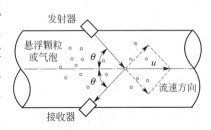

图 5-38　多普勒流量测量示意图

$$f_2 = \frac{c-u\cos\theta}{c}f_1 \tag{5-56}$$

对于超声波接收器来说,微粒反射声波相当于移动的声源。声波折射方向与管道轴线夹角与入射方向相同,也是 θ。设接收器获得的声波频率为 f_3,由于微粒运动方向是离开接收器,离开速度也是 $u\cos\theta$。所以根据公式有:

$$f_3 = \frac{c}{c+\cos\theta}f_2 \tag{5-57}$$

将 f_2 值代入上式,可得:

$$f_3 = \frac{c-u\cos\theta}{c+u\cos\theta}f_1 \tag{5-58}$$

因此,换能器发射超声波频率与接收到的超声波频率之差 Δf 为:

$$\Delta f_d = f_1 - f_3 = \frac{2u\cos\theta}{c+u\cos\theta}f_1 \tag{5-59}$$

因为流速 $u \ll$ 声速 c,所以

$$\Delta f_d = \frac{2u\cos\theta}{c}f_1 \tag{5-60}$$

式中,Δf_d 为多普勒频移,多普勒频移与流速 u 成正比关系。

因此可得管道中流体的体积流量为:

$$q_v = Au = \frac{Ac}{2f_1\cos\theta} - \Delta f_d \tag{5-61}$$

式中 A——管道有效横截面积;

　　　θ——声道与管道轴线的夹角(0°～90°)。

5.6.2.2　实际测量中需要解决的问题

(1) 环境温度对声速的影响

由于式(5-61)中含有声速 c,当被测介质温度和组分变化时会影响流量测量的准确度。为此,在多普勒超声流量计中一般采用声楔结构来避免这一影响。

图 5-39 给出了多普勒流量计的原理图。超声波束通过固体的塑料声楔的声速为 c_1;流体中的声速为 c;声波由声楔进流体的入射角为 Φ_1,在流体中的折射角为 Φ;超声波束与流体流速的夹角为 θ。根据声学折射定理有:

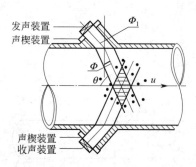

图 5-39　多普勒流量计的声楔结构

$$\frac{c_1}{\sin\Phi_1}=\frac{c}{\sin\Phi}=\frac{c}{\cos\theta} \tag{5-62}$$

将上式代入式(5-61)，可得：

$$q_v=Au=\frac{Ac_1}{2f_1\sin\Phi_1} \tag{5-63}$$

即采用声楔以后，流速不再受声速 c 的影响。而声速 c_1 受温度变化的影响远小于 c 受温度变化的影响。

（2）管道中的平均流速

公式(5-61)是根据管道中单个颗粒情况推导出的流速和流量公式，实际测量中流体含有大量颗粒，都具有声波折射效果，因此需要对测量信号进行统计处理。测量时接收器收到的反射信号只能是发生器和接收器的两个指向性波束重叠区域（如图 5-39 所示的阴影区）内颗粒的反射波，这个重叠区域称为多普勒信号的信息窗。信息窗内的多普勒频移为反射波叠加的平均值，因此反映的只是信息窗区域的平均流速，不一定能代表整的截面平均流速。所以只有一对换能器的多普勒超声波流量计要保证测量精度，必须使信息窗位置处于测流截面最接近截面平均流速的位置，或者对式(5-61)进行系数修正。

5.6.2.3　多声道多普勒超声波流量计

由于单声道多普勒超声波对流动状态分布变化适应能力差，测量精度不易控制。多普勒超声波流量计传感器也有多声道结构，通过安装多个换能器，构成多个声道，利用多声道的结果综合测量平均流速和管道流量，以更好地适应流态分布变化，提高测量精度。

如图 5-40 所示为一种多声道多普勒超声波流量计的传感器结构。三个接收换能器的信息窗分布于不同的流层，测量时各换能器测得的频移信号分别为 Δf_{dA}、Δf_{dB}、Δf_{dC}。通过引入加权系数 w_A、w_B、w_C 对测量结果进行修正，可得流量值为：

$$q_v=A\bar{u}=\frac{Ac}{2f_1\cos\theta}(w_A\Delta f_{dA}+w_B\Delta f_{dB}+w_C\Delta f_{dC}) \tag{5-64}$$

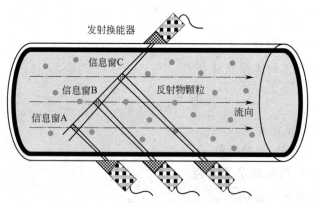

图 5-40　多声道多普勒流量计原理

5.6.2.4　多普勒超声波流量计的信号处理

多普勒超声波流量计信号处理的关键是获得发射信号和回波信号的频率差，常用的处理方式是利用混频处理方式获得该信号。如图 5-41 所示为多普勒超声波流量计的信号处理电路组成。

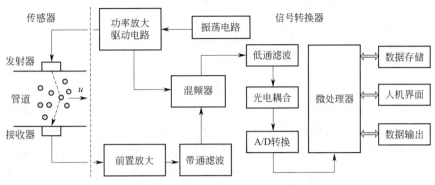

图 5-41　多普勒超声波流量计的信号处理电路组成

振荡电路产生固定频率的高频周期信号，经功率放大后传送给流量计的发射换能器，利用逆压电效应发出超声波信号。接收换能器收到声波信号后，利用压电效应转换为电信号。由于接收器产生的信号小，测量时环境噪声影响大，所以要利用前置放大电路＋带通滤波电路实现提高信号强度、减小干扰影响的作用。滤波后信号经混频、二阶巴特沃斯低通滤波电路解调后，产生的信号频率即为多普勒频移信号。将此信号送微处理器，利用软件处理进行傅里叶积分变换运算，就可获得频移的数值量，并推算出流速和流量。

5.6.3　超声波流量计的特点和应用

（1）类型和安装

超声波流量计按照传感器安装方式可分为插入式、管段式、外夹式。

外夹式超声波流量计的换能器在安装时，需将管外壁的安装位置打磨光滑后用耦合剂将传感器（探头）贴于管外壁再用专用夹紧装置固定。该方式能方便地在管外进行流量测量，测量系统施工、维护、更换都不影响管道内的流体流动；缺点是易因耦合剂安装操作处置不当，影响信号接收状态而影响测量的稳定性。因此对安装人员要求高，长时间运行后，耦合剂失效，或传感器位置改变，以及管道内部管壁的结垢都会影响测量，需定期维护。其多用于大管径管道流量的测量。

插入式超声波流量计在安装传感器时需在管道上打孔安装换能器底座，再安装换能器。这种安装方式实际上属于超声波流量计的接触式测量模式，在管道有内衬或管内结垢严重的情况下，或者管道材质为超声波的不良导体情况下，可采用此方法。

管段式超声波流量计，就是将换能器和配套的测量管道作为一个整体制造的传感器。它是流量计生产厂家采用高准确度机加工的管段，传感器出厂前安装好，保证测量精度高。而插入、外夹式超声波流量计利用原管道，需要测管径、壁厚等，都会引入误差；而且管段式超声波流量计是法兰安装连接，不需要专业人员。

总的来说，管段式超声波流量计精度最高，但安装、维修需要停流拆管；外夹式超声波流量计安装、维护方便，但对安装规范性要求高，测量质量不易保证；插入式超声波流量计从精度和安装维护方便角度来说介于两者之间，主要用于流体易结垢、管道导声性能差、管内有衬里等情况。

（2）特点

由于测量元件不用安装在管道中，超声波流量计适用于不宜接触和观察流体和大管径甚至超大管径的流量测量，也可用于开放式流通状态如明渠、河道的流量测量。传感器对流体流动状态无影响，所以节能、安全、方便维护，且可以进行双向流量测量。测量精度高，重复性好，测量范围大，甚至成为商贸高精度计量的标准测量设备。

测量受流体性质影响小，传播速度法超声波流量计适用于测量单相介质流体（液体或气体），多普勒法则适用于双相介质（气液混合）的流体测量。由于可以非接触测量，因此在强腐蚀、易燃易爆、放射性流体测量中不受限制。

通用性强，一种传感器可适用于各种口径的流体管道。无论是管道直径的改变，还是测量范围的变化，都有较强的适应能力。由于在大管径流量测量上的突出特点，在发电、能源传送和计量、企业排污和碳排放监测等场合得到广泛利用。在某些特定场合，还可以用测量时的声速变化，判定介质种类的变化，例如在油轮抽油时判定泵入输油管的是原油还是油舱底部积水。

缺点：测量时温度受换能器及与管道间耦合材料的耐温限制，不能测量高温流体；一般测量时流体温度要在200℃以下；由于测量时间对采样速度和抗干扰能力的要求高，信号转换器线路复杂；管道内壁的结垢或腐蚀对测量精度会造成较大影响；时差法只能测量洁净流体，多普勒法只能测量含杂质流体；大多数情况下多普勒法的测量精度不高。

目前我国已就封闭管道中气体测量和液体测量的超声波流量计使用，分别在2018年4月和7月开始实施国家标准GB/T 34041—2017（气体测量）和国标GB/T 35138—2017（液体测量），超声波流量计的应用已遍及各工业领域，在工业测量仪器系统中所占比例越来越大，随着智能化技术应用的普及和深入，超声波流量计正逐渐成为流量测量领域的一种主流测量技术。

5.7 涡轮流量计

如果在管道内安装一个可以绕轴转动的阻力体，当有流体通过时，流体与阻力体碰撞产生动量，并由于阻力体与轴心有一定距离而形成动量矩，使阻力体绕轴转动，转动的角速度随动量矩的大小而变化，亦即随流量的大小而变化。因此，可以应用动量矩原理来测量流量。

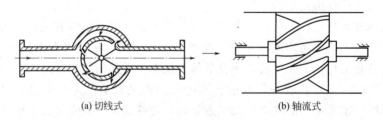

(a) 切线式　　　　　　　　　　(b) 轴流式

图 5-42　涡轮流量计原理图

应用动量矩原理测量流量的涡轮式仪表有切线式和轴流式两种（如图 5-42 所示），一般常用的水表为切线式，它的结构简单、造价较低，准确度也比较低。属于轴流式的涡轮流量计测量准确度高（可达 0.3 级）、惯性小、耐高压、量程宽（10：1），要求被测介质清洁。本节主要介绍轴流式涡轮流量计。

5.7.1 涡轮流量计的结构

涡轮流量计是速度式流量仪表，通过测量流速来确定流量。它是以动量矩守恒原理为基础的。流体冲击涡轮叶片，使涡轮旋转，涡轮的旋转速度随流量的变化而变化，通过磁电转换装置将涡轮转数变换成电脉冲，送入转换器进行信号处理，输出瞬时流量和累积流量（总量）。

涡轮流量变送器的结构如图 5-43 所示，将涡轮置于摩擦力很小的轴承中，由磁钢和感应线圈组成的磁电装置装在变送器的壳体上，当流体流过变送器时，便要推动涡轮旋转，并在磁电装置中感应出电脉冲信号，经放大后送入显示仪表。

涡轮由导磁的不锈钢材料制成，装有数片螺旋形叶片。为减小流体作用在涡轮上的轴向推力，采用反推力方法对轴向推力自动补偿。从涡轮轴体的几何形状可以看出，当流体流过 K—K 截面时，流速变大而静压力下降，以后随着流通面积的逐渐扩大而静压力逐渐上升，因而在收缩截面 K—K 与 K'—K' 之间产生了不等静压场，此不等静压场所造成的压差作用在涡轮上的轴向分力（与流体的轴向推力反向），可以抵消流体的轴向推力，减小轴承的轴向负荷，以提高变送器的寿命和精度。也可以采取中心轴打孔的方式，通过流体实现轴向力自动补偿。

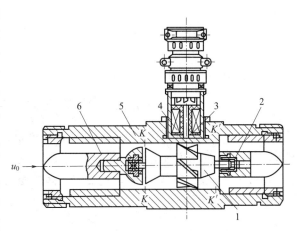

图 5-43　涡轮流量变送器的结构
1—涡轮；2—支承；3—永久磁钢；
4—感应线圈；5—壳体；6—导流器

导流器由导向环（片）及导向座组成，使流体在进入涡轮前先导直，以避免流体的自旋而改变流体与涡轮叶片的作用角度，从而保证仪表的精度。在导流器上装有轴承，用以支承涡轮。

磁电感应转换装置是由线圈和磁钢组成的。通过电磁感应方式在线圈内产生出脉动电信号。再通过前置放大器，利用三级放大和射极输出电路，将磁电转换装置输出的微弱信号进行放大后再送到二次仪表，进行瞬时流量或累计流量的记录或显示。

5.7.2　涡轮流量计传感器的工作原理

由动量矩守恒定理可知，涡轮的运动方程可写成如下形式：

$$J \frac{\mathrm{d}\omega}{\mathrm{d}t} = T - T_1 - T_2 - T_3 \tag{5-65}$$

式中　J——涡轮的转动惯量；
$\mathrm{d}\omega/\mathrm{d}t$——涡轮的角加速度；
T——流体通过涡轮时产生的推动涡轮旋转的旋转力矩；
T_1——流体通过涡轮时对涡轮产生的黏性阻力矩；
T_2——涡轮轴与轴承之间的机械摩擦阻力矩；
T_3——电磁转换器对涡轮产生的电磁阻力矩。

根据动量矩理论，通过涡轮的流体对涡轮叶片的圆周方向作用力是推动涡轮旋转的主动力，每个涡轮扇叶上受力大小与流体流动状态的关系为：

$$F = \rho q_{v}(v_1 \tan\theta - r\omega) \tag{5-66}$$

式中　r——涡轮叶片的平均半径；

　　　v_1——流体进入涡轮前的轴向流速；

　　　ω——涡轮旋转角速度；

　　　θ——涡轮叶片与轴向的夹角。

其推动力距的表达式为：

$$T = r\rho q_{v}(v_1 \tan\theta - r\omega) \tag{5-67}$$

因为流量与流速 v_1 及管道截面积 A 的关系为：

$$q_{v} = v_1 A \tag{5-68}$$

并考虑到有 n 个叶片，所以

$$T = nr\rho q_{v}\left(\frac{q_{v}\tan\theta}{A} - r\omega\right) = \frac{\tan\theta}{A}nr\rho q_{v}^{2} - \omega r^{2}\rho q_{v} \tag{5-69}$$

由式(5-69)可知涡轮变送器的结构已经确定，式中一些参数为常数，则转动力矩 T 与流量 q_{v} 和流体的密度 ρ 有关，并受到流束的流动方向和流动状态影响。

在流量处于稳定时，涡轮匀速旋转。涡轮变送器的稳态方程为：

$$J\frac{d\omega}{dt} = T - T_1 - T_2 - T_3 = 0 \tag{5-70}$$

即当旋转力矩与阻力矩之和相等时，涡轮以 ω 角速度做匀速旋转运动。此时，体积流量与角速度 ω 的关系，不仅与主动力矩有关，而且由于各阻力矩一般也与流量和流体的性质有关，还必须考虑各阻力矩的影响。根据对各阻力矩的理论计算结果（此处略）及式(5-69)表示的主动力矩代入稳态方程并化简后，可得出体积流量与角速度的近似关系为：

$$\omega = \xi q_{v} - \xi\frac{a_1}{1 + a_1/q_{v}} - \frac{a_2}{a_2 + q_{v}} \tag{5-71}$$

式中，ξ 为与变送器结构、流体性质和流动状态有关的系数，一般称为涡轮变送器的转换系数；a_1 为与电磁阻力矩、结构参数及流体性质有关的系数；a_2 为与机械摩擦阻力矩、结构参数及流体性质有关的系数。

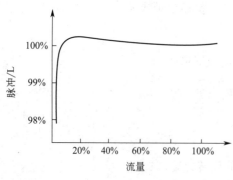

图 5-44　涡轮流量变送器的特性曲线

由式(5-71)可知，涡轮流量计是具有非线性特性的，但是由于 a_1、a_2 都是比较小的数值，因而在流量相当大时，式(5-71)可以近似为线性关系，并可简化为：

$$\omega = \xi q_{v} - a \tag{5-72}$$

式中，$a = \xi a_1$。

图 5-44 为涡轮流量变送器的特性曲线。从曲线可以看出，在流量很小时，即使有流体通过变送器，涡轮也不转动；只有流量大于某个最小值时，克服了启动摩擦力矩，涡轮才开始转动。这个最小流量值与流体的密度成平方根关系，所以变送器对密度较大的流体感度较好。在流量较小时，仪表特性很坏，主要是受黏性摩擦阻力矩的影响。当流量大于某个数值后，流量与转数才近似为线性关系，这就是变送器的工作区域。当然，由于轴承寿命和压损等条件的限制，涡轮也不能转得太快，所以涡轮流量

计和其他流量仪表一样，也有测量范围的限制。

转换系数 ξ 是涡轮变送器的重要特性参数。由于变送器是通过磁电装置将角速度 ω 转换成相应的脉冲数，因而 ξ 的含义是单位体积流量 q_v 通过变送器时，变送器所输出的脉冲数，所以往往也像其他流量仪表一样，称为流量系数。仪表出厂时，制造厂都是取测量范围内转换系数的平均值作为仪表常数。因此可以认为，流体总量 V 与脉冲数 N 的关系为：

$$V=\frac{N}{\xi} \tag{5-73}$$

此时仪表常数 ξ 为转换系数的平均值。

5.7.3　涡轮旋转信号的测量及处理

5.7.3.1　旋转信号的测量

涡轮的旋转信号通常经过记录转速的方式进行信号的转换，将涡轮叶片在单位时间内通过传感器的次数转化为周期性的脉冲信号，然后通过对信号频率的处理获得转速，是最为方便和常见的方法，主要的转换方式有以下几种。

（1）磁阻式磁电感应转换器

磁阻式磁电感应转换器由永久磁钢和导磁棒（铁芯）1 和线圈 2 等组成。当涡轮转动时，涡轮或发讯盘上的导磁体切割磁力线运动而改变了磁路的磁阻，从而电感线圈输出感应电动势，其强弱随磁路的磁阻变化而变化，经放大器放大后输出频率与流速成正比的脉冲信号。图 5-45 为磁阻式磁电感应转换器的原理结构图。

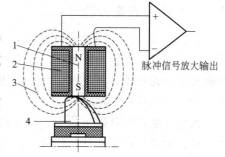

图 5-45　磁阻式磁电感应转换器
的原理结构图
1—永久磁钢和导磁棒；2—线圈；
3—磁力线；4—涡轮叶片

（2）半导体磁阻传感器

半导体磁阻传感器是利用半导体材料通过特殊工艺制作而成的，其特点为在外磁场的作用下阻值会发生显著变化，由于其对磁场灵敏度高，因此随着涡轮或发讯盘的旋转，电阻值也发生交替变化。在外电源激励下通过电桥桥路即可检测出半导体磁阻传感器上产生的电压变化，再经放大器放大，输出频率与流量成正比的脉冲信号。

（3）霍尔效应法

在涡轮内腔装有一块永久磁钢，在霍尔元件中通以直流或交流电流，当涡轮及磁钢旋转时，由于霍尔效应，涡轮叶片接近霍尔元件时输出较大的霍尔电势，离开时霍尔电势变小，从而输出频率与涡轮转速成正比的交变电压信号。测出此频率即可设法确定其转速并显示流量。这种方法的缺点为工作电流大，难以实现电池供电，且涡流损失大，霍尔元件如长期在 50℃以上受热工况下运转，则此元件将损坏。其优点为信号强、尺寸小。

5.7.3.2　传感器信号的处理

由于传感器信号以脉冲信号方式检出，便于转化为数字信号，所以后续处理较为方便。常见的处理方式是利用计数器电路或微处理器的计数输入端，按特定时间周期对传感器输出的脉冲进行计数，就可测得涡轮的角速度（转速）。再通过进一步的运算处理可获得瞬时流量或累计流量，并对测量结果进行转换后，以标准化信号方式进行远传输送。图 5-46 所示为一种利用微处理器进行涡轮传感器信号处理的电路组成。

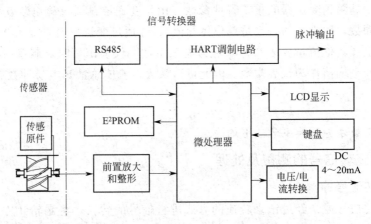

图 5-46　利用微处理器进行涡轮传感器信号处理的电路组成

5.7.4　涡轮流量计的特点

涡轮流量计是一种速度式仪表，它具有精度高、重复性好、结构简单、运动部件少、耐高压、测量范围宽、体积小、重量轻、压力损失小、维修方便等优点，广泛应用于石油、有机液体、无机液、液化气、天然气和低温流体的测量。现行的国家标准 GB/T 18940—2003 于 2003 年 8 月颁布执行。

涡轮流量计具有以下优点：准确度高，可以达到 0.5 级，在狭小范围内可以达到 0.2 级，可作为流量的准确计量仪表；反应迅速，可测脉动流量；被测介质为水时，其时间常数一般只有几毫秒到几十毫秒；量程范围宽，刻度线性；输出脉冲频率信号，适于总量计量及与计算机连接，无零点漂移，抗干扰能力强。

但是，使用涡轮流量计时必须注意以下几点。

（1）只能用于洁净流体测量

要求被测介质洁净，减少对轴承的磨损，并防止涡轮被卡住，应在变送器前加过滤装置。

（2）介质的密度和黏度的变化对测量精度有影响

由于变送器的流量系数 ξ 一般是在常温下用水标定的，所以密度改变时应该重新标定。对于同一液体介质，密度受温度、压力的影响很小，所以可以忽略温度、压力变化的影响。对于气体介质，由于密度受温度和压力变化的影响较大，除影响流量系数外，还直接影响仪表的灵敏限。虽然涡轮流量计时间常数很小，很适于测量由于压缩机冲击引起的脉动流量，但是用涡轮流量计测量气体流量时，必须对密度进行补偿。

（3）仪表的安装方式要求与校验情况相同

一般要求水平安装，避免垂直安装。由于泵或管道弯曲，会引起流体的旋转，而改变了流体和涡轮叶片的作用角度，这样即使是稳定的流量，涡轮的转数也会改变，因此，除在变送器结构上装有导流器外，还必须保证变送器前后有一定的直管段，一般入口直管段的长度取管道内径的 10 倍以上，出口直管段取 5 倍以上。

5.8　容积式流量计

日常生活中，要用固定容积的容器去测量流体的体积，例如用杯、桶去测量。在工业生产中也有一种流量计的测量原理与其相似，即针对工业生产中流体是在密闭管道中连续流动的特点，利用机械测量元件把流体连续不断地分割（隔离）成具备固定体积的单体，然后根据测量元件的运动次数，计量出流体的总体积，这种形式的流量计称为容积式流量计。

容积式流量计的优点是：一般的测量准确度比较高，对上游的流动状态不太敏感，因而在工业生产中和商品交换中得到广泛应用。其缺点是一般比较笨重。

5.8.1 测量原理

容积式流量计有许多品种，常用的有转子式容积流量计、活塞式容积流量计及湿式气体流量计、膜式家用煤气表等。其结构形式多种多样，但就其测量原理而言，都是通过测量元件把流体连续不断地分割成固定体积的单元流体，然后根据测量元件的动作次数给出流体的总量。即采取所谓容积分界法测量出流体的流量。

把流体分割成单元流体的固定体积空间，也就是计量室，是由流量计壳体的内壁和作为测量元件的活动壁形成的。当被测流体进入流量计并充满计量室后，在流体压力的作用下推动测量元件运动，将一份一份的流体排送到流量计的出口。同时，测量元件还把它的动作次数通过齿轮等机构传递到流量计的显示部分，指示出流量值。也就是说，知道计量室的体积和测量元件的排送次数，便可以由计数装置给出流量，其中比较典型的类型是转子式容积流量计。

转子式流量计仪表壳体内有两个转子，直接或间接地啮合，通过流体的压力推动转子转动，并将转子与壳体之间的流体排至出口，然后由转子的转动次数求出流体的数量。根据内部转子的形状不同又分为椭圆齿轮流量计、腰轮流量计、双转子流量计、螺杆流量计等。下面以椭圆齿轮流量计为例介绍其工作原理。

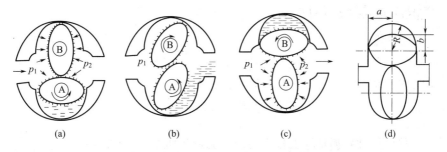

图 5-47　椭圆齿轮流量计动作过程

椭圆齿轮流量计又称为奥巴尔流量计，它的测量部分是由壳体和两个相互啮合的椭圆形齿轮等 3 个部分组成。流体流过仪表时，因克服阻力而在仪表的入、出口之间形成压力差，在此压差的作用下推动椭圆齿轮旋转，不断地将充满在齿轮与壳体之间所形成的半月形计量室中的流体排出，由齿轮的转数表示流体的体积总量，其动作过程如图 5-47 所示。

由于流体在仪表的入口的压力 p_1＞出口的压力 p_2，当两个椭圆齿轮处于图 5-47(a) 所示位置时，在 p_1、p_2 作用下所产生的合力矩推动轮 A 向逆时针方向转动，把计量室内的流体排至出口，并同时带动轮 B 做顺时针方向转动。这时轮 A 为主动轮，轮 B 为从动轮。同样可以看出：在图 5-47(b) 所示位置时，A、B 轮均为主动轮；在图 5-47(c) 所示位置时，B 为主动轮，A 为从动轮。由于轮 A 和轮 B 交替为主动轮或者均为主动轮，保持两个椭圆齿轮不断地旋转，以致把流体连续地排至出口。椭圆齿轮每循环一次（转动一周），就排出四个半月形体积的流体，如图 5-47(d) 所示，因而从齿轮的转数便可以求出排出流体的总量：

$$V = NV_0 = 4Nv_0 = 2\pi N(R^2 - ab)\delta \tag{5-74}$$

式中 N——椭圆齿轮的旋转转数；

a，b——椭圆齿轮的长、短半轴的长度；

R——计量室的半径；

δ——椭圆齿轮的厚度；

V_0——椭圆齿轮每循环一次排出的流体体积；

v_0——半月形容积，$v_0 = (R^2 - ab)\delta$。

椭圆齿轮流量计适用于石油及各种燃料油的流量计量，因为测量元件齿轮的啮合转动，被测介质必须清洁。其测量准确度较高，一般为 0.2～1 级。

其他类型的容积式流量计只是在机械结构和运动形式上与椭圆齿轮流量计有所不同，其工作方式和原理都是一致的，在此不再赘述。常见的一些容积式流量计的结构如图 5-48 所示。

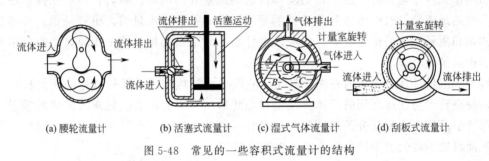

(a) 腰轮流量计　　(b) 活塞式流量计　　(c) 湿式气体流量计　　(d) 刮板式流量计

图 5-48　常见的一些容积式流量计的结构

5.8.2　容积式流量计的特性

5.8.2.1　误差特性

（1）误差的产生

根据误差的定义，流量计的基本误差可表示为：

$$E = \left(\frac{\alpha}{V_0} - 1\right) \times 100\% \tag{5-75}$$

式中 V_0——检测元件每循环一次排出的固定流量的体积；

α——流量计的传递系数，是由传递循环次数 N 的齿轮比和指针旋转一周的刻度所决定的常数。

式(5-75) 是根据误差定义和测量原理所推导出的容积式流量计的误差特性，从测量原理角度来看，容积式流量计的误差是由检测元件的循环动作一次排出的流体体积 V_0 和取决于齿轮比等的常数 α 来决定的。从理论上讲误差与流体的性质及流量的大小无关。容积式流量计的理想特性曲线如图 5-49 中的曲线 E 所示。

实际上，对上述各种形式的容积式流量计（湿式流量计除外）进行测试时，可发现其流量和误差的关系曲线大致如图 5-49 所示的形状。在流量较小时，误差向负的方向倾斜；而流量大于某程度时，误差趋近于零；实际误差曲线与理想误差曲线不同的原因是：在流量测量过程中，有些流体通过检测元件和壳体之间的间隙直接从入口流到出口而没有经过计量，即存在泄漏现象。一般将这部分未经计量而直接从入口流到出口的流体称为漏流。除湿式流量计外，检测元件与壳体之间无论采取哪种密封形式，总是有漏流存在，只是漏流量的大小有所不同而已。

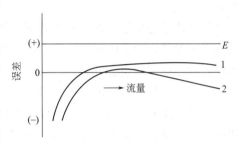

图 5-49　容积式流量计的一般误差曲线

对于容积式流量计，漏流量的存在直接影响到流量计的误差。而漏流量的大小与检测元件前后的压差有一定的关系，并且还受到流体的黏度和密度的影响。

在测量元件与壳体之间的间隙很小和测量高黏度流体时，若将间隙中的流体流动认为是黏性流动，则漏流量可用下式关系表示：

$$q_t = K_1 \frac{\Delta p}{\mu} \tag{5-76}$$

式中，K_1 为与结构有关的常数；Δp 为检测元件前后流体入口与出口间的压差；μ 为流体的黏度。

在测量元件与壳体之间的间隙较大、流体黏度较低时，若忽略其黏度的影响，则漏流量可近似表示为：

$$q_t = K_2 \sqrt{\frac{\Delta p}{\rho}} \tag{5-77}$$

式中，K_2 为与结构有关的常数；ρ 为流体的密度。实际的流动状态可认为是介于两种流动状态之间，目前广泛应用的容积式流量计，其间隙一般都很小，所以用于测量流体流量时，可以认为是近似于黏性流动状态。对于气体的流量测量，因为流体的黏度很小，可以按与密度有关的式(5-77) 来考虑。

(2) 压力损失特性

容积式流量计测量元件的动作都是依靠流体压力的作用来推动的，为克服运动件动作所产生的机械阻力，就要消耗掉流体的一部分能量。另外，流体具有黏滞性，在流体流过流量计时也要消耗掉流体的部分能量，因而在流量计两端出现不可恢复的压力降，并称之为压力损失。一般是把流量计的入口法兰和出口法兰处作为测压点，并把测得的压力差作为流量计的压力损失。虽然由于流量仪表的结构不同，其压力损失情况也有所不同，但总的来说，容积式流量计的压力损失主要是由上述的机械阻力和流体的黏滞性所引起的，并且比较大。

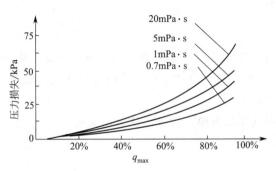

图 5-50　液体椭圆齿轮流量计的压力损失曲线

图 5-50 给出了液体椭圆齿轮流量计的压力损失曲线，由曲线的变化情况可以看出，容积式流量计的压力损失是随流量的增加，即运动部件旋转速度加快而增大的。对于液体介质，压力损失还随流体的黏度增加而增大。一般是黏度较低时流体的压力损失与流量的平方成正比，黏度较高时压力损失与流量值成比例。对于气体介质，气体的压力越高，即气体的密度越大，则压力损失

越大。

从流体输送角度来看，无疑是流量计的压力损失愈小愈好，特别是输送低压头的流体，在选择流量仪表时更应注意。压力损失除与能耗有关外，它的大小还会影响流量测量的准确度，总之压损愈小愈好。

（3）流体黏度和密度与误差的关系

被测流体黏度影响误差的原因是黏度对漏流量的影响。由式(5-76)可知，当流体黏度较高时，μ 与 q_t 成反比关系，即流体黏度越高其漏流量越小。对黏度很高的流体，其误差曲线和假定漏流量为零时的情况相似。式(5-76)还给出，对于黏性流动，$q_t \propto \Delta p / \mu$。由实验结果还可以看出，因流体黏度的改变而产生压力损失的变化时，黏度的变化比例要比压力损失的变化比例大。同时，在一般情况下，流体黏度的改变对流量计的测量误差影响小，因此可以预测，由黏度变化对压力差的影响很小。所以总的来说，流体黏度对误差曲线影响比较小，对于要求测量精度为 1% 的流量计，可以不考虑黏度的影响。但要进一步提高测量的准确度时，就要考虑黏度的影响。

密度对误差的影响在式(5-77)中已给出，即间隙较大或流体黏度较低时，可以忽略黏度的影响，漏流量正比于压力差的平方根，而与流体的密度平方根成反比，密度大对减少泄漏而引起的误差是有利的。当被测介质是气体时，气体的压力越高，密度越大，漏流量越小；同时也要注意到压力损失也随气体压力而变化，气压越高，压力损失越大。在测量时要兼顾密度和压损两种因素。

5.8.2.2 容积式流量计的优缺点

容积式流量计由于采用了直接计量的方式，减小了中间信号转换带来的误差，因此是精度很高的流量计。一般精度为 0.5 级，在保证高精度机械加工和装配，且流体情况理想的情况下，可达 0.2 级甚至更高。容积式流量计对流体流动状态无要求，因此安装时对管道条件要求低，便于现场的施工。如果不需要信号远传，甚至可以不用另外配置能源就能工作。即使需要远传，输出的电信号形式一般也是脉冲信号，抗干扰能力强，易于和数字化设备连接。

但是容积式流量计要保证测量精度，首先必须保证机械加工和装配的水平，且体积庞大，无法在大口径流量测量中使用。另外流体的黏度是影响测量精度的一个重要因素，黏度低的流体，由于机械装置缝隙间的泄漏量大，使测量的精度大大降低，所以容积式流量计测量气体的误差较大，特别在温度变化大的环境下更是如此。而黏度高的流体测量时压损较大。容积式流量计的测量方式也决定了它们不能测量杂质含量高的流体流量，因为流体中的杂质会堵塞或磨损传感器。

5.8.2.3 使用时的注意事项

① 使用容积式流量计时，需要在流量计前加过滤装置，滤除杂质。安装时要充分考虑设备日常维护需要，添加过滤装置清扫所需的辅助管道。流体进口的管段要保证充满流体。

② 测量气体时，必须考虑流体密度变化的影响。

③ 测量含有气泡的液体时，要进行流体中气体的分离，增加气体分离装置。

5.9 质量流量计

在工业生产中，由于物料平衡、热平衡以及储存、经济核算等所需的都是流体质量，并非流体体积。所以在测量工作中，常常需要将已测出的体积流量，乘以密度换算成质量流量。由于密度是随流体的温度、压力而变化的，因此，在测量体积流量时，必须同时检测出流体的温度和压力，以便将体积流量换算成标准状态下的数值，进而求出质量流量。这样，在温度、压力变化比较频繁的情况下，不仅换算工作麻烦，有时甚至难以达到测量的要求。而采用测量质量流量的测量方法，直接测出质量流量，无需进行上述换算，有利于提高测量的准确性和效率。

测量质量流量的方法，主要有两种方式。

① 直接式：即检测元件直接反映出质量流量。

② 推导式：即同时检测出体积流量和流体的密度，通过计算器得出与质量流量有关的输出信号。

许多直接式的测量方法和所有的推导式的测量方法，其基本原理都是基于质量流量的基本方程式，即

$$q_m = \rho u A \tag{5-78}$$

如果管道的流通截面积 A 为常数，对于直接式质量流量测量方法，只要检测出与 ρu 乘积成比例的信号，就可以求出流量；而推导式测量方法是由仪表分别检测出密度 ρ 和流速 u，再将两个信号相乘作为仪表输出信号。应该注意，对于瞬变流量或脉动流量，推导式测量方法检测到的是按时间平均的密度和流速；而直接式测量方法是检测动量的时间平均值。因此，通常认为，推导式测量方法不适于测量瞬变流量。

除上述两种测量方法外，在现场还常常采用温度、压力补偿式的测量方法。即同时检测出流体的体积流量和温度、压力，并通过计算装置自动转换成质量流量。这样的方法，对于测量温度和压力变化较小、服从理想气体定律的气体，以及测量密度和温度成线性关系（温度变化在一定范围内）、流体组成已定的液体时，自动进行温度、压力补偿还是不难的。然而，温度变化范围较大，液体的密度和温度不是线性关系，以及高压时气体变化规律不服从理想气体定律，特别是流体组成变化时，就不宜采用这种方法。

本节中介绍直接式和推导式的测量质量流量方法。

5.9.1　科氏力流量计

科氏力流量计（Coriolis Mass Flowmeter，简称 CMF）属于直接式质量流量计，其测量精度高，在需要进行质量流量测量的场合应用非常普遍，正在逐渐取代以间接测量方式进行质量流量测量的测量系统。科氏力质量流量计由两个部分组成，分别为传感器和信号转换器。传感器可将质量流量转换为与之有对应函数关系的形变信号，并进一步转换为电信号输送给信号转换器。信号转换器完成传感器信号的采集和处理功能，同时为传感器工作提供驱动信号。

5.9.1.1　科氏力流量计的传感器工作原理

科氏力流量计的传感器单元由测量管、激振线圈、拾振线圈、底座和法兰等部件组成。其结构如图 5-51 所示。

图 5-51 中所示的两个 U 形管道就是测量管，在进行质量流量到形变信号的转换中，起了关键作用。产生形变的原因是流动流体在振动管道内流动时受到的科里奥利力（简称"科氏力"）的影响。根据这一原理设计的质量流量计，可以测量双向流，并且没有轴承、齿轮等转动部件，测量管道中也无插入部件，因而降低了维修费用，也不必安装过滤器等。

其测量准确度为±0.15％，适用于高精度的质量流量测量。

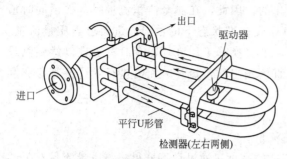

图 5-51　科氏力质量流量计的传感器

由力学理论可以知道，质点在旋转参照系中做直线运动时，质点要同时受到旋转角速度和直线速度的作用，这一作用就是科氏力。

流体介质流经振动的 U 形弯管，就会在弯管上产生科氏力效应，使 U 形管的流入侧和流出侧管道发生扭转，安装在弯管两侧的检测器将因此产生两组相位不同的交流信号，其相位差对应的时间与流经传感器的流体质量流量成比例关系。

下面分析其测量原理。流量计的测量管道是两根平行的 U 形管（也可以是一根），驱动 U 形管产生振动的驱动器是由激振线圈和永久磁铁组成的。在激振信号的作用下，U 形管绕 B-B 轴做往复振动，运动的角速度为 ω。

当 U 形管内充满流体，流体的流速为 u 时，则流体在直线运动速度 u 和旋转运动角速度 ω 的作用下，对管壁产生一个反作用力，即科里奥利力，简称科氏力。U 形管的受力分析如图 5-52 所示。

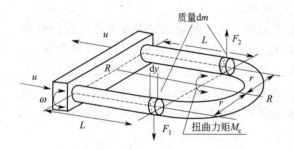

图 5-52　U 形管的受力分析

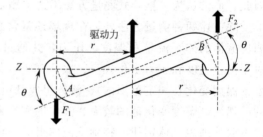

图 5-53　U 形管的扭转

科氏力的大小为：

$$F_k = 2m\omega u \tag{5-79}$$

式中　u——流体在管道中的流速；

　　　ω——旋转角速度；

　　　m——流体的质量。

其中 u 和 ω 均为向量。

由于入口侧和出口侧的流向相反，使得 U 形管道两侧受到的科氏力作用相反，从而使 U 形管产生扭曲运动，U 形管管端绕 R-R 轴扭曲（图 5-53）。在两侧直管段上，单位长度为 dy 的两部的对称流体产生力矩为：

$$dM_c = 2r\,dF_k = 4ru\omega\,dm \tag{5-80}$$

式中　dF_k——微元 dy 所受科氏力；

　　　dm——微元 dy 包含的流体质量；

　　　u——微元 dy 内流体的流速，$u = dy/dt$。

对式(5-80)进行转换，可得微元流体扭矩与质量流量的关系为：

$$dM_c = 4r\left(\frac{dm}{dt}\right)dy\omega = 4rq_m dy\omega \tag{5-81}$$

式中，$q_m = dm/dt$。

则 U 形管所受扭矩可通过对式(5-81)积分获得，扭矩为：

$$M_c = \int dM_c = \int 4r\omega q_m dy = 4r\omega q_m L \tag{5-82}$$

设 U 形管的弹性模量为 K_S，扭曲角为 θ，由 U 形管的刚性作用所形成的反作用力矩为：

$$T = K_S\theta \tag{5-83}$$

因 $T = M_c$，则由式(5-82)和式(5-83)可得出如下公式：

$$q_m = \frac{K_S}{4\omega rL}\theta \tag{5-84}$$

如果 U 形管管端在振动中心位置时，垂直方向的摆动速度为 $u_p(u_p = L\omega)$，两侧管端扭曲顶点 A、B 的位置差为 $2r\sin\theta$，在角度 θ 较小时，$\sin\theta \approx \theta$，则 U 形管两直管段的顶端先后通过振动中心平面的时间差为：

$$\Delta t = \frac{2r\theta}{L\omega} \tag{5-85}$$

将式(5-85)代入式(5-84)可得：

$$q_m = \frac{K_S}{4\omega rL} \times \frac{\omega L \Delta t}{2r} = \frac{K_S}{8r^2}\Delta t \tag{5-86}$$

式中，K_S 和 r 是由 U 形管所用材料和几何尺寸所确定的常数。因而科氏力质量流量计中的质量流量 q_m 与时间差 Δt 成比例。而这个时间差 Δt 可以通过安装在 U 形管端部的两个位移检测器所输出的电压的相位差测量出来。

科氏力流量计传感器的结构除 U 形管外，还有直管形、J 形、B 形、S 形、Ω 形及环形等，它们的基本原理是相同的，但不同的结构和形状形成了性能上的一些微小差异。

5.9.1.2　科氏力流量计的驱动电路

为使科氏力流量计的传感器管道以固有的频率振动，必须为传感器驱动线圈提供激振信号。驱动电路为维持管道的稳幅振动提供可靠的驱动信号是保证测量的重要前提条件。驱动电路的形式有模拟驱动方式和数字驱动方式。

（1）模拟驱动电路

科氏流量计的基本输出信号为正弦信号，所以模拟驱动采用与流量管谐振频率相同的正弦信号作为驱动信号，这样驱动效率最高，最节省能量。驱动电路的原理和结构如图 5-54 所示。

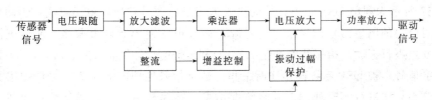

图 5-54　科氏力流量计模拟驱动激振电路组成

传感器输出的信号通过乘法器进行幅值控制后，再经电压放大电路输出驱动信号到传感器的激振线圈，驱动测量管振动。因为驱动信号源来自传感器信号，频率、相位容易和测量管的振动状态匹配，信号幅度则可通过增益控制环节进行调整，根据传感器信号的大小提供合适的驱动能量，保证测量管在固有频率处稳幅振动。

（2）数字驱动电路

模拟驱动的信号源来自于传感器，因此容易满足频率、相位要求。但是初始状态测量管启振必须依靠电路中的噪声信号实现，因此启动过程时间长，同时流体不是单相流或连续流时信号幅度变化会影响振动状态，严重时会使测量管停振而影响测量。为解决这一问题，采用了数字驱动技术。如图5-55所示为科氏流量计数字驱动激振电路组成。

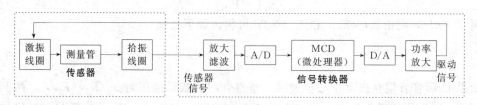

图5-55　科氏力流量计数字驱动激振电路组成

在数字驱动技术中，在测量管未起振时，利用MCU控制D/A环节输出，主动激振的驱动信号使测量管产生振动。传感器测得振动信号后，经过前置电路处理后，经A/D转换将信号采集到MCU，利用软件处理跟踪传感器信号变化，调整输出的驱动信号，使测量管保持稳定振动。

5.9.1.3　科氏力流量计传感器的信号测量和处理

科氏力流量计传感器的基本输出信号形式是正弦波，如图5-56所示。通过检测两路正弦信号的相位差，就可测量与质量流量有关的时间信号，进而获得质量流量值。采用这种信号采集和处理模式时，信号测量和转换比较简单，但因信号中包含大量的谐波干扰信号，要提高测量精度和分辨率，就要保证对传感器信号频率测量的精度，同时要在数据处理过程中采用较为复杂的处理算法。常用的算法有基于时域信号处理的过零检测算法、希尔伯特变换算法、正交解调算法等，以及基于频域信号处理的离散傅里叶变换（DFT）算法、Goertzel算法等。

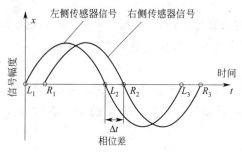

图5-56　位移检测器输出信号的波形

虽然这类信号处理方法对数据计算要求高，但是由于计算机技术完全可以满足信号处理速度和数据容量的需要，因此是一种较为常用的方法。

图5-57所示为利用DSP系统设计的科氏力流量计信号转换器单元组成。驱动模块采用从拾振线圈获得的测量信号作为激振信号源，通过正反馈形成自激振荡，使传感器的测量管以谐振方式进行振动。拾振线圈产生的感应信号经过放大和带通滤波后，由A/D转换环节变为数字信号，被DSP系统同步实时采集。数字信号处理由微处理器的DSP芯片通过调用相应的核心算法进行实时处理，并将数据结果（瞬时质量流量、累计质量流量、流体密度/体积等）以多种方式进行输出和显示。温度补偿环节测量的温度信号，可对测量环境对测量管刚性系数的影响进行修正，同时对流体密度/体积的计算提供参数。

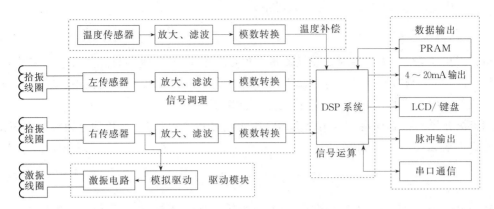

图 5-57　科氏力流量计信号转换器单元组成

此外，为便于信号的处理、简化计算，还可在信号调理环节先将传感器输出的正弦信号转换为方波信号，通过两组方波信号的差波信号跳变沿触发积分电路，从而将时间差信号变为模拟信号进行输出，鉴于篇幅考虑在此不再详细介绍。

5.9.2　量热式质量流量计

由于气体吸收热量或放出热量均与该气体的质量成正比，因此可由加热气体所需能量或由此能量使气体温度升高之间的关系来直接测量气体的质量流量，其原理如图 5-58 所示。在被测流体中放入一个加热电阻丝，在其上、下游各放一个测温元件，通过测量加热电阻丝中的加热电流及上、下游的温差来测量质量流量。在上述具体条件下，被测气体吸收的热量与温升的关系为：

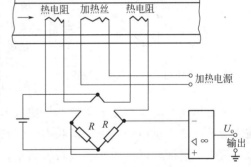

图 5-58　量热式质量流量计原理图

$$\Delta q = mC_p\Delta T \qquad (5\text{-}87)$$

式中　　ΔT——被测气体的温升；

　　　　Δq——被测气体吸收的热量；

　　　　m——被测气体的质量；

　　　　C_p——被测气体的定压比热容。

式(5-87) 说明，在定压条件下加热时单位时间内气体的吸收热量为：

$$\Delta q = \frac{m}{\Delta\tau}C_p\Delta T \qquad (5\text{-}88)$$

式中，$\Delta\tau$ 为被测气体流过加热电阻丝温度升高 ΔT 所经历的时间。

由式(5-88) 可知，若令 $m/\Delta\tau = M$，则 M 即为被测流体的质量流量。如果加热电阻丝只向被测气体加热，管道本身与外界很好地绝热，气体被加热时也不对外做功，则电阻丝放出的热量全部用来使被测气体温度升高，所以加热的功率 P 为：

$$P = MC_p\Delta T \qquad (5\text{-}89)$$

根据式(5-89) 可以看出，当加热功率一定时，通过测量被测气体的温升或在温升一定时测量向被测气体加热所消耗的功率，都可以测出被测气体的质量流量。改写式 (5-89) 得：

$$M=\frac{P}{C_{p}\Delta T} \tag{5-90}$$

可以看出，当 C_p 为常数时，质量流量与加热功率 P 成正比，与温升（上、下游温差）成反比。因为 C_p 与被测介质成分、温度和压力有关，所以仪表只能用在中、低压范围内，被测介质的温度也应与仪表标定时介质的温度差别不大。

当被测介质与仪表标定时所用介质的定压比热容 C_p 不同时，可以通过换算对仪表刻度进行修正。根据式（5-90）可得：

$$M'=M\frac{C_{p}}{C_{p}'} \tag{5-91}$$

式（5-91）中，M 为仪表的刻度值；M' 为实际被测流体的质量流量；C_p 为仪表标定时所用介质的定压比热容；C_p' 为实际被测流体的定压比热容。

修正精度与给出的实际气体的定压比热容数值的精度、仪表标定时所用介质定压比热容数值的精度有关。

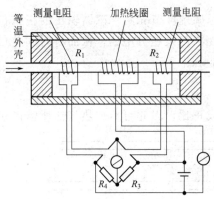

图 5-59　外热式质量流量计原理图

量热式流量计除内热式之外还有外热式，其工作原理如图 5-59 所示。测量管是用镍或不锈钢制成的薄壁管，总之要用导热性能良好的金属材料，否则会增加仪表的时间常数。测量管装在铝制的等温体内，测量管外绕上既用于加热又用于测温的铂丝。铂丝要与测量管很好地粘接在一起，以增强它们之间的热交换。两段铂丝 R_1、R_2 与电阻 R_3、R_4 配成电桥。管内没有流体流动时电桥是平衡的，桥路没有信号输出，这时铂丝在一定功率下加热流体，使之温度升高但桥路仍处于平衡状态。当被测流体开始流动时，就不断有新的未被加热的流体流入加热区，通过加热铂丝获得热量，温度升高，铂丝因散失热量而温度降低，阻值发生变化。因为 R_1 和 R_2 散失热量不同，所以温度也不同，阻值也不同，电桥失去平衡而有信号输出。如加热功率恒定，桥路输出的不平衡电压就与被测流体的质量流量成正比，所以通过测量电桥输出的不平衡电压就可测出被测流体的流量。

5.10　多相流体测量技术

多相流体测量是指对含有两种或三种不同相物质的流体（如气液混合、液固混合、气液固混合的流体）进行流量测量。在工业生产过程中比较多见的是气液、气固、液固、液液两相流，气液固三相流和油气水三相流等，在某些工业过程如石油工业中，还有油气水沙同时流动的四相流，例如从气井中采集的天然气流体以气体为主，同时还包含一定数量的石油、地下水液体及泥沙固体颗粒。多相流现象广泛存在于能源、动力、石油、化工、冶金、医药等工业过程中，在工业生产与科学研究中有着十分重要的作用。多相流的不稳定、不规则、情况复杂等特点，导致其在线连续自动测量存在较大的困难，一直是流体测量领域的一个难点，也是流量测量的研究热点。

多相流测量不仅要测定各相物质混合物的流量，还需要测定其中一相在混合物中的含量比例和流动形态，例如测量气液两相流的多相流测量就要测量混合物的流量，还要判定气体是以气泡形式夹杂在液体中流动，还是与液体完全分离独立流动，最后还需判定一单位体积的混合流体中，气液的含量比是多少，才能确定多相流中气体和液体的流量。所以为解决多参数多状态测量的需要，多相流测量采用了多项技术的融合。

5.10.1　多相流测量技术的种类和特点

目前多相流的测量方式主要有以下三类：基于预分离的多相流检测技术；基于预混合的多相流测量技术；无需预处理的多相流测量系统。

（1）基于预分离的多相流检测技术

这种测量技术是采用专用的分离系统，对混合流体包含的不同相类型的流体进行分离，并通过各自的测量系统分别测量后确定多相流的流量。

如图 5-60 所示为一种对气液两相流的分离式多相流测量系统的结构组成，上游的多相流首先进入分离器，在旋转离心力和重力作用下，被分离成气、液两部分。液体沿分离器壁沉积在底部，进入液体测量管道；分离器上方的气体进入气体测量管路。两个管路中的单相流量测量仪表测出各自的流量，下方的液体测量管道还安装有水分分析仪表，可测定油类液体中的水分含量，进一步确定液相流体中的水分含量，从而精确测定流体中油品流量。

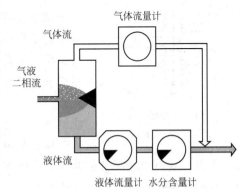

图 5-60　分离式多相流测量原理

这种模式比较适用于密度相差大的两相流测量，单一相测量技术较成熟，精度较高，对流动形态测量和控制要求不高。但对测量系统的分离器环节要求较高，且系统设备数量多，维护烦琐，流体传送中压力损失大。图 5-61 所示为石油生产中使用的卧式油气分离设备。可见如果对于大流量的多相流测量系统，分离装置的制造、运行与维护成本很高。

图 5-61　石油生产中使用的卧式油气分离设备

（2）基于预混合的多相流测量技术

对多相流测量的预处理还有另一种模式，就是通过混合设备，保证流体采用均质流方式流动，即各相流体充分混合，并以充满管道的形态流动。这样只需要用一台单相流量计对混合流体的流量进行测量后，结合其他测量参数的组合测量和运算获得多相流流量。这种模式需要在测量系统前利用特殊的混合装置对多相流进行混合。

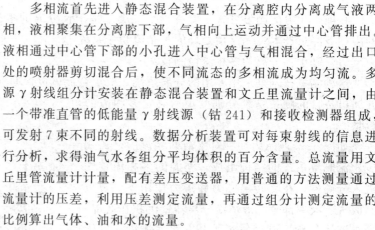

如图5-62所示为一种采用预混合处理的多相流检测仪表工作原理。

多相流首先进入静态混合装置，在分离腔内分离成气液两相，液相聚集在分离腔下部，气相向上运动并通过中心管排出。液相通过中心管下部的小孔进入中心管与气相混合，经过出口处的喷射器剪切混合后，使不同流态的多相流成为均匀流。多源γ射线组分计安装在静态混合装置和文丘里流量计之间，由一个带准直管的低能量γ射线源（钴241）和接收检测器组成，可发射7束不同的射线。数据分析装置可对每束射线的信息进行分析，求得油气水各组分平均体积的百分含量。总流量用文丘里管流量计计量，配有差压变送器，用普通的方法测量通过流量计的压差，利用压差测定流量，再通过组分计测定流量的比例算出气体、油和水的流量。

图 5-62　采用混合预处理的多相流流量测量

这种测量模式的优势在于多相流的流动形式对测量影响很小，测量时重点放在测量各项的含量比例和流动速度上，易于保证测量环节的精度。但混合装置对流体传输造成的压损较大。

（3）无需预处理的多相流测量系统

这种模式在测量中采用的测量装置不会过多干扰流体的流动状态，而是利用各种技术在管道外围对流动状态、流速和各流动相的相含率进行测量，再通过数据的综合处理获得测量结果。这种方式是目前多相流测量研究的热点，也是未来多相流测量的发展方向。从测量角度而言，这类系统必须要解决三个关键参数的测量：流速（流量）的测量；相含率的测量；流动状态的判断。目前许多新技术的使用为解决多参数的测量提供了新的方法。

如图5-63所示为一种无预处理的多相流测量系统。

流量计由两个测量环节配套组成，γ射线密度计用于测量管道中流过的流体的密度，并结合微波传感器B测出的流体介电特性，进行流体各相相含率的测定。微波传感器A和微波传感器B则组成多相流的流速测量环节，两组微波传感器分别处于管道的不同横截面，两个截面之间的轴线间距已知，对每组微波传感器测量信号的分析和相关性计算，可以计算出流体从第一个测量截面到第二个测量截面的平均时间，根据时间和间距就可测量流速。根据管道截面面积，就可测量多相总的流量。利用各相含率和总流量便可得到三相混合物中各相的体积流量。如果要测量质量流量，分别乘以各自的密度即可。系统中的压力和温度测量系统为多相流各相流量计算提供了辅助参数（特

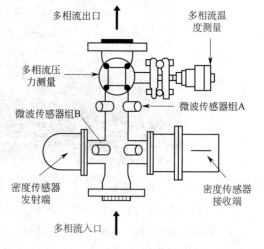

图 5-63　直接测量的多相流流量测量系统

别是气体流量）。

5.10.2　多相流测量的过程层析成像技术

近年来发展起来的过程层析成像技术是一种非常有潜力的两相流/多相流检测手段，既可以利用该技术可视化以及非侵入特点进行在线监测、观察流型、计算相含率，也可以从它的直接测量信号中提取流型、相含率等相关信号。过程层析成像技术（Process Tomography，简记 PT）是医学诊断中的 CT 技术与工业需求相结合的产物。

PT 技术经过多年的发展，已有多种不同原理的 PT 系统问世。该技术依据传感机理的不同可主要分为核 PT（X 射线、γ 射线和中子射线等）、核磁共振、光学、电学（电容、电阻、电磁和电荷感应等）、微波和超声等。应该指出的是，即使是同样的传感器，由于成像对象不同，需采用不同的信息处理方法，但它们的基本结构是类似的，如图 5-64 所示。

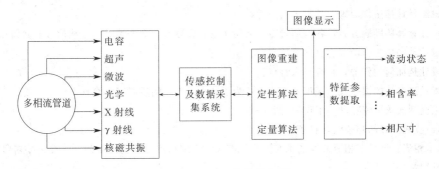

图 5-64　PT 系统结构框图

PT 系统主要分为传感器阵列、传感器控制及数据采集系统、图像重建及处理计算机三部分。传感器一般由多个包围检测区域的敏感阵列组成。这些阵列可在传感器控制及数据采集系统的控制下依次在一定空间内建立其敏感场，并可依次从不同位置上对敏感场进行扫描检测。检测到的信息反映了不同敏感区域内被检测物场的物理化学等特性。传感器控制采集系统可完成对传感器的控制及敏感阵列输出信号的转换，并送往计算机。计算机得到反映物场参数分布的投影值，依据敏感阵列与被测物场相互作用的原理，使用定性或定量的图像重建算法重建出反映参数分布的图像。在重建图像的基础上，采用一定的信息处理方法，从中进一步提取出所需要的参数（流型、相含率等）。图 5-65 所示为 PT 系统组成。

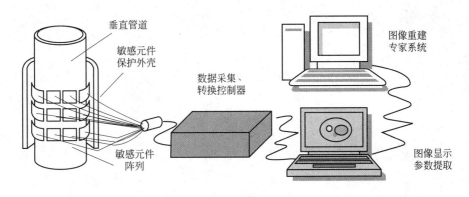

图 5-65　PT 系统组成

化工测量及仪表（第四版）

多相流是一个瞬态的、非线性的、多参数的复杂过程，测量技术涉及专业面广泛，是一个多学科交叉的典型科学问题。目前多相流测量的技术还在不断发展中，除了应用各种新技术的设备不断被研发出来外，利用计算机的图像处理技术、大数据技术、人工智能技术都为解决多相流测量的问题开拓了新的思路。

 思考题和习题

1. 国标规定的标准节流装置有哪几种？
2. 雷诺数有何意义？当实际流量小于仪表规定的最小流量时，会产生什么情况？
3. 试述节流式差压流量计的测量原理。
4. 试述电磁流量计的工作原理，并指出其应用特点？
5. 电磁流量计有哪些励磁方式，各有何特点？采用正弦波励磁时，会产生什么干扰信号？如何克服？
6. 涡轮流量计是如何工作的，它有什么特点？
7. 涡街流量计是如何工作的，它有什么特点？
8. 试述容积式流量计的误差及造成误差的原因。为了减小误差，测量时应注意什么？
9. 简述科里奥利式质量流量计的工作原理和特点。
10. 何为超声波流量计的频差法，有何特点？
11. 什么是多相流？测量多相流流量技术有哪几种模式？在多相流无分离测量时，主要需要对哪几方面的参数进行测定？

第6章　温度测量

6.1　概述

温度是表征物体冷热程度的物理量，是工业生产和科学实验中最普遍、最重要的热工参数之一。物质的许多物理、化学性质都与温度有关，温度的变化直接影响到产品的质量、产量、能耗和安全。因此，温度的准确测量是保证生产正常进行，确保产品质量和安全生产的关键。

6.1.1　温标

为了客观地保证温度量值的统一和准确，必须建立一个用来衡量温度的标准尺度，简称为温标。它规定了温度的读数起点（零点）和测量温度的基本单位。各种温度计的刻度数值均由温标确定。温标法发展是从早期的经验温标，到后来的热力学温标，直至现今使用的国际温标。

6.1.1.1　经验温标

由特定的测温质和测温量所确定的温标称为经验温标。在历史上影响比较大的经验温标有华氏温标和摄氏温标。

1714 年，德国人华氏（Fahenhat）利用水银的体积随温度而变化为原理，制成了玻璃水银温度计。他规定了氯化氨和冰的混合物的温度为零度，水的沸点为 212 度，冰的熔点为 32 度，然后将沸点和冰点之间等分为 180 份，每份为 1 华氏度（1℉）。这就是华氏温标。

1742 年，瑞典人摄氏（Celsius）规定水的冰点为零度，水的沸点为 100 度，两者之间等分为 100 份，每份为 1 摄氏度（1℃），符号用 t 表示，构成了摄氏温标。它是中国目前工业测量上通用的温度标尺。

摄氏温度与华氏温度的关系为：

$$n(℃) = (1.8n + 32)(℉) \tag{6-1}$$

式中，n 为摄氏温标的度数。当 $n=0℃$ 时，华氏温度为 32℉；当 $n=100℃$ 时，华氏温度为 212℉。

经验温标是借助于一些物质的物理量与温度之间的关系，用经验公式来确定温度值的标尺，有一定的局限性和任意性，适用于一些不需要精确温度表示的情形。

6.1.1.2　热力学温标

1848 年，物理学家开尔文（Keivin）首先提出将温度数值与理想热机的效率相联系，即根据热力学第二定律来定义温度的数值，建立一个与测温物质无关的温标——热力学温标，其所确定的温度数值称为热力学温度，也称为绝对温度，用符号 T 表示，单位为开尔文（K）。热力学温标将理想气体压力为零时的温度定为绝对零度，同时定义水的三相点（固、液、气三相并存）的温度标志数值为 273.16，然后取 1/273.16 为 1 个开尔文（K）。热力学温度的起点为绝对零度，所以它不可能为负值，且冰点是 273.15K，沸点是 373.15K。

热力学温标是理论性的理想温标，无法根据它直接表征物体的温度。为了满足实际应用的需要，人们建立了国际温标 2018 年，在法国巴黎举行的第 26 届国际计量大会，通过了修订国际单位制 SI 的决议，批准使用玻尔兹曼常数重新定义温度单位开尔文。这一决议将从 2019 年 5 月 20 日世界计量日开始正式实施。新的开尔文定义为：开尔文 K 是热力学温度的基本单位，它的定义通过固定玻尔兹曼常数 k 的数值实现，$k=1.380649\times10^{-23}$J/K。新定义的含义是：1K 等于热能 kT 变化 1.380649×10^{-23} J 时对应的热力学温度变化 T。

6.1.1.3 国际温标

国际温标是建立在热力学第二定律基础上的一种科学的温标。1927 年，第七届国际计量大会决定采用热力学温标作为国际温标，称为 1927 年国际温标（ITS-27），后来经过不断修改，发展成现在使用的 ITS-90 国际温标。国际温标以下列 3 个条件为基础：

① 单位和刻度与热力学温标一致；

② 指定了 17 个国际上可复现的利用一系列纯物质在特定状态下建立的特征温度点；

③ 指定了复现特征温度点的方法和仪器。

由于科学的进步，国际温标也在不断地修改，向着更科学、更先进、更准确的方向迈进。我国从 1994 年 1 月 1 日起已全面实行了新温标。

6.1.2 温度的测量方法

温度不能直接进行测量，只能借助于冷热不同的物体之间的热交换，以及物体的某些物理性质随冷热程度不同而变化的特性，来进行间接的测量。根据测温的方式可以分为接触式测温与非接触式测温两大类。

6.1.2.1 接触式测温

任意两个温度不同的物体相接触时，必然要发生热交换现象，热量由受热程度高的物体传到受热程度低的物体，直到两物体温度相等为止。接触法测温就是利用这个原理。温敏元件由于和被测物体接触而发生温度变化，引起某一响应物理量（例如金属薄片的位移、热电偶的热电势、导体的电阻等）改变。通过监测响应物理量即可得到被测物体的温度数值。

为了实现精确测量，必须使接触式温度计的感温部件与被测物体有良好的接触。一般来说，接触式测温仪器的结构简单直观、测量可靠、应用广泛，但也存在如下缺陷：温敏元件需要一定的时间才能与被测介质进行充分的热交换并达到热平衡，所以无法避免测量滞后；物质接触时可能因为发生反应或腐蚀损伤温敏元件的寿命和可靠性；对较小的被测对象，可能因传热而破坏原被测物体的温度场，导致所测温度不实；由于感温材料耐温性能的限制，无法用于高温的测量。

常用的接触式温度计有玻璃温度计、压力温度计、双金属温度计、热电偶温度计以及热电阻温度计等。

6.1.2.2 非接触式测温

非接触式测温目前在工业上还是以辐射式测温为主，即通过被测物体对温敏元件的热辐射作用实现测温。非接触式测温不会破坏被测对象的温度场，且测温响应快、范围广，适用于高温、运动对象以及强电磁、腐蚀的场合。其缺点是结构复杂、价格昂贵，而且易受到被测对象的热发射率、对象到仪表之间的距离、环境烟尘和水蒸气等其他介质的影响而产生较大的测量误差，主要用于高温测量和运动物体温度测量以及超远物体温度（如太空天体温度）遥测。

6.1.3 温度测量仪表的分类

温度测量范围甚广，测温仪表的种类也很多。测温仪表按工作原理分，有膨胀式、热电阻式、热电偶式以及辐射式等；按测量方式分，有接触式和非接触式两类。各种常用的测温原理、基本特性见表6-1。

表 6-1 常用测温仪表的分类及性能

测量方式	仪表名称	测温原理	精度范围	特 点	测量范围/℃
接触式测温仪表	双金属温度计	固体热膨胀变形量随温度变化而变化	1~2.5	结构简单，指示清楚，读数方便；精度较低，不能远传	−100~600,一般−80~600
	热电阻温度计	金属或半导体电阻值随温度变化而变化	0.5~3.0	精度高，便于远传；需外加电源	−258~1200,一般−100~600
	热电偶温度计	热电效应	0.5~1.0	测温范围大，精度高，便于远传；低温测量精度较差	−269~2800,一般200~1800
非接触式测温仪表	光学高温计	物体单色辐射强度及亮度随温度变化而变化	1.0~1.5	结构简单，携带方便，不破坏对象温度场；易产生目测主观误差，外界反射辐射会引起测量误差	200~3200,一般600~2400
	辐射高温计	物体全辐射能随温度变化而变化	1.5	结构简单，稳定性好，光路上环境介质吸收辐射，易产生测量误差	100~3200,一般700~2000

6.2 热膨胀式温度计

基于物体受热体积膨胀的性质而制成的温度计叫作膨胀式温度计。按照敏感物质的相态又分为液体膨胀（如玻璃管液体温度计、液体压力温度计等）、气体膨胀（气体、蒸汽压力温度计等）和固体膨胀（双金属温度计等）三大类。其中液体膨胀和气体膨胀式温度计在工业测量中因精度低或不方便转为标准电信号而在工业测量中已应用不多。双金属温度计是利用两种膨胀系数较大的金属元件来测量温度的温度计。其结构简单、牢固，可用于气体、液体及蒸汽的温度测量，是工程中应用非常广泛的温度测量仪表。

6.2.1 测温原理

双金属温度计的温敏元件是由两种膨胀系数差异较大的金属薄片叠焊在一起而制成的。如图6-1(a)所示，双金属片的一端固定，如果温度升高，双金属片受热后由于两种金属片的膨胀系数不同而产生弯曲变形，弯曲的程度与温度高低成正比。其关系可用下式表示：

$$x = G \frac{l^2}{d} \Delta t \qquad (6-2)$$

式中　x——双金属片自由端的位移；

　　　l——双金属片的长度；

d——双金属片的厚度；

Δt——双金属片的温度变化量；

G——弯曲率（长度为100mm、厚度为1mm的线状双金属片一端固定，温度变化1℃时另一端的位移），取决于双金属片的材料和结构。

为了提高灵敏度，工业上使用的双金属温度计是将双金属片制成螺旋形，如图6-1（b）所示，一端固定在测量管的下部，另一端为自由端，与插入螺旋形双金属片的中心轴焊接在一起。当被测温度发生变化时，双金属片自由端发生位移，使中心轴转动，经传动放大机构，由指针指示出被测温度值。

6.2.2 双金属温度计的结构

双金属温度计的实际结构如图6-2所示。它的常用结构有三种：一种是轴向结构，双金属温度计的保护管垂直于刻度盘平面；还有一种是径向结构，双金属温度计的保护管与刻度盘平面平行；另外还有保护管方向可以调整的万向型（图6-3）。双金属温度计还可以做成带有上、下限接点的电接点双金属温度计。当温度达到给限定值时，电接点闭合，发出电信号，实现温度的控制或报警功能。

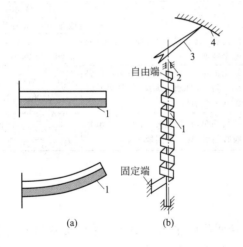

图6-1 双金属温度计测温原理
1—双金属片；2—指针轴；
3—指针；4—刻度盘

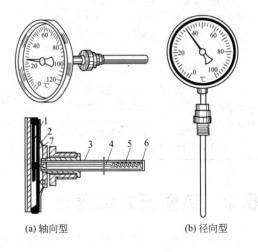

(a) 轴向型　　　　(b) 径向型

图6-2 双金属温度计测温原理
1—指针；2—表壳；3—金属保护管；4—指针轴；
5—双金属感温元件；6—固定端；7—刻度盘

图6-3 WSS-411型
双金属温度计（万向）

双金属温度计结构简单、成本低廉、坚固耐用，但是量程不易做小、精度不高。因此它最适用于振动和冲击下的温度测量。

工业用双金属温度计主要的元件是一个用两种或多种金属片叠压在一起组成的多层金属片。为提高测温灵敏度，通常将金属片制成螺旋卷形状。当多层金属片的温度改变时，各层金属膨胀或收缩量不等，使得螺旋卷卷起或松开。由于螺旋卷的一端固定而另一端和一可以自由转动的指针相连，因此，当双金属片感受到温度变化时，指针即可在一圆形分度标尺上指示出温度来。这种仪表的测温范围通常是0～600℃，允许误差均为标尺刻度的1%左右。保护管的材料常用承压、防腐能力强的1Gr18Ni9Ti不锈钢和钼二钛。表盘的结构形式有轴向型、径向型、135°型、万向型等品种，适用于各种现场安装的需要。工业用双金属温度计从设计原理及结构上具有防水、防腐蚀、隔爆、耐振动、直观、易读数、无汞害、坚固耐用等特点，广泛应用于石油、化工、机械、发电、纺织、印染等工业和科研部门。

6.3　热电偶温度计

热电偶温度计是基于热电效应将温度变化转换为热电势变化进行测温的仪表。它的测量范围广（可测量$-200 \sim 1600℃$范围内的温度，在特殊情况下，可测至$2800℃$的高温或$4K$的低温），结构简单，使用方便，测温准确可靠，便于信号的远传、自动记录和集中控制，因而在工业生产和科研领域中应用极为普遍。

6.3.1　测量原理

热电偶的测温原理是热电效应。如图 6-4 所示，两种不同的导体或半导体连接成闭合回路，当两个接触端的温度不同（$t > t_0$）时，会在该回路内产生热电动势（简称热电势），这种物理现象即称为塞贝克热电效应。其中，导体 A、B 称为热电极，一端采用焊接或铰接的方式连接在一起，用以感受被测温度，称为热电偶的热端或工作端，如图 6-5 所示；另一端通过导线与显示仪表相连，称为热电偶的参比端或自由端。

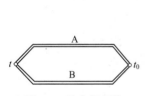

图 6-4　热电偶回路

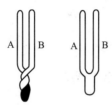

图 6-5　热电偶示意图

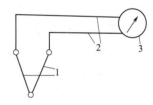

图 6-6　热电偶温度计测温系统示意图
1—热电偶；2—导线；3—显示仪表

热电偶温度计由热电偶、连接导线及显示仪表 3 个部分组成，构成闭合回路。图 6-6 是最简单的热电偶温度计测温系统示意图。

热电偶所产生的总的热电势是由温差电势和接触电势两部分所组成的。

6.3.1.1　温差电势

温差电势也称为汤姆逊（W. Thomasn）电势，它是在同一导体材料的两端因温度不同而产生的一种热电势。如图 6-7（a）所示，当导体两端的温度不同时，由于温度梯度的存在，改变了电子的能量分布。高温（t）端的电子能量比低温（t_0）端的电子能量大，因而从高温端流向低温端的电子比从低温端流向高温端的电子数量要多。因此，高温端因失去电子而带正电，而低温端由于得到电子而带负电，从而在导体内部高、低温两端会形成一个由高温端指向低温端

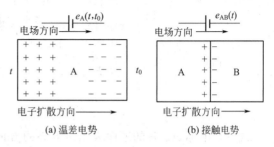

图 6-7　温差电势和接触电势

的静电场。该电场将阻止电子继续从高温端流向低温端，同时使电子从低温端向高温端移动，最后达到动态平衡。这样，高、低温两端之间便形成一个电位差，此电位差称为温差

电势，记为 $e_A(t, t_0)$，可用下式表示：

$$e_A(t, t_0) = \int_{t_0}^{t} \sigma_A \mathrm{d}t \qquad (6\text{-}3)$$

式中，σ_A 为导体的汤姆逊系数，它表示温差为 1℃（或 1K）时所产生的电动势数值，其大小与材料性质有关。

由式(6-3) 可知，温差电势只与导体材料的性质和导体两端的温度有关，而与导体长度、截面大小及沿导体长度上的温度分布无关。

6.3.1.2 接触电势

接触电势也称珀尔帖（J. C. Peltiler）电势。它是指两种自由电子密度不同的导体接触时产生的一种热电势。如图 6-7(b) 所示，两种自由电子密度不同的导体 A 和 B 接触时，接触处发生自由电子的扩散现象。设导体 A 和 B 的电子密度分别为 N_A 和 N_B，并且 $N_A > N_B$，则在单位时间内，由导体 A 扩散到导体 B 的电子数比从 B 扩散到 A 的电子数要多。导体 A 失去电子而带正电，导体 B 获得电子而带负电，使 A、B 两导体的接触面上便形成一个由 A 到 B 的静电场，将阻碍扩散作用的继续进行，同时促进反方向的扩散，最后达到动态平衡。此时 A、B 之间也形成一个电位差，这个电位差称为接触电势，记为 $e_{AB}(t)$，可用下式表示：

$$e_{AB}(t) = \frac{kt}{e} \ln \frac{N_A}{N_B} \qquad (6\text{-}4)$$

式中　　k——玻尔兹曼常数；

　　　　e——单位电荷；

N_A，N_B——在温度为 t 时，导体 A 和 B 的电子密度；

　　　　t——接触点的温度。

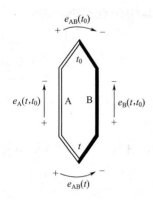

图 6-8　热电偶回路
的总电势

接触电势只与两种导体的性质和接触点的温度有关，而当两种导体的材料一定时，接触电势仅与接触点温度 t 有关。温度越高，导体中的电子就越活跃，由 A 导体扩散到 B 导体的总电子就越多，接触面处所产生的电场强度就越高，接触电势也就越大。

综上所述，由 A、B 两种不同导体组成热电偶回路中，如果两个接触点的温度和两个导体的电子密度不同，设 $t > t_0$，$N_A > N_B$，则整个回路中会存在两个温差电势 $e_A(t, t_0)$ 和 $e_B(t, t_0)$、两个接触电势 $e_{AB}(t)$ 和 $e_{AB}(t_0)$。各电势的方向示于图 6-8 中，回路中的总电势 $E_{AB}(t, t_0)$ 可表示为：

$$E_{AB}(t, t_0) = e_{AB}(t) + e_B(t, t_0) - e_{AB}(t_0) - e_A(t, t_0)$$

$$= \frac{kt}{e} \ln \frac{N_{At}}{N_{Bt}} + \int_{t_0}^{t} \sigma_B \mathrm{d}t - \frac{kt}{e} \ln \frac{N_{At_0}}{N_{Bt_0}} - \int_{t_0}^{t} \sigma_A \mathrm{d}t \qquad (6\text{-}5)$$

式中，下标 A、B 的顺序表示热电势的方向。实践证明，温差电势往往远小于接触电势，可以忽略。因此回路总电势 $E_{AB}(t, t_0)$ 的方向取决于 $e_{AB}(t)$ 的方向。上式中下标 A 表示为正极（电子密度大的）导体，B 表示为负极（电子密度小的）导体，t 表示热端（测量端）温度，t_0 表示冷端（参考端）温度。

如果下标 A、B 次序改变，则热电势前面的符号也应随之改变，即 $e_{AB}(t) = -e_{BA}(t)$。

因此

$$E_{AB}(t,t_0)=-E_{BA}(t,t_0)=-E_{AB}(t_0,t) \tag{6-6}$$

　　由热电偶回路中的总电势可知，当 A、B 两种导体材料确定之后，热电势仅与两接触点的温度 t 和 t_0 有关，如果 t_0 端温度保持不变，即 $e_{AB}(t_0)$ 为常数，则热电偶回路中的总电势 $E_{AB}(t,t_0)$ 就成为热端温度 t 的单值函数。只要测出 $E_{AB}(t,t_0)$ 的大小，就能得到被测温度 t，这就是利用热电效应来测温的原理。

　　从上述可知，若组成热电偶回路的 A、B 导体材料相同（即 $N_A=N_B$），则无论两接触点温度如何，热电偶回路中的总电势都为零；若热电偶两端温度相同（即 $t=t_0$），则尽管 A、B 两导体材料不同，热电偶回路内的总电势也为零；热电偶回路中的热电势除了与两接点处的温度有关外，还与热电极的材料有关。人们将不同热电极材料制成的热电偶在相同温度下产生的热电势求出以备查阅，称为分度表，参见书后附录一。

6.3.1.3　热电偶的基本定律

（1）中间导体定律

　　为了测量热电偶产生的热电势，必须要用导线与显示仪表构成闭合回路。引入第三种导体后会不会影响热电偶的热电势呢？中间导体定律说明，只要接入的导体两端温度相同，就对回路的总热电势无影响。如图 6-9 所示，热电偶回路中加入了第三种导体，而第三种导体的引入又构成了新的接点，比如图 6-9(a) 中的点 3 和点 4，图 6-9(b) 中的点 2 和点 3。

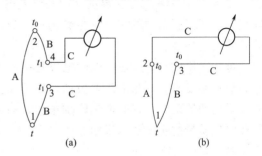

图 6-9　有中间导体的热电偶回路

　　在图 6-9(a) 所示情况下（暂不考虑显示仪表），热电偶回路中，若 3、4 接点温度相同，则回路中总的热电势为所有热电势的代数和，即

$$E_{ABC}(t,t_1,t_0)=e_{AB}(t)+e_B(t,t_1)+e_{BC}(t_1)+e_C(t_1,t_1)$$
$$+e_{CB}(t1)+e_B(t_1,t_0)+e_{BA}(t_0)+E_A(t_0,t) \tag{6-7}$$

根据温差电势和接触电势的定义可得：

$$e_C(t_1,t_1)=0$$
$$e_{BC}(t_1)=-e_{CB}(t_1)$$
$$e_{BA}(t_0)=-e_{AB}(t_0)$$
$$e_A(t_0,t)=-e_A(t,t_0)$$
$$e_B(t,t_1)+e_B(t_1,t_0)=e_B(t,t_0)$$

因此，式(6-7) 可整理为：

$$E_{ABC}(t,t_1,t_0)=e_{AB}(t)+e_B(t,t_0)-e_{AB}(t_0)-E_A(t,t_0)$$
$$=E_{AB}(t,t_0) \tag{6-8}$$

可见式(6-8) 与式(6-6) 相同。

　　同理可证图 6-9(b) 所示情况，当回路中的 2、3 接点的温度相同（均为 t_0），回路中总的热电势仍为 $E_{AB}(t,t_0)$。由此可得结论：由导体 A、B 组成的热电偶回路，当引入第三种导体 C 时，只要保持第三种导体 C 两端的温度相同，引入导体 C 后对回路总热电

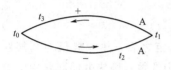

图 6-10　均质导体回路

势无影响。这就是中间导体定律。根据这一定律，如果需要在回路中引入多种导体，只要保证引入的导体两端的温度相同，就不会影响热电偶回路中的热电势。中间导体定律是热电偶回路方便地连接各种导线及显示仪表的理论基础。

（2）均质导体定律

如图 6-10 所示，由一种均质导体组成的闭合回路，不论导体的截面、长度以及各处的温度分布如何，均不产生热电势。

由热电偶的工作原理可知，如果热电偶为均质导体 A，在 t_0、t_1 两接点的接触电势分别为：

$$e_{AA}(t_0)=\frac{kt_0}{e}\ln\frac{N_A}{N_A}=0$$

$$e_{AA}(t_1)=\frac{kt_1}{e}\ln\frac{N_A}{N_A}=0$$

尽管导体 A 两端存在温度梯度和温差电势，但回路上下两半部温差电势大小相等、方向相反，因此回路中总的温差电势为零。反之，如果此回路的热电势不为零，则说明此导体是非均质导体。

该定律说明，如果热电偶的电极是由两种均质导体组成的，那么，热电偶的热电势仅与两接点温度有关，与沿热电极的温度分布无关。如果热电极为非均质导体，当处于具有温度梯度的情况时，将会产生附加电势，引起测量误差。所以，热电极材料的均匀性是衡量热电偶质量的主要技术指标之一。

（3）中间温度定律

如图 6-11 所示，在热电偶测温回路中使用连接导体使热电极延长，设连接点的温度为 t_0，连接导体 A′ 或 B′ 的热电特性相同，则总的热电势等于热电偶与连接导体的热电势的代数和。这就是中间温度定律，即

$$E_{ABB'A'}(t,t_n,t_0)=E_{AB}(t,t_n)+E_{A'B'}(t_n,t_0) \tag{6-9}$$

中间温度定律为补偿导线的使用提供了理论依据：只要连接导体热电特性与电极一致，且连接点两端没有温差，就可以任意延伸加长热电极，以适用于不同的使用需求。中间温度

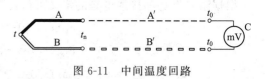

图 6-11　中间温度回路

定律还可以用于对参考端温度不为零的热电势进行修正。

（4）标准电极定律

如果导体 A、B 分别与第三种导体 C 组成热电偶，它们的测量端温度均为 t，参考端温度均为 t_0，设产生的热电势分别为 $E_{AC}(t,t_0)$ 和 $E_{BC}(t,t_0)$，则由导体 A、B 组成的热电偶在同样情况下产生的热电势为：

$$E_{AB}(t,t_0)=E_{AC}(t,t_0)-E_{BC}(t,t_0)=E_{AC}(t,t_0)+E_{CB}(t,t_0) \tag{6-10}$$

这就是标准电极定律，它是热电偶选配的理论基础。只要知道某些材料与标准电极 C 组成热电偶的热电势，就可以求出任何两种材料组成热电偶的热电势。一般地，因为铂容易提纯，物理化学性质稳定，而被用作电极导体 C 的材料。

6.3.2 热电偶材料与结构

6.3.2.1 热电偶材料及特性

虽然理论上任意两种导体都可以组成热电偶,但实际上为了保证一定的测量精度,对组成热电极的材料有着严格的选择条件。工业用热电极材料一般应满足以下要求:物理和化学性质稳定;强度高、材料组织复现性好(用同种成分材料制成的热电偶其热电特性均相同的性质称复现性);电导率高;热电势对温度敏感度高,两者之间尽可能为线性关系;工艺简单,便于成批生产等。

(1)标准化热电偶

同时具备上述要求的热电极材料很少。国际电工委员会(IEC)向世界各国推荐了8种标准化热电偶,其主要性能见表6-2。每种热电偶的材料前者为正极,后者为负极,即前者的电子密度大于后者。

表 6-2　标准化热电偶的主要性能

分度号	热电偶名称	允许偏差/℃		
		Ⅰ级	Ⅱ级	Ⅲ级
S R	铂铑$_{10}$-铂 铂铑$_{13}$-铂	0～1100,±1 1100～1600, ±[1+(t−1100)×0.3%]	0～600,±1.5 600～1100,±0.25%	—
B	铂铑$_{30}$-铂铑$_6$	—	—	600～800,±4 800～1700,±0.5%t
K	镍铬-镍硅	−40～375,±1.5 375～1000,±0.4%t	−40～333,±2.5 333～1200,±0.75%t	−167～40,±2.5 −200～−167,±1.5%t
E	镍铬-康铜	−40～375,±1.5 375～800,±0.4%t	−40～333,±2.5 333～900,±0.75%t	−200～40,±2.5 或±1.5%t
J	铁-康铜	−40～375,±1.5 375±750,±0.4%t	−40～333,±2.5 333～750,±0.75%t	
T	铜-康铜	−40～125,±1.5 125～350,±0.4%t	−40～133,±1 133～350,±0.75%t	−167～40,±2.5 −200～−167,±1.5%t
N	镍铬硅-镍硅	−40～375,±1.5 375～1000,±0.4%t	−40～333,±2.5 333～1200,±0.75%t	−167～40,±2.5 −200～−167,±1.5%t

(2)非标准化热电偶

除上述国际标准化热电偶之外,在某些特殊测温条件下,如超高温、低温等测量中,也应用一些特殊热电偶,因目前还没有达到国际标准化程度,一般也没有统一的分度表。

① 钨铼系列热电偶　钨铼系列热电偶是目前一种较好的超高温热电偶材料。其热电极是配比不同的钨铼合金,使热电极的熔点可以高达3300℃,但极易氧化。在非氧化性气氛中化学稳定性好,热电势大,灵敏度高,价格便宜。钨铼热电偶目前主要用于测量1600℃以上的高温。钨铼系列热电偶的测温上限可达2800℃,但在高于2300℃时数据分散,因此使用温度最好在2000℃以下。测量误差为±1%t(℃)(t 为被测温度)。

② 镍铬-金铁热电偶　随着低温科学和低温技术的研究与应用,使低温、超低温测量问题成为越来越迫切需要解决的重要问题。上面介绍的几种标准热电偶材料,均已被分度到

一定低温。它们在常温附近具有很高的灵敏度，而在低温段灵敏度却迅速下降，从而无法在液氢、液氦等介质中使用。镍铬-金铁热电偶能在液氦温度范围内，保持大于 $10\mu V/℃$ 的灵敏度，主要适用于 $0\sim273K$ 的低温范围，测量误差可以达到 $\pm0.5℃$，是一种较理想的低温测量热电偶。

③ 非金属热电偶　传统的热电偶是由单一金属或合金导体材料制成的，但在某些特殊场合下，金属材料有一定的局限性。例如：金属中钨的熔点最高，也只有 3422℃，而且 3000℃ 以上的绝缘材料也不易解决；金属热电偶在 1500℃ 以上均与碳起化学反应，尽管铂组金属其性能较好，但价格昂贵，在使用上受到一定的限制，因而难以解决高温含碳气氛下的测温问题。

为了克服上述金属热电偶的缺点，长期以来人们开始重视非金属材料的研究。它具有以下特点：热电势远大于金属热电偶材料；熔点高且在熔点以下都很稳定，有可能在某些范围内代替贵金属热电偶材料；在含碳气氛中也很稳定，故可在极恶劣的条件下工作；主要缺点是复现性很差，迄今为止还没有统一的分度表；另外机械强度较低，在实际使用中受到很大限制。近几年非金属热电偶材料的研究工作已有了新的进展，国外已定型并投入生产的有如下几种：石墨-碳化钛热电偶，它在含碳和中性气氛中可测至 2000℃ 的高温，允许误差为 $\pm(0.1\%\sim1.5\%)\ t(℃)$；$WSi_2$-$MoSi_2$ 热电偶，它在含碳气氛、中性和还原性气氛中，可测到 2500℃；碳化硼-石墨热电偶，它的特点是硬度大、耐磨、耐高温、抗氧化、化学性能稳定（与酸碱均不起作用）；在 $600\sim2000℃$ 范围内线性好，热电势大，为钨铼热电偶的 19 倍。

6.3.2.2　热电偶的结构

为满足不同的测量条件，热电偶按结构类型可分为普通型热电偶、铠装热电偶和薄膜型热电偶。

（1）普通型热电偶

普通型热电偶的结构如图 6-12 所示，由热电极、绝缘子、保护套管及接线盒四部分组成。

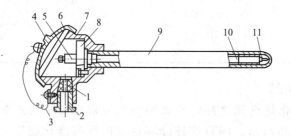

图 6-12　普通型热电偶的基本结构

1—出线孔密封圈；2—出线孔螺母；3—链条；4—面盖；5—接线柱；6—密封圈；7—接线盒；8—接线座；9—保护管；10—绝缘子；11—热电偶

热电极的直径由材料的价格、机械强度、电导率以及热电偶的测温范围等决定。贵金属的热电极大多采用直径为 $0.3\sim0.65mm$ 的细丝，普通金属的热电极直径一般为 $0.5\sim3.2mm$。其长度由安装条件及插入深度而定，一般为 $350\sim2000mm$。

热电极之间、热电极与保护套管之间用绝缘管保护，也称绝缘子。绝缘子材料的选择要考虑电气性能及对热电极的化学作用，室温下的绝缘电阻应在 5MΩ 以上。常用的几种绝缘子材料列于表 6-3 中，其中最常用的是氧化铝和高温陶瓷管，其结构有单孔、双孔和四孔之分。

表 6-3　绝缘材料

名　称	长期使用温度上限/℃	名　称	长期使用温度上限/℃	名　称	长期使用温度上限/℃
天然橡胶	60～80	玻璃和玻璃纤维	400	氧化铝	1600
聚乙烯	80	石英	1100	氧化镁	2000
聚四氟乙烯	250	陶瓷	1200		

保护套管套在热电极及绝缘子上，其作用是保护热电极不受化学腐蚀和机械损伤。其材料的要求是：耐高温、耐腐蚀、气密性良好、有足够的机械强度、热导率较高等。常用的保护套管材料分为金属、非金属和金属陶瓷 3 类，见表 6-4。金属保护管的特点是机械强度高、韧性好，因此在工业中 1000℃ 以下时使用较广；非金属保护管主要用于 1000℃ 以上的情况；金属陶瓷是由某种金属或合金同某种陶瓷或几种陶瓷组成的非均质的复合材料。它集中了金属材料的坚韧和陶瓷材料的耐高温抗腐蚀等两者的优点。为了便于安装，保护套管又分为螺纹连接和法兰连接两种。

表 6-4　热电偶保护套管材料

金属材料	耐温/℃	非金属材料	耐温/℃	金属陶瓷	耐温/℃
铜	3550	石英		AT_{230} 基金属陶瓷	
20 碳钢	600	高温陶瓷	400	ZrO_2 基金属陶瓷	1600
1Cr18Ni9Ti 不锈钢	900	高纯氧化铝	1100	MgO 基金属陶瓷	2000
镍铬合金	1200	氧化镁	1200	碳化钛系金属陶瓷	

接线盒的主要作用是将热电偶的参考端引出，供热电偶和导线连接之用，兼有密封和保护接线端子等作用。它一般用铝合金制成，有防溅式、防水式、防爆式、插座式等种类。为了防止灰尘和有害气体进入热电偶保护套管内，接线盒的出线孔和面盖均用垫片和垫圈加以密封。接线盒内用于连接热电极与补偿导线的螺栓必须紧固，以免产生较大的接触电阻而影响测量的准确性。

（2）铠装热电偶

铠装热电偶是将热电偶丝、绝缘材料及金属套管经整体复合拉伸工艺加工而成可弯曲的坚实组合体，如图 6-13 所示。铠装热电偶的套管材料一般采用不锈钢或镍基高温合金，绝缘材料采用高纯度脱水氧化镁或氧化铝粉末。铠装热电偶的机构形式和外表与普通型热电偶相仿，但热电偶与金属保护套管之间被绝缘材料填实，三者成为一体。铠装热电偶较好地解决了普通热电偶体积及热惯性较大、对被测对象温度场影响较大、不易在热容量较小的对象中使用、在结构复杂弯曲的对象上不便安装等问题。所谓铠装热电偶是将热电偶丝与绝缘材料及金属套管经整体复合拉伸工艺加工而成可弯曲的坚实组合体。

铠装热电偶的测量端有接壳、绝缘、露端等形式，如图 6-14 所示，其中以露端及接壳型的动态特性较好。接壳型是热电极与金属套管焊接在一起，其反应时间介于绝缘型和露端型之间；绝缘型的测量端封闭在完全焊合的套管里，热电偶与金属套管之间是互相绝缘的，是最常用的一种形式；露端型的热电偶测量端暴露在套管外面，仅在干燥的非腐蚀性介质之中才能使用。

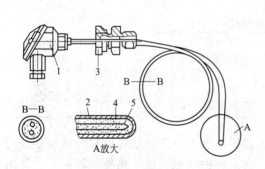

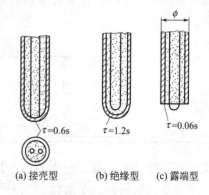

图 6-13 铠装热电偶

1—接线盒；2—金属套管；3—固定
装置；4—绝缘材料；5—热电极

(a) 接壳型 (b) 绝缘型 (c) 露端型

图 6-14 铠装热电偶测量端形式

铠装热电偶的最突出优点是动态响应快。热电偶的动态特性一般用时间常数 τ 衡量，τ 指被测介质从某一温度跃变到另一温度时，热电偶测量端温度上升到整个阶跃值的 63.2% 所需的时间。铠装热电偶的时间常数 $\tau \leqslant 10s$，直径为 1mm 的接壳型铠装热电偶通常 $\tau = 60 \sim 100ms$，极细接壳型铠装热电偶的 τ 仅为 7ms，而一般普通型热电偶的 $\tau = 10 \sim 240s$。因此铠装热电偶更适用于温度变化频繁以及热容量较小对象的温度测量。此外由于结构小型化、挠性好、能弯曲、可适应结构复杂的测量场合，工业中应用比较普遍。

（3）薄膜热电偶

除上述的热电偶结构形式外，根据某些特殊需要，也出现了一些结构特殊的热电偶，如薄膜热电偶，如图 6-15 所示。它由两种真空蒸镀制成的金属薄膜热电极（厚度仅为 $3 \sim 6\mu m$）在绝缘基板（厚度约为 0.2mm）上连接，形成一种特殊结构的热电偶，然后在金属薄膜电极上蒸镀一层二氧化硅薄膜做绝缘和保护层。薄膜热电偶常用于表面温度测量，使用时可用胶黏剂直接将其贴附或压在被测物体表面。由于薄膜热电偶热容量极小，时间常数 $\tau \leqslant 0.01s$，能大大提高

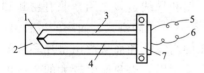

图 6-15 薄膜热电偶

1—测量端；2—绝缘基板；3,4—热电极；
5,6—引出线；7—接头夹具

测量精度，特别适用于测量快速变化的物体表面温度。需注意的是，由于使用温度受到胶黏剂和衬垫材料的限制，所以薄膜热电偶只适用于 $-200 \sim 300℃$ 的温度范围。

6.3.3 热电偶的冷端温度补偿

由热电偶的测温原理可知，热电动势与两端温度相关；只有在冷端温度不变时，才有热电动势和工作端温度之间的单值函数关系。但实际上，热电偶两端距离很近，又处于环境热场中，使得冷端温度无法保持不变，造成测量误差。所以，常需根据不同的使用条件及要求的测量精度，对热电偶冷端温度采用一些不同的温度补偿。常用方法如下。

6.3.3.1 补偿导线法

由于热电偶接线盒与检测点之间的长度有限，一般为 150mm 左右（除铠装热电偶外）。为了将热电偶的冷端放置到较远的、恒温的环境，可以把热电偶做得很长。但这样一来对于由贵金属制成的热电偶很不经济。解决这个问题的方法是采用一种专用的补偿导线将热

电偶的冷端延伸出来，如图 6-16 所示。补偿导线也是由两种不同常见金属材料制成的，在一定温度范围内（100℃以下）与所连接的热电偶具有相同或十分相近的热电特性。

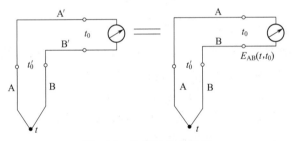

图 6-16　补偿导线的作用

根据热电偶补偿导线标准（GB/T 4989—2013），不同热电偶所配用的补偿导线不同，各种标准热电偶所配用的补偿导线材料列于表 6-5。其中型号中的第一个字母与配用热电偶的分度号相对应，第二个字母是根据所用材料而决定的补偿导线的类型，分为补偿型补偿导线（C）与延伸型补偿导线（X）两类。补偿导线有正、负极性之分。由表 6-5 中可见，各种补偿导线的正极均为红色，负极的不同颜色分别代表不同分度号的导线。使用时要注意与型号相匹配并注意极性不能接错，否则将引入较大的测量误差。

表 6-5　常用热电偶补偿导线

补偿导线型号	配用热电偶的分度号	补偿导线的线芯材料		绝缘层颜色	
		正极	负极	正极	负极
SC	S（铂铑$_{10}$-铂）	铜	铜镍$_{0.6}$	红	绿
RC	R（铂铑$_{10}$-铂）	铜	铜镍$_{0.6}$	红	绿
KCA	K（镍铬-镍硅）	铁	铜镍$_{22}$	红	蓝
KC	K（镍铬-镍硅）	铜	铜镍$_{40}$	红	蓝
KX	K（镍铬-镍硅）	镍铬$_{10}$	镍硅$_{3}$	红	黑
NC	N（镍铬硅-镍硅镁）	铁	铜镍$_{18}$	红	灰
NX	N（镍铬硅-镍硅镁）	镍铬$_{14}$硅	镍硅$_{4}$镁	红	灰
EX	E（镍铬-康铜）	镍铬$_{10}$	铜镍$_{45}$	红	棕
JX	J（铁-康铜）	铁	铜镍$_{45}$	红	紫
TX	T（铜-康铜）	钢	铜镍$_{45}$	红	白

应该注意，补偿导线本身并不能补偿热电偶冷端温度的变化，只是起到了延伸热电偶冷端的作用，用以改变热电偶的冷端位置，以便于采用其他补偿方法。另外，即使在规定使用温度范围内，由于补偿导线热电特性也不可能与热电偶完全相同，因而仍存有一定的误差。

6.3.3.2　冰点恒温法

冰点恒温法就是把热电偶的冷端置于温度不变的环境或装置中，以保证冷端不受测量端温度的影响。常用的恒温装置是电热恒温器或冰点槽。如图 6-17 所示，保温瓶盛冰水混合物组成冰点槽。为了防止短路，两根电极丝要分别先各自插入加入绝缘油的试管中，然后将试管置于冰点槽中，使其温度保持在 0℃，然后用铜导线引出接入显示仪表。此方法

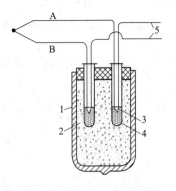

图 6-17　冰点恒温法
1—保温瓶；2—冰水混合物；
3—试管；4—绝缘油；5—连接仪表的铜导线

要经常检查槽内温度，并补充适量的冰，使温度变化不超过±0.02℃。冰点恒温法一般在实验室里的精密测量中使用。另外，如使用温度不为0℃的电热恒温器，仍需对热电偶进行冷端温度矫正。

6.3.3.3 计算修正法

当热电偶冷端温度不是0℃而是t_0（℃）时，测得的热电偶回路中的热电势为$E(t, t_0)$，这时可利用中间温度定律，采用下式进行修正，即

$$E(t,0)=E(t,t_0)+E(t_0,0) \tag{6-11}$$

式中 $E(t,0)$——冷端为0℃、测量端为t（℃）时的热电势；

$E(t,t_0)$——冷端为t_0℃、测量端为t（℃）时的热电势；

$E(t_0,0)$——冷端为0℃、测量端为t_0（℃）时的热电势，即冷端温度不为0℃时的热电势校正值。

【例6-1】 用镍铬-镍硅（K）热电偶测温，热电偶冷端温度$t_0=30$℃，测得的热电势$E(t,t_0)=25.566$mV，求被测的实际温度。

解 由K分度表中查得$E(30,0)=1.203$mV，则

$$E(t,0)=E(t,30)+E(30,0)=25.566+1.203=26.769(\text{mV})$$

再反查K热电偶的分度表，得实际温度为644℃。

应注意，用计算修正法来补偿冷端温度变化的影响，仅适用于实验室或临时性测温的情况，不适用于现场的连续测量。

6.3.3.4 零点校正法

如果热电偶冷端温度比较恒定，与之配用的显示仪表具有零点调整的功能，则可采用零点校正法。设冷端温度t_0已知，可将显示仪表的机械零点直接调至t_0处，这相当于在输入热电偶回路热电势之前就给显示仪表输入了一个电势$E(t_0,0)$，因为与热电偶配套的显示仪表是根据分度表刻度的，这样在接入热电偶之后，使得输入显示仪表的电势相当于$E(t,t_0)+E(t_0,0)=E(t,0)$，因此显示仪表可准确显示测量端的温度t。应当注意，若冷端温度改变，则需重新调整仪表的零点；此方法不适用于冷端温度变化频繁的情景；调整显示仪表的零点时，应在断开热电偶回路的情况下进行。

6.3.3.5 电桥补偿法

电桥补偿法是采用不平衡电桥产生的直流毫伏信号，来补偿热电偶因冷端温度变化而引起的热电势变化。如图6-18所示，虚线圆内的电桥就是冷端温度补偿电桥，由4个桥臂电阻R_1、R_2、R_3、R_{Cu}和桥路稳压源组成。其中，桥臂电阻R_1、R_2和R_3是由电阻温度系数很小的锰铜丝绕制的，而R_{Cu}是由电阻温度系数很大的铜丝绕制而成的。

设计桥路电压为4V，由直流稳压电源供电，R_p为限流电阻，其阻值因热电偶分度号不同而不同。电桥输出电压U_{ab}串联在热电偶测温回路中。通过补偿导线的连

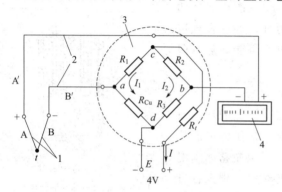

图6-18 冷端温度补偿器的应用

1—热电偶；2—补偿导线；3—冷端温度补偿器；4—显示仪表

接，使补偿电桥 R_{Cu} 电阻所处的温度与热电偶的冷端温度一致。

设计电桥在 20℃（或 0℃）时平衡，这时电桥的 4 个桥臂电阻尺 $R_1 = R_2 = R_3 = R_{Cu} = 1\Omega$，桥路平衡无输出，$U_{ab} = 0$。当冷端温度 t_0 偏离 20℃时，例如 t_0 升高时，R_{Cu} 将随 t_0 升高而增大，则 U_{ab} 也随之增大，而热电偶回路中的总热电势却随 t_0 的升高而减小。此时可以适当选择桥路电流，可使 U_{ab} 的增加与热电势的减小的数值相等，二者叠加后的总电势不变。这样就实现了使用补偿电桥对冷端温度变化自动补偿。

若电桥是最开始在 20℃时平衡，应将配用的显示仪表的零位预先调到 20℃处。如果补偿电桥是按 0℃时电桥平衡设计的，则仪表零位应在 0℃处。

6.3.4　热电偶测温线路及误差分析

6.3.4.1　测温线路

热电偶温度计由热电偶、显示仪表及中间连接导线所组成。由于热电偶的使用与连线方式有关，实际测温中，应根据不同的需求，选择准确、方便的测量线路。

（1）典型测温线路

目前工业用热电偶所配用的显示仪表，大多带有冷端温度的自动补偿作用，因此典型的测温线路如图 6-19 所示。热电偶采用补偿导线，将其冷端延伸到显示仪表的接线端子处，使得热电偶冷端与显示仪表的温度补偿装置处在同一温度下，从而实现冷端温度的自动补偿，显示仪表所显示的温度即为测量端温度。

如果所配用的显示仪表不带有冷端温度的自动补偿作用，则需采取上节内容所介绍的方法，对热电偶冷端温度的影响进行处理。典型测温线路适用于对单点温度的测量。

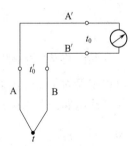

图 6-19　典型测温线路

（2）串联线路

串联线路是将两支以上的热电偶以串联的方式进行连接，分为正向串联和反向串联两种方式。

a. 正向串联：将 n 支同型号的热电偶，依次按正、负极性相连接，但各支热电偶的冷端必须采用补偿导线延伸到同一温度下，以便对冷端温度进行补偿，如图 6-20 所示。串联线路测得的热电势应为：

$$E = E_1 + E_2 + \cdots + E_n = \sum_{i=1}^{n} E_i \tag{6-12}$$

式中　E_1，E_2，$\cdots$，E_n——各单支热电偶的热电势；

E——n 支热电偶的总热电势。

串联线路的主要优点是热电势大，测量精度比单支热电偶高，因此对测量微小温度变化或微弱的辐射能（制成热电堆），可以获得较大的热电势输出或较高的灵敏度，而且，用于测量平均温度时，不需要冷端温度为 0℃。串联线路的主要缺点是：只要有一支热电偶断路，整个测温系统就不能工作。

b. 反向串联：热电偶的反向串联一般是采用两支同型号的热电偶，将相同极性串联在一起，如图 6-21 所示。测得的热电势为：

$$E = E_1 - E_2 \tag{6-13}$$

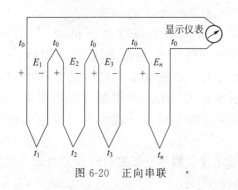

图 6-20　正向串联

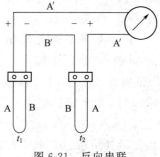

图 6-21　反向串联

可见反向串联所测的其实是两个热端之间的温差，所以常用于测量某设备上下或左右两点的温度差值等。反向串联要求两支热电偶利用补偿导线延伸出的热电偶新冷端温度必须一样，否则不能测得真实温度差值。需要特别注意的是，采用此种方式测量温差时，两支热电偶的热电特性均应为线性或近似为线性，否则将会产生测量误差，如图 6-22 所示。若热电偶的热电特性是非线性关系（如 B 线），则在不同的温度范围内，虽然温差 Δt 相同，但对应的热电势却各不相同，从而使测量结果产生误差。

（3）并联线路

并联线路是将 n 支同型号的热电偶的正极和负极分别连接在一起的线路，如图 6-23 所示。如果 n 支热电偶的电阻值均相等，则并联线路的总电势等于 n 支热电偶热电势的平均值。即

$$E = \frac{E_1 + E_2 + \cdots + E_n}{n} = \frac{1}{n}\sum_{i=1}^{n} E_i \tag{6-14}$$

并联线路常用来测量平均温度。同正向串联线路相比，并联线路的热电势虽小，但其相对误差仅为单支热电偶的 $1/\sqrt{n}$；而且，当某支热电偶断路时，测温系统可照常工作。为了保证热电偶回路内阻尽量相同，可以分别串入较大的电阻，以减小内阻不同的影响。

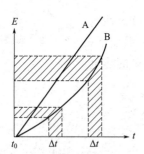

图 6-22　热电势与温度的关系

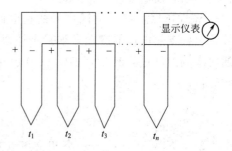

图 6-23　热电偶并联线路

6.3.4.2　误差因素

工业用热电偶在测温时，常受如下误差因素影响：

（1）热电偶本身的误差

① 分度误差：即热电偶校验时的误差，其值不得超过表 6-2 所列的允许偏差；对于非标准化热电偶，其分度误差由校验时个别确定。

② 热电极热电特性的变化：热电极在使用过程中发生热电特性的改变。引起这种误差

的原因很多，主要有以下几点。

a. 绝缘子与其中的杂质或与环境介质发生化学反应，使绝缘性能降低；

b. 在一种或两种电极中产生的冶金转变过程（如：K 型热电偶的短程有序化；WRe 热电偶中的二次结晶等）；

c. 合金元素选择型优先蒸发（如 K 型热电偶在高温真空中使用时，发生 Cr 损失）；

d. 由于热电偶合金的原子遭受中子辐照而引起核变。漂移的速率一般是随温度增高而迅速增大。

不同种类的标准化热电偶，不仅其标准分度特性不一样，而且在抗玷污能力、抗时效、耐高温等方面也有所不同。因此，使用中应当对热电偶进行定期的检查和校验。

（2）热交换引起的误差

由于被测对象和热电偶之间热交换不完善，使得热电偶测量端达不到被测温度而引起测温误差，主要是热辐射损失和导热损失所致。

工业测量时，热电偶均有保护管，其测量端无法和被测对象直接接触，需经过保护管及其间接介质进行热交换；而且，热电偶及其保护管向周围环境也有热损失等。这就造成了热电偶测量端与被测对象之间的温度误差。热交换形式多样，其情况又很复杂，故只能采取措施尽量减少其影响，比如增加热电偶的插入深度、减小保护管壁厚和外径等。

（3）补偿导线引入的误差

补偿导线引入的误差是由补偿导线的热电特性与热电偶电极不完全相同所造成的。如：K 型热电偶的补偿导线，在使用温度为 100℃ 时，允许误差约为 ±2.5℃，如果使用不当，补偿导线的工作温度超出规定使用范围时，误差将显著增加。

（4）显示仪表的误差

与热电偶配用的显示仪表均有一定的准确度等级，表明了仪表在单次测量中允许误差的大小。大多数工业用显示仪表均带有冷端温度补偿作用，当环境使用温度变化范围不大时，使用冷端温度补偿所造成的误差可以忽略不计；但当环境温度变化较大时，则无法避免引入误差。

总之，在使用热电偶温度计时，除了要正确地选型，合理地安装与使用，还需尽可能地避免污染及设法消除各种外界影响，以减小附加误差，达到测温准确的目的。

6.3.5　安装、使用热电偶温度计的注意事项

热电偶主要用于工业生产中，用于集中显示、记录和控制用的温度检测。在现场安装时要注意以下问题：

① 正确选择测温点：作为接触式温度计，热电偶的电极放置的方式与位置应有利于热交换的进行，不应把电极插至被测介质的死角区域。

② 与被测介质充分接触：热电偶温度计保护管的末端应越过管中心线 5～10mm；为增加插入深度，可采用斜插安装，当管径较细时，应插在弯头处或加装扩大管，如图 6-24 所示。生产实践经验表明，无论多粗的管道，温度计的插入深度为 300mm 已足够，但一般不应小于温度计全长的 2/3。

热电偶应迎着被测介质流向插入，至少要与被测介质流向成正交（呈90°）安装，切勿与被测介质形成顺流，如图 6-25 所示。

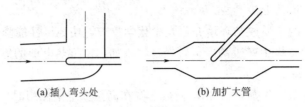

图 6-24　热电偶安装示意之一

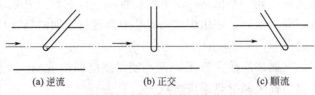

图 6-25　热电偶安装示意之二

③ 避免热辐射、减少热损失：在温度较高的场合，应尽量减小被测介质与设备（或管壁）表面之间的温差。必要时可在热电偶安装点加装防辐射罩，以消除测温元件与器壁之间的直接辐射作用。如果器壁暴露于环境中，应在其表面加一层绝热层（如石棉等），以减少热损失。为减少感温元件外露部分的热损失，必要时也应对热电偶外露部分加装保温层进行适当保温。

④ 安装应确保正确、安全可靠：在高温下工作的热电偶，其安装位置应尽可能保持垂直，以防止保护管在高温下产生变形。若必须水平安装，则插入深度不宜过长，且应装有用耐火黏土或耐热合金制成的支架，如图 6-26 所示。

在介质具有较大流速的管道中，安装热电偶时必须倾斜安装，以免受到过大的冲蚀。若被测介质中有尘粒、粉物，为保护热电偶不受磨损，应加装保护屏。凡在有压设备上安装热电偶，均必须保证其密封性，可采用螺纹连接或法兰连接，在选择热电偶插入深度 l 时，还应考虑连接头 H 的长度，如图 6-27 所示。当介质工作压力超过 10MPa 时，还必须另外加装保护外套。在薄壁管道上安装热电偶时，需在连接头处加装加强板。

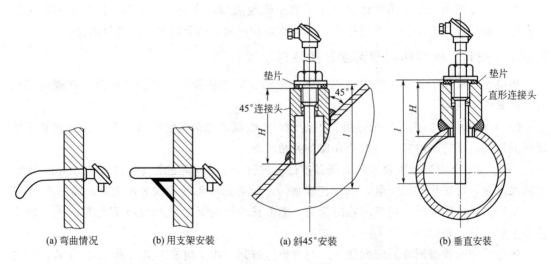

图 6-26　热电偶水平安装情况　　　　　　图 6-27　热电偶安装示意之三

热电偶接线盒面盖应向上密封，以免雨水或其他液体、脏物进入接线盒中而影响测量。接线盒的温度应保持在100℃以下，以免补偿导线超过规定温度范围。

在有色金属设备上安装时，凡与设备接触（焊接）以及与被测介质直接接触的部分，其有关部件（如连接头、保护外套等）均须与工艺设备同材质，以符合生产要求。

⑤ 热电偶连接导线的安装：配用的导线应与相应的分度号的热电偶配用，且正、负极性连接正确；导线应有良好的绝缘屏蔽，尽量避免有接头，连接点应连接牢固可靠，并避免与交流输电线一同敷设，以免引起干扰；为使连接导线与补偿导线不受外来的机械操作影响、削弱外界磁场的干扰，应将连接导线或补偿导线穿入金属管或汇线槽板中，采用架空或地下敷设；连接导线与补偿导线应尽量避免高温、潮湿以及腐蚀性与爆炸性气体和灰尘的作用，禁止敷设在炉壁、烟道及热管道等高温设备上。

6.4 热电阻温度计

在需要进行远传的温度测量中，热电偶温度计是一种较为理想的温度测量仪表，但在测量较低温度时，由于产生的热电势较小，测量精度较低。此时需要使用热电阻温度计，其感温范围为$-200\sim500℃$，在特殊情况下，低温可测至1K，高温达1200℃。

热电阻温度计是利用导体电阻值随将温度变化的原理进行温度测量的仪表。热电阻温度计的特点是温度-电阻线性良好、性能稳定、测量准确度高、不需冷端温度处理、成本

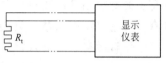

图6-28　热电阻温度计

较低，在工业上被广泛用于中、低温的测量。但热电阻温度计的感温元件-电阻体的体积较大，热容量也较大，因此动态特性则不如热电偶，而且抗机械冲击与振动性能较差。

热电阻温度计是由热电阻、连接导线及显示仪表所组成的，为减小导线电阻变化产生的测量误差，常采用三线制连接方法，如图6-28所示。热电阻输出的是电阻信号，也便于远距离显示或传递信号。

6.4.1 热电阻的测温原理

6.4.1.1 测温原理

热电阻温度计是基于金属导体或半导体的电阻值与温度呈一定函数关系的原理实现温度测量的。一般地，金属导体的电阻与温度的关系可表示为：

$$R_t = R_{t_0}\left[1 + \alpha(t - t_0)\right] \tag{6-15}$$

式中　R_t——温度为t（℃）时的电阻值；

$\quad R_{t_0}$——温度为t_0（℃）时的电阻值；

$\quad \alpha$——电阻温度系数，即温度每升高l℃时的电阻相对变化量。

由于一般金属材料的α值也随温度而变化，并非常数，所以电阻与温度的关系并非线性，在某个温度范围内可将α近似为常数。

大多数半导体电阻与温度的关系为：

$$R_T = Ae^{B/T} \tag{6-16}$$

式中　R_T——温度为T时的电阻值；

$\quad T$——热力学温度，K；

e——自然对数的底，2.71828；

A，B——常数，其值与半导体材料结构有关。

电阻与温度的函数关系一旦确定之后，就可通过测量置于测温对象之中并与测温对象达到热平衡的热电阻的阻值来获得被测温度。

6.4.1.2　电阻温度系数

电阻与温度的关系通常以电阻温度系数来描述。其定义为：某一温度间隔内，当温度变化1℃时，电阻值的相对变化量，常用 α 表示，即

$$\alpha = \frac{R_t - R_{t_0}}{R_{t_0}(t - t_0)} = \frac{1}{R_{t_0}} \times \frac{\Delta R}{\Delta t} \tag{6-17}$$

式中　R_t，R_{t_0}——在温度为 t（℃）或 t_0（℃）时的电阻值。

由上式可见，α 其实是在 $t_0 \sim t$ 温度范围内的平均电阻温度系数。实际上，一般导体的电阻与温度的关系并不是线性的。任意温度下的 α 应为：

$$\alpha = \lim_{\Delta t \to 0} \frac{1}{R_{t_0}} \times \frac{\Delta R}{\Delta t} = \frac{1}{R} \times \frac{\mathrm{d}R}{\mathrm{d}t} \tag{6-18}$$

实验证明，大多数金属导体当温度每上升1℃时，其电阻值均增大 $0.36\% \sim 0.68\%$，具有正的电阻温度系数；而大多数半导体当温度每上升1℃时，其电阻值则下降 $3\% \sim 6\%$，具有负的电阻温度系数。它的大小与材料性质有关。对金属而言，纯度越高，α 越大；反之，即使有微量杂质混入，其值也会变小，故合金的电阻温度系数在常温下通常总比某种金属小。

为了表征热电阻材料的纯度及某些内在特性，引入电阻比的概念：

$$W_t = R_t / R_{t_0} \tag{6-19}$$

特别地，当 $t_0 = 0$℃，$t = 100$℃ 时，则上式可为：

$$W_{100} = R_{100} / R_0 \tag{6-20}$$

W_{100} 也是表征热电阻特性的基本参数，它与 α 一样，都与材料纯度有关，W_{100} 越大则电阻材料的纯度越高。根据国际温标规定，作为标准的铂电阻温度计，其 $W_{100} \geqslant 1.39250$。

6.4.2　热电阻材料与结构

6.4.2.1　金属热电阻

（1）金属热电阻的材料

按照热电阻的测温原理，任何金属导体均可作为热电阻材料用于温度测量。但若用作温度计的感温元件，热电阻材料应满足如下要求：电阻温度系数大，即灵敏度高；物理化学性能稳定，能长期适应较恶劣的测温环境，互换性好；电阻率要大，以使电阻体积小，减小测温的热惯性；电阻与温度之间近似为线性关系，测温范围广；价格低廉，复制性强，加工方便。满足以上需求的金属热电阻材料有铜、铂、镍、铁等，其中因铁、镍提纯比较困难，且电阻与温度的关系线性较差，而纯铂丝的各种性能最好，纯铜丝在低温下性能也好，所以实际应用最广的是铜、铂两种材料。

① 铂热电阻　铂热电阻由纯铂丝绕制而成，它是一种较为理想的热电阻材料：电阻率较高、精度高、性能可靠、抗氧化性好、物理化学性能稳定、易提纯，复制性好、有良好的工艺性，可以制成极细的铂丝（直径可达 0.02mm 或更细）或极薄的铂箔。国际温标IPTS-68 规定 $-259.34 \sim 630.74$℃ 范围内使用铂热电阻的温度计为基准器。它的缺点是电

阻温度系数小。电阻与温度呈非线性，高温下不宜在还原性介质中使用，而且属贵重金属，价格较高。

根据国际实用温标的规定，在不同的温度范围内，电阻与温度之间的关系也不同。

在-200~0℃范围内，铂电阻与温度关系为：

$$R_t = R_0 [1 + At + Bt^2 + C(t-100)t^3] \tag{6-21}$$

在0~850℃范围内，其关系为：

$$R_t = R_0(1 + At + Bt^2) \tag{6-22}$$

式中，R_t、R_0分别为$t(℃)$和0℃时的阻值；A、B、C分别为常数，$A = 3.90802 \times 10^{-3}℃^{-1}$，$B = 5.80195 \times 10^{-7}℃^{-1}$，$C = -4.27350 \times 10^{-12}℃^{-1}$。

满足上述关系的热电阻，其平均温度系数为$\alpha = 3.85 \times 10^{-3}℃^{-1}$。一般工业上使用的铂热电阻，国标规定的分度号有Pt10和Pt100两种。即0℃时相应的电阻值分别为$R_0 = 10\Omega$和$R_0 = 100\Omega$。Pt10的热电阻温度计电阻丝较粗，主要应用于650℃以上的温度测量。不同分度号的铂电阻由于R_0不同，在相同温度下的电阻值是不同的，因此电阻与温度的对应关系即分度表也是不同的，分度表可见书后附录二。

铂热电阻一般用于高精度的工业测量。为了节约贵重金属铂的使用，厚膜式的铂热电阻逐渐流行。这种热电阻是用铂浆印刷在玻璃或陶瓷底板上，再经过光刻而成。厚膜铂热电阻的工作范围较窄，为-70~500℃，但价格便宜，有广泛的应用前景。

② 铜热电阻　铜热电阻一般用于-50~150℃范围的温度测量。它的特点是电阻值与温度之间基本为线性关系：

$$R_t = R_0(1 + At + Bt^2 + Ct^3) \tag{6-23}$$

式中，R_t、R_0分别为$t℃$和0℃时的阻值；A、B、C分别为常数，$A = 4.28899 \times 10^{-3}℃^{-1}$，$B = -2.133 \times 10^{-7}℃^{-1}$，$C = 1.233 \times 10^{-9}℃^{-1}$。由于$B$和$C$很小，某些场合可以近似地表示为：

$$R_t = R_0(1 + \alpha t) \tag{6-24}$$

式中，α称为电阻温度系数，取$\alpha = 4.28 \times 10^{-3}℃^{-1}$。而一般铜导线的材质纯度不高，其电阻温度系数稍小，约为$\alpha = 4.25 \times 10^{-3}℃^{-1}$。国内工业用铜热电阻的分度号分为Cu50和Cu100两种，其R_0的阻值分别为50Ω和100Ω。其分度表见书后附录二。

铜热电阻的电阻温度系数大，材料易提纯，价格便宜；但它的电阻率低，易氧化，所以在温度不高、测温元件体积无特殊限制时，可以使用铜电阻温度计。

表6-6　工业热电阻的基本参数

热电阻名称	分度号	0℃时的电阻值/Ω		测温误差/℃		电阻比
		名义值	允许误差	测温范围	允许值	
铜热电阻	Cu50	50	±0.05	-50~150	$\Delta t = \pm(0.3 + 6 \times 10^{-3}t)$	1.385±0.002
	Cu100	100	±0.1			
铂热电阻	Pt100	100 (-200~850℃)	A级±0.06 B级±0.12	-200~850	A级 $\Delta t = \pm(0.15 + 2 \times 10^{-3}t)$	1.385±0.001
	Pt1000	1000 (-200~850℃)	A级±0.6 B级±1.2	-70~500	B级 $\Delta t = \pm(0.3 + 5 \times 10^{-3}t)$	

续表

热电阻名称	分度号	0℃时的电阻值/Ω		测温误差/℃		电阻比
		名义值	允许误差	测温范围	允许值	
镍热电阻	Ni100	100	±0.1	−60～0 0～180	$\Delta t = \pm(0.2 + 2\times10^{-3}t)$ $\Delta t = \pm(0.15 + 2\times10^{-3}t)$	1.617±0.003
	Ni300	300	±0.3			
	Ni500	500	±0.5			

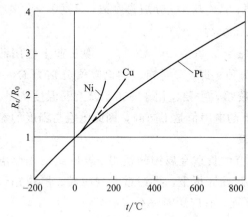

图 6-29　常用热电阻的特性曲线

③ 镍热电阻　镍热电阻的 α 比铂热电阻大约 15 倍，对温度变化最为敏感，主要用于较低温度范围的测量，使用温度范围为 −50～150℃。镍热电阻不易提纯，尽管高纯度镍丝的电阻比 W_{100} 约为 1.66，但实用化镍丝的电阻比却为 1.1617，或者更低，而且 W_{100} 的允许误差最大。镍热电阻制造略复杂，不同厂家提供的镍电阻温度系数很难相同，且制定标准困难。镍热电阻的分度号有 Ni100、Ni300 和 Ni500 三种，其允许误差见表 6-6。

常用热电阻的特性曲线见图 6-29。

此外，近年来还出现了一些新型热电阻，如铟、锰热电阻，适合特定范围的低温下的精确测量。

（2）金属热电阻的结构

① 普通热电阻　普通热电阻的基本结构如图 6-30 所示。它的外形与热电偶相似，根本区别是用热电阻代替了热电极，主要由感温元件、内引线、保护管等几部分组成。

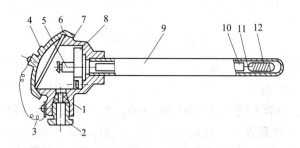

图 6-30　普通热电阻基本结构

1—出线孔密封圈；2—出线孔螺母；3—链条；4—面盖；5—接线柱；6—密封圈；
7—接线盒；8—接线座；9—保护管；10—绝缘子；11—热电阻；12—骨架

感温元件是热电阻的核心部分，由电阻丝绕制在绝缘骨架上构成。感温元件的绕制均采用了双线无感绕制方法，其目的是消除因测量电流变化而产生的感应电势或电流，尤其在采用交流电桥测量时更为重要。内引线的功能是将感温元件引至接线盒，以便于与外部显示仪表及控制装置相连接，一般选用纯度高、不产生热电势、电阻较小的材料，以减小附加测量误差。保护管的作用同热电偶的保护管，使感温元件、内引线免受环境有害介质的影响，有可拆卸式和不可拆卸式两种，材质有金属或非金属等多种。

② 铠装热电阻　铠装热电阻的结构及特点也与铠装热电偶相似。它由电阻体、引线、

绝缘粉末及保护套管整体拉制而成，在其工作端底部，装有小型热电阻体，其结构如图 6-31 所示。

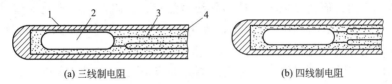

(a) 三线制电阻　　　　　　　　　　　(b) 四线制电阻

图 6-31　铠装热电阻的结构

1—不锈钢管；2—感温元件；3—内引线；4—氧化镁绝缘材料

铠装热电阻同普通热电阻相比具有如下优点：外形尺寸小，套管内为实体，响应速度快；抗振、可挠，使用方便，适于安装在结构复杂的部位。

（3）测温电路

常用测温电路有桥式和恒流源式两种，前者被广泛使用。在热电阻与显示仪表的实际连接中，由于其间的连接导线长度较长，若仅使用两根导线连接在热电阻两端，导线本身的电阻会与热电阻串联在一起，造成测量误差。如果每根导线的电阻为 r，则加到热电阻上的绝对误差为 $2r$，而且这个误差并非定值，是随导线所处的环境温度而变化的，在工业应用时，为避免或减小导线电阻对测量的影响，桥式测温电路又常常采用三线制或四线制的连接方式。

三线制即在热电阻的一端与一根导线相连，另一端与两根导线相连。当与电桥配合使用时，如图 6-32 所示。与热电阻 R_t 连接的三根导线，粗细、长短相同，阻值均为 r。

当桥路平衡时，可以得到下列关系：

$$R_2(R+r)=R_1(R_3+r) \tag{6-25}$$

由此可得：

$$R_1=\frac{R_1(R_3+r)}{R_2}-r=\frac{R_1R_3}{R_2}+\frac{R_1r}{R_2}-r \tag{6-26}$$

只要在电桥设计时满足 $R_1=R_2$，上式中 r 就可以完全消去。此时，导线电阻的变化对热电阻毫无影响。必须注意，只有在全等臂电桥（4 个桥臂电阻相等）而且是在平衡状态下才能完全消除导线电阻的影响，但采用三线制连接方法会使它的影响大大减少。

四线制是在热电阻的两端各采用两根导线与仪表相连接，一般是用于要求电压或电势输入的仪表。如果与直流电位差计配用，其接线方式如图 6-33 所示。

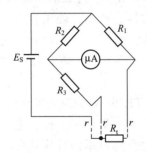

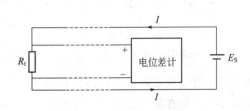

图 6-32　热电阻的三线制接法　　　　　　　图 6-33　热电阻的四线制接法

由恒流源供给的已知电流，通过热电阻 R_t 时产生电压降 U。电位差计测得 U，便可得到 R_t（$R_t = U/I$）。由图 6-33 中可见，尽管导线存在电阻 r，电流流过的导线上的电压降 rI 却不在测量范围之内；而连接电位差计的导线虽然存在电阻，但没有电流流过（电位差计测量时不取电流），所以 4 根导线的电阻对测量均无影响。只要恒流源的电流稳定不变，就能消除连接导线电阻对测量的影响。

需要说明的是：无论是三线制还是四线制，如果需要准确测量温度，都必须由电阻体的根部引出，即从内引线开始，而不能从热电阻的接线盒的接线端子上引出。因为内引线处于温度变化剧烈的区域，虽然在保护管中的内引线不长，但精确测量时，其电阻的影响不容忽视。

6.4.2.2 半导体热电阻

半导体热电阻亦称热敏电阻，通常用铁、锰、铝、钛、镁、铜等金属氧化物或碳酸盐、硝酸盐、氯化物等材料制造。由式（6-15）、式（6-17）可得，半导体热电阻温度系数为：

$$\alpha = \frac{1}{R} \times \frac{dR}{dT} = -\frac{B}{T^2} \tag{6-27}$$

式中，B 称为热敏指数。它是描述热敏材料物理特性的一个常数，其大小取决于热敏材料的组成及烧结工艺，B 值越大，阻值也越大，灵敏度越高。常用半导体热敏电阻的 B 值约在 1500～6000K 之间。热敏电阻按照温度系数的不同又分为负温度系数 NTC（Negative Temperature Coefficient）型热敏电阻、正温度系数 PTC（Positive Temperature Coefficient）型热敏电阻和临界型热敏电阻 CTR（Critical Temperature Resistor）。

大多数半导体热电阻的电阻温度系数为负数，且随温度上升，电阻温度系数急剧减小，所以在低温下灵敏。NTC 型热敏电阻的电阻与温度的关系如图 6-34 中曲线①所示。

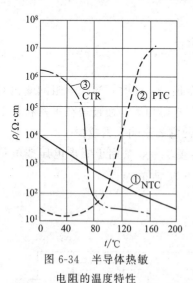

图 6-34 半导体热敏
电阻的温度特性

与一般金属热电阻不同，NTC 型热敏电阻是由铁、镍等两种以上氧化物混合，用有机黏合剂成形，并经高温烧结而成。通过不同材质的组合获取不同的电阻值和温度特性。根据实际需要可以做成片形、棒形和珠形等不同的结构形式，直径或厚度为 1～3mm，长度不到 3mm。图 6-35 所示为几种常用的半导体热电阻的结构。

PTC 型热敏电阻是在以 $BaTiO_3$ 和 $SrTiO_3$ 为主的成分中加入少量 V_2O_3 和 Mn_2O_3 构成的烧结体，其电阻-温度特性如图 6-34 中曲线②所示，随温度升高而阻值增大，并且在一定范围内斜率较大。工业上通过改变成分配比和添加剂，可以使其斜率最大的区段处在不同的温度范围里。

临界型热敏电阻 CTR 由 V、Ge、W 等金属的氧化物在弱还原气氛中形成烧结体，它的特性曲线如图 6-34 中曲线③所示。虽然它也是负温度系数类型，但在某个温度范围里阻值急剧下降，曲线斜率在此范围内特别陡峭，所以灵敏度极高。

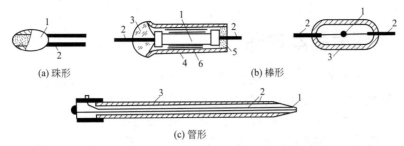

(a) 珠形　　　　　　　　　　　　(b) 棒形

(c) 管形

图 6-35　常用半导体热敏电阻的结构

1—热电阻体；2—引出线；3—玻璃壳层；4—保护管；5—密封填料；6—锡箔

以上三类热敏电阻之中，PTC 型和临界型热敏电阻最适合用于位式作用的温度传感器，如在家用电器中作为定温发热体等，其用途越来越广；而 NTC 型热敏电阻适合制作连续测量的温度检测元件。

与金属热电阻相比，半导体热电阻具有如下优点：

① 它的电阻温度系数比金属热电阻大 10～100 倍，灵敏度高；

② 电阻率大，常温下电阻值均在千欧以上，故连接导线电阻的变化可以忽略不计，不必采用三线制或四线制连接；

③ 结构简单，寿命长，可做成体积小巧的感温部件，热惯性小。

半导体热电阻的缺点是复现性（互换性）差，特性分散；非线性严重，电阻与温度的关系不稳定，随时间而变化。因此，测温误差较大，均为 $2\%t$（t 为所测温度），不适用于高精度温度测量，但在测温范围较小时也可获得较好的精度。因热敏电阻具有体积小、响应速度快、灵敏度高、价格便宜等优点，可用于液面、气体、固体、固熔体、海洋、深井、高空气象等方面的温

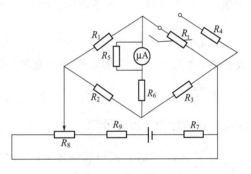

图 6-36　热敏电阻测温电路

度测量。通常它的测温范围为 $-10～+300℃$，也可实现 $-200～+10℃$ 和 $300～1200℃$ 范围内的温度测量。

图 6-36 为常用的典型温度测量电路。其中 R_t 为热敏电阻，R_1 为起始电阻，R_2、R_3 为平衡电阻，R_4 为满刻度电阻，R_5、R_6 为微安表修正、保护电阻，R_7、R_8、R_9 为分压电阻。也可以将电桥输出接至放大器的输入端或自动记录仪表上。此测量电路的精度可达 $0.1℃$，感温时间短于 10s。

6.5　非接触式温度计

所有温度高于绝对零度的物体均会向周围辐射能量，辐射的强度和物体的温度有关，这就是非接触式温度计的基本原理。非接触式测温仪表广泛应用于冶金、铸造、热处理以及玻璃、陶瓷和耐火材料等工业生产过程中的高温检测。非接触式温度计的优点是不存在测量滞后和温度范围的限制，可测高温、腐蚀、有毒、运动物体及固体、液体表面的温度，且不影响被测对象的温度场。非接触式测温仪表分两大类，一是光学高温计，二是辐射式

温度计。

6.5.1 热辐射基本定理

热辐射是 3 种基本的热交换形式之一，热辐射电磁波具有以光速传播、反射、折射、散射、干涉和吸收等特性。它由波长相差很远的红外线、可见光及紫外线所组成，它们的波长范围为 $10^{-3} \sim 10^{-8}$ m。在低温时，物体辐射能量很小，主要发射的是红外线。随着温度的升高，辐射能量急剧增加，辐射光谱也向短的方向移动，在 500℃ 左右时，辐射光谱包括部分可见光；到 800℃ 时可见光大大增加，即呈现"红热"；到 3000℃ 时，辐射光谱包括更多的短波成分，使得物体呈现"白热"。从观察灼热物体表面的"颜色"来判断物体的温度，这就是辐射测温的基本原理。

当感温元件接收到辐射能量以后，根据材料本身的性质，会发生部分能量吸收、透射和反射的现象。设落在感温元件上的总辐射能量为 Q，被吸收的部分为 Q_A，透射的部分为 Q_D，反射的部分为 Q_R，则有

$$Q = Q_A + Q_D + Q_R \quad \text{或} \quad 1 = \frac{Q_A}{Q} + \frac{Q_D}{Q} + \frac{Q_R}{Q} = \alpha + \tau + \rho \tag{6-28}$$

式中，α 为吸收率，表示被吸收的能量所占的比率；τ 为透射率，表示透射的能量所占的比率；ρ 为反射率，表示被反射的能量所占的比率。

当 $\dfrac{Q_A}{Q} = \alpha = 1$ 时，则 $\tau = 0$，$\rho = 0$。照射到物体上的辐射能全部被吸收，既无反射也无透射，具有这种性质的物体称为"绝对黑体"，简称为"黑体"。

当 $\dfrac{Q_D}{Q} = \tau = 1$ 时，照射到物体上的辐射能全部透射过去，既无吸收又无反射。具有这种性质的物体称为"透明体"。

当 $\dfrac{Q_R}{Q} = \rho = 1$ 时，照射到物体上的辐射能全部反射出去。若物体表现平整光滑，反射具有一定的规律，则该物体称之为"镜体"；若反射无一定规律，则该物体称为"绝对白体"或简称为"白体"。在自然界中，黑体、白体和透明体都是不存在的。一般固体和液体的 τ 值很小或等于零，而气体的 τ 值较大。对于一般工程材料来讲，$\tau = 0$ 而 $\alpha + \rho = 1$，称为"灰体"。

6.5.1.1 基尔霍夫定律

物体热辐射的基本定律是基尔霍夫定律，它建立了理想黑体和实际物体之间的关系。基尔霍夫定律表明：各物体的辐射出射度和吸收率的比值都相同，与物体的性质无关，是物体的温度 T 和发射波长 λ 的函数，即

$$\frac{M_0(\lambda, T)}{\alpha_0(\lambda, T)} = \frac{M_1(\lambda, T)}{\alpha_1(\lambda, T)} = \frac{M_2(\lambda, T)}{\alpha_2(\lambda, T)} = \cdots = f(\lambda, T) \tag{6-29}$$

式中，$M_0(\lambda, T), M_1(\lambda, T), M_2(\lambda, T), \cdots$ 为物体 $A_0, A_1, A_2, \cdots$ 的单色（λ）辐射出射度；$\alpha_0(\lambda, T), \alpha_1(\lambda, T), \alpha_2(\lambda, T), \cdots$ 为物体 $A_0, A_1, A_2, \cdots$ 的单色（λ）吸收率。

若物体 A_0 是绝对黑体，那么 $\alpha_0(\lambda, T) = 1$，根据基氏定律有

$$\frac{M_1(\lambda, T)}{\alpha_1(\lambda, T)} = \frac{M_2(\lambda, T)}{\alpha_2(\lambda, T)} = \cdots = M_0(\lambda, T) \tag{6-30}$$

由式(6-30) 可知，物体的辐射出射度和吸收率之比等于绝对黑体在同样的温度下，相同波长时的辐射出射度。这是基尔霍夫定律的另一种形式。设 $M(\lambda,T)$ 为物体 A 在波长为 λ、温度为 T 时的辐射出射度。根据上式则有

$$\frac{M(\lambda,T)}{M_0(\lambda,T)}=\alpha(\lambda,T)=\varepsilon(\lambda,T) \tag{6-31}$$

式中，$\varepsilon(\lambda,T)$ 为物体 A 的单色（λ）辐射率，或称为单色（λ）黑度系数。它表明了在一定的温度 T 和波长 λ 下，物体 A 的辐射出射度与相同温度和波长下黑体的辐射出射度之比。一般 $\varepsilon(\lambda,T)<1$。$\varepsilon(\lambda,T)$ 越接近 1，表明它与黑体的辐射能力越接近。

基尔霍夫定律说明：物体的辐射能力与其吸收能力是相同的，即 $\alpha(\lambda,T)=\varepsilon(\lambda,T)$。所以，辐射能力越强的物体，它的吸收能力也越强。

在全波长内，任何物体的全辐射出射度等于单波长的辐射出射度在全波长内的积分，即

$$M(T)=\int_0^\infty M(\lambda,T)\mathrm{d}\lambda=\int_0^\infty \alpha(\lambda,T)M_0(\lambda,T)\mathrm{d}\lambda$$

$$=A(T)\int_0^\infty M_0(\lambda,T)\mathrm{d}\lambda=A(T)M_0(T) \tag{6-32}$$

式中，$A(T)$ 和 $M_0(T)$ 分别是物体 A 在温度 T 下的全吸收率及黑体在温度 T 下的全辐射出射度。所以，基尔霍夫定律的积分形式为：

$$\frac{M(T)}{M_0(T)}=A(T)=\varepsilon_T \tag{6-33}$$

式中，ε_T 为物体 A 的全辐射率，或称为全辐射黑度系数。它表明了在一定的温度 T 下，物体 A 的辐射出射度与相同温度下黑体的辐射出射度之比。一般物体的 $\varepsilon_T<1$，ε_T 越接近 1，表明它与黑体的辐射能力越接近。

6.5.1.2　黑体辐射定律

（1）普朗克定律（单色辐射强度定律）

普朗克定律指出：温度为 T 的单位面积元的绝对黑体，在半球面方向所辐射的波长为 λ 的辐射出射度 $M_0(\lambda,T)$ 为：

$$M_0(\lambda,T)=2\pi hc^2\lambda^{-5}(\mathrm{e}^{\frac{hc}{k\lambda T}}-1)^{-1}=c_1\lambda^{-5}(\mathrm{e}^{\frac{c_2}{\lambda T}}-1)^{-1} \tag{6-34}$$

式中，c 为光速；h 为普朗克常数，$h=6.626176\times10^{-34}\mathrm{J}$；$k$ 为玻尔兹曼常数，$k=1.380649\times10^{-23}\mathrm{J/K}$；$c_1$ 为第一辐射常量，$c_1=2\pi hc^2=3.7418\times10^{-16}\mathrm{W\cdot m^2}$；$c_2$ 为第二辐射常量，$c_2=\dfrac{hc}{k}=1.4388\times10^{-2}\mathrm{m\cdot K}$；$T$ 为绝对温度。

普朗克公式结构比较复杂，但是，它对于低温与高温都是适用的。

（2）维恩公式

维恩从理论上说明了黑体在各种温度下能量波长分布的规律，即

$$M_0(\lambda,T)=c_1\lambda^{-5}\mathrm{e}^{\frac{c_2}{\lambda T}} \tag{6-35}$$

维恩公式比普朗克公式简单，但是，仅适用于不超过 3000K 的温度范围，所利用的辐射波长在 $0.4\sim0.75\mu m$ 之间；当温度超过 3000K 时，实验结果与理论计算就产生偏差，而且温度越高，偏差越大。

由式(6-35)可以看出，黑体的辐射能力是波长和温度的函数，当波长 λ 一定时，黑体的辐射能力就仅仅是温度的函数，即

$$M_0(\lambda, T) = f(T) \tag{6-36}$$

上式就是光学高温计和比色高温计测温的理论根据。

（3）斯忒藩-玻尔兹曼定律（全辐射强度定律，也称为四次方定律）

斯忒藩-玻尔兹曼定律指出：温度为 T 的绝对黑体，单位面积元在半球方向上所发射的全部波长的辐射出射度与温度 T 的四次方成正比，即

$$M_0(T) = \int_0^\infty M_0(\lambda, T)\mathrm{d}\lambda = \int_0^\infty c_1 \lambda^{-5} (\mathrm{e}^{\frac{c_2}{\lambda T}} - 1)^{-1}\mathrm{d}\lambda = \frac{2\pi^5 k^4}{15c^2 h^3}T^4 = \sigma T^4 \tag{6-37}$$

式中，σ 为斯忒藩-玻尔兹曼常量，$\sigma = 5.66961 \times 10^{-3}\,\mathrm{W/(m^2 \cdot K^4)}$。

上式就是辐射式温度计测温的理论根据。全辐射强度定律是单色辐射强度定律在全波长内积分的结果。

6.5.2 光电高温计

光电高温计是利用发热体的亮度来测量温度的一种新型测温仪表，其主要特点是：①采用光敏电阻或者光电池作为感受辐射源的敏感元件来代替人眼的观察，光电敏感元件的电信号经放大后，电流信号大小就可以代表被测物体的温度值；②为比较参考辐射源与被测物体的亮度，由光敏元件和电子放大器组成鉴别和调整环节，使参考辐射源在选定的波长范围内的亮度自动跟踪被测物体的辐射亮度，当达到平衡时即可得到测量值；③在平衡式测量方式中，光敏元件只起到指零作用，它的特性变化对测量结果影响较小，参考辐射源常用钨丝灯泡，能保持较高的稳定性；④设计了手动 ε 值修正环节，可显示物体的真实温度；⑤采用新型光敏元件，测量范围宽，为 $200 \sim 1600\,℃$。光电高温计由于采用平衡式测量方式，因此具有较高的精度，可以连续测量。

如图 6-37 所示是 WDL-31 型光电高温计的工作原理。被测物体表面的辐射能由物镜 1 汇聚，经调制镜 3 反射，被探测元件 8 接收。参考辐射源——参比灯 7 的辐射能量通过另一聚光镜 6 汇聚，经反射镜反射并穿过调制镜的叶片空间到探测元件上被接收。由微电动机驱动旋转的调制镜使被测辐射能量与参比能量交替被探测元件接收，产生相位相差 180°

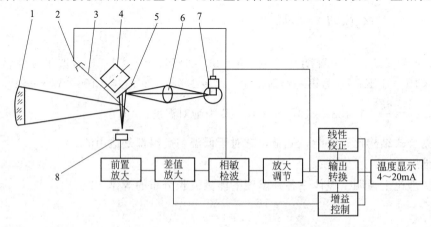

图 6-37 WDL-31 型光电高温计的工作原理

1—物镜；2—同步信号发生器；3—调制镜；4—微电动机；

5—反光镜；6—聚光镜；7—参比灯；8—探测元件

的信号。探测元件取出的测量信号是这两个信号的差值。该差值信号由电子线路放大，经相敏检波转为直流信号，再由电子线路放大器处理，以调节参比灯的工作电流，使其辐射能量与被物体辐射能量相平衡。参比灯保持平衡时状态，其电参数经过电子线路进一步处理，输出 $0 \sim 10\text{mA}$ 的统一信号送入显示仪表。为了适应辐射能量的变化特点，电路设置了自动增益控制环节，在测量范围内，保证仪器电路有合适的灵敏度。

6.5.3　比色温度计

比色温度计是通过测量热辐射体在两个或两个以上波长的光谱辐射亮度之比来测量温度的。由维恩定理可知，当黑体温度变化时，辐射出射度的最大值将向波长增加或减小的方向移动，使得在指定的两个波长 λ_1 和 λ_2 下的亮度比发生变化，通过测量亮度比值即可求得相应的温度值。

比色温度计响应快，可观察小目标，且准确度高。因为虽然实际物体的单色黑度系数 $\varepsilon_{\lambda T}$ 和全辐射黑度系数 ε_T 的数值往往相差很大，但是对同一物体的不同波长的单色黑度系数 $\varepsilon_{\lambda_1 T}$ 和 $\varepsilon_{\lambda_2 T}$ 来说，其比值的变化却很小。所以，比色温度计测得的温度（称为比色温度 T_S）与物体的真实温度 T 很接近，一般可以不进行校正。

比色温度计的结构如图 6-38 所示，按照探测器的数目分为单通道和双通道两种，其中单通道按照是否对光分束又可分为单光路和多光路两种；双通道又有带光调制和不带光调制之分。

现以图 6-38(d) 所示带光调制双通道式为例加以说明。调制盘上间隔排列着两种波长分别为 λ_1 和 λ_2 的滤光片，被测物体的辐射光束经过物镜 1 的聚焦和棱镜 7 的分光后，再经反射镜 4 的反射，在调制盘的作用下，使光束中的 λ_1 和 λ_2 单波长辐射光分别轮流到达检测器 3a 和 3b。由检测器获得的信号分别经放大器放大后到达计算电路进行除法运算，得到两波长辐射强度的比值，从而得到被测物体的比色温度 T_S。

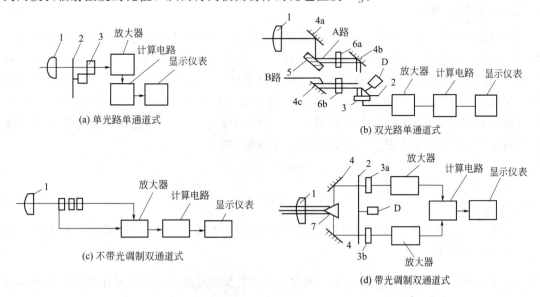

图 6-38　比色温度计原理结构

1—物镜；2—调制盘；3,3a,3b—检测元件；4,4a,4b,4c—反射镜；

5—分光镜；6a,6b—滤光玻璃；7—棱镜；D—电机

比色温度的定义是：黑体辐射的两个波长 λ_1 和 λ_2 的光谱辐射亮度之比等于非黑体的相应的光谱辐射亮度之比时，则黑体的温度即为这个非黑体的比色温度 T_S。

对于温度为 T 的黑体，在波长为 λ_1 和 λ_2 时的光谱辐射亮度之比为 R，根据维恩定理有

$$R = \frac{L_{\lambda_1}^0}{L_{\lambda_2}^0} = \left(\frac{\lambda_2}{\lambda_1}\right)^5 e^{\frac{c_2}{T}\left(\frac{1}{\lambda_2} - \frac{1}{\lambda_1}\right)} \tag{6-38}$$

两边取对数，有

$$\ln R = \ln \frac{L_{\lambda_1}^0}{L_{\lambda_2}^0} = 5\ln\left(\frac{\lambda_2}{\lambda_1}\right) + \frac{c_2}{T}\left(\frac{1}{\lambda_2} - \frac{1}{\lambda_1}\right) \tag{6-39}$$

据上式可得：

$$T = \frac{c_2\left(\dfrac{1}{\lambda_2} - \dfrac{1}{\lambda_1}\right)}{\ln R - 5\ln\dfrac{\lambda_2}{\lambda_1}} \tag{6-40}$$

根据比色温度计的定义，可知物体的真实温度与比色温度的关系，即

$$\frac{1}{T} - \frac{1}{T_S} = \frac{\ln\dfrac{\varepsilon_{\lambda_1 T}}{\varepsilon_{\lambda_2 T}}}{c_2\left(\dfrac{1}{\lambda_2} - \dfrac{1}{\lambda_1}\right)} \tag{6-41}$$

式中，$\varepsilon_{\lambda_1 T}$、$\varepsilon_{\lambda_2 T}$ 分别为物体在 λ_1 和 λ_2 时的单色黑度系数；T 为物体的真实温度；T_S 为物体的比色温度。

6.5.4　辐射温度计

辐射温度计是根据全辐射强度定理来进行测量的。工业用辐射温度计由辐射感温器和显示仪表两部分组成，它可用于测量 $400 \sim 2000\,^\circ\!C$ 的高温，多为现场安装式结构，按光学系统分为透镜式和反射镜式。常用的辐射式温度计是红外测温仪。辐射式温度计测量的温度称为辐射温度（T_E），当被测对象为非黑体时，要通过修正才能得到非黑体的真实温度。辐射温度的定义为：黑体的总辐射能等于非黑体的总辐射能时，此黑体的温度即为非黑体的辐射温度。根据全辐射强度定理，总辐射能相等，则有

$$\varepsilon_T \sigma T^4 = \sigma T_F^4$$

$$T = T_F \sqrt[4]{\frac{1}{\varepsilon_T}} \tag{6-42}$$

式中，T 为非黑体的真实温度；T_F 为非黑体的辐射温度；ε_T 为非黑体的全辐射黑度系数（与温度有关）。

由于 $\varepsilon_T < 1$，则 $\dfrac{1}{\varepsilon_T} > 1$，$T_F < T$。因此，用辐射温度计测出的温度要比物体的真实温度低。需注意的是，不同的温度范围的物体，其发出的辐射电磁波的波长不同，常温范围（$0 \sim 100\,^\circ\!C$）内能量主要集中在中红外和远红外波长。

工业用红外温度计是最常用的典型的辐射温度计，如图 6-39 所示。

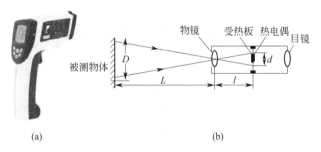

图 6-39　手持式红外温度计和基本原理

自然界一切温度高于绝对零度（−273.15℃）的物体，都在不停地向周围空间辐射包括红外波段在内的电磁波，其辐射能量密度与物体本身的温度关系符合辐射定律。红外辐射温度计的工作原理正是基于检测物体辐射的红外线的能量，推知物体的辐射温度。在红外热辐射温度传感器中，作为测量元件的热电偶将受热板所受红外线的能量转换检测信号输出。如图 6-39 所示，光学系统汇聚其视场内的目标红外辐射能量，将红外能量聚焦在受热板上。受热板是一种人造黑体，通常为涂黑的铂片，当吸收辐射能后温度升高，由连接在受热板上的热电偶、热电阻或热敏电阻测定并转变为相应的电信号。

6.6　其他类型的温度传感器

6.6.1　光纤温度计

工业中常用的光纤温度计主要是荧光光纤温度计和光纤辐射温度计。

（1）荧光光纤温度计

它是利用光致发光效应制成的。稀土荧光物质在外加光波的激励下，原子处于受激励状态，产生能级跃迁，当受激原子恢复到初始状态时，发出荧光，其强度与入射光的能量及荧光材料的温度有关。若入射光能量恒定，则荧光的强度是温度的单值函数。

在该温度计中，光纤不作为感温元件，而仅用于导光。由于物体的荧光仅在低温区具有可检测的荧光温度特性，而在高温区则由于荧光淬灭以及辐射背景的增加而无法适用，因此它只适于低温区的测量。

荧光光纤温度计传感器部分固结着稀土磷化合物，处于在被测温度环境下。仪表中发出恒定的紫外线，经传送光纤束投射到磷化合物上，并激励其发出荧光，此荧光强度随温度而变化。通过接收光纤束把荧光传送给光导探测器，其探测器的输出即可用于表示温度。

图 6-40 是荧光光纤温度计结构图。光源 1 在脉冲电源 7 的激励下发出紫外辐射作为激励光束，经滤光器 3 和多个分色镜去除可见光后，用透镜 5 聚焦射入光纤，经光纤传输并投射到荧光物质 12 上。从光纤返回的荧光，经自透镜 5 变成近似的平行光，再由分光镜 4（半透半反射镜）分成两路，并分别通过滤光器 8 分出两路特定波长的谱线，然后由透镜 9 聚焦到两个固体光电探测器 10 上。探测器输出的信号经放大处理电路 11 后实现相关运算输出温度。

（2）光纤辐射温度计

光纤辐射温度计的原理与辐射温度计相似，不同之处是用光纤代替了一般辐射温度计的空间传输光路；同时，高温光纤探头可靠近被测物体，减小了光路中的灰尘、背景光等

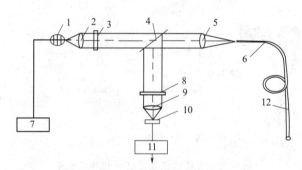

图 6-40　荧光光纤温度计结构

1—光源；2,5,9—透镜；3,8—滤光器；4—分光镜；6—光导纤维；

7—脉冲电源；10—光电探测器；11—放大处理电路；12—荧光物质

因素对测量的影响；光纤探头尺寸小，克服一般辐射温度计的透镜直径大、不能用于狭小空间测温或目标被遮挡难以接近等场合测温的难题。

光纤辐射温度计按探头的结构可分为两大类：光导棒耦合式与透镜耦合式，其结构分别如图 6-41 所示。光导棒耦合式探头的距离系数 L/D 小，如石英光纤仅为 2，因此适用于近距离测温。光导棒耦合式探头具有结构简单、空间和温度分辨率高的优点，但不能测量小目标的温度，需采用带有小透镜的透镜耦合式探头。

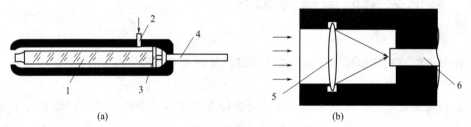

(a)　　　　　　　　　　　　　　(b)

图 6-41　光耦合器结构

1—光导棒；2—吹风管；3—光导棒与光纤连接器；4,6—光纤；5—透镜

透镜耦合式探头的光路原理与一般辐射式温度计相同。由透镜汇聚的辐射能量射入光纤内部，再经光纤传送至光纤辐射温度计的光电转换部分。

一种常用的光纤辐射温度计是蓝宝石单晶光纤温度计。该温度计综合了光纤辐射测温（适于测高温）和光纤荧光测温（适于测低温）的优点，利用特殊生长的、在其端部掺杂 Cr^{3+} 离子的蓝宝石单晶光纤，实现单一光纤从室温到 1800℃ 大范围的温度测量。蓝宝石单晶光纤温度计的结构如图 6-42 所示。在低温区（400℃ 以下），辐射信号较弱，系统开启发光二极管（LED）3 使荧光测温系统工作。发光二极管发射调制的激励光，经透镜 4 聚集到 Y 形石英光纤传导束（简称 Y 形光纤）5 的分支端，再经光纤耦合器 6 透射至蓝宝石光纤的温度传感头（7 和 13）上，并使其受激发而产生荧光，荧光信号由蓝宝石光纤 12 导出，经光纤耦合器 6 从 Y 形光纤 5 的另一分支端射出，被光电探测器 10 接收。光电探测器输出的光信号经放大后由荧光信号处理系统 9 处理、计算，以求得被测对象的温度值。在高温区（400℃ 以上），辐射信号足够强，此时辐射测温系统工作，发光二极管关闭。辐射信号通过蓝宝石光纤 12 输出，并经 Y 形光纤 5 导出，由光电探测器 10 转换成电信号，通过检测辐射信号的强度计算得到被测对象的温度值。

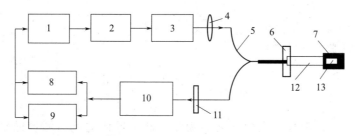

图 6-42　蓝宝石单晶光纤温度计

1—单片机；2—驱动；3—LED；4—透镜；5—Y 形石英光纤传导束；6—光纤耦合器；

7—光纤黑体腔；8—辐射处理系统；9—荧光处理；10—光电探测器；

11—高速滤波器；12—蓝宝石光纤；13—红宝石光纤

6.6.2　基于半导体的温度传感器

PN 结温度传感器，即利用 PN 结测温的温度传感器。当 PN 结的正向电流不变时，PN 结的正向电压降随温度线性变化。PN 结温度传感器是一种较新的测温手段，具有线性好、灵敏度高、输出阻抗低的特点，广泛用于 50～150℃ 范围内的温度测量。

6.6.2.1　测温原理

半导体 PN 结构成的二极管是温敏元件，其测温的基本原理是：在恒定的正向偏置电流之下，PN 结势垒的高度与温度相关。

由半导体物理知识，正向偏置的 PN 结的电流 I 和温度的关系由下式表示：

$$I = I_0 (e^{\frac{qV_g}{kT}} - 1) \tag{6-43}$$

式中　I_0——PN 结的反向饱和电流；

　　　q——电子电荷；

　　　V_g——PN 结的正向电压降；

　　　k——玻尔兹曼常数；

　　　T——热力学温度。

在温度不太高时，上式可简化为：

$$I = I_0 e^{\frac{qV_g}{kT}} \tag{6-44}$$

为求得 PN 结势垒 V_g 与温度 T 的关系，对 PN 结加正向偏置，并要求偏置电流为恒定的数值，也就是说电流 I 为由恒流源给定的已知常数。因为二极管反向饱和电流 I_0 也是温度的函数，所以无法从上式中直接推导出势垒 V_g 与温度 T 的关系。考虑到二极管反向饱和电流 I_0 为：

$$I_0 = CT^\eta e^{\frac{qV_{g0}}{kT}} \tag{6-45}$$

这里 C 和 η 是与 PN 结的几何形状和掺杂浓度有关的经验常数，V_{g0} 是绝对零度时半导体的禁带宽度，对于某一类的半导体来说是一个基本常数。将式(6-44) 和式(6-45)结合，可将 PN 结的正向偏置电流 I 改写为：

$$I = CT^\eta e^{\frac{q(V_g - V_{g0})}{kT}} \tag{6-46}$$

上式取对数，经过整理以后有

$$V_g = \frac{kT}{q}\left[\ln I + \frac{q}{kT}V_{g0} - \ln C - \eta \ln T\right] \tag{6-47}$$

对温度 T 取导数，经整理后有

$$\frac{dV_g}{dT} = -\left[\frac{V_{g0} - V_g}{T} + \eta\,\frac{k}{q}\right] \tag{6-48}$$

由于偏置电流 I 是常数，取微分之后为零；硅半导体的绝对零度的禁带高度 V_{g0} 是 1.171V，玻尔兹曼常数和电子电荷的比值 $k/q = 86\mu V/K$，常数 η 的近似数值为 3.54；取室温 $T = 300K$，硅二极管 PN 结的正向电压降 V_g 为 0.65V，则由式（6-48）可以算出二极管的 PN 结的温度系数为：

$$\frac{dV_g}{dT} \approx -2mV/K \tag{6-49}$$

即温度每增加 1K，硅二极管的正向结电压降低 2mV。这是用二极管 PN 结测量温度的理论基础。注意：在以上推导中假定二极管正向电流 I 为常数，所以在应用中偏置电源必须用恒流源。

6.6.2.2 二极管温敏元件的特性

半导体二极管是一种负温度系数的温敏元件。图 6-43 给出了硅半导体二极管温度传感器的温度系数曲线。当温度高于大约 20K 时，它的温度系数大约是 $-2mV/K$。这一温度系数要比热电偶的典型热电系数（数十微伏每开）大得多，易于测量。当温度低于大约 20K 时，半导体二极管的温敏元件的温度系数和灵敏度大为提高，虽然此时它的线性变差，但经过校准后，仍不失为有效的低温温敏元件。

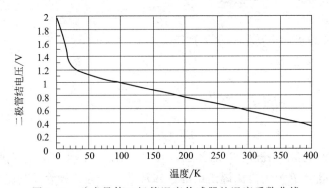

图 6-43 硅半导体二极管温度传感器的温度系数曲线

6.6.2.3 测量电路

如图 6-44 所示为二极管温敏单元的典型测量电路。其中 VD_1 为二极管温敏单元，放大器 A_1 和三极管 VT_1 等构成恒流源电路，为 VD_1 提供恒定的电流。当温度增加时，VD_1 的电压减小。A_2 为放大器，将与温度相应的 VD_1 的电压变化放大到需要的电平。此时，若在 A_2 的输出端接入电压表，就能跟踪 VD_1 的温度。

实际使用时，也可采用两个二极管温敏元件，其中一个二极管作为参考温度传感器置于绝热环境，而另一个作为主要温度感受器放在待测环境或者物体上。这样通过对比两个二极管的电压差即可实现连续的温度测量。

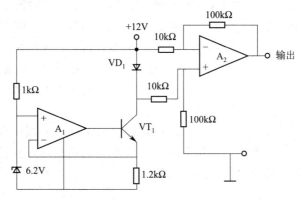

图 6-44　二极管温敏单元的典型测量电路

6.6.3　集成式温度传感器

　　除用于超低温测量的分立元件的二极管温度感器之外，基于半导体 PN 结的温度传感器都以集成电路的形式出现。集成电路温敏器件是用集成电路技术制造的、将所需的温度敏感单元（原理多样，但一般为小型）封装成集成电路形式的温度传感器。常用的测温原理是利用热电偶的热电效应，二极管的 PN 结的感温特性或三极管的基极、发射极之间 PN 结的势垒与温度的依赖关系来反映和测量温度的。上节所述的半导体二极管测温电路实际上也用以整合成集成式温度传感器。另外，目前常用一对互相匹配的三极管组成的温敏差分对管作为温敏单元，因为它们的 U_{BE} 之差具有良好的正温度系数。集成电路温敏器件本身就可带有模数转换电路，能输出数字化的温度测量结果，甚至包含计算机标准接口，可将信号直接输给计算机。

　　集成电路温度传感器不但灵敏度高、线性好、产品一致性好，而且可以把用于将温度转换成电信号的前级三极管与信号放大、线性补偿、输出驱动等电路都集成在一起。表 6-7 给出了常见集成式温度传感器特性。

表 6-7　常见集成温度传感器特性

型号	测温范围/℃	输出形式	温度系数	备注
XC616A	−40～125	电压型	10mV/℃	内有稳压和运放
XC616C	−25～85	电压型	10mV/℃	内有稳压和运放
LX6500	−55～85	电压型	10mV/℃	内有稳压和运放
LX5700	−55～85	电压型	10mV/℃	内有稳压和运放
LM3911	−25～85	电压型	10mV/℃	内有稳压和运放
LM134	−55～125	电流型	1μV/℃	金属封装
LM134	0～75	电流型	1μV/℃	塑封
AD590	−55～150	电流型	1μV/℃	
REF-02	−55～125	电压型	2.1mV/℃	
AN6701	−10～80	电压型	110mV/℃	
LM35	−35～150	电压型	10mV/℃	

　　工业中常用的 AD590 就是基于上述原理制成的集成式温度传感器。它是一种电压输

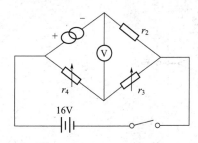

图 6-45　AD590 的基本测温电路

入、电流输出型两端元件，其输出电流与绝对温度成正比，测温范围为－55～150℃。AD590 在电路中，既作为恒流器件，又起感温作用。因为 AD590 是恒流器件，所以适合于温度的自动检测和控制以及远距离传输。AD590 的基本测温电路为非平衡电桥法，如图 6-45 所示。

AD590 可串联使用也可并联使用，如图 6-46 所示。将几个 AD590 单元串联使用时，获得的是几个被测温度中的最低温度；而并联时可获得被测温度的平均值。

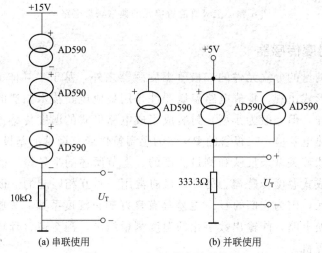

(a) 串联使用　　(b) 并联使用

图 6-46　AD590 的串并联使用

AD590 具有线性优良、性能稳定、灵敏度高、无需补偿、热容量小、抗干扰能力强、可远距离测温且使用方便等优点，广泛应用于各种冰箱、空调器、粮仓、冰库、工业仪器配套和各种温度的测量与控制等领域。

AD590 的测温电路如图 6-47 所示。运算放大器 A_1 被接成电压跟随器形式，以增加信号的输入阻抗。而运算放大器 A_2 的作用是把绝对温标转换成摄氏温标，给 A_2 的同相输入端输入一个恒定的电压（如 1.235V），然后将此电压放大到 2.73V。这样，A_1 与 A_2 输出

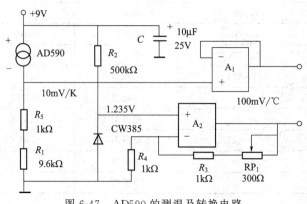

图 6-47　AD590 的测温及转换电路

端之间的电压即为转换成的摄氏温标。

6.6.4　石英振荡器温度传感器

　　石英振荡器温度传感器是通过测量压电石英晶片的振荡频率随外界温度的变化来测量温度的。压电石英晶体的自然频率的温度系数沿各个晶轴均不相同，用于温度测量时，晶片的切割方向应选其温度系数高的方向。压电石英晶片的自然频率和温度的关系可由以下三次多项式来表达：

$$f_T = f_0 [1 + \alpha(T - T_0) + \beta(T - T_0)^2 + \gamma(T - T_0)^3] \tag{6-50}$$

式中　　f_T——温度为 T 时的晶片振荡频率；

　　　　f_0——温度为 T_0 时的晶片振荡频率；

　　α, β, γ——振荡频率的温度系数。

　　石英晶体温度传感器的特点是灵敏度极高，可达 0.0001℃，其测温范围为 $-50\sim$ 200℃。石英晶体的控制测量电路比较复杂，图 6-48 给出了 TL451 压电型温度传感器的驱动电路，其测温范围为 $0\sim99.99$℃，分辨率为 0.01℃。

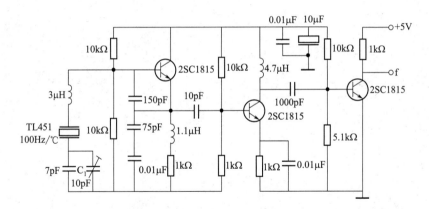

图 6-48　TL451 压电型温度传感器的驱动电路

 思考题和习题

1. 什么是温标？简述 ITS-90 温标的 3 个基本要素内容。

2. 接触式测温和非接触式测温各有何特点？常用的测温方法有哪些？

3. 热电偶的测温原理是什么？使用热电偶时应注意什么问题？

4. 可否在热电偶闭合回路中接入导线和仪表，为什么？

5. 为什么要对电偶进行冷端补偿？常用的方法有哪些，各有什么特点？使用补偿导线时应注意什么问题？

6. 热电偶主要有哪几种，各有何特点？

7. 热电偶测温的基本线路是什么？串、并联有何作用？

8. 试用热电偶的基本原理，证明热电偶的中间导体定律。

9. 常用热电阻有哪些？各有何特点？

10. 使用热电阻测温时，为什么要采用三线制？与热电偶相比，热电阻测温有什么特点？

11. 为什么辐射温度计要用黑体刻度？用其测温时是否可测被测对象的真实温度？为什么？

12. 辐射温度计可分为几大类？各有何原理和特点？

13. 光学高温计和全辐射高温计在原理和使用上有何不同？

14. 何为亮度温度、颜色温度和辐射温度？它们和真实温度的关系如何？

15. 辐射测温的误差源主要有哪些？如何克服？

16. 光纤测温的基本原理是什么？各种常用光纤温度计的原理和特点是什么？

第7章 工业分析仪表

工业分析仪表是指直接安装在工业生产流程中，对被测介质的组成成分比例或物理参数进行自动连续测量的检测装置，又称为在线分析仪表或过程分析仪表。有别于实验室人工参与操作的分析仪表，工业分析仪表采用现场安装方式，自动取样、预处理、自动分析、信号处理及远传，适用于生产过程中实时的监测和控制。

7.1 概述

7.1.1 工业分析仪表的概念及其应用

在石油、化工等生产过程中，为保证产品的质量，要对产品的某种特定成分的含量进行测量。常规的处理方式为：在生产过程人工采集样品，并记录对应的生产过程参数（如温度、压力等）。将样品送到实验室，由人工操作实验室设备进行组分和质量分析，再根据分析结果，判定过程参数的合理范围。在连续的生产过程中，通过监测和控制工艺流程中的过程参数来控制产品的质量。这种方法实时性差，且在生产过程中不直接监测成分指标，并不是最理想的方法。之所以采用这种方式，是因为自动的在线连续成分测量存在以下几个难点。

① 测量对象种类繁多，生产过程机理复杂，无法找到相应的测量方案和测量装置。流程工业的产品有单质，又有化合物；化合物又分为无机和有机类型。影响测量结果的因素很多。

② 分析仪表投入成本高，测量时干扰因素多，日常维护要求高，要保证测量精度、满足测量条件较困难。

③ 生产环境恶劣，不便于使用测量设备。例如在冶金工业中直接测量熔化金属的某种成分含量是非常困难的。

④ 试样处理过程复杂，不便于快速实时测量。许多石油、化工、冶金产品的成分测量，需要先对其中的被测成分进行分离或提纯，预处理过程需要花费很多时间，待完成测量后，如果工艺条件已发生波动，先前的测量结果就无参考意义。

如果不解决以上这些问题，则在线分析仪表相比于实验室分析仪表不具备优越性。

随着工业技术的提高和生产的需求，工业分析仪表的地位也越来越重要，新技术的发展也为工业分析仪表的研发提供了新的手段，越来越多的流程工业生产过程开始引入工业分析仪表作为测量和控制的手段。如在炼油厂中使用的近红外在线分析仪器，可在几秒至几分钟内测定汽油、柴油等十几种化学测量参数。又如丙烯腈装置中，工业质谱仪可在几秒内分析多种组分，并经计算机算出转化率。工业分析仪表在流程工业的测控领域起着越来越大的作用。

目前工业分析仪表主要用于以下几个方面。

（1）产品质量监督

在石油化工行业，目前已普遍采用石油产品的加工质量进行在线分析。例如在炼油工业中，用近红外光谱在线分析仪对煤油、汽油、柴油、润滑油等产品的多种质量指标在加工过程中自动进行定期分析，大大减少了产品的成分在其标号范围内的误差。保证质量的同时，也提高了经济效益。

（2）工艺监督

在生产过程中，合理选用分析仪表能准确、迅速分析出参与生产过程的有关物质成分，可以及时地进行控制和调节，达到最佳生产过程的条件，从而实现稳产、高效的目的。如分析进合成塔气体的组成，根据分析结果可及时调节气体中氢和氮的含量，使两者之间保持合适的比值，获得最佳的氨合成效率，使产氨量增加。

（3）安全生产

工业生产中，保证生产安全是企业的第一要务。利用分析仪表对生产过程中的危险因素进行检测，可以避免人身安全事故或设备安全事故。例如用分析仪表检测生产环境中有害性气体或可燃性气体的含量，达到一定指标时发出报警信息，提醒操作人员，以确保安全生产。再比如工业锅炉生产的蒸汽是流程工业的常用能源，但水质的好坏是影响生产安全的重要因素，通过工业分析仪表对水质的检测可以保证设备的安全运行。

（4）环境保护

对工业排废的监测要求，是生产过程中一个重要的指标。利用分析仪表检测烟气、污水、残渣排放是否达标，已成为目前企业生产的一个必备环节。例如常用的加热炉或锅炉等燃烧系统，因燃烧不完全造成燃料浪费，污染环境。通过如工业分析仪表实时分析烟气中二氧化碳和氧的含量，并进行燃料和供风比例的调节，可保证充分燃烧，既有较高热效率，又能避免污染环境。而精确进行碳排放量统计，也需要依靠对烟气的成分测量和分析。

7.1.2 工业分析仪表分类

随着测量技术的发展，在线分析仪器的分析方法的发展迅速，现有的分析方法已达 200 多种，虽然统称为分析仪表，实际测量对象种类众多，检测方法各异，形成了工业测量技术中的一个特殊分支。从不同的角度出发可以有不同的分类方法。

按照测量原理和分析方法，可以把在线分析仪器大略地分为如下几类。

① 光学、电子光学及离子光学式分析仪器　包括采用吸收光谱法的红外线气体分析器、近红外光谱仪、紫外-可见分光光度计、激光气体分析仪等；采用发射光谱法的化学发光法、紫外荧光法分析仪等；采用透射、散射光度法的烟尘浓度分析仪器。

② 电化学式分析仪器　包括采用电位、电导、电流分析法的各种电化学式分析仪器，如 pH 计、电导仪、氧化锆氧分析器、燃料电池式氧分析器、电化学式有毒性气体检测器等。

③ 色谱仪和质谱仪　色谱或质谱分析法是通过对被测介质的组分分离并检测的定性、定量分析方法。常见的色谱仪和质谱仪有测量气体成分的气相色谱仪、用于液体成分分析的液相色谱仪以及工业质谱仪等。

④ 射线式与辐射式分析仪器　利用高能辐射波进行成分分析的仪表。如 X 射线荧光光谱仪（也可划入光学分析仪器）、γ 射线密度计、中子及微波水分仪（也可划入物性分析仪

器）等。

⑤ 物性分析仪器　检测物质物理性质的分析仪器叫作物性分析仪器。物性分析仪器按其检测对象来分类和命名，如水分仪、湿度计、密度计、黏度计、浊度计以及石油产品物性（烯烃、芳烃、苯基氧化物含量，辛烷值，馏程，闪点，等）分析仪器等。

⑥ 热学式分析仪器　利用介质的热学特性进行在线分析的仪表，如热导式气体分析仪、热磁式氧分析仪。

⑦ 磁学式分析仪器　利用分析样品在外加磁场影响下产生的特性变化进行分析测量的仪表，如磁机械式、磁压力式氧分析仪，工业核磁共振分析仪，等。

⑧ 其他分析仪器　如半导体气敏传感器、生物传感器等。

除了上述按原理分类的方法外，也可按照被测介质的相态，将在线分析仪器划分为气体、液体、固体分析仪器三大类；或按照测量成分或参数划分分析仪器类型，可分为氧分析仪、硫分析仪、pH 值测定仪、盐量表等多种。

7.1.3　工业分析仪表的组成

工业分析仪表的处理核心还是实验室分析仪表的功能，但是在进样方式和结果输出操作中，利用特殊的设备装置代替人工操作，就构成了工业分析仪表的在线实时检测系统。由于对被测介质需要进行预先的采样准备，大部分工业分析仪表都是分体式结构，一体化的工业分析仪常见于物性分析类型的仪表。

通常在线分析仪表（一般安装在分析小屋或专门的保护装置中）和样品（有气体、液体、固体）、预处理装置（一般安装在取样点附近）共同组成一个在线测量系统，以保证良好的环境适应性和高可靠性，其典型的基本组成如图 7-1 所示。

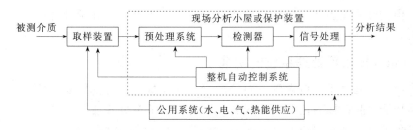

图 7-1　分析仪器的组成方块图

取样装置从生产设备中自动快速地提取待分析的样品，并对该样品进行初步冷却、除水、除尘、加热、汽化、减压和过滤等处理，预处理系统对该样品进行进一步冷却、除水、除尘、加热、汽化、减压和过滤等处理，还实现了流路切换、样品分配等功能，为分析仪表提供符合技术要求的样品。公用系统为整个系统提供蒸汽、冷却水、仪表空气电源等。样品经分析仪表分析处理后得到代表样品信息的电信号通过电缆远传到工业监测和控制系统。

（1）取样及预处理系统

通过取样和预处理系统，获得被测介质中具有代表性的被分析样品，并保证其物性（温度、压力、流量）、纯净度等符合分析要求，同时去除介质中对设备有影响的有害组分。

（2）检测器

检测器是分析仪器的主要部分，它的任务是把被分析物质的成分含量或物理性质转换为电信号。不同分析仪器具有不同形式的检测器。分析仪器技术性能主要取决于检测器。

（3）信号处理单元

信号处理单元的作用是对检测装置输出的微弱电信号做进一步处理，如对电信号的转换、放大、线性化，最终变换为标准的统一信号（如 DC 4～20mA 电流）和数字信号等，并将处理后信号传送给工业自动化系统的其他仪表。

（4）整机自动控制系统

整机自动控制系统的主要任务是控制工业分析仪表各部分自动而协调的工作。如控制采样和分析的时间间隔，在每个分析周期内进行自动调零、校准、采样分析、显示等循环过程。

（5）公用系统

许多工业分析仪表本身就是一个小型的自动化系统，在工作时需要提供电力、蒸汽、燃气、纯净水、空气或其他高纯度气体。公用系统作为辅助的配套系统，为工业在线分析仪表提供这方面的支持。

在线分析仪器安装于工业现场，需要为其提供不同程度的气候和环境防护，以确保仪器的使用性能并利于维护。一体化的在线分析仪表现场安装可利用外壳、仪表柜等进行现场保护。而当仪器体积大、数量多，分析操作环境要求高，维护频繁时，就需要在现场搭建分析小屋，在室内安装分析仪表。

7.2 工业分析仪表的自动取样和预处理系统

工业分析仪表和实验室分析仪表的主要区别之一就是分析样品的取样方式。工业分析仪表要求取样过程必须在线、自动、具有周期性，样品被输送到检测器之前，必须经过复杂的自动化预处理才能满足分析操作的环境和条件。所以取样和预处理系统是决定其性能的首要因素。

7.2.1 自动取样和预处理系统的功能

自动取样和预处理系统包含以下四项功能：样品提取、样品输送、样品处理、样品排放。这四项功能也是取样和预处理系统的主要处理环节和处理流程。在整个分析处理过程中，取样和预处理所需时间约占整个过程时间的 2/3。工业分析仪表的可靠性和性能优劣在很大程度上取决于自动取样和预处理系统的性能和水平。

自动取样和预处理系统的主要任务是对气体或液体试样进行稳压、过滤、冷却、干燥、分离、萃取、定容或稀释等处理；对固体试样进行切割、粉碎、研磨和加工成形等操作，然后把处理后的试样输送到分析仪表的检测器进行测量，在完成测量后还要确保试样的安全排放，使分析工作安全、快速、稳定可靠地进行。

自动取样和预处理系统一般需具备以下性能：

① 能够足量地采集到可以代表分析本体的样品。

② 用一种与分析需求相匹配又不破坏分析组分的方法处理和调制样品（如除尘、加温、蒸发、稀释、浓缩等）。

③ 尽可能在最短的时间内将具有代表性的样品输送到分析器。

④ 把从分析器中流出的试样以适当的方式排出或送回工业流程中。

⑤ 对所采样的工业流程无扰动、无危害。

⑥ 必须安全、无泄漏，不影响周围环境。

自动取样和处理系统在工业分析仪表中主要起了以下的作用：

① 将样品的流速、温度、压力的环境参数调节到与工业分析仪器测量相匹配的状态，以减少生产流程对工业分析仪器测量的干扰，避免对仪器的损坏。

② 根据测量需要对低浓度被测组分进行浓缩，提高测量的灵敏度，降低最小测量限。

③ 稀释高密度、高浓度被测组分，避免浓度超量程造成的测量误差，增加样品的流动性。

④ 消除基体或其他组分对测量的影响，提高测量的选择性和灵敏度。

⑤ 去除对分析系统应用造成损害和危险的物质，确保系统的运行安全。

自动取样系统根据处理对象可分为气体、液体、固体和熔融金属、散状颗粒固体等几种；按使用情况可分为专用和通用两种类型。大多数情况下，为保证工业分析仪器的测量效果，用户需根据自己的使用环境和条件，向分析仪器生产厂家定制专用的自动取样系统，或由用户自行设计制造。

7.2.2　自动取样和预处理系统的组成

在线分析仪表的自动取样和预处理系统是一套复杂的机电一体化控制装置，其主要的部分有采样探头、分流器、调压器、稳压阀、稳流阀、过滤器、多路采样切换系统、排放和回收阀门管路系统等。自动取样和预处理系统的基本组成主要有以下几个环节。

① 取样装置：一般由取样探头和采样泵组成。

② 过滤装置：包括除尘、除液、去除结晶或有害物质的装置。

③ 检测和控制装置：对样品的流量、压力、温度等物理量进行测量和控制的装置。

④ 其他辅助装置：如加热和冷却装置、标准样品提供装置、安全监测和报警装置、自动切换阀和控制器、输送管线等。

下面以烟气的自动采样和预处理系统为例来说明其结构和原理。

欲测烟气的二氧化碳和氧含量，需从烟道中取样及预处理。烟道气体的特点是温度高、压力低或处于负压，烟气含有灰尘、水蒸气和腐蚀性组分。对这类气体取样，需要有抽吸气体装置。图 7-2 为水抽吸取样和预处理系统示意图。

探头插入烟道中，它是带有微孔的陶瓷过滤器。以具有一定压力的水为动力的水抽吸器，把样气从烟道吸入取样管路，在水抽吸器里，样气和水混合在一起。这时样气既被水冷却，又被水清洗。水抽吸器即为以水为动力的喷射泵。从探头到水抽吸器这段取样管路具有一定负压，应当有良好的密封，以防止空气漏入管路，避免因取样不准而产生误差。样气和水的混合物进入气水分离器，烟气中灰尘大部分落入水中，并和水一起从下部排出。样气被气水分离器分离出来，并以一定压力由气水分离器上部输出进入离心式过滤器，样气经过滤后，进入分析器。

图 7-3 为喷射泵的结构示意图。其动力可以是压缩空气、具有一定压力的水或水蒸气。

它是基于能量转换原理工作的，具有一定流速的流体经过节流孔后流速增加，即动能增加，静压能减小，形成负压，从而把样气吸入取样管路中。

图 7-4 为气水分离器的结构示意图。气水混合物进入分离器后，气体由水中逸出水面，然后由上部出口处排出。为了保证有一定水面，内部装有溢流挡板，多余水由溢流挡板溢出，然后经排水口排出。

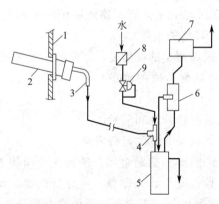

图 7-2　水抽吸取样和预处理系统示意图

1—烟道壁；2—探头；3—取样管；4—水抽取器；
5—气水分离器；6—离水式过滤器；7—分
析器；8—过滤器；9—压力调节阀

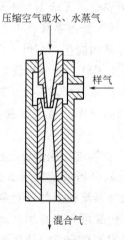

图 7-3　喷射泵的结构示意图

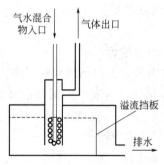

图 7-4　气水分离器的结构示意图

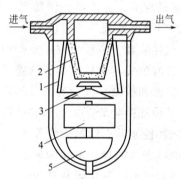

图 7-5　离心式过滤器的结构示意图

1—分离片；2—陶瓷过滤器；3—稳
流器；4—浮子；5—膜片

　　图 7-5 为离心式过滤器的结构示意图。样气进入离心式过滤器的气室，经过分离片时由于旋转而产生离心力的作用，水分被甩到外壁上，沿壁流下。样气中如果还有灰尘，经陶瓷过滤器再次过滤后进入分析器进行分析。气室下部的积水达到一定液位高度时，浮子浮起，带动膜片阀开启，把积水排出，然后阀门又自动关上。

　　工业分析仪表使用的环境不同，检测的样品性质差异很大，因此相应的自动取样和试样预处理系统的技术和装置组成相差很大，往往需要根据实际的测试需求进行集成和搭建，具有很强的专用性，限于教材篇幅所限，就不在此详细列举了。

7.3　热学和磁学式分析仪

　　热学式分析仪是利用混合气体的热学特性以及与某种稳定化学物质进行化学反应产生的热效应对物质（主要是气体）成分进行自动分析的工业分析仪，典型仪器有热导式气体分析仪和热磁式氧分析仪，其构成的主要特征是利用热敏元件作为传感器的敏感元件，利用惠斯顿电桥测量热敏元件受温度影响产生的电阻变化来进行物质成分分析。

热导式气体分析仪是根据混合气体的热学性质以及与某种特定物质进行化学反应后产生的热效应，进行气体中某个组分（又称待测组分）的含量的在线分析仪器。常用于气体混合物中 N_2、O_2、CO_2、H_2 等气体含量的测量。该分析器原理简单，既可作为单纯分析器，又可根据需要作为一个组分分析的变送器而构成自动调节系统，实现生产过程的自动调节，对提高产品质量、安全生产和节能等起了一定的作用。热导式检测器也被广泛应用于色谱分析仪中。

热磁式氧分析仪是利用氧气的顺磁性在非均匀磁场中能产生热磁对流的特点，对混合气体中氧的含量进行分析。由于氧气是许多流程工业生产重要的原料气体，也是燃烧烟气排放需要检测的重要组分之一，因此氧分析仪在流程工业的成本监控、节能环保控制方面的应用非常广泛。

7.3.1　热导式气体分析仪

7.3.1.1　热导分析的基本原理

（1）气体的热导率

由传热学可知，在温度场中，热量通过介质由高温等面向低温等面传递。固体、液体、气体都有导热能力，但导热能力有差异，一般而言，固体导热能力最强，液体次之，气体最弱。物体的导热能力即反映其热传导速率的大小，通常用热导率 λ 来表示，物体传热的关系式可用傅里叶定律描述，即单位时间内传导的热量和温度梯度以及垂直于热流方向的截面积成正比，即

$$d\theta = -\lambda dA \frac{\partial t}{\partial x} \tag{7-1}$$

式中　θ——单位时间内传导的热量；

　　　λ——介质热导率；

　　　A——垂直于温度梯度方向的传热面积；

$\dfrac{\partial t}{\partial x}$——温度梯度。

式(7-1) 中的负号是表示热量传递方向与温度梯度方向相反。由式(7-1) 可知，热导率愈大，表示物质在单位时间内传递热量愈多，即它的导热性能愈好。其值大小与物质的组成、结构、密度、温度、压力等有关。常见气体的相对热导率及其温度系数见表 7-1。

对于彼此之间无相互作用的多种组分的混合气体，它的热导率可以近似地认为是各组分热导率的加权平均值。

$$\lambda = \lambda_1 C_1 + \lambda_2 C_2 + \cdots + \lambda_n C_n = \sum_i^n \lambda_i C_i \tag{7-2}$$

式中　λ——混合气体的热导率；

　　　λ_i——混合气体中第 i 组分的热导率；

　　　C_i——混合气体中第 i 组分的体积分数。

式(7-2)说明混合气体的热导率与各组分的体积分数和相应的热导率有关，若某一组分的含量发生变化，必然会引起混合气体的热导率的变化，热导分析仪器就是基于这种物理特性进行分析的。

表 7-1　常见气体的相对热导率及其温度系数

气体名称	相对热导率（0℃时）	温度系数 β（0～100℃）	气体名称	相对热导率（0℃时）	温度系数 β（0～100℃）
氢	7.130	0.00261	二氧化硫	0.344	—
氦	1.991	0.00256	氯	0.322	—
氧	1.105	0.00303	甲烷	1.318	0.00655
空气	1.000	0.00253	乙烷	0.807	0.00583
氮	0.998	0.00264	乙烯	0.735	0.00763
一氧化碳	0.964	0.00262	二乙醇	0.543	0.00700
氩	0.897	—	丙酮	0.406	0.00720
氪	0.685	0.00311	汽油	0.370	0.00980
氧化亚氮	0.646	—	二氯甲烷	0.273	0.00530
二氧化碳	0.614	0.00495	水蒸气	（100℃时） 0.973	（100℃时） 0.00455
硫化氢	0.538	—			

（2）热导检测原理

对于多组分的混合气体，设待测组分含量为 C_1，其余组分含量为 C_2，C_3，$\cdots$，C_n，这些量都是未知量，仅利用式(7-2)求得待测组分（如 C_1）的含量是不可能的。必须使混合气体的热导率仅与待测组分含量成单值函数关系。为此，混合气体中除待测组分 C_1 外，其余各组分的热导率 λ_i 必须相同或十分接近，且与待测组分的热导率 λ_1 相差越大越好。因为 $C_1+C_2+\cdots+C_n=1$，则式(7-2)可写成：

$$\lambda=\lambda_1 C_1+\lambda_2(1-C_1)=\lambda_2+(\lambda_1-\lambda_2)C_1 \tag{7-3}$$

式(7-3)表明满足上述条件时，混合气体的热导率与待测组分的浓度存在线性关系，可利用热导法进行组分检测。根据式(7-3)可得混合气体中的待测组分含量 C_1 为：

$$C_1=\frac{\lambda-\lambda_2}{\lambda_1-\lambda_2} \tag{7-4}$$

式中　λ_1——混合气体中待测组分的热导率；

λ_2——混合气体中其他组分的热导率；

λ——混合气体的热导率。

若上述两个条件不能满足要求，应采取相应措施对气样进行预处理（又称净化），使其满足上述两个条件，再进入分析仪器分析。

利用热导原理工作的分析仪器，除应尽量满足上述两个条件外，还要求取样气体的温度变化要小，或者对取样气体采取恒温措施，以提高测量结果的可靠性。

7.3.1.2　热导式气体分析器的检测器

（1）检测器的工作原理

① 利用铂电阻丝进行热导率测量　从上述分析可知，热导式气体分析器是通过对混合气体的热导率的测量来分析待测气体组分含量。由于热导率值很小，并且直接测量气体的热导率比较困难，所以热导式气体分析器（通称为热导池）将热导率测量转换为其他参数的测量，常用的方法之一是利用热导式气体分析器内检测器的转换作用，将混合气体中待测组分含量 C 变化所引起混合气体总的热导率 λ 的变化转换为铂电阻丝的电阻变化。这种方式称为热丝法测量。

图 7-6 为热导式气体分析器的检测器（热导池）结构示意图。在检测器中有个悬挂铂丝，作为敏感元件，其长度为 l，通过电流恒定为 I 时，电阻丝产生热量并向四周散热。当样气流经热导池气室时，由于电阻丝通过的电流是恒定的，电阻上单位时间内产生的恒定热量将会以气体热传导的方式传给池壁。由于气体流量很小，气体带走的热量可忽略不计，热量主要通过气体传向热导池气壁，气壁温度 t_c 是恒定的（热导池具有恒温装置），电阻丝达到热平衡时，其温度为 t_n。如果混合气体的热导率愈大，则其散热条件愈好，电阻丝热平衡时温度 t_n 愈低，其电阻丝的电阻值 R 愈小。反之，混合气体的热导率愈小，电阻丝的电阻值 R 愈大，检测器即实现了将热导率的变化转换为电阻值的变化。电阻丝用铂丝做成，通称为热丝。

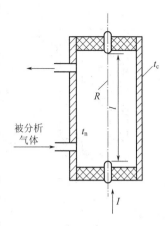

图 7-6　热导式气体分析器的
检测器（热导池）结构示意图

热导池内热丝的散热主要是气体的热传导形式，热丝的阻值与混合气体热导率 λ 的函数关系为（推导从略）：

$$R_n = R_0(1 + \alpha t_c) + K \frac{I^2}{\lambda} R_0^2 \alpha \tag{7-5}$$

式中　R_0，R_n——热丝在 0℃和 t_n℃时的阻值；

α——热丝的电阻温度系数；

t_c——热导池气壁温度；

K——与热导池结构有关的仪表常数；

I——通过热丝的电流强度；

λ——气体的热导率。

式(7-5)表明当仪表常数确定、热导池气室壁温恒定、电流 I 恒定时，则热导池中电阻丝的电阻 R_n 与通过气体热导率 λ 为单值函数关系，完成将热导率的变化转换为电阻的变化。

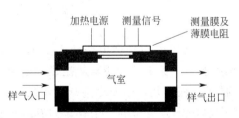

图 7-7　利用薄膜电阻作为热敏元件的热导池

② 利用薄膜电阻进行热导率测量　为提高传感器的灵敏度和响应速度，近年来出现了利用薄膜电阻作为敏感元件的热导池，其结构如图 7-7 所示。薄膜电阻是利用半导体加工技术在基底薄膜上用光刻加工制成的铂丝回路，测量时，利用通过加热电流使薄膜电阻维持恒定，不同热导率的气体流过气室时，维持恒温所需的电流不同，根据电流值可以测定气体热导率的大小，进而分析气体组分。薄膜电阻热导池阻值大、灵敏度高、体积小、精度和稳定性好，且加工过程全自动化、规范化。

（2）热导池的结构

当待测气体流过热导池气室时，要求热丝的传热主要是热传导的方式。这样才能保证热丝的输出信号是待测气体组分含量的单值函数关系。其次，针对动态测量而言，要求测量滞后要小。热导池结构形式设计就是处理好上述两者间的矛盾。热导池的结构有对流、直通、扩散和对流扩散等 4 种，如图 7-8 所示。

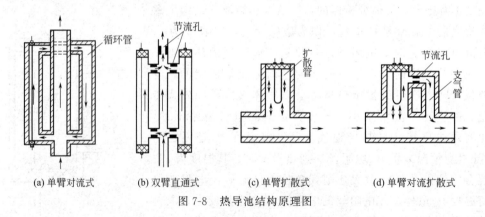

(a) 单臂对流式　　　(b) 双臂直通式　　　(c) 单臂扩散式　　　(d) 单臂对流扩散式

图 7-8　热导池结构原理图

① 对流式　结构如图 7-8(a) 所示。测量室与主气路进口并联相通，一小部分待测气体进入测量室，其余大部分沿主气路排出，气样在测量室受到热丝加热后，形成热对流，使气样沿图示箭头方向流动，经循环通路回到主气路后排出。此种结构的优点是气样流量的波动对流入测量气室的气体流量影响较小，但是，测量滞后大，对生产控制不利，在有控制要求的系统中应用较少。

② 直通式　结构如图 7-8(b) 所示。测量室与主气路并列，把主气路的气体分流一部分到测量室。这种结构具有反应速度快、滞后时间小等优点，但易受到气样流量波动影响。

③ 扩散式　结构如图 7-8(c) 所示。主气路的旁边连接测量室（扩散管），待测气体通过扩散作用进入测量气室，并与热丝进行热交换，再由主管道带走。这种结构的优点是受气体流量的波动影响较小，但由于完全靠扩散取样，其反应缓慢，滞后较大，适用于质量较轻的气体。

④ 对流扩散式　结构如图 7-8(d) 所示，待测气体由主管道先扩散到测量气室内与热丝换热，然后再由支管返回到主管道，以保证待测气体有一定的流速，以提高响应速度，减少滞后，并且气体流量波动影响较小。由于具有上述优点，这种热导池应用较为广泛。

7.3.1.3　热导式气体分析器的检测

（1）热导池电阻信号的测量

热导池已将混合气体热导率转换为电阻信号，电阻测量可用平衡电桥或不平衡电桥。由于热导池热丝的电阻变化除了受混合气体中待测组分含量变化外，还与其温度、电流及热丝温度等干扰的因素有关，所以在分析器中设有温度控制装置，以便尽量减少干扰影响，而且在电桥中采用补偿式电桥测量系统。即热导池中热丝作为电桥的一个臂，并有气样流过工作气室，称为工作臂。与工作臂相邻的一个桥臂也是一个热导池，其结构、形状、尺寸及流过电流与工作臂的热导池完全相同，只是无气样流过时，在热导池中密封充有某种气体，称为参比气室，又称为参比臂。参比臂除了进行桥路平衡外，还具有以下功能。

① 参比臂因热辐射和热效应产生的电阻变化与工作臂几乎相等，因此可抵消这两方面因素对测量前桥路平衡的影响，减小测量误差。

② 环境温度变化引起的工作臂和参比臂电阻变化相等，因此对桥路平衡不造成影响。

③ 改变参比臂中气体的浓度，可对电桥测量范围进行调节。

下面以最典型的双臂测量桥路为例介绍其工作原理。

图 7-9 为双臂测量桥路，其中 R_2、R_4 为密闭固定气体参比臂气室。R_1、R_3 是工作臂

气室，有相同的稳定待测气体流过，当待测分析气体不含被分
析组分时，如流过气体与参比臂气室气体相同，则桥路平衡，
输出为零。测量时，样气依次串联流过工作臂气室。当工作臂
电阻变化为 ΔR_m 时，电桥输出电压变化 ΔU_o 为：

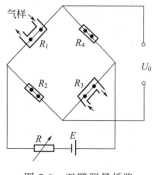

$$\Delta U_o = \frac{(R_m + \Delta R_m) - R_0}{(R_m + \Delta R_m) + R_0} U_{AB} - \frac{R_m - R_0}{R_m + R_0} U_{AB} \qquad (7\text{-}6)$$

考虑 $R_m \gg \Delta R_m$，对式(7-6)进行化简，可得：

$$\Delta U_o = \frac{R_m + \Delta R_m - R_0 - R_m + R_0}{R_m + R_0} U_{AB} = \frac{\Delta R_m}{R_m + R_0} U_{AB} \qquad (7\text{-}7)$$

图 7-9　双臂测量桥路

由工作臂和参比臂结构相同可知，$R_m = R_0 = R$，则有

$$\Delta U_o = 2 \frac{\Delta R_m}{R} U_{AB} \qquad (7\text{-}8)$$

双臂工作电桥的灵敏度与统一结构单臂工作电桥相比，可提高 1 倍。

（2）信号的处理和转换

电桥输出的直流电压信号经放大、滤波后可进行模数转换，被微处理器采集后，利用
软件进行数字化处理，包括线性化、标度转换、补偿运算、误差修正等，并实现显示、通
信传输等功能。如图 7-10 所示为热导分析仪信号处理电路典型结构。

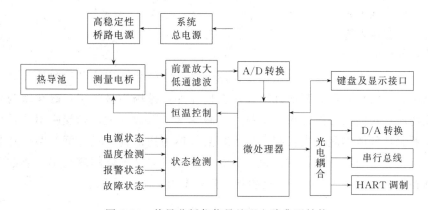

图 7-10　热导分析仪信号处理电路典型结构

7.3.1.4　热导仪的应用特点

（1）适用场合

热导式分析仪适用于测量热导率差别明显的两种组分混合气体中某一组分的体积比例，
主要用于测量混合气体中氢气的含量，因为氢气的热导率明显大于其他气体。除氢气外也
常用于测量 CO_2、SO_2、Ar 的含量。例如合成氨中的 H_2 含量测量、工业炉窑排放烟气的
CO_2 测量、硫酸或磷肥生产中 SO_2 的测量等。

（2）误差因素

热导式气体分析仪较受测量环境和条件的影响，测量精度一般为 2.0 级，主要的影响
因素有以下几点。

① 混合气体中组分的种类　被测气体的组分种类越多，测量的精度越差。对于构成混
合气体的组分数量，通常称为气体元数。只有一种成分称为单一组分，由两种气体混合而
成称为二元混合气，依次类推。当混合气体是三元以上的多元混合气时，若其中存在与被

测组分热导率相近的其他组分，就会产生较大的附加误差。而这种情况在工业生产中很常见。只有通过预处理对多元气体进行分离，用分流后保留的二元混合气或单一组分气体进行测量，才能获得较为准确的结果。

② 分析测量时流量和压力的波动　样气流量、压力或温度的波动对热导池的热量传导效果造成影响，从而引起分析误差。因此在分析仪的预处理环节，需要对样气进行稳压、稳流和温度控制，同时要将分析器的检测器安装在环境温度变化不大的测量小屋内。

③ 测量桥路电源的影响　不平衡电桥的电源电压是否稳定对分析结果准确性有较大影响。一般来说，如要求分析精度达到 1.0 级，则电桥桥臂支路的电流稳定性必须维持在 ±0.1% 左右。所以热导式气体分析器的桥路都采用稳定性很高的稳流（或稳压）电源。

7.3.2　热磁式氧分析器

7.3.2.1　热磁式氧分析器的工作原理

任何物质都具有一定的磁性，只不过是磁性的大小不同而已。磁性大的物质可以被磁场吸引，而磁性小的物质就不能被磁场所吸引。所以任何物质，在外界磁场作用下，都能被磁化，不同物质受磁化的程度不同，可以用磁化强度 M 表示。物质磁化强度胖与磁场强度 H 成正比，即

$$M = \kappa H \tag{7-9}$$

式中　M——磁化强度；

$\quad\quad$ H——外磁场强度；

$\quad\quad$ κ——物质的磁化率。

磁化率 κ 的物理意义是指在单位磁场作用下物质的磁化强度。各种物质具有不同的磁化率，磁化率为正的物质称为顺磁性物质，它们在外界磁场中被吸引；磁化率为负的物质称为逆磁性物质，它们在外界磁场中被排斥。磁化率 κ 数值愈大，则受吸引或排斥的力也愈大。一般顺磁性气体的磁化率都很小，大多数气体为逆磁性物质，而少数气体如氧、一氧化氮、二氧化氮等为顺磁性物质。表 7-2 给出了一些常见气体的磁化率与氧的磁化率的比值，亦称相对磁化率，表 7-2 中取氧的相对磁化率为 100%。

表 7-2　常见气体的相对磁化率　　　　　　　　　　　　　　　%

气体名称	相对磁化率	气体名称	相对磁化率	气体名称	相对磁化率
氧	100.0	氢	−0.11	二氧化碳	−0.57
一氧化氮	36.2	氮	−0.22	氨	−0.57
空气	21.1	氯	−0.40	氩	−0.59
二氧化氮	6.16	水蒸气	−0.40	甲烷	−0.68
氦	−0.06	氯	−0.41		

对于多组分混合气体的磁化率可按各组分含量的加权平均值计算：

$$\kappa = \kappa_1 c_1 + \kappa_2 c_2 + \cdots + \kappa_n c_n = \sum_{i=1}^{n} \kappa_i c_i \tag{7-10}$$

式中　κ——混合气体的磁化率；

$\quad\quad$ κ_i——混合气体中第 i 组分的磁化率；

$\quad\quad$ c_i——混合气体中第 i 组分的体积分数。

由于氧的磁化率很大，而其他气体（除一氧化氮、二氧化氮外）的磁化率都比较小，

而且可以近似地取一个适当的磁化率平均值，如取 κ_2，则式(7-10) 可简化为下式：

$$\kappa = \kappa_2 + c_1(\kappa_1 - \kappa_2) \tag{7-11}$$

气体的磁化率受温度的影响。由居里定律可知，顺磁性气体的磁化率与温度关系为：

$$\kappa = C\frac{\rho}{T} \tag{7-12}$$

式中　κ——气体磁化率；

　　　ρ——气体密度；

　　　T——气体热力学温度；

　　　C——居里常数。

根据理想气体状态方程，有

$$pV = nRT \tag{7-13}$$

气体密度 ρ 为：

$$\rho = \frac{nM}{V} \tag{7-14}$$

式中　M——气体相对分子质量。

将理想气体状态方程式(7-13) 代入式(7-14) 可得：

$$\rho = \frac{pM}{RT} \tag{7-15}$$

将式(7-15) 代入式(7-12) 得：

$$\kappa = \frac{CMp}{RT^2} \tag{7-16}$$

式中，C、M、R 均为常数。于是可得下面结论：顺磁性气体的磁化率与压力成正比，而与热力学温度的平方成反比。

由表 7-2 可知，氧的磁化率最大，除一氧化氮、二氧化氮、空气外，其他气体的磁化率都比较小，所以它主要是适用于测气体中无一氧化氮等气的含氧混合气，只要测出它的磁化率即可知氧含量。虽然氧的相对磁化率最大，但其磁化率的绝对值是很小的，难于直接测量，一般利用磁化率与绝对温度的平方成反比的特性，这就是热磁式氧分析器的工作原理。

7.3.2.2　热磁式氧分析器的检测器

热磁式氧分析器的检测器，根据热磁对流方式分为内对流式和外对流式，内对流式检测器的热磁对流效应在热敏元件内部进行，外对流式检测器的热磁对流效应在热敏元件外部进行。内对流式检测器结构简单，敏感元件受样气影响小，但灵敏度低。外对流式检测器敏感元件与样气直接接触，灵敏度高，测量滞后小，但结构复杂，易受测量环境影响。本节以内对流式检测器为例，介绍检测器的工作方式。

（1）热磁对流现象

顺磁性气体在不均匀磁场中，当有温度梯度时，会形成磁风，称其为热磁对流。当气体的磁化率发生变化后，影响热磁对流。

图 7-11 为磁风形成示意图。一个水平放置的薄壁玻璃管外均匀绕有加热用的电阻丝，在玻璃管左端放一对锥形磁

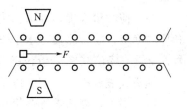

图 7-11　磁风形成示意图

极，以形成一个不均匀磁场，当被测含氧混合气体流过玻璃管左侧时，由于磁场的吸引作用，顺磁性气体被吸入磁场，进入水平玻璃管，因玻璃管外有电阻丝加热，使管内有较高的温度，进入管道的被测气体被加热而温度升高，其磁化率急剧下降，而水平管道外的冷气体的磁化率比管内已加热的气体的磁化率大得多，它们受到磁场吸引力也大得多，因此被吸入水平管道并推动已受热的顺磁性气体向右移动，在水平管道内就有气体自左向右地流动，这就是热磁对流，称为磁风。磁风的强弱由混合气体中含氧量多少决定。

（2）热磁式氧分析器的结构

检测器的作用是将被测气体中氧含量的变化转换为热磁对流的变化，再将其转换为电阻的变化。图 7-12 是内对流式热磁氧分析器的检测器的结构示意图。它是一个中间有水平通道的环形气室，被测气体进入环形气室后分流向左右两侧往上流动，最后均由排出口排出。在无外磁场存在时，两侧气流是对称的，中间水平管道中无气流流过。

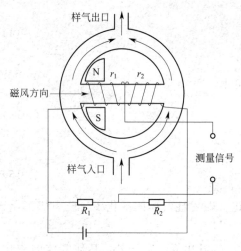

图 7-12　内对流式热磁氧分析器的检测器

在中间水平通道的外侧均匀绕以铂电阻丝，并从绕组的中间抽头，将所绕铂电阻丝分为两个相等的电阻 r_1、r_2，它们与外部电阻 R_1、R_2 组成一个电桥。铂电阻 r_1、r_2 既作为加热用的加热元件，又是检测温度变化的测温元件。当电桥接通电源工作时，中间通道因铂电阻 r_1、r_2 被加热，但无外磁场存在时，中间通道无气流流动，整个中间通道温度相同。$r_1 = r_2$，测量电桥处于平衡状态，其输出电压为零。

若在中间水平通道的左端外侧加一个恒定的外磁场，则被测气体中的顺磁性气体被磁场吸引而流入中间水平通道内，由于通道内温度较高，进入通道内的顺磁性气体被加热，使其温度升高，磁化率急剧减小，受外磁场吸引力减小，而在通道入口处温度较低、磁化率较大，受外磁场吸引力较大。于是左侧较冷的气体就给通道中的热气体一个推进力，即在水平管道内形成自左向右的磁风，最后经环室右侧排出。磁风的速度与被测气体中含氧量成正比。

由于热对流的作用，进入通道的冷气体首先将通道中热量带走，即对 r_1 的冷却作用较强，对 r_2 的冷却作用较弱，使 r_1 的电阻值降低较多，而 r_2 电阻值降低较少。

由 r_1、r_2 和 R_1、R_2 组成的电桥，在桥路失衡时会产生输出电压。因含氧量不同，在热磁风作用下，引起 r_1、r_2 阻值不等，电桥产生不平衡电压，输出电压大小反映了被测气体的含量大小。其结果使电桥有一个不平衡电压信号输出，它的大小反映了被测气体中含氧量的多少。

为了使测量准确，要求：①测量气室有恒温控制；②加热丝的电源稳定；③气体流量和压力稳定；④检测器应水平安装。因为这些因素变化时都会带来测量误差。

7.3.2.3　热磁式氧分析仪的应用

热磁式氧分析主要用于以下几个方面：

（1）锅炉、加热炉等燃烧设备的燃烧过程监测

燃烧过程的空气供应效率常利用排出烟气中的含氧量间接测量，空气量过大，送风造

成的热量损失增大，烟气中的含氧量过高；空气量不足，燃料不能充分燃烧，会造成燃烧效率降低，此时烟气中的含氧量降低。监测烟气的含氧量，就可以判断燃烧过程的好坏。因此热磁式氧分析仪广泛用于烟道气体的含氧量监测。

（2）产品的质量监测

在以氧气为产品的生产流程中，可利用热磁式氧分析仪测定氧气纯度。在其他气体产品如氮气、氨气生产中的气体含氧量也是影响产品质量的重要因素，需要进行测量和控制。在冶金行业中，对金属热处理的气氛环境控制同样需要监测氧的含量，以防止金属被氧化而影响质量。在这些场合同样可用热磁式氧分析仪进行测量和分析。

（3）密闭空间的环境监测

在潜艇、高压氧舱、隧道、矿井等环境中，可利用热磁式氧分析仪测量空间的含氧量，以确保人身安全。

热磁式氧分析仪虽然具有结构简单、便于制造和调整等优点，但也存在测量时响应速度慢、测量误差较大、易发生环室堵故障等缺点。当被测气体背景组分复杂时，一般不建议选择这种仪表进行分析。热磁式氧分析仪的一个显著优点是对被测气体中的水分、灰尘、腐蚀性气体不敏感，且能抗振、抗冲击。

7.4　电化学式在线分析仪

电化学式在线分析仪主要有 pH 计、电导仪和氧化锆氧量计等，主要是检测被测介质组分的电化学特性，将其转换为电流、电导、电阻、电位等信号，进行成分的分析测量。具有灵敏度高、准确度好等特点。所用仪器的结构相对比较简单，价格低廉，且信号容易处理和远传，在工业生产和环境检测等领域有较多应用。

7.4.1　工业 pH 计

工业 pH 计也称为酸度计，它利用测定某种对氢离子浓度有敏感性的离子选择性电极所产生的电极电位来测定 pH 值。这种方法的优点是使用简便、迅速，并能取得较高的精度。

7.4.1.1　工业 pH 计的组成

工业 pH 计是以电位法为原理的 pH 值测定仪，它由电极组成的变换器和电子部件组成的检测器所构成，如图 7-13 所示。

变换器又由参比电极、工作电极和外面的壳体所组成，当被测溶液流经变换器时，电极和被测溶液就形成一个化学原电池，两电极间产生一个原电势，该电势的大小与被测溶液的 pH 值成对数关系，它将被测溶液的 pH 值转换为电信号，这种转换工作完全由电极完成。常用的参比电极有甘汞电极、银-氯化银电极等。常用的指示电极有玻璃电极、锑电极等。

由于电极的内阻相当高，可达到 $10^9\Omega$。所以它要求信号的检测电路的输入阻抗至少要达到 $10^{11}\Omega$ 以上，电路采用两方面的措施：一是选用具有高输入阻抗的放大元件，例如场效应管、变容二极管或静电计管；二是电路设计有深度负反馈，

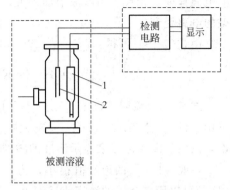

图 7-13　pH 计组成示意图
1—甘汞电极；2—玻璃电极

它既增加了整机的输入阻抗，又增加了整机的稳定性能，这是 pH 计检测电路的特点，测量结果的显示可以用电流，也可将电流信号转换为电压信号，用电子电位差计指示、记录。

应用于工业流程分析的酸度计，其变换器与检测器分成两个独立的部件，变换器装于分析现场，而检测器则安装在就地仪表盘或中央控制室内。信号电势可作远距离传送，其传送线为特殊的高阻高频电缆，如用普通电缆，则灵敏度下降，误差增加。

由于仪表的高阻特性，要求接线端子保持严格的清洁，一旦污染后绝缘性能可以下降几个数量级，降低了整机的灵敏度和精度。实际使用中出现灵敏度与精度下降的一个主要的原因是传输线两端的绝缘性能下降，所以保持接线端子的清洁是仪器能正常工作的一个不可忽略的因素。

7.4.1.2　pH 值与溶液酸碱度的关系

先了解纯水的性质，纯水是一种弱电解质，它可以电离成氢离子与氢氧根离子，即

$$H_2O = H^+ + OH^-$$

这是一个可逆反应，根据质量作用定律，水的电离常数 K 为：

$$K = \frac{[H^+][OH^-]}{[H_2O]} \tag{7-17}$$

式中　　$[H_2O]$——未离解水的浓度，因水的电离度很小，故$[H_2O]=55.5 mol/L$；

$[H^+]$，$[OH^-]$——氢离子、氢氧根离子的浓度，以物质的量浓度表示，mol/L。

K 在一定温度下是个常数，如 22℃ 时为 1.8×10^{-6}，所以 $K[H_2O]$ 也是常数，称 $K[H_2O]$ 为水的离子积，用 K_{H_2O} 表示。在 22℃ 时：

$$K_{H_2O} = 1.8 \times 10^{-16} \times 55.5 = 10^{-14} \tag{7-18}$$

式(7-18) 的物理意义是：在一定的温度下，任何酸、碱、盐的水溶液在电离反应平衡时，溶液中的氢离子浓度与氢氧根浓度的乘积是一个常数。水的离子积在 15～25℃ 范围内，因变化很小，通常认为是常数。由式(7-17) 和式(7-18) 得：

$$[H^+] = [OH^-] = \sqrt{K_{H_2O}} = 10^{-7} (mol/L) \tag{7-19}$$

式(7-19) 表明纯水中氢离子和氢氧的浓度都为 $10^{-7} mol/L$，称纯水为中性。

当在纯水中加入酸时，氢离子的浓度超过氢氧根离子的浓度，增加的程度取决于该酸的电离程度。相反，当溶液中加入碱时，氢氧根离子的浓度增加，增加的程度也取决于该碱的电离程度。

由式(7-19) 可得：

$$[OH^-] = K_{H_2O} \frac{1}{[H^+]} = 10^{-14} \frac{1}{[H^+]} \tag{7-20}$$

式(7-20) 说明 $[OH^-]$ 是 $[H^+]$ 的函数，而且与 $[H^+]$ 成反比，因此 $[OH^-]$ 常可用 $[H^+]$ 来表示，$[OH^-]$ 越大则 $[H^+]$ 就越小，反之亦然，所以，酸、碱、盐溶液都可以用氢离子浓度来表示溶液的酸碱度。

一般 $[H^+]$ 的绝对值很小，为了表示起来方便，常用 pH 值来表示氢离子的浓度。pH 值可以用氢离子的浓度或活度表示，用浓度表示的公式为：

$$p_c H = -lg[H^+] \tag{7-21}$$

式中　　$p_c H$——用氢离子浓度表示的 pH 值。

pH 值与 $[H^+]$ 的关系如图 7-14 所示。

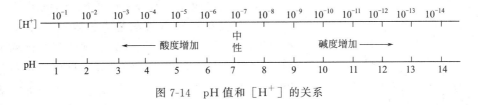

图 7-14 pH 值和 [H$^+$] 的关系

当溶液中 [H$^+$] 的很高时，溶液的性质就会与理想溶液有较大的偏差，因为这时并不是每个氢离子都能表现出该种离子的特性，而起有效作用的只有部分的氢离子，对于这种情况常用活度来描述。所谓活度是指离子的有效浓度。氢离子的活度 α_{H^+} 可表示为：

$$\alpha_{H^+} = f_{H^+} [H^+] \tag{7-22}$$

式中，f_{H^+} 为活度系数，指有效离子在所有离子中的百分比。在稀溶液中，f_{H^+} 接近于 1，在无限稀释的溶液中 $f_{H^+} = 1$，也即离子的活度等于离子浓度。用活度来表示 pH 值的公式为：

$$p_{\alpha}H = -lg[\alpha_{H^+}] \tag{7-23}$$

式中　$p_{\alpha}H$——用氢离子的活度来表示的 pH 值。

常用的溶液多数为稀酸溶液，在 pH 值超过 1 时，活度系数逐渐接近 1，活度与浓度已很接近，为了方便起见，仍按习惯上使用浓度来表示 pH 值，即

$$pH = p_c H = -lg[H^+] \tag{7-24}$$

7.4.1.3 电极电位与原电池

(1) 电极电位

将电极插入离子活度为 α 的溶液中，此时金属电极与溶液的接触面上将发生电子的转移，产生电极电位，其大小可用能斯特（Ner nst）方程表示：

$$E = E_0 + \frac{RT}{nF} \ln\alpha = E_0 + \frac{2.303RT}{nF} \lg\alpha \tag{7-25}$$

式中　E——电极电位；

　　　E_0——电极的标准电位；

　　　R——气体常数，8.3145J/(K·mol)；

　　　T——溶液的热力学温度，K；

　　　F——法拉第常数，96500C/mol；

　　　n——得失电子的数目。

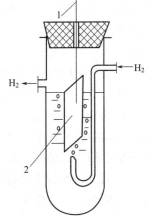

图 7-15 氢电极
1—引线；2—铂片

除了金属能产生电极电位外，气体和非金属也能在水溶液中产生电极电位，例如作为基准用的氢电极就是非金属电极，结构如图 7-15 所示。它是将铂片的表面处理成多孔的铂黑，然后浸入含有氢离子的溶液中，在铂片的表面连续不断地吹入氢气，这时铂黑表面就吸附了一层氢气，这层氢气与溶液之间构成了双电层，因铂片与氢气所产生的电位差很小，铂片在这里只是起导电的作用，氢气与溶液之间所产生的电位差同样符合能斯特方程。

(2) 原电池

电极电位的绝对值是很难测定的，通常所说的电极电位均指两个极之间的相对电位差值，即电动势的数值。这样的两个电极与溶液就构成了化学"原电池"。

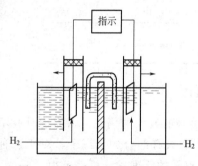

图 7-16　氢-氢电极组成的原电池

将两个氢电极插入两种溶液组成一个原电池，如图 7-16 所示，其中一种溶液的氢离子浓度为 $[H^+]=1$，吹入的氢气压力为一个大气压，这样的氢电极称为标准电极。由能斯特方程可知，标准氢电极的电位就是 E_0。该电位值被规定为"零"，作为其他电极电位的基础标准。另一种为含被测氢离子浓度为 $[H^+]_x$ 的溶液，这两种溶液通过所谓盐桥连接起来，这种盐桥能起隔膜的作用，它只允许离子传递，又将溶液隔开，盐桥不与溶液起反应，盐桥与溶液的界面也不产生电位差。常用的盐桥是饱和的氯化钾溶液，它是将饱和的氯化钾溶液用极微的流量流入到两溶液中去，这条细流也可看作为一根液体导线，它给两溶液的离子形成一条通路，而两溶液之间却不能流动。

原电池所产生的电动势 E 即两个电极电位的差值，根据式(7-25) 可得：

$$E=\frac{RT}{F}\ln[H^+]_x=\frac{2.303RT}{F}\lg[H^+]_x=-\frac{2.303RT}{F}pH_x \tag{7-26}$$

式(7-26) 又可简化为：

$$E=-\xi pH_x \tag{7-27}$$

式中，ξ 为转换系数，$\xi=\dfrac{2.303RT}{F}$。当 $T=25℃$时，$\xi=0.0591$，则

$$E=-0.059pH_x \tag{7-28}$$

式(7-28) 表示：如两个氢电极和一种被测溶液、一种标准溶液组成原电池，则原电池产生的电动势与被测溶液的氢离子浓度成正比。换言之，这种原电池可将被测溶液的 pH 值转换成电信号，转换效能用转换系数来表示，转换系数的物理意义是"单位 pH 值变化所能产生的电位差值"。

7.4.1.4　参比电极与指示电极

由上节可知，被测溶液与电极所构成的原电池中，一个电极是基准电极，它的电极电位恒定不变，以作为另一个电极的参照物，称它为参比电极，例如上节所述的标准氢电极。而原电池中的另一个电极，它的电极电位是被测溶液 pH 值的函数，指示出被测溶液中氢离子浓度的变化情况，所以称为指示电极或工作电极。

用氢电极作参比和指示电极的原电池，其测量 pH 值可达到很高的精度，但是氢电极有一个缺点，即使用时要有一个稳定的氢气源，另外在含有氧化剂及强还原剂的溶液中电极很容易"中毒"（金属纯度下降），所以被测溶液的除氧要求很高，更要严禁空气进入，使用条件严格，使氢电极不能在工业及实验室中得到广泛的应用，而常将它作为标准电极使用。工业上常采用甘汞电极和银-氯化银电极作为参比电极。指示电极常用的有玻璃电极。

（1）参比电极

工业及实验室最常用的参比电极是甘汞电极，它的电极电位要求不变，甘汞电极的结构如图 7-17 所示，它分内管与外管两部分，内管的上部装有少量的汞，并在里面插入导电的引线，汞的下面是糊状的甘汞溶液（即氧化亚汞），以上是电极的主体部分。简单地讲就

是将金属电极汞放到具有同名离子的 Hg_2Cl_2 中，从而产生电极电位 E_0。

甘汞电极的电极反应发生在汞、甘汞与氯化钾之间，反应式方程式为：

$$2Hg + 2Cl^- \Longleftrightarrow Hg_2Cl_2 + 2e$$

电极电位应为：

$$E = E_0 - \frac{RT}{F}\ln[Cl^-] \qquad (7\text{-}29)$$

式(7-29)表明甘汞电极的电位与氯离子的浓度有关，而与盐桥下的被测溶液无关。这样若氢离子浓度一定，则电极电位就一定。由于 KCl 溶液在不断地渗漏，必须定时或连续地灌入规定的 KCl 溶液，电极上都留有专门的灌入口。常用的饱和 KCl 溶液在 25℃时，甘汞电极电位为 0.242V。甘汞电极的优点是结构简单，电位比较稳定，缺点是易受温度变化的影响。

除甘汞电极外，常用的参比电极还有银-氯化银电极。它是在铂丝上镀一层银，然后放在稀盐酸中通电，银的表面被氧化成 AgCl 薄膜沉积在 Ag 电极上，将电极插入饱和的 KCl 或 HCl 溶液中就形成了银-氯化银电极，它的原理与甘汞电极相似，常用的饱和 KCl 溶液在 25℃时，Ag-AgCl 电极电位为 0.197V。

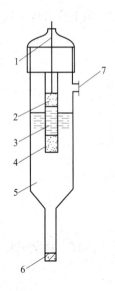

图 7-17　甘汞电极
1—引出线；2—汞；
3—甘汞（糊状）；
4—棉花；5—饱和 KCl；
6—多孔陶瓷；7—注入口

银-氯化银电极除结构简单外，工作的温度比甘汞电极高，可使用至 250℃，缺点是价格较贵。

（2）指示电极

玻璃电极是工业上用得最广泛的指示电极，指示电极也称工作电极，它的电极电位随被测溶液的氢离子浓度变化而改变。它可与参比电极组成原电池将 pH 值转换为毫伏信号。

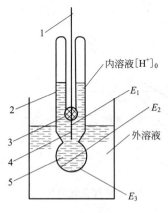

内溶液[H$^+$]$_0$

E_1
E_2
外溶液
E_3

图 7-18　玻璃电极结构
1—引出线；2—支持玻璃；3—锡封；
4—Ag-AgCl 电极；5—敏感玻璃

玻璃电极的结构如图 7-18 所示。

用一种特殊成分的玻璃棒在尾端吹成一个直径为 8～10mm、壁厚为 0.03～0.1mm 的玻璃球，球内装入由 HCL 和 KCL 配置成的氢离子浓度为 $[H^+]_0$ 的内参比溶液，并插入一根银-氯化银电极作为内参比电极，也可使用甘汞电极作为内参比电极。温度一定时，其电极电位是固定的。

然后将球浸入氢离子浓度为 $[H^+]_x$ 的被测溶液内。玻璃电极中内参比电极的电位 $E_{AgCl/Ag}$ 在一定温度下是恒定的，与被测溶液的 pH 值无关。玻璃电极用于测量溶液的 pH 值是基于玻璃膜内、外侧的电位差。

如图 7-19 所示，当玻璃膜内、外侧都存在含有氢离子的溶液时，玻璃电极的玻璃膜内外形成三层结构，即内部水化硅胶层、干玻璃层、外部水化硅胶层。由于水化作用，在水化层中，玻璃膜中的碱性金属离子（如 Na^+）与溶液中的 H^+ 发生离子交换而产生相界电位。溶液中的 H^+ 扩散到干玻璃层，干玻璃层的阳离子向外扩散，补偿溶出的离子，从而在干玻璃层和水化层间形成扩散电位。内、外侧的相界电位和扩散电位形成了膜电位。膜电位大小符合能斯特方程。

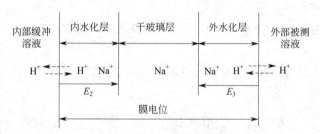

图 7-19　玻璃电极的膜电位

$$E_M = \frac{RF}{T}\ln\frac{[H^+]_0}{[H^+]_x} = 2.303\frac{RT}{F}\lg\frac{[H^+]_0}{[H^+]_x} \tag{7-30}$$

对同一玻璃电极来说有 $E_2 = E_3$，所以玻璃电极电位为：

$$E = E_1 + E_M = E_1 + 2.303\frac{RT}{F}\lg\frac{[H^+]_0}{[H^+]_x} \tag{7-31}$$

$$E = E_1 + 2.303\frac{RT}{F}(pH_x - pH_0) \tag{7-32}$$

式中，E_1 为内参比电极电位；pH_x 为外部被测溶液的 pH 值；pH_0 为玻璃电极内缓冲溶液的 pH 值。

由式(7-32) 可以看出，玻璃电极所产生的电极电位 E 既是被测溶液 pH_x 值的函数，又是内溶液 pH_0 值的函数，所以只要改变内溶液的 pH_0 值就可改变玻璃电极的电位，这时根据被测溶液的 pH 值变化范围来选择 pH_0 值，以达到合适的量程范围来提高测量精度。工业用的玻璃电极常有 pH_0 值为零与 pH_0 值为 7 两种。

玻璃电极的使用范围常在 pH＝2～10 之间，在这段范围内其输出值与 pH 值能保持良好的线性关系，如图 7-20 所示。在 pH 值小于 1 和大于 10 时都会产生显著的偏离。

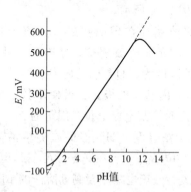

图 7-20　电动势与 pH 值的关系

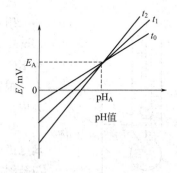

图 7-21　电动势随温度变化曲线
$(t_2 > t_1 > t_0)$

由涅恩斯特方程式可以看出，电极电位与温度有关。转换系数 ξ 与 T 成正比，所以当温度不同时，可以得到一簇 pH-E 的直线，直线的斜率就是 ξ。但该曲线簇的曲线有一个共同的交点，称该点为等电位点，如图 7-21 所示。显然在等电位时的 pH 值具有恒定的电位，不受温度影响，并且对不同的溶液，等电位点具有相同的 pH 值，均为 2.5。

7.4.1.5　工业 pH 计的组成

以甘汞电极为参比电极、玻璃电极为指示电极的工业 pH 计是工业分析仪器最为常用的 pH 值测量仪表。其主要组成包括传感器和转换器，在转换器部分根据功能可细分为放大电路、调节及补偿电路、输出转换电路等。

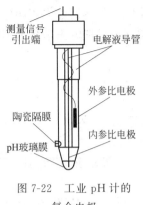

图 7-22　工业 pH 计的
复合电极

（1）传感器

工业 pH 计的传感器普遍采用将参比电极和指示电极组装在一个探头壳体中构成复合电极，如图 7-22 所示为一种工业 pH 计的复合电极。

传感器利用两个电极组成原电池，输出的电动势为：

$$E = E_{玻璃} - E_{参比} = E_1 + 2.303 \frac{RT}{F}(pH_x - pH_0) - E_{参比}$$

$$= \left(E_1 - E_{参比} - 2.303 \frac{RT}{F}pH_0\right) + 2.303 \frac{RT}{F}pH_x$$

$$= K(T) + 2.303 \frac{RT}{F}pH_x \tag{7-33}$$

式中，$K(T) = E_1 - E_{参比} - 2.303 \frac{RT}{F}pH_0$。

溶液温度恒定时，在内、外参比电极和玻璃电极缓冲溶液的 pH 值确定的情况下，$K(T)$ 为常数。所以传感器的电势信号在溶液温度恒定的情况下，是被测溶液的 pH 值的单值函数。标准测量条件的温度值为 25℃。

（2）放大电路

工业 pH 计的传感器是一个高内阻信号源。玻璃电极内阻通常在 $10\sim150M\Omega$ 范围内，甘汞电极内阻一般为几千欧。这样高的内阻给信号的传输和检测带来困难，必须设计特殊的高阻输入放大器以取出信号，放大器输入电阻需达到信号源内阻的 1000 倍以上，其关键就是选择高输入阻抗的变容二极管、效应管或高输入阻抗运算放大器放作为放大电路的元件。另外在电路设计上，采用深度负反馈，既增加了电路的输入阻抗，又提高了电路的稳定性。

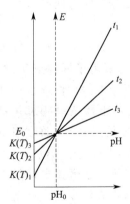

图 7-23　玻璃电极的
电阻与温度的关系

（3）调节补偿电路

虽然传感器的信号可以反映被测溶液的 pH 值，但在测量中还存在一些环境的影响，最主要的是温度的影响。其原因有以下几个方面。

由式（7-33）可见，pH 计传感器输出信号包含一个与被测 pH 值无关的量 $K(T)$，且该值还会受到温度的影响。同时与 pH 值相关项的系数也和温度有关，如果测量时温度变化，信号的放大倍数也会发生变化。图 7-23 所示为不同温度条件下，pH 计传感器输出信号的特性曲线。

从图 7-23 中可以看出，各曲线在不同温度下曲线的斜率和在 $pH_x = 0$ 点的截距 $K(T)$ 是不同的，但存在一个共同的相交点，这个点称为传感器的等电势点。这就表示当温度变化时，传感器输出相同电势所对应的 pH 值并不相同，只有一点除外，这一点就是等电势点。如果把输出信号的零点调节为等电势点，就可避免不同温度对 $K(T)$ 的影响产生的测量误差。

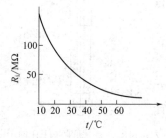

图 7-24　玻璃电极的电阻
与温度的关系

玻璃电极内阻也受温度影响，溶液在 20℃ 以下时内阻极高，随温度的降低迅速上升；而在 20℃ 以上时，玻璃电极内阻急剧下降逐步趋于平稳，如图 7-24 所示。信号源内阻的变化，会对测量回路信号电压的分配比例造成影响，因此在测量中要进行修正补偿。

调节补偿电路实现的功能包括：①设置零点调节功能，通过人工调整对输出信号的零点进行迁移，将 pH 计的零点迁移到等电势点，减少或消除 $K(T)$ 的影响；②设置温度补偿电路，利用热敏电阻测温，根据温度调节放大器的反馈系数，对温度给斜率造成的影响和信号内阻变化产生的误差进行修正。

（4）输出转换电路

在模拟式 pH 计中，输出转换电路对主放大器输出的电压信号进行处理后，转换为标准工业信号形式（如 $4\sim20\text{mA}$ 或 $1\sim5\text{V}$ 的直流信号），传送给后续的显示、控制、报警、记录环节使用。而数字式 pH 计的输出转换电路则利用 A/D 转换将模拟信号离散化后，通过微处理器进行处理。

7.4.2　氧化锆氧分析器

氧化锆氧分析器是 20 世纪 60 年代初期出现的一种分析仪器，用于分析混合气体中残氧浓度，具有结构简单、稳定性好、灵敏度高、响应快等特点，广泛用于石化、电力、冶金等行业的锅炉、加热炉、窑炉的烟气含氧量测量，实现燃烧过程热效率控制。

氧化锆氧分析器是利用氧化锆固体电解质原理工作，由氧化锆固体电解质做成氧化锆探测器（简称探头），直接安装在烟道中，其输出为电压信号，便于信号传输与处理。

7.4.2.1　氧化锆固体电解质导电机理

电解质溶液导电是靠离子导电，某些固体也具有离子导电的性质，具有某种离子导电性质的固体物质称为固体电解质。凡能传导氧离子的固体电解质称为氧离子固体电解质。固体电解质是离子晶体结构，也是靠离子导电。纯氧化锆基本上是不导电的，但掺杂一些氧化钙或氧化钇等稀土氧化物后，它就具有高温导电性。如在氧化锆中掺杂一些氧化钙（CaO），Ca 置换了 Zr 的位置，由于 Ca^{2+} 和 Zr^{4+} 离子价不同，因此在晶体中形成许多氧空穴。如图 7-25 所示。在高温（750℃ 以上）下，如有外加电场，就会形成氧离子（O^{2-}）占据空穴的定向运动而导电。带负电荷的氧离子占据空穴的运动，也就相当于带正电荷的空穴做反向运动，因此，也可以说固体电解质是靠空穴导电，这和 P 型半导体靠空穴导电机理相似。

固体电解质的导电性能与温度有关，温度愈高，其导电性能愈强。

7.4.2.2　氧化锆探头

（1）测量原理

氧化锆对氧的检测是通过氧化锆组成的浓差电池进行的。图 7-26 为氧化锆探头的工作原理示意图。

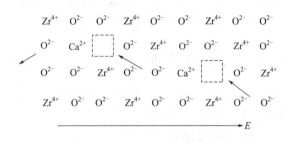

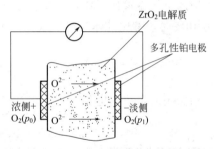

图 7-25　ZrO_2（+CaO）固体电解质与
导电机理示意图

图 7-26　氧化锆探头的
工作原理示意图

在掺有氧化钙的氧化锆固体电解质片的两侧，用烧结方法制成几微米到几十微米厚的多孔铂层，并焊上铂丝作为引线，构成了两个多孔性铂电极，形成一个浓差电池。设左侧为参比气体，一般为空气，空气中氧分压为 p_0，$p_0=20.8\%$ 大气压，20.8% 即氧在空气中的体积分数。右侧通以待测气体，设其中氧分压为 p_1，并小于空气中氧分压。

在高温（750℃）下，氧化锆、铂和气体 3 种物质交界面处的氧分子有一部分从铂电极获得电子形成氧离子 O^{2-}。由于参比气室侧和待测气室侧的含氧浓度不同，使两侧氧离子的浓度不相等，形成氧离子浓度差，氧离子（O^{2-}）就从高浓度侧向低浓度侧扩散，一部分 O^{2-} 跑到负极，释放两个电子变成氧分子析出。这时空气侧的参比电极出现正电荷，而待测气体侧的测量电极出现负电荷，这些电荷形成的电场阻碍氧离子进一步扩散。最终，扩散作用与电场作用达到平衡，两个电极间出现电位差。此电位差在数值上等于浓度电势 E，可用下式表示：

$$E=\frac{RT}{4F}\ln\frac{p_0}{p_1} \tag{7-34}$$

式中　E——浓差电池的电动势，V；

　　　R——理想气体常数，8.3145J/(mol·K)；

　　　T——气体热力学温度，K；

　　　F——法拉第常数，96500C/mol；

　　　p_0——参比气体（空气）中氧分压；

　　　p_1——待测气体中氧分压。

如待测气体的总压力与参比气室的总压力相等，则上式可写为：

$$E=\frac{RT}{4F}\ln\frac{c_0}{c_1} \tag{7-35}$$

式中　c_0——参比气体中氧的体积含量；

　　　c_1——待测气体中氧的体积含量。

由式(7-35)可知，当参比气体的氧含量 c_0 与气体温度 T 一定时，浓度电势仅是待测气体氧含量 c_1 的函数。把上式的自然对数换为常用对数得：

$$E=2.303\frac{RT}{4F}\lg\frac{c_0}{c_1} \tag{7-36}$$

再将 R、F 等值代入上式得：

$$E=0.4961\times10^{-4}T\lg\frac{c_0}{c_1} \tag{7-37}$$

一般用空气做参比气体，其氧含量 c_0 为 20.8%，如温度控制在 800℃，则待测气体氧含量为 10% 时，参比气体与待测气体压力相等，这时可计算出浓差电势为：

$$E = 0.4961 \times 10^{-4} \times (273 + 800) \times \lg \frac{0.208}{0.1} = 0.0169(\text{V})$$

利用探头测定浓差电势和温度，在 c_0 已知的条件下，利用式(7-37)确定的函数关系就

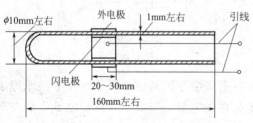

图 7-27　氧化锆探头的结构示意图

可测量样气的含氧量。

（2）传感器结构

图 7-27 为氧化锆探头的结构示意图。它是由氧化锆固体电解质管、内外两侧多孔性铂电极及其引线构成的。氧化锆管制成一头封闭的圆管，管径约为 10mm，壁厚约为 1mm，长度约为 150mm。内外电极一般都采用多孔铂，它是用涂敷和烧结的方法制成的，厚度由几微米到几十微米，电极引线采用零点几毫米的铂丝。圆管内部通入参比气体（如空气），管外部是待测气体（如烟气）。实际氧化锆探头都采用温度控制，还带有必要的辅助设备，如过滤器、参比气体引入管、测温热电偶等。

利用氧化锆探头测氧含量应满足以下条件。

① 氧化锆浓差电势与氧化锆探头的工作温度成正比。所以氧化锆探头应处于恒定温度下工作或采取温度补偿措施。

② 探测器工作温度应保持在 850℃ 左右且恒定，以保证测量的灵敏度。工作温度过高或过低都会直接影响氧浓差电势的大小，仪器应增加温度补偿环节。

③ 在使用过程中，应保证待测气体压力与参比气体压力相等，只有这样待测气体和参比气体的氧分压之比才能代表上述两种气体的含量之比。

④ 由于氧浓差电池有使两侧氧浓度趋于一致的倾向，因此，必须保证待测气体和参比气体都要有一定的流速，即需要连续采样分析。

7.4.2.3　氧化锆氧分析器的测量电路

氧化锆探头是一个内阻很大的浓差电池，其内阻随温度增加而减小。因此，测量其电势时，测量电路必须有足够高的输入阻抗，应有线性化电路，一般还有温度控制电路。图 7-28 是具有温度控制电路的测量电路原理系统图。

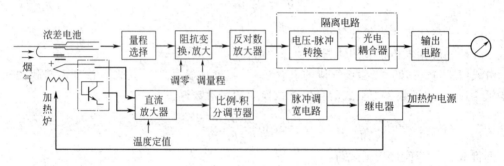

图 7-28　具有温度控制电路的测量电路原理系统

7.5　工业色谱仪和质谱仪

在工业分析仪表中，把利用色谱分析法进行测量分析的仪表称为工业色谱仪，利用质谱分析法进行物质组分分析的自动分析系统称为工业质谱仪。它们都属于大型精密分析仪器系统，具有选择度好、灵敏性高、分析对象广、多组分分析等特点。在石化、冶金、环保、医药、食品、生化等行业的工业生产系统检测中，得到广泛的应用。

色谱仪和质谱仪测量时都是采用先分离再检测的原理进行工作。这种模式特别适用于复杂化合物的组分分析。在实际应用中有时还将两类分析系统连用，构成色谱-质谱分析系统，更高效准确地进行定量分析。

7.5.1　工业色谱仪

色谱仪按被测物质的导入和分离模式分为气相色谱仪和液相色谱仪。气相色谱仪主要采用气体方式制备分析试样，而液相色谱仪以液态方式制备试样，在对不易挥发或热稳定性差的复杂化合物组分分析中具有明显的优势。目前在工业应用的在线分析仪表中气相色谱仪的应用技术较为成熟，所以本节主要介绍气相工业色谱仪的原理和应用。

7.5.1.1　色谱分析的原理和概念

色谱分析是一种分离技术，最早用于分离和分析植物的色素，通过一根含有特定物质的玻璃管，把植物叶片的提取物中不同的成分分离出来；因为产生的效果会在管中不同位置形成不同颜色的谱带，所以被称为色谱法；后来经过改进，被用于多种无机物或有机物的分离和分析，虽然结果不一定采用玻璃管中的色谱标识，但色谱一词仍沿用至今。

（1）色谱柱与色谱分离

色谱分析的核心设备称为色谱柱，它是实现物质组分分离的关键设备。色谱分离的基本模式如图 7-29 所示。少量被分析气体和进行试样输送的载气（主要种类有氢气、氦气和氮气）混合后，通过预处理对被分离气体的温度、压力、流量进行调整，然后送入色谱柱。色谱柱是填充或涂抹特定固体或液体物质的细长管道，材质有金属管、玻璃管或聚氯乙烯塑料管。管道中间填充/涂抹的物质称为固定相，通过管道的被分析气体称为移动相，因为移动相是气体，所以称为气相色谱仪。固定相则有固体或液体两种类型。

图 7-29　色谱分离的基本模式

当样品混合物经过色谱柱时，被色谱柱内的填充物质滞后并吸附，由于分子种类不同，造成各种组分在性质和结构上存在差异，被固定相吸收和吸附的程度不同。因此在同一推动力的作用下，不同组分在固定相上滞留的时间长度不同，从而按先后不同的次序从色谱柱出口流出，形成组分分离效果。其分离过程如图 7-30 所示。

设备分离的气体混合物中只有 A、B 两种组分，t_1 时它们被载气带入色谱柱，这时它们混合在一起，开始通过色谱柱。在移动相通过色谱柱的过程中，色谱柱中的固定相对移动相中的组分不断地产生吸附、脱附、再吸附、再脱附的效果。设固定相对 A 组分的吸附性比对 B 组分弱，则 A 组分通过色谱柱所用的时间较 B 组分少，同时固定相的吸附作用也

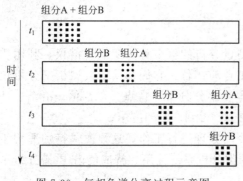

组分A + 组分B

时间

t_1

组分B 组分A

t_2

组分B   组分A

t_3

组分B

t_4

图 7-30   气相色谱分离过程示意图

使 A、B 组分在流动过程中被集中，当组分到达色谱柱输出端的时候，浓度较入口端大大增加，便于后面的检测器进行组分信号测量。

色谱柱结构主要有填充柱和毛细玻璃管两种类型。填充柱在管中充满固定相物质，形状有直管、U 形管、螺旋管。管长 1~50m，常用的长度为 2m，管径为 4~8mm。毛细玻璃管内径一般为 0.25mm，长度为 30~300m，其中的固定相物质被涂覆在管壁上。由于毛细管内部没有填充物，对样气流动的阻碍小，且管道细，处理时需要的样气总量少，而色谱分离的时间短、速度快，有利于提高测量时的响应速度。

色谱柱中的固定相物质有固相或液相。固态的固定相主要有活性炭、分子筛、多孔微球、硅胶等材料。液态固定相则是利用硅藻土颗粒表面附着的液体膜组成吸附物质，硅藻土颗粒称为载体，形成液体膜的固定相物质要求有高沸点和热稳定性，能溶解移动相组分，且溶解性又有差别。

（2）色谱测量方式

现在工业色谱仪的信号测量已不再采用人工观察色谱柱内的颜色来分辨组分了，而且绝大多数流程工业产品的组分色谱是没有颜色的，所以，色谱的主要测量方式是利用检测器将色谱柱输出的分离组分信号转换为电信号并加以记录。常用的敏感元件有热导检测器、氢火焰离子化检测器、电子捕获检测器、火焰光度检测器和光离子化检测器，以下对采用量较多的热导检测器和氢火焰离子化检测器进行简要介绍，这两类检测器应占工业气相色谱仪检测器比例的 90% 以上。

① 热导检测器   色谱仪的热导检测器与本章前面介绍的热导式气体分析仪检测器的原理和结构基本相同。利用热导池内的温度变化对金属热电阻丝阻值的影响，将不同组分气体及含量信号转换为电信号。图 7-31 为一种色谱仪中热导检测器的测量电路原理图。

检测器中的两个热导池分别构成惠斯登电桥的两个相邻桥臂，其中 R_1、R_3 所在的热导池分别通入样品气和参比气体（不含被测气体的载气），R_2 和 R_4 为固定电阻。在样品气中中不包含其他气体组分或其他组分含量极低时，$R_1 = R_2 = R_3 = R_4$，桥路平衡，输出的电势信号为 0；当样气中其他组分含量较多时，R_1、R_3 的阻值不同，桥路处于不平衡状态，输出电势 U_o 会产生明显变化。记录一个时间段内电桥输出电势的变化，就可形成称为"色谱图"的测量结果，它是进行色谱分析的依据。

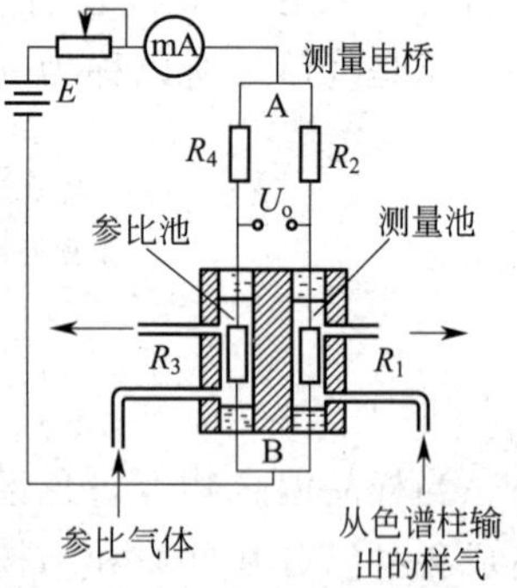

热导池中的敏感元件主要有热丝和热敏电阻，它们可以通过测量温度变化来反映流过气体的温度变化。这在本章 7.3 节已做了说明，在此不再重复。

测量电桥

mA

E

R_4 A R_2

U_o

参比池   测量池

R_3 R_1

B

参比气体   从色谱柱输出的样气

图 7-31   热导检测器的测量
电路原理图

② 氢火焰离子化检测器   氢离子火焰化检测器简称氢焰检测器（英文缩写：FID），它对含碳有机化合物有很高的灵敏度，主要用于痕量级（10^{-12} g/s）碳氢化合物的分析。具

有结构简单、灵敏度高、体积小、响应快、稳定性好
的特点。

　　检测器的基本原理和结构如图 7-32 所示。燃烧喷
嘴的燃料为氢气，同时通入空气作为反应辅助媒介和
助燃剂。含碳化合物在氢火焰中燃烧时产生高温裂解，
产生自由基，自由基又和空气中的 O_2 进行化学反应，
反应生成物与氢焰中产生的 H_2O 分子碰撞，生成离子
和电子。在外加电场的作用下，带正电的离子和带负
电的电子向电极的两级定向移动，形成离子流，离子
流的强度和含碳量成正比。

　　氢焰检测器的主要部件称为"离子室"，用不锈钢
等金属材料制造。内部装有火焰喷嘴和电极。电极的

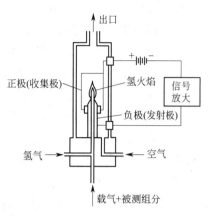

图 7-32　氢火焰离子化检测器

正极称为收集极，负极称为极化极，电极间加 $100\sim300V$ 直流电压形成电场。从色谱柱输
出携带样品气的载气在喷嘴内部与氢气混合后，在喷嘴口被点燃进行燃烧。其燃烧温度可
达 2100℃，被高温分离的被测有机物经过化学电离反应产生正、负离子，这些离子被电极
吸引产生定向运动，从而产生电流。记录相应的电流变化即可获得色谱图。

7.5.1.2　测量结果的数据内容

　　从色谱柱出口送出的样气不同组分经过检测器元件后，会输出与其吸附收集后的浓度
相关的电信号。利用电信号峰值出现的时间，就可以分析混合气体的组分含量了。记录这
种电信号在不同时间变化状态的曲线图表称为色谱图，图中表示信号变化的曲线称为色谱
曲线，如图 7-33 所示。

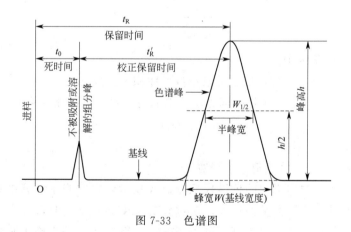

图 7-33　色谱图

　　色谱曲线表示的数据信息主要有色谱峰、基线、保留时间、死时间、校正保留时间、
基线宽度。

　　色谱峰：色谱曲线中出现信号明显突变的部分称为色谱峰，色谱峰是检测器对某种组
分含量的测量信号随时间改变的数据。其面积大小是某种组分含量定量分析的依据。

　　基线：在色谱柱中的流动相只有载气而不包含其他样品组分时，检测器输出的信号；
也就是色谱曲线除色谱峰以外，其他与时间轴平行的曲线部分。基线表示了检测器对没有
样品的载气的测量信号。

保留时间 t_R：试样从进样开始到出现峰值经历的时间。保留时间是样品到达色谱柱末端的检测器所需要的时间。

死时间 t_0：不被固定相吸附或溶解的组分从进入色谱柱到出现峰值的时间。死时间反映了载气的保留时间（载气通过色谱柱的时间）。

校正保留时间 t_R'：从保留时间里减掉死时间获得的差值。

基线宽度 W：在色谱峰里两侧拐点上的切线在基线上的截距称为色谱峰的基线宽度，也称为色谱峰的峰宽。

7.5.1.3 色谱图的定性和定量分析

利用色谱图可进行样气组分的定性或定量分析。定性分析主要用于判定样品气的组成成分，定量分析则是在定性分析的基础上，对组分的含量比例进行分析，这些计算分析过程通过色谱仪数据处理环节的仪表自动进行。

（1）定性分析方法

理论分析和实验结果表明，对于特定的色谱仪和分析操作条件，每种物质通过色谱柱的保留时间是确定的。因此利用色谱仪在一定的操作条件下测出样品气中各种组分物质的保留时间，再把获得的色谱图与已知物质在同样条件下利用色谱仪测得的色谱图结果相比较，一般而言，保留时间相同的，就是相同的组分。对于一些特殊情况，则要靠人工或采用其他方法进一步的判别。

（2）定量分析方法

定量分析的重要依据是色谱曲线的色谱峰，通过对峰高或峰面积的定量计算来确定样品气中各种组分的含量。定量分析的理论依据是被测物质的量和峰面积成正比，在一定的色谱条件下，组分含量可利用以下公式进行计算：

$$m_i = f_i A_i \tag{7-38}$$

式中　A_i——峰面积；

　　　f_i——定量校正因子；

　　　m_i——组分含量，单位可以是质量单位、体积单位或 mol。

峰面积根据图形对称性可采用不同方法。例如对于对称色谱峰可采用以下公式：

$$A_i = 1.065 h W_{1/2} \tag{7-39}$$

式中　h——峰高；

　　　$W_{1/2}$——峰高 1/2 处的峰宽值（半峰宽）。

而定量校正因子是根据不同的色谱仪检测器经校验确定的修正计算系数，它主要和载气、样品、参比物质、检测器类型有关，在对分析精度要求不高时，可直接通过手册查询获得定量校正因子值；如精度要求高，可利用一些计算方法进一步修正其数值，限于篇幅所限，在此不再赘述。

7.5.1.4 气相色谱仪的结构组成

图 7-34 所示为气相色谱仪组成环节，按功能可分为预处理系统、分析系统和操作环境支持系统三大部分。

（1）预处理系统

预处理系统的主要功能是将待分析的工艺气体经过取样和处理装置变为洁净、干燥的样气。其中包含的设备对采集获得的工艺气体进行流量、压力、温度的调节，并进行除尘、

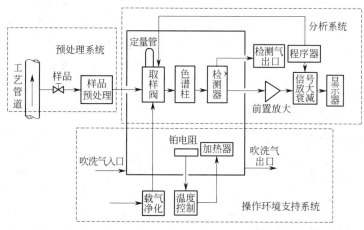

图 7-34 气相色谱仪组成环节

除水、防爆的处理，使之符合分析所需的要求，保证后续分析流程的设备能正常工作。

（2）分析系统

样气在载气的携带下进入色谱仪柱系统。样气中的各种组分在色谱柱中进行分离后，被载气依次带入检测器。在分离过程中，可利用一组短色谱柱组成色谱柱系统，在程序控制器操作下，通过柱切换阀的动作，按一定步骤切换流动路径和方向，提高分离速度，缩短分析时间，执行这一功能的环节简称"柱切环节"。检测器将色谱柱系统输出组分的浓度或质量信号转换为电信号后，经放大电路进行放大、滤波等处理，然后进入信息处理环节，采用模拟电路或微处理器部件实现信号的进一步转换，实现数据输出、显示、存储等功能。

（3）操作环境支持系统

操作环境支持系统的主要功能是保证分析操作所需的条件和步骤，主要有温度控制和供气控制环节。

温度直接影响色谱柱系统的选择分离、检测器的灵敏度和稳定性，因此要对预处理和样品气化室、色谱柱、检测气的环境温度进行控制，色谱仪利用电加热或热空气加热的模式，调节这些关键设备的环境温度，精度要求为≤±0.1℃。控制模式有恒温方式或程序升温方式。

供气控制主要是为气相色谱仪提供分析使用的各种辅助气体，主要有载气、标准气、检测器用的氢气、仪表空气、加热使用的热空气、低压蒸汽等。通过供气控制系统的处理，保证参与组分分析的气体的纯净和干燥程度，消除其中的水分、氧气、有机物、灰尘杂物对测量的影响。

7.5.2 工业质谱仪

工业质谱仪是利用质谱分析法对被测样品组分进行分析的在线分析仪器系统。与色谱法相仿，这也是一种对样品组分进行分离后再进行组分分析的方法。在线使用的工业质谱仪主要用于气相样品的在线自动分析。

7.5.2.1 质谱仪的工作原理

质谱仪进行样品分析使用的信息称为"质谱"。所谓质谱是指被测物质离子化后，利用不同离子在电场或磁场中运动行为不同，把离子按其质量与电荷数的比值（简称"质荷

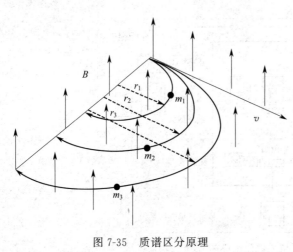

图 7-35 质谱区分原理

比"）进行区分后获得的信息。工业质谱仪在测量时，将取样系统的样气送入离子源进行电离，产生的带有正、负电荷的离子通过质量分析器时，会按照其相应的质荷比被分开，被离子检测系统接收并记录而获得质谱图。

如图 7-35 所示，带有电荷 e 的离子通过一个电压为 U 的电场，由于电场对带电离子进行加速操作，获得一个运动初速度 v，进入磁感应强度为 B 的磁场，运动方向与磁场方向垂直。质量为 m 的离子经过加速器后的动能为：

$$\frac{1}{2}mv^2 = eU \tag{7-40}$$

由电磁学中洛仑兹力公式可知，带电微粒在以垂直磁力线方向运动时，其受力大小为：

$$F_M = evB \tag{7-41}$$

式中 e——电子电荷；

B——磁场的磁感应强度；

v——带电微粒运动速度。

其受力方向与带电微粒原运动方向垂直，所以，当带有正、负电荷的离子进入均匀磁场空间后，运动轨迹受洛仑兹力的影响发生偏转，呈圆弧状。在圆弧路径上运动时，洛仑兹力为离子运动的向心力，向心力与离子受到的离心力平衡。离子受到离心力的影响为：

$$F = m\frac{v^2}{r} \tag{7-42}$$

式中 m——离子质量；

r——圆弧轨迹半径；

v——离子运动线速度。

所以，由式(7-41)、式(7-42)可得：

$$evB = m\frac{v^2}{r} \tag{7-43}$$

化简可得：

$$\frac{m}{e} = \frac{Br}{v} \tag{7-44}$$

如果离子进入磁场的速度相同，且磁场的磁感应强度恒定，则离子运动的半径和离子的质量与电荷比（m/e）成比例。如果离子的电荷数也一定，则离子质量越大，圆周的半径也越大。因此可以利用磁场对运动离子的作用对离子按质荷比或者质量进行分离。

将式(7-43)、式(7-44)合并化简后可得：

$$\frac{m}{e} = \frac{B^2 r^2}{2U} \tag{7-45}$$

式(7-45)为质谱检测系统的基本方程，目前质谱测量系统采用的方法是利用固定的

磁场 B，通过改变 U 值使不同质荷比的带电离子以相同的圆弧半径 r 进行偏转运动，这样可以利用 U 和 m/e 的函数关系确定被测组分的质谱。当加速电压 U 由小到大变化时首先收集到的是质荷比最大的离子，最后收集到的则是质荷比最小的离子，从而形成组分的质谱图。

7.5.2.2　质谱仪的结构

工业质谱仪的主要组成环节如图 7-36 所示，包括进样系统、离子源、质量分析器和离子检测器等环节。进样系统将分析试样送入离子源；离子源将通过电离作用使试样分离为不同组分的带电离子；质量分析器使离子按质荷比大小分离成不同的离子流；离子检测器测量和记录离子流的强度，获取质谱信息。

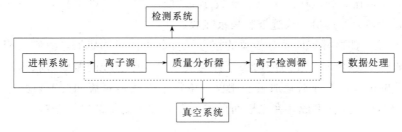

图 7-36　工业质谱仪的主要组成环节

（1）离子源

工业质谱仪利用气体放电、粒子轰击、场致电离、离子-分子反应等机理，可形成离子源，使样品中的原子（分子）电离成为离子（正离子、负离子、分子离子、碎片离子、单电荷离子、多电荷离子），并将离子加速、聚焦成为离子束，以便送进质量分析器。

如图 7-37 所示为最为常用的电子轰击型离子源的结构。利用一定能量的电子束与试样碰撞，从而使试样分子或原子电离。在负压的抽吸作用下，微量的气体分子流通过分子进入孔和反射极狭缝进入离子化区（电离室）。在此区域内，分子或原子受到由阴极射向阳极的电子束的轰击而电离成正离子或负离子，一般都利用正离子。正离子在反射极与引出极之间的微小电位差作用下，通过引出极狭缝进入加速区。产生电子束的阴极与阳极之间距离一般为 $10\sim20\,\mathrm{mm}$，两极间电压为几十伏或上百伏。加速极一般接地，为零电位；引出极为高电位。它们之间的电

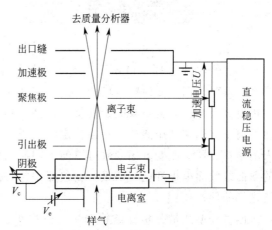

图 7-37　电子轰击型离子源结构组成

压可调，从几十伏到几百伏或几千伏。引出极和加速极之间的距离一般为十几毫米。为了减小离子束散角，在引出极和加速极之间放上一个聚焦极。加速极与聚焦极的狭缝宽度为零点几毫米到 $1\,\mathrm{mm}$，长度为十几毫米。

离子源除了上述电子轰击型以外，还有离子轰击型、放电型等。离子轰击型采用具有一定能量的离子轰击被测试样表面，使之产生二次离子，从而对试样表面成分进行分析。放电型离子源主要用于固体金属试样的成分分析，它使两根被分析的棒状金属电极产生火

花或电弧放电，从而产生金属离子。

（2）质量分析器

质量分析器将不同质荷比的离子分离为相互独立的离子流，主要的类型有扇形磁场型、四极杆型、飞行时间型等。

① 扇形磁场型　在前一部分介绍质谱仪工作原理时所描述的离子流分离方式就是单聚焦式扇形磁场型质量分析器。这种分析器的离子通路为半圆形，此外也有 90°或 60°的圆弧形，所以也称为扇形磁场，主要适用于对电子轰击性离子源产生的离子流进行分离。不同的加速电压 U 使不同质荷比的离子均以半径为 r 的轨迹运行，通过出射狭缝到达收集极，质荷比与 U 为反比关系，即质荷比小的试样离子只有在较大的加速电压下才能以半径 r 的轨迹运行，而质荷比大的试样离子只需要较小的加速电压就可以半径 r 的轨迹运行。由离子源产生的离子多数通过出射狭缝被收集极接收。

② 四极杆型　四极杆型质量分析器的核心元件称为四极滤质器，由四根相互平行的金属杆构成，如图 7-38 所示。相对的两根极杆构成一组，电极杆的截面形状为双曲线截面或圆形截面，在两组极杆上分别施加极性相反的电压。电压由直流和交变射频电压（频率范围为 3～3000MHz）叠加形成，在电极间形成一个对称于 z 轴的电场分布。

图 7-38　四极杆形状

其工作原理如图 7-39 所示。当离子束由离子源射入时，四个电极产生的组合电场使离子产生振荡。由交变射频电场产生的振荡轨迹使较轻的离子撞在正电极上，较重的离子撞在负电极上，并被真空泵吸走而被"过滤"掉。这些离子称为非共振离子。只有特定质荷比的离子（称"共振离子"）在特定电场强度和频率作用下的振荡轨迹可以穿过极杆，进入离子检测器。改变电场参数可以使不同质荷比值的离子通过四极滤质器。由于加工理想的双曲线截面电极杆比较困难，在仪器中往往用圆柱形电极棒替代，实际电场与理想双曲线型场的偏差＜1%。

四极杆型质量分析器结构简单、体积小、成本低；对入射离子的初始能量要求不高，可采用有一定能量分散的离子源；用电子学方法能很方便地调节质量分辨率和检测灵敏度；改变高频电压的幅度，可以进行质谱扫描，不存在滞后等问题，扫描速度快；离子源的离子进入质量分析器的加速电压不高，样品表面几乎没有电荷现象；离子在质谱计内受连续聚焦力的作用下，不易受中性粒子散射的影响，因此对仪器的真空度要求不高。

由于以上的优点，四极杆型质量分析器被广泛用于要求并不高的质谱仪中。与扇形磁场型质谱计相比，四极杆型质量分析器的质量分辨率和检测灵敏度都比较低。

③ 飞行时间型　飞行时间型质量分析器是利用动能相同而质荷比不同的离子在恒定电场中运动，经过恒定距离所需时间不同的原理，建立被测组分质谱的方法。其基本原理如

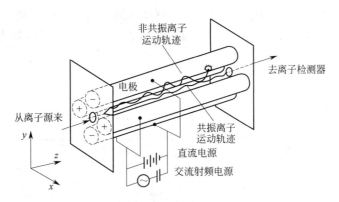

图 7-39　四极杆型质量分析器的原理

图 7-40 所示。

　　如果忽略由离子源提供的离子初始能量，设离子所带的电荷为 q，质量数为 m，则在萃取电场电势差 E 的作用下这些离子得到的动能为：

$$qE = \frac{1}{2}mv^2 \qquad (7\text{-}46)$$

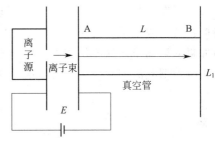

图 7-40　飞行时间型质量分析器

　　获得了动能的离子以速度 v 飞越长度为 L、无电场作用的漂移空间，最后离开质谱计。由公式

$$v = \sqrt{2qE/m} \qquad (7\text{-}47)$$

可知离子通过长度距离 L 的飞行时间为：

$$t = \frac{L}{v} = \frac{L}{\sqrt{2qE/m}} \qquad (7\text{-}48)$$

$$\frac{m}{q} = \frac{2t^2 E}{L^2} \qquad (7\text{-}49)$$

　　质荷比与时间的平方成正比，只要测出飞行时间，就可换算出对应的质荷比。很显然，质量小的离子将比质量大的离子先离开质谱计，到达离子探测器，因此达到了按飞行时间进行质量分离的目的。

　　飞行时间型质量分析器的最大优点是快，能够在几微秒至几十微秒的时间内实现全谱分离离子的传输效率达 100%，灵敏度高。飞行时间型质量分析器的另一个特点是：只要漂移空间足够长，质量很大的离子也能漂移到质谱计的终端，因此，测量范围宽，可用于分析有机物的大分子离子。

　　（3）离子检测器

　　在离子质谱分析过程中，用于检测离子讯号的检测器主要有筒状接收器（法拉第筒，FC）、电子倍增器（EM）以及用于离子图像分析的数字化微通导板、电荷耦合照相机（CCD）等。

　　① 筒状接收器和电子倍增器　筒状接收器的原理见图 7-41。筒状接收器基本结构就是法拉第筒检测器，是一种最简单、最常用的电荷收集器，被测量的离子束通过二次电子抑制极入射到法拉第筒收集体中，二次电子抑制极的作用是防止离子撞击法拉第筒时产生的二次电子逃离法拉第筒，影响测量精度。进入法拉第筒的离子与收集体物质发生电离相互

作用而被阻止时，会产生激励电流。通过一个高输入阻抗的前置放大器对其进行放大输出，可转化为直流电压信号。电压大小与离子流的强度有关，再对电压信号进一步处理，可获得质谱信号。

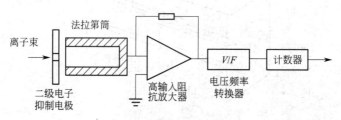

图 7-41　筒状接收器的原理

电子倍增器是质谱仪器中使用最广泛的离子检测器，图 7-42 所示为电子倍增器的工作原理示意图。其结构由一个离子-电子转换极、约 20 个倍增极和 1 个收集极组成。离子射入转换极转换成电子，再经过倍增，在收集极接收到一个增益达 $10^5 \sim 10^8$ 倍的电脉冲信号。但如果入射离子流强度足够大，以至于两个入射离子所引起的两个电脉冲之间的时间间隔小于倍增器死时间时，将会发生漏计现象。

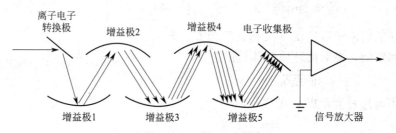

图 7-42　电子倍增器的工作原理

为保证测量精度，可将法拉第筒和电子倍增器互补组合使用，利用法拉第筒测量电子倍增器的输出电子流强度。一般情况下以入射离子流强度为 $10^5 \, \mathrm{s}^{-1}$ 为界限。

② 离子图像检测器　随着科学技术的日益发展，需要离子质谱仪提供离子的二维甚至三维的分布图像，为此在 20 世纪 70 年代出现了一种新型的电子倍增器——微通导板，它由大量管直径为几微米、长度为 1mm 的微通导管组成。每根微通导管的增益可达 10^4，若需要更高的增益，可将多块微通导板串接使用。微通导板的直径为 20～80mm。如果入射到每个微通导管上的离子强度各不相同，那么经倍增后输出的电脉冲强度也各不相同。例如：在离子显微镜模式的质谱仪中，输出到达微通导板前端的是一幅离子分布图像，通过微通导板输出的电脉冲经荧光屏转换后获得一幅可见的离子分布图像。用电荷耦合照相机（CCD）替代荧光屏，还可以将离子图像数字化，实现元素在样品中分布的三维质谱分析。

7.5.2.3　质谱图和定量分析

质谱图是以检测器测得的信号强度为纵坐标、离子的质荷比为横坐标所建立的二维或三维图形。如图 7-43 所示为二维的质谱图，图中峰的高低表示产生该峰的离子数量的多少，最高峰称为基峰，峰高表示测得的离子信号强度，称为"离子丰度"。在质谱图中，峰高用某一离子峰与最高离子峰对应的百分比表示，称为离子相对丰度，所以基峰的相对丰度为 100%，其他离子峰的相对丰度均小于 100%。质谱图中离子峰的个数及其离子相对丰度就是进行被测组分成分分析的依据，主要用于以下的分析需求。

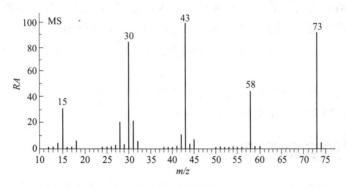

图 7-43　质谱图

（1）同位素测量

具有不同中子数的元素互为同位素，同位素的质荷比由于中子数的不同而产生差异。利用质谱仪可以将其分离为不同的质谱峰加以区分。同位素离子的鉴定和定量分析是质谱发展起来的原始动力，至今稳定同位素测定依然十分重要，只不过不再是单纯的元素分析而已。

（2）混合物的定量分析

利用质谱峰可进行各种混合物组分分析，应用最多的是对石油工业中挥发烷烃的分析。在进行分析的过程中，保持通过质谱仪的总离子流恒定，以使得到每张质谱或标样的量为固定值，记录样品和样品中所有组分的标样的质谱图，选择混合物中每个组分的一个共有的峰，样品的峰高假设为各组分这个特定 m/z 峰峰高之和，从各组分标样中测得这个组分的峰高，求解联立方程，近似求得各组分浓度。

用上述方法进行多组分分析时费时费力且易引入计算及测量误差，故现在一般采用将复杂组分分离后再引入质谱仪中进行分析，常用的分离方法是色谱法。

7.5.2.4　质谱仪的工业应用

在线质谱仪从 20 世纪 80 年代开始，在流程工业特别是化学工业过程的成分分析中开始加以应用，并得到了迅速的发展和普及。质谱仪可以对工业流程中的气体进行定性、定量的实时检测，分析操作时一个系统可检测多个气路中的样气，可同时对一个气路中的十几种成分进行分析，通过在线质谱仪的控制系统可进行自动气路切换、自动校准和自动数据采集处理。其特点是分析速度快、精度高，可同时进行多组分分析。

虽然在线质谱仪系统价格高，整个系统结构组成复杂，日常维护工作量大，但由于在线质谱仪的分析速度快，一般只需要几秒到几十秒就能对一种样气进行全面分析，因此在工业流程的成分检测中多个生产线可以共用一台在线质谱仪代替人工操作的成分分析，其检测效率和精度大大提高，而平均成本却低于人工分析系统，而在线分析质谱仪的快速性也为生产安全和质量提供了可靠的保障。例如在乙二醇生产时使用的原料乙烯是易燃易爆气体，在与氧气进行化学反应制造乙二醇原料时的放热反应更增加了生产的危险性。为保证生产安全，工艺人员要及时正确地计算出允许乙烯、氧气及其他催化剂的可燃性极限，以及允许的最大氧气浓度。这些都依赖于在线质谱仪对原料制备化学反应进行的实时全组分分析数据。又如某制药企业有近百条原料气体生产线，依靠人工分析操作的实时性很差，不能保证产品的质量；后利用在线质谱仪进行气体分析，所有生产线只使用了一台在线质谱仪，利用其自动切换气路的能力轮流对每条生产线进行快速的成分分析监测，提高了产品质量。再比如高炉废气回收系统，需要对废气中的多种成分进行分析（如 H_2、H_2O、CO_2、CO、N_2、O_2、Ar、SO_2 等），一台在线质谱分析仪就可满足多种气体在线自动检测的需求。

在线质谱仪的分析范围广泛，可实现从 100％到 0.00001％的成分含量分析，在化肥、钢铁、石油化工、制药等工业测量中广泛使用。

7.6　湿度的自动测量

物质的湿度就是物质中水分的含量，一般习惯上称气体中的水分含量为湿度，而将液体及固体中的水分含量称为水分或含水量。本节主要介绍工业在线分析中常用的电解式湿度计、电容式湿度计和晶体振荡式湿度计。

7.6.1　湿度的表示方法

空气或其他气体中湿度的表示方法如下。

① 绝对湿度：每单位体积（在一定温度及压力条件下）混合气体中所含的水蒸气量，单位以 g/m^3 表示。

② 相对湿度：相对湿度 φ 是指每立方米湿气体中所含水蒸气的质量与在相同条件（同温度同压力）下可能含有的最大限度水蒸气质量之比。相对湿度有时也称水蒸气的饱和度。单位是以％RH 表示。

③ 露点温度：在一定温度下，气体中所能容存的水蒸气含量是有限的，超过此限度就会凝结成液体露滴，工业中将一个大气压下，气体中水蒸气含量达到饱和时的温度称为露点温度，简称露点，单位为℃。露点温度和饱和水蒸气含量是一一对应的。

各种湿度的表示方法之间有一定关系，知道用某种表示方法表示的湿度数值后，就可以换算成用其他表示方法表示的数值。例如相对湿度 φ 可以有以下关系表示：

$$\varphi = \frac{p_D}{p_t} \tag{7-50}$$

式中　　p_D——湿气体在露点温度 t_D 时的饱和水蒸气的分压；

　　　　p_t——湿气体在温度 t_t 时的饱和水蒸气压。

p_D 和 p_t 在各种温度下的数值可从有关手册中直接查得，因此知道露点温度 t_D 后就很容易求得 φ 的大小。反之，有了 φ 值及湿气体的温度 t 后也可求得露点温度 t_D 等。

7.6.2　电阻式湿度计

电阻式湿度计采用的敏感元件可将相对湿度转换为电阻变化。制造敏感元件的材料有化合物电解质（氯化锂）、半导体陶瓷、高分子材料等。其结构形式主要采用在基片上覆盖一层用感湿材料制成的膜，当空气中的水蒸气吸附在感湿膜上时，元件的电阻率和电阻值都发生变化，利用这一特性即可测量湿度。湿敏电阻的优点是灵敏度高，主要缺点是线性度和产品的互换性差。

图 7-44 所示为典型的电阻式湿度计传感器组成结构。

电解质湿度传感器的湿敏元件是在绝缘物上浸渍吸湿性电解质而制作的，最常用的是氯化锂。如图 7-44(a) 所示。湿敏元件在电解质吸湿和脱湿过程中，水分子分解出的离子

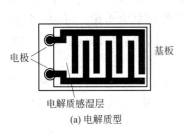

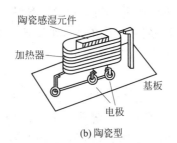

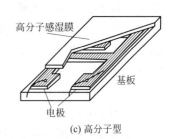

(a) 电解质型　　　　　　　　(b) 陶瓷型　　　　　　　　(c) 高分子型

图 7-44　典型电阻型湿度传感器结构

H^+ 的传导状态发生变化，从而使元件的电阻值随湿度而变化。利用电极测量感湿层的电阻变化，进而测定湿度大小。

金属氧化物半导体陶瓷是多孔结构材料，其中的气孔多与外界相通，相当于毛细管。通过气孔可以吸附水分子。在晶界处水分子被化学吸附时，有羟基和氢离子形成，羟基又可对水分子进行物理吸附，从而形成水的多分子层，此时形成极高的氢离子浓度。环境湿度的变化会引起离子浓度变化。当这种多孔结构材料制作的湿敏元件在吸附空气中的水分时，可以使自身的电导率发生变化，从而改变元件的电阻值。因此可通过测量阻值来测定湿度。该传感器的结构如图 7-44(b) 所示。加热器用于进行电极清洗，加热后排除传感器感湿层的水分子，使传感器复原。

采用高分子材料制作的电极结构与电解质型基本相同，如图 7-44(c) 所示。感湿膜采用高分子材料（磺化聚苯乙烯、丙烯酸酯等）制作，覆盖在电极上面，传感器有较好的耐水耐油性。

7.6.3　电解式湿度计

（1）基本原理

电解式湿度计又名库仑法电解湿度计，或微量水分分析器，它用来测定气体中微量水分含量，最低可测到 $1\mu L/L$ 左右。其作用原理是基于法拉第电解定律：电解时，电极上析出或溶解物质的质量与通过的电量成正比。在湿度大时，易溶于水物质的离子多，电解作用强，产生电解作用的传感器就会有较大的电流通过，因此可以根据电流大小检测湿度。

仪器的敏感元件称为电解池，池壁上绕有两根并行的螺旋形铂丝，作为电解电极。铂丝间涂有水化的五氧化二磷（P_2O_5）薄膜。P_2O_5 具有很强的吸水性，当被测气体经过电解池时，其中的水分被完全吸收，产生磷酸溶液：

$$P_2O_5 + H_2O \longrightarrow 2HPO_3$$

若在两铂丝间通以直流电压，即起电解作用，产生 H_2 和 O_2，并使 P_2O_5 复原：

$$4HPO_3 \longrightarrow 2H_2 + O_2 + 2P_2O_5$$

在连续测量时，电解池内的吸收和电解过程同时发生。当通入的气体流速不变时，电解电流与气体中水分的绝对含量间有精确的线性关系。若维持气体的温度和压力不变，则 I 与以 $\mu L/L$ 为单位表示的水分浓度 c 之间存在着线性关系：

$$I = kc \tag{7-51}$$

式中　k——比例系数。

（2）电解池的类型

电解池一般有两种类型，一种是把两根铂丝电极安置在直径为 $0.5 \sim 2mm$ 的绝缘管内壁上，管子长度为几十厘米。两根铂阻丝间的距离一般为十分之几毫米。铂丝直径一般取 $0.1 \sim 0.3 \text{mm}$。在管子内壁涂以一定浓度的 P_2O_5 水溶液。为使涂层黏附牢固，可加一定的润湿剂。做成的管子切成一定长度，装入外套中，并接以进、出气管口及电极引线，即为完整的电解池。

另一种电解池的结构是把一根绝缘的圆棒，在其上加工两个有一定距离的螺旋槽。沿槽绕以铂丝电极，电极间也涂以 P_2O_5 水溶液，圆棒外面套以外罩。外罩内径应尽量小，使其与圆棒间距离小些，以避免产生水分吸收不完全现象。

电解池的长度应满足以下因素：电解池对被测气体中的水分应达到完全吸收。可见电解池本身也是一个很好的气体脱水装置。测腐蚀性介质时，电解池要用能耐腐蚀的材料。

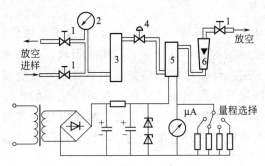

图 7-45　电解湿度计的测量气路及电路系统示意图

1—针形阀；2—压力表；3—过滤器；
4—稳压阀；5—电解池；6—流量计

（3）整机测量系统

电解湿度计的测量系统简单示意图如图 7-45 所示。由于仪表的示值和样气的压力和流量有关，因此必须要求测量过程中维持压力和流量在规定数值内，故测量系统中装有压力表，在进样阀开度一定时可以改变前面放空阀开度大小以维持压力恒定。样气流量大小可从转子流量计上显示出来。在停止测量时，应把放空阀及进样阀全部关闭，以免外界湿气体进入电解池。

（4）特点

电解式微量水分仪的电解电量与水分含量一一对应，测量灵敏度大，精度较高，绝对误差小。电解池作为测量系统的敏感元件，其结构简单，使用寿命长，并且可以反复再生使用。测量对象较为广泛，凡在电解条件下不与 P_2O_5 发生化学反应的气体均可测量。

7.6.4　电容式湿度计

对一定几何结构的电容器来说，其电容量与两极间介质的介电常数 ε 成正比关系。不同的物质，ε 值都不相等，一般介质的 ε 值较小，例如一般干燥物质的 ε 值在 $2.0 \sim 5.0$ 之间。但水的 ε 值为 81，所以它比一般介质的 ε 值大得多，当介质中含有水分时，就使介质的 ε 值改变，从而引起电容器电容量的变化。这个变化与介质的含水量有线性关系，这就是电容式湿度计的基本工作原理。

湿敏电容一般是用高分子薄膜电容制成的，常用的高分子材料有聚苯乙烯、聚酰亚胺、酪酸醋酸纤维等。当环境湿度发生改变时，湿敏电容的介电常数发生变化，使其电容量也发生变化，其电容变化量与相对湿度成正比。湿敏电容的主要优点是灵敏度高、产品互换性好、响应速度快、湿度的滞后量小、便于制造、容易实现小型化和集成化，其精度一般比湿敏电阻要低一些。

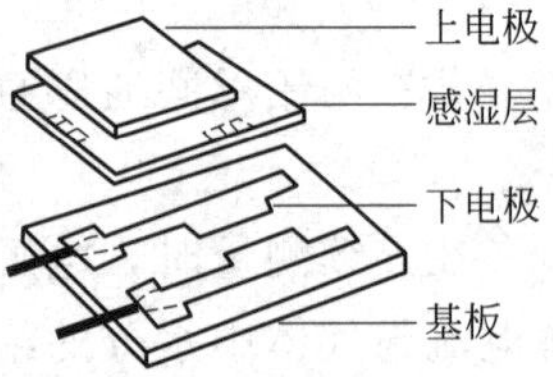

上电极
感湿层
下电极
基板

图 7-46　电容传感器结构示意图

图 7-46 为一种湿度电容传感器的结构示意图，它由基板、下电极、感湿层（湿敏材料）、上电极几部分组成。两个下电极与湿敏材料、上电极构成的两个电容成串联连接。高分子聚合物湿敏材料的介电常数随着环境的相对湿度变化而变化。

当环境湿度发生变化时，湿敏元件的电容量随之发生改变，即当相对湿度增大时，湿敏电容量随之增大，反之减小（电容量通常为 $48\sim56\text{pF}$）。传感器的转换电路把湿敏电容变化量转换成电量变化，对应于相对湿度 $0\sim100\%\text{RH}$ 的变化。

测量电容的方法通常有伏安法、电桥法、谐振法和差频法等。图 7-47 是用差频测量电容变化的方框图。可变标准电容可由几个电容进行切换，以供选择量程之用。当被测电容与标准电容相等时，两振荡器的频率一致，混频流所得的差频为零，于是电流表指示零值。当被测电容中介质的水分变化时，振荡器的振荡频率变化，仪表即有指示。振荡器频率根据电容量大小而定。因为补偿温度等因素变化对指示器的影响，标准电容器可用一个与被测电容有相同结构的电容器代替，并予以密封。

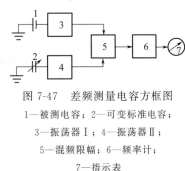

图 7-47　差频测量电容方框图
1—被测电容；2—可变标准电容；
3—振荡器 I；4—振荡器 II；
5—混频限幅；6—频率计；
7—指示表

电容器的一个重要性能是介质损耗，对电容湿度计来说，电容的介质损耗与介质湿度有关，湿度愈大，则损耗愈大。介质损耗大，对测量精度来说是不利的。在损耗很大时，甚至无法测出电容量的变化，因此电容湿度计用在测量低含水量时较为有利。电容湿度计的测量下限可达 $10\mu\text{L/L}$。

7.7　密度的自动测量

在化工及石油生产过程中，有很多场合需要对介质的密度进行测量，以确认生产过程的正常进行或对产品质量进行检查。例如在蒸发、吸收和蒸馏操作中常常都需要通过密度的检查来确定产品的质量。另外，现在生产上经常要求测量生产过程中的物料或产品的质量流量，即从所测得的体积流量信号及物料的密度信号，通过运算得到质量流量。这时亦涉及密度的测量问题。介质的密度是指单位体积中介质的质量，它与地区的重力加速度大小无关，其常用单位为 kg/m^3。下面介绍几种常用的自动测量密度的方法。

7.7.1　压力式密度计

压力式密度计所依据的原理是：在液体的不同深度处，静压大小的差别仅决定于深度差及液体的密度值。吹气式密度计也是这种类型中的一种，它在石油、化工生产过程中应用较广。图 7-48 所示即是这种密度计的原理。

压缩空气流经过滤器及稳压器后，分成两路，调节针形阀使两路流量相等。其中参比气路流经标准液体，然后放空，而测量气路则流经被测液体。此时，两气路中的气体压力分别近似于标准液及测量液相应深度（吹气管在液体中插入深度）处的静压值。

标准液的密度为 ρ_1，两吹气管的插入深度都为 H，则两路的气压差为：

$$\Delta p = H(\rho_x - \rho_1) \tag{7-52}$$

Δp 与 ρ_x 有线性关系，气压差值可由差压计进行测量，如图 7-48 上用 U 形管差压计示意，更多的可采用差压变送器转换成气压信号或电流信号，再由相应的二次仪表指示或记录。

7.7.2　重力式密度计

一定体积的质量决定于该液体的密度，测得质量，就能知道液体的密度值。重力式密

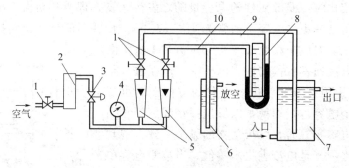

图 7-48 吹气式密度计原理

1—针形阀；2—过滤器；3—稳压器；4—压力表；5—流量计；

6—标准液体；7—被测液体；8—差压计；9—测量气路；10—参比气路

度计的结构有多种形式。图 7-49 所示为弹簧重力式密度计的结构。被测液体的进、出口管与螺旋弹簧管 4 相通，而螺旋弹簧管与测量容器 2 相通。液体由下面的入口处经螺旋弹簧管进入测量容器 2 后，最后由上面的螺旋弹簧管及出口管排出。螺旋弹簧管承担测量容器及液体的全部质量。当由于液体密度变化而使质量改变时，容器 2 在螺旋弹簧管的弹性作用下做上下移动；移动量经顶杆 3 传到指示记录机构。为了减轻测量容器的质量，以减小螺旋弹簧管的负载，可在外筒 1 中装上水（或其他与被测液体密度相近的液体）。此时，所减轻的质量等于与容器 2 有相同体积的水的质量。这样做，可以用较细的螺旋管来提高测量灵敏度。

螺旋弹簧管所承受的质量为：

$$M = V(\rho_x - \rho_1) + m \tag{7-53}$$

式中　V, m——测量容器 2 的体积及质量；

　　　ρ_1——水的密度；

　　　ρ_x——被测液体的密度。

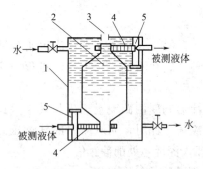

图 7-49　弹簧管重力式密度计

1—外筒；2—测量容器；3—顶杆；

4—螺旋弹簧管；5—支柱

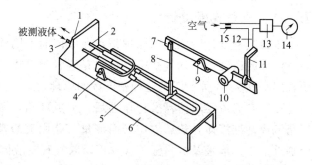

图 7-50　气动重力式密度计

1—出口管；2—软管；3—进口管；4—轴座；5—测量管；

6，9—支座；7—秤杆；8—拉杆；10—重锤；11—挡板；

12—喷嘴；13—气动放大器；14—显示仪；15—恒气阻

在此忽略了测量容器 2 的壁厚，认为其内外体积相等。这种仪器的测量滞后较大，并且当液体中有沉淀物时，会增加测量误差。

图 7-50 所示为气动重力式密度计。被测液体连续地流过测量管（U 形管）5。此测量

管可以绕轴座 4 上的轴做微小的转动。进出口管通过软管 2 与测量管相通。当被测液体密度变化时，测量管在重力的作用下绕轴转动一个小的角度，它通过拉杆 8 及秤杆 7 改变喷嘴与挡板间的距离，使气动测量系统得到信号，经放大后供指示或记录。重锤 10 可以左右移动，以平衡零位。为减小环境温度的影响，整个测量系统安装在双层外壳中，内部有加热系统，以保持恒温。这种仪器的结构较为笨重，但测量滞后较小。常用在测量石灰乳等密度上。重力式密度计应安装在没有振动的场所。

7.7.3　振动式密度计

（1）工作原理

当被测液体流过振动着的管子时，振动管的横向自由振动频率将随着被测液体密度的变化而改变。当液体密度增大时，振动频率将减小。反之，当液体的密度减小时，则振动频率增加。因此，利用测定振动管频率的变化，就可以间接地测定被测流体的密度。

充满液体的管的横向自由振动如图 7-51 所示，设管的材质密度为 ρ_0，液体的密度为 ρ_x，当管子振动时，管内液体将同管子一起振动。由于液体内部相对变化很小，所以黏度的影响也很小。因而充满液体

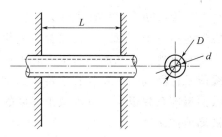

图 7-51　两端固定的振动管

的管的横向自由振动可以看作具有总质量（管子自由振动部分的质量加上充满该部分管子的液体的质量）的弹性体的自由振动。自由振动部分的总质量 M 为：

$$M=\rho AL=\frac{1}{4}\pi\big[(D^2-d^2)\rho_0+d^2\rho_x\big]L \tag{7-54}$$

简化后可写成：

$$\rho A=\frac{1}{4}\pi\big[(D^2-d^2)\rho_0+d^2\rho_x\big] \tag{7-55}$$

再由工程力学得知，圆管的截面惯性矩 J 为：

$$J=\frac{\pi}{64}(D^4-d^4) \tag{7-56}$$

由此可得，充满液体的横向自由振动频率 f_x 为：

$$f_x=\frac{C}{4L^2}\sqrt{\frac{E}{\rho_0}}\sqrt{\frac{D^2+d^2}{1+\dfrac{\rho_x}{\rho_0}\dfrac{d^2}{(D^2-d^2)}}}\ (\text{Hz}) \tag{7-57}$$

式中　ρ_0——管子材质的密度；

　　　ρ_x——管内液体的密度；

　　　D——管的外径；

　　　d——管的内径。

当管子的几何尺寸及材质已定时，则 L、E、ρ_0、d 均为常数，而 C 则可以通过实际测得，或由理论计算得出。

上式可以简化为：

$$f_x=\frac{K_1}{\sqrt{1+K_2\rho_x}} \tag{7-58}$$

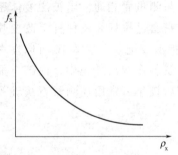

图 7-52　振动频率与液体
密度间的关系

式中，K_1、K_2 均为常数。

因此管内充有液体的管的自由振动频率 f_x 仅与管内的液体密度 ρ_x 有关。同时也可看到，当液体密度 ρ_x 大时，则振动频率低；ρ_x 小时，则振动频率高，如图 7-52 所示。因此测定振动频率 f_x 就可以求得 ρ_x 的大小，这就是振动式密度计的基本工作原理。

（2）仪表组成

振动式密度计有单管振动式与双管振动式两种。检测的方法也有多种形式。现仅以单管振动式密度计为例说明其构成及工作过程。

单管振动式密度计也称为振筒式密度计，该仪表整体组成可参阅图 7-53。仪表的传感器包括一个外管，其材质为不锈钢，所以可以导磁，上部和下部有法兰孔，这样就可直接垂直地安装在流体管道上，流向应由下而上，以保证管内充满液体。外管绕有激振线圈及检测线圈。在外管中装有振动管，它是用镍的合金材料制作的，所以不仅弹性模数的温度系数很小（可以减小温度的影响），而且是磁性体。在振动管的内部和外部都有被测液体流过。

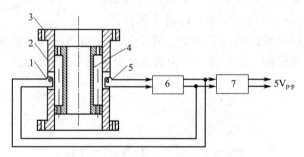

图 7-53　单管振动式密度计示意
1—激振线圈；2—外管；3—法兰孔；4—振动管；
5—检测线圈；6—放大器；7—输出放大器

由于电磁感应，充满液体的管子的自由振动频率 f_x 就随着被测液体的密度 ρ_x 而变化。例如有的仪表设计成当被测液体的密度 $\rho_x = 1 \text{g/cm}^3$ 时，振动频率 f_x 约为 3kHz。

当振动管振动时，通过电磁感应，检测线圈将管的振动变为电信号输送给驱动放大器。通过激振放大器放大后的交流输出正反馈到激振线圈，使磁性振动管在变化磁场中产生振动，这样就可使振动管维持持续的自由振动。激振放大器的输出同时又输入到输出放大器中，经过输出放大器把信号峰的峰值放大到 $5\text{V}_\text{p-p}$。此信号可直接数字显示，也可将频率数值转换成电压，然后转换成 4～20mA（即 $F/V/I$ 变换），与单元组合式仪表配合使用，这种仪表由于传感器直接垂直地安装在管道上，所以压力损失小，响应速度快（1ms），而且便于清洗。

振动式密度计能连续、高精度、极为灵敏地检测液体的密度。它能广泛地应用于石油、化工及其他工业部门。振动式密度计不仅可以用来测量液体的密度，也可用来测量气体的密度。

思考题和习题

1. 简述成分分析仪器的基本组成。

2. 测量 pH 值的方法有哪些，原理是什么？pH 电极的基本结构是怎样的？

3. 用玻璃电极测定 pH 值时应注意哪些问题？

4. 什么叫热磁效应？试述热磁氧分析器的工作原理。

5. 氧化锆为什么能测量气体中的氧含量？适用于什么场合？测量过程为什么要求介质温度稳定？

6. 简述热导式气体分析仪的测量原理及结构、特点。

7. 质谱分离和色谱分离采用什么方法？

8. 什么叫绝对湿度和相对湿度？

9. 各种湿度计的工作原理和使用条件是什么？

10. 氯化锂露点湿度计是怎样工作的，有何特点？

11. 密度的含义是什么？有哪些测量方法，原理是什么？

第8章 仪表的数据处理和显示技术

8.1 二次仪表的概念及其作用

工业检测系统在工作时，除了需要用各种传感器、变送器把被测参数的大小检测出来，还要把这些测量值准确无误地指示、记录或用字符、数字、图形等形式显示出来。完成这类功能的仪表称为测量系统的"二次仪表"。它接收传感器或变送器送来的信号，然后经过测量线路和显示装置，最后以适当的形式将被测参数的值显示或记录下来，并提供测量数据的通信、共享、查询等功能。

仪表的处理和显示技术可分为机械类和电子类两大模式，机械类利用机械装置的形变、位移驱动指示装置，实现信号的转换和显示，主要用于现场仪表，例如管道或密闭容器旁常见的压力表；电子类则结合机械运动、电磁变换以及电信号的模拟数字转换技术，为测量信号的处理和显示提供了丰富的功能选择，是目前绝大多数二次仪表采用的技术。

电子类二次仪表一般分为模拟式、数字式和图形式三大类。所谓模拟式仪表，是利用直流信号驱动线圈，通过线圈在磁场中的偏转产生的偏转角或位移量来显示被测参数的连续变化的。这类仪表结构简单、成本低廉、状态指示直观，但指示精度低，不便于数据记录、存储、查询。它目前主要用于读数精度要求低的、仅作简单状态判断的数据显示，例如显示电源供电状态的电流表、电压表等，在大多数工业自动化系统中已接近淘汰。

数字式仪表是以数字形式直接显示被测参数，其测量速度快、抗干扰性能好、精度高、读数直观，具有自动报警、自动量程切换、自动检测、参数自整定等功能，其性能远优于模拟式仪表。随着大规模集成电路的不断发展，数字式仪表的成本越来越低。又由于计算机集成芯片不断地融入数字式仪表的设计中，使这类微机化的数字式仪表的功能越来越强，显然和模拟式比较，数字式二次仪表更适合于生产的集中监视与控制，更适合于应用在大中型企业自动化程度高的生产流水线上。

图形式仪表则是把工业过程的各种信息配以字符、数字、图像、动画等手段在屏幕上显示出来，数据处理则利用微处理器和集成电路存储器进行信息处理和保存，它是现代大型企业计算机控制体系的一个终端设备。由于微处理器技术和元件的快速发展，其性能越来越高，价格越来越低，微处理器和传感器直接结合，产生了嵌入式一体化仪表和虚拟仪表等新的仪表系统组成结构。显示屏、点阵式显示装置为图形模式的测量结果显示提供了强有力的支持。

本章着重介绍电子类二次仪表中的数据处理和结果显示技术，考虑到本课程的地位，本章并不是就某一型号的数字仪表做详细分析，仅仅是以它们为例子，对基本原理进行分析、介绍。读者完全能将这些基本理论和基本方法融会贯通，举一反三地解决今后工作中碰到的实际问题。本课程的内容也是为了满足读者学习后继专业课程的需要。

8.2　二次仪表的信号处理

8.2.1　信号的标准化及标度变换

由于传感器检测元件送给二次仪表的信号类型千差万别，即使是同一种参数，由于传感器的类型不同，或同一种类型但不同型号，所输送给仪表的信号的性质、电平的高低也各不相同。因此二次仪表的设计必须要解决的一个基本问题是将传感器送来的信号标准化并进行标度变换。

将不同性质的信号或不同电平的信号统一起来，叫输入信号的规格化，又称为信号的标准化。目前工业测量最常用的直流电信号形式为直流电流 4～20mA 或直流电压 1～5V。无论传感器测量的被测量是什么，也无论被测量的变化范围是多少，经过标准化处理后的电信号的变化范围就是 4～20mA 或 1～5V。

然而对工业过程参数测量用的二次仪表，在显示测量结果时都要求采用被测参数的量纲形式显示，例如显示温度是多少（℃）、压力是多少（kPa）、质量是多少（kg）等。就是说，如果要测量质量，通过质量传感器将被测质量转换成电压信号，最后还要将电压信号再转换成对应的质量数进行显示。这就存在一个量纲还原问题。通常把这一还原过程叫"标度变换"。它是测量信号处理的重要内容。

图 8-1　测量系统信号传递流程

图 8-1 为测量系统信号传递流程，系统显示输出 y 与被测量 x 的关系为：

$$y = S_1 S_2 S_3 S_4 x = Sx \tag{8-1}$$

式中，S_1、S_2、S_3、S_4 是各环节的增益系数；S 为仪表总的灵敏度或称为总的标度变换系数。

标度变换的目的就是使 $S=1$，这样便可使所显示数字值的单位和被测参数的单位相一致。要达到此目的可调节其中任意一个环节的增益系数，但前两个环节的增益系数设置主要为了保证测量精度、减少干扰影响，所以调整后两个环节的增益系数使系统总的标度变换系数符合要求是较为常见的做法。

8.2.2　非线性补偿

非线性补偿有时又称为"线性校正"。非线性补偿的目的就是要减小非线性误差，提高仪表的精度。大部分工业测量系统输入和输出参数之间的变化关系往往是非线性的，非线性是绝对的，线性是相对的，即在某一个狭窄的范围内可以看成线性关系，也就是说在狭窄的范围内以直线代替曲线使其非线性误差较小而已。在测量范围较大的情况下则会引起较大的非线性误差。

比如用 Pt100 铂电阻测温，如图 8-2 所示在 0～500℃ 范围内 $R_t = f(t)$ 的关系曲线，在温度为 250℃ 时，非线性误差可达 2%。在这种情况下，只有采取必要的补偿措施，才能保证显示输出的精度。

所谓非线性补偿就是将数字式仪表非线性输入信号转换为线性化的显示输出过程中所

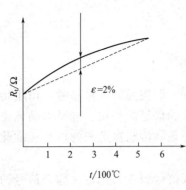

图 8-2 铂电阻温度-电阻特性

采取的各种补偿措施。非线性补偿的方法很多，归纳起来大致有以下 4 种。

① 直接采用非线性刻度。此法大多用在模拟式仪表中。

② 缩小仪表工作范围，取非线性特性小的一段近似为一根直线看待；或工作范围虽然较大，但用数段折线来逼近原非线性曲线。此法仍属于近似法，适用于模拟式仪表和一般的数字式仪表。

③ 采用非线性补偿专用电路或集成芯片，也存在一定的近似性。此法一般用于数字式仪表中。

④ 公式计算法或查表法。此法几乎不存在近似性，显示精度大大提高。显然只能是智能化或微机化仪表才能采用此方法，因为有 CPU，可以编制程序用软件的方法进行线性校正。

随着智能化、微机化仪表的出现与普及，由于有微处理器参与运算与判断，标度变换和非线性补偿可同时一体实现，智能仪表的优越性更加突显出来，成为标度转换的主要手段。

8.3　仪表的数字显示技术

8.3.1　数字式仪表的组成

数字式仪表指信号处理和结果显示环节采用数字化的手段，利用数字电路对转换为二进制的数据进行运算处理和结果显示。

实现仪表数字化的关键是把连续变化的模拟量变换成数字量，完成这个功能的装置称为模数转换装置（analog to digital），简称 A/D 转换器。同样也可以将数字量转换成模拟量，简称 D/A 转换。A/D 及 D/A 转换是数字显示技术及计算机参与生产过程所必不可少的手段。

数字式仪表大致有以下三种组成方案。

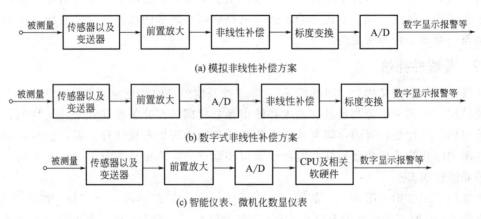

图 8-3　数字显示仪表的几种组成方案

图 8-3(a) 所示方案是在模拟信号时就已被线性化，就是用模拟的方法来解决线性化问

题，因而精度一般只能达到 0.5～0.2 级。除了 A/D 转换以及数字显示外，该方案的设计思路与模拟式仪表相似。图 8-3(b) 所示方案是普通的用数字化手段实现非线性补偿的方案。图 8-3(c) 所示方案是引入了微处理器芯片。由于微处理器具有强大的运算功能和逻辑判断功能，它可以运行程序来完成非线性补偿功能以及其他各种模拟式仪表无法完成的功能。这类数字式仪表也称为"微机化仪表"或"智能仪表"，是目前仪表设计与应用的主流。

8.3.2　数字显示技术特点

数字式仪表最为直观的一个特点就是采用数字方式直接显示测量结果。相比于模拟式仪表的指针显示方式，数字显示技术则有以下许多优点。

① 精度高可达 10^{-6} 数量级　通用数字式电压表，达到 0.05 级的精度等级毫无难度；而模拟式仪表要达到 0.2 级的精度等级就很困难了。

② 误差很小　数字显示直观、清楚，其误差主要来源于量化误差，其均方值近似于量化单位平方的 1/120。随着 LED、液晶等显示器件的应用，读数视角更加宽广，色彩更加丰富，这样大大减轻了观察者的视觉疲劳。读数无误差，其不确定度只与最后一位数的量值大小有关。

③ 传输距离几乎不受限制　通过对电信号的模数转换和数模转换，结合有线或无线的网络通信技术，测量信号可以传到所需的任何位置。

④ 数据显示技术的多样性　随着超大规模集成电路、计算机技术、新型电子元件的开发和利用，仪表数字显示技术仪表又进入了一个新的阶段——微机化、智能化仪表不仅可以显示简单的字符数值，还可以采用多种形式的图形图像模式进行数据的显示。这类带微处理器的智能仪表，除可以对被测参数显示外，还能自动校正误差，诊断故障，校准或设定参数等，并且其结构简单、体积小、可靠、功耗低、价格便宜，已成为工业设备主流显示技术。

8.3.3　模数转换

8.3.3.1　模数转换的综述

在数字式仪表中，为了实现数字显示，需要将连续变化的模拟量转换成数字量。工业生产过程中被测参数绝大多数是连续变化的物理量或化学量，检测元件把这些参数变换成电参数的模拟量，然后由 A/D 转换器将电参数转化为处理和显示所需的数字量，最为常见的是将直流电压信号转变成数字量。

A/D 转换器实际上是一个编码器，理想的 A/D 转换器其输入、输出的函数关系可以表示为：

$$D \equiv [u_x/u_R] \tag{8-2}$$

式中，D 为数字输出信号；u_x 为模拟量输入信号；u_R 为量化单位。式(8-2) 中的恒等号和方括号的定义是 D 最接近比值 "u_x/u_R"，而比值 u_x/u_R 和 D 之间的差值即为量化误差。量化误差是模数转换中不可避免的误差。在实际应用中经常把 D 写成二进制的数学表达式

$$D = a_1 2^{-1} + a_2 2^{-2} + \cdots + a_{n-1} 2^{-(n-1)} + a_n 2^{-n} = \sum_{i=1}^{n} a_i 2^{-i} \tag{8-3}$$

式中，a_i 为第 i 位数字码；n 是位数。

表征 A/D 转换器性能的技术指标有多项，其中最重要的是转换器的精度与转换速度。

电模拟量的 A/D 转换器按其工作原理又可分成很多类，在数字式仪表中较常用的有：逐次比较电压反馈编码型（简称逐次比较型）和双积分型（又称 $u\text{-}t$ 转换型）。

8.3.3.2 逐次比较型 A/D 转换器原理

逐次比较型 A/D 转换器是目前使用最多的类型之一。它的基本思想是将输入的电压模拟量 V_i 同参考标准电压 V_f 做 n 次比较，使量化的数字量逐次逼近输入的模拟量。图 8-4 给出的是 3 位逐次比较型 A/D 转换器的关系图。

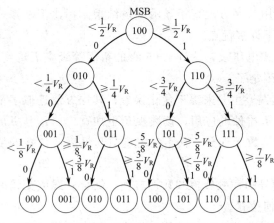

图 8-4　3 位逐次比较型 A/D 转换器的转换关系图

输入信号 V_i 首先同最高位（MSB）置 1 时所代表的电压量 $V_{MSB} = V_R/2$ 相比较（V_R 为 A/D 转换器的量程），判断取舍，如 $V_i \geq V_R/2$，最高位的输出是 1，即最高位（MSB）的置 1 留之；否则最高位的输出是 0，即最高位的置 1 弃之。假设本次比较后 MSB（最高位）是 1，则 V_i 继续同 $3/4V_R$ 相比较，判断第二位是 1 还是 0；反之 MSB 是 0 的话，则 V_i 是与 $V_R/4$ 相比较，判断取舍。如此依次类推，即可得出二进制的每一位的数字量，即是 1 还是 0。

逐次比较型 A/D 转换器内部结构原理如图 8-5 所示，它包含比较器电路、D/A 转换器、时钟电路、移位寄存器等环节。现以一个实际例子来说明其工作过程。

设该 A/D 转换器为 8 位 A/D 转换，则 $n = 8$，输出 8 位二进制的数字从 bit_0 到 bit_7，最高位为 bit_7。该 A/D 转换器的量程 $V_R = 2^8 = 11111111$（二进制）$= 256$（十进制）。又设输入模拟电压 V_i 为 105mV。启动脉冲到来后，移位寄存器的最高位 bit_7 置 1，其他各位置 0，即为二进制的数 10000000（相当于十进制的 128 即 $V_R/2$）。这时该二进制的数 10000000 经过内部的 D/A 转换输出 V_f，$V_f = 128\text{mV}$，V_f 和 V_i 在比较器中进行比较，结果 $V_f \geq V_i$，即 V_f 大。根据大者弃、小者留的准

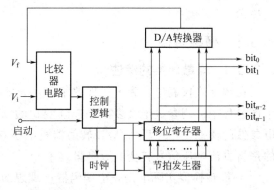

图 8-5　逐次比较型 A/D 转换器内部结构原理

则，则最高位的 1 舍去并被置 0，然后移位寄存器的第二个节拍脉冲将次高位即 bit_6 置 1，其后各位仍置 0，这时的二进制数为 01000000（相当于十进制的 64），当然这时经过内部的 D/A 转换输出 $V_f = 64\text{mV}$，再与 V_i 比较，由于 $V_f < V_i$，则次高位即 bit_6 的置 1 保留下来。然后将移位寄存器的 bit_5 置 1，其后各位仍置 0，对应的二进制数为 01100000（相当于十进制的 96），由此生成的 $V_f = 96\text{mV}$。$V_f < V_i$，该位 bit_5 的 1 仍保留下来。接着将 bit_4 置 1，对应二进制数为 01110000（相当于十进制的 112），这时 $V_f = 112\text{mV}$，因为 $V_f \geq V_i$，该位的 1 弃之，即 bit_4

再置 0。依次逐位比较下去，直到最后一位为止。此时移位寄存器的输出为 01101001，就是该 A/D 转换器的数字量输出，对应的输入模拟电压 V_i 十进制的值就是 105mV。即输入为 105mV 模拟电压 V_i，A/D 转换后的数字量输出为 01101001。

逐次比较型 A/D 转换器具有转换速度快、精度高的特点，精度可以达到 0.005%，甚至更高。误差主要来源于 D/A 转换器和比较器电路。

8.3.3.3　双积分型 A/D 转换原理

双积分型 A/D 转换器具有较高的精度，且价格非常低廉，目前使用较为广泛。

（1）工作原理

图 8-6 是双积分型 A/D 转换原理框图。工作过程分为"采样积分时间"与"比较时间"两个阶段。

第一阶段称为采样积分阶段。

开始时，由控制器发出指令脉冲，使计数器置 0，同时闭合开关 S_1，使 S_2、S_3 断开。此时被测模拟量电压 u_x 接到积分器（由电阻 R、电容 C 和运算放大器 A 组成积分器）的输入端进行固定时间 t_1 的积分。

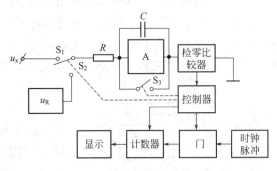

图 8-6　双积分型 A/D 转换原理

t_1 固定不变，其大小由某具体型号的 A/D 芯片设计时事先确定，一般有 20ms 的或 100ms 的等等。积分器的输出电压 u_0 从开始时的 0V，经过 t_1 时间达到：

$$u_0 = -\frac{1}{RC}\int_0^{t_1} u_x(t)\mathrm{d}t = u_A \tag{8-4}$$

令 $\bar{u}_x$ 为被测电压 $u_x(t)$ 在时间间隔 t_1 内的平均值，则

$$\bar{u}_x = \frac{1}{t}\int_0^{t_1} u_x(t)\mathrm{d}t \tag{8-5}$$

将式(8-5)代入式(8-4)得：

$$u_A = -\frac{1}{RC}t_1\bar{u}_x \tag{8-6}$$

式中，u_A 为对应于时间 t_1 时积分器的输出电压。采样积分时间 t_1 由控制器控制，RC 是积分电路的常数，由于 t_1 固定，因此积分器在经历了时间间隔 t_1 后的输出电压 u_A 和被测电压的平均值 $\bar{u}_x$ 成正比关系。

当经历了时间间隔 t_1 后，控制器再发出一个脉冲驱动开关，使开关 S_1 断开、S_2 闭合、S_3 仍断开，并使计数器开始计数，这样便进入第二阶段。

第二阶段又称反向积分时间。

由于 S_2 闭合、S_1 开路，这时与被测电压 u_x 极性相反的基准电压 u_R 接入积分器。积分器进行反向积分，实为放电过程。输出电压 u_0 从 u_A 开始下降，当输出电压 u_0 下降到零时，检零比较器动作，推动控制器发出如下指令：闭合 S_3 使积分电容 C 上的电荷为零，等待下一次积分；S_2 开路，使基准电压 u_R 不再接入积分器，停止反向积分；同时使计数器停止计数，这时计数器显示的即为数字量 N。在这一段时间 t_2 内，是用基准电压 u_R 与积分电容 C 上已有的电压 u_A 进行比较，所以

$$u_0 = u_A - \frac{1}{RC}\int_{t_1}^{t_1+t_2}(-u_R)\mathrm{d}t = 0 \tag{8-7}$$

由于基准电压 u_R 是恒定的，因而有

$$u_A + \frac{1}{RC}u_R t_2 = 0 \tag{8-8}$$

将式(8-6)代入式(8-8)得：

$$t_2 = \frac{t_1}{u_R}\bar{u}_x \tag{8-9}$$

既然采样积分时间 t_1 是恒定的，基准电压 u_R 也是恒定的，那么反向积分时间 t_2 便和 $\bar{u}_x$ 成正比，这便完成了从电压信号到时间的转换。又由于在反向积分时间内，门电路是打开的，故计数器记下了 t_2 时间内由时钟脉冲所发出的脉冲个数 N。这脉冲个数 N 与反向积分时间 t_2 的大小成正比关系，这又完成了从 t_2 到脉冲个数（数字量）N 的转换。至此一次完整的 A/D 转换完成。再通过标度变换，以确定一个单位被测物理量对应多少个脉冲数，或一个脉冲对应的被测物理量是多少。

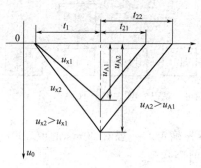

图 8-7 积分器输出电压 u_0 波形

图 8-7 是积分器输出电压 u_0 的波形图。由图 8-7 可知，输入的模拟电压 u_x 越大，则积分器输出的最大值 u_A 也越大，因而反向积分时间 t_2 也越长；即图 8-7 中当 $u_{x2} > u_{x1}$ 时，则 $u_{A2} > u_{A1}$，对应 $t_{22} > t_{21}$，当然对应的 $N_2 > N_1$。

由于这种 A/D 转换器在一次转换过程中进行了两次积分，因此称为双积分 A/D 转换器。

（2）性能特点

对积分元件 R、C 的要求低。由式(8-9)可知 t_2 的产生与 R、C 无关，这是由于采样积分与反向积分均采用同一积分器，由 R、C 元件质量带来的影响正好抵消，这有利于提高仪表的精度和降低成本，因为对积分元件 R、C 的要求太大降低了。

对时标（时钟频率）的要求也大大降低。一般的数字电路对时标的要求很高，而双积分转换器，因 t_2、t_1 采用同一脉冲源，只要在一个转换时间（$t_1 + t_2$）内保持时钟脉冲的相对稳定，就能保持 t_2/t_1 的比值不变，实现对被测量的精确测量。对时钟频率的长期稳定性无要求这一点也使制造双积分型 A/D 集成芯片的成本降低。

抗干扰能力强。双积分型 A/D 转换是对被测电压的平均值 $\bar{u}_x$ 进行转换，因此具有很强的抗常态干扰能力，对混入信号中的高频噪声有良好的抑制能力，特别对于对称干扰，其抑制能力更强。一般仪表使用现场的干扰大多来自工频网络（交流电网 50Hz），这时只需将积分时间 t_1 取为工频周期（20ms）或它的整数倍（$n \times 20$ms），则这种对称工频干扰可以完全消除。所以双积分 A/D 转换器可用于环境较为恶劣的生产现场。

另外我们强调反向积分时间 $t_2 \ll$ 采样积分时间 t_1，因为反向的基准电压 u_R 越高，t_2 便越小。在 t_2 这段时间间隔内被测电压是切断的，如 t_2 较大的话，则用 t_1 时间间隔的平均值 $\bar{u}_x$，代表一个转换过程（$t_1 + t_2$）时间间隔内的平均值，显然要造成较大的误差。为此必须要求 $t_2 \ll t_1$ 才能减小这一误差。

和"逐次逼近 A/D 转换"相比，"双积分型 A/D 转换"的缺点就是速度慢。为了提高仪表的抗工频干扰，应将采样积分时间 t_1 取为工频周期的整数倍，即 $t_1 = n \times 20$ms，$n = 1，2，3，\cdots$。如 n 取得越大，抗干扰能力自然越强，但转换速度会越慢。所以要兼顾两

者，一般 n 取 2 或 3，这样 t_1 为 40ms 或 60ms，加上比它小的 t_2，转换时间最长为 50～100ms。

8.3.4　仪表的数字式显示器件

数字显示仪表的标志就是仪表的输出直接为数字显示，而不是靠指针的移动，对比刻度读出有关数值。显示采用的元件主要是液晶（LCD）和发光二极管（LED）。从显示控制模式角度来看，主要分为点阵式显示技术和数码符号段显示技术。本节讨论其中应用最广泛的发光二极管和液晶显示器件这两种显示技术。

8.3.4.1　显示元件的基本原理

（1）液晶显示原理

固体加热到熔点就会变成液体，但是有些物质具有特殊的分子结构，它从固体变成液体的过程中，先经过一种被称为液晶（Liquid Crystal）的中间状态，然后才能变为液体。这种中间状态具有光学各向异性晶体所特有的双折射性。液晶的光学性质也会随电场、磁场、热能、声能的改变而改变，其中电场（电流）改变其光学特性的效应称为液晶的电光效应。液晶产生电光效应的物理机理虽然比较复杂，但就其本质而言，就是液晶分子在电场的作用下，改变了原先的排列，从而产生电光效应。

将液晶材料封装在上下两层导电玻璃电极之间，液晶分子平行排列，一般情况下液晶单元成透明状态；当上、下电极加上一定电压后，液晶分子排列受电场影响发生变化，改变了光线的偏振状态，呈现特定的色彩。每个这种结构的液晶单元就是一个液晶显示的基本单元，称为"像素"。按照像素排列和控制的方式，液晶显示元件可分为笔段式、字符式、图形式三种类型，显示效果如图 8-8 所示。

(a) 笔段式显示元件　　　　　　(b) 字符式显示元件　　　　　　(c) 图形式显示元件

图 8-8　液晶显示元件

① 笔段式　利用若干长条形像素组成一位数字或字符的显示结构，最典型的就是由 7 段或 8 段长条形像素组成的字符"8"显示结构。

液晶数码显示器有七个笔画（组成 8 字形），分别命名为 a，b，…，g，加上小数点，用八个电极单独引出。每一笔画对应的另一个电极叫"位电极"，这些位电极连在一起（图中标有 D）用一根引线引出。当某一笔画电极上的电压与其位电极的电压同相时，在液晶层上合成的电压值接近于零，因此该笔画不产生电光效应，所以几乎看不到这笔笔画。反之如果某一笔画电极上的电压与其位电极的电压反相时，合成的电压足以使该笔的液晶层产生电光效应。显示驱动原理如图 8-9 所示。

② 字符式　由若干固定数量的像素点阵（5×7、5×11）组成一个字符显示区，每个显示区有独立的显示字符控制电路和显示内容存储单元，若干字符单元组成元件的一个字符行，每个元件由若干字符行组成。显示内容的设置与修改以字符区为基本单元。通过设定每个字符区的显示内容，控制元件的显示输出。这种结构的显示清晰度和字符丰富程度

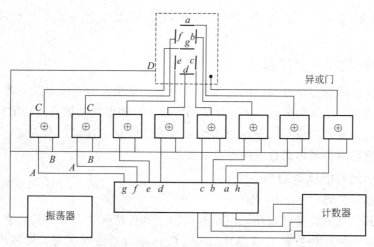

图 8-9　液晶数字显示器静态驱动电路

高于笔段式，显示控制电路结构更复杂，需要利用控制命令操作显示内容的更改、刷新。

③ 图形式　每个平板式液晶显示设备由多个像素排列成行列结构，每个像素均由集成在像素点后的薄膜晶体管进行驱动，像素可根据清晰度需要组成不同行列数的晶格点，利用控制命令操作大规模集成电路组成的控制单元，改变晶格点的色彩、亮度效果，形成丰富多彩的显示字符和图形。液晶显示器、液晶电视采用的就是这种显示技术。

（2）发光二极管（LED）

固体材料在电场激发下发光称为电致发光效应。半导体的 P-N 结就是电致发光的固体材料之一。

P 型半导体和 N 型半导体接触时，在界面上形成 P-N 结，当在 P-N 结上施加正向电压时，会使耗尽层减薄，势垒高度降低，能量较大的电子和空穴分别注入 P 区或 N 区，同 P 区的空穴和 N 区的电子复合，同时以光的形式辐射出多余的能量。

数码管　　　　　　　　LED 点阵器件

图 8-10　LED 显示元件

如果采用不同的发光粉，便可得到不同的颜色，还可通过将发出三原色光的三个二极管电路集成制造在一个发光元件上，制造出可发全色光的发光管器件。

用 LED 制造的显示屏同样可分为笔段型和点阵型，笔段型数码管的每个笔段或点阵的每个像素就是一个发光管。器件类型如图 8-10 所示。

8.3.4.2　显示元件的驱动控制

LED 或 LCD 的显示驱动模式分为静态驱动和动态驱动两种类型。静态驱动模式显示中需要点亮的笔段或像素点一直维持供电状态，当多个数码管或整个屏幕有内容显示时，每个数码管或每个点阵区域都要有独立的驱动电路。而动态驱动却不是这样，它只用一个驱动电路，依次一位一位或一个区域一个区域地轮流供给电能，换言之，在某一个瞬间，实际真正供电点亮的只有一个数码管或是屏幕的一部分区域。但在动态扫描电路的控制下，只要扫描频率大于 30Hz，即轮流点亮的速度足够快，利用人的视觉暂留效应，也能使人们感到它们仿佛都亮着一样。采用动态驱动模式可以减少器件能耗和发热，降低电路的成本，所以在显示器件较多时，通常采用动态驱动。

无论是发光二极管还是液晶显示元件，都可通过显示器件配套的控制器输出显示内容，随着电子产品功能集成度大幅度的提高，目前绝大多数的显示元件都与其操作控制电路合为一体。

图 8-11 所示的是智能仪表采用的 LED 数码管静态驱动电路。（4002 是计数器，4003 是译码器）。当有信号脉冲输入计数器时，其输出端 Q_4、Q_3、Q_2 和 Q_1 的信号送到译码器的输入端 A、B、C 和 D 端，由译码器将这个信号译成相关的笔画驱动信号，分别施加到共阴极七段数码管的 a~g 上，即可使一位 LED 数码管显示出 0~9 的数字。

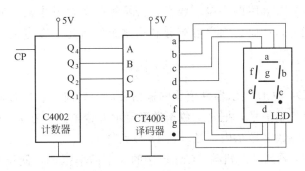

图 8-11　LED 数码管静态驱动电路

图 8-12 所示是将液晶显示板和其背景光源、线路板、驱动电路集成后的一体化 LCD 显示器件，简称 LCM（Liquid Crystal Display Module）。其特点是功能强、易于控制、接口简单。LCM 一般带有内部显示 RAM 和字符发生器。用户在使用时可利用智能化设备（计算机、MCU）的 I/O 接口与线路板端口连接，通过程序向显示设备发送显示内容的中英文字符编码和显示操作命令，就可完成内容的显示操作。

图 8-12　液晶显示模块 LCM

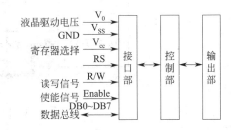

图 8-13　LCM 的结构和接口组成

从结构来说显示控制板可分为接口部、控制部和输出部三个组成部分，如图 8-13 所示。

（1）接口部

接口部用来接收微处理器发来的指令和数据，并向微处理器反馈所需的数据信息。接口部有两个通道口，一个为指令通道口，另一个为数据通道口。指令通道口用来接收并暂存微处理器发来的指令码，等待控制器内部逻辑电路译码以实现相应的功能。该通道还连接"忙"（Busy）标志寄存器。标志"忙"表示当前控制器内部的操作状态。微处理器可以通过读出指令通道来取出"忙"标志，用以决定何时对控制器操作。数据通道口是用来接收和发送显示数据的。微处理器可以通过数据通道口访问显示缓冲区，将需要显示的内容写入缓冲区。在工作时，微处理器通过对 RS 端发送的状态信号控制连接指令通道或数据通道（0：指令通道；1：数据通道）。

在接口部除了引出数据总线（DB0～DB7）外，还有几条控制信号的输入线，如读写控制信号（R/W）、通道口选择信号（RS）、使能信号（Enable）等。

（2）控制部

控制部具有独立处理信息的能力。利用独立的控制线路，实现对显示缓冲区 RAM 的管理和对字符发生器的管理，并可根据 MCU 送达的控制命令将不同显示缓冲区的数据进行某种规律的组合，然后发送出去，以实现各种显示的效果。

控制部通常还内嵌有常用的字符、数字、符号等的字符发生器，同时具有管理外部扩展的字符发生器的能力，从而让用户可充分利用这个区域建立自定义字符的字模库以实现特殊的显示要求。

（3）输出部

输出部是控制器对 LCD 显示器件模块的输出接口。它向显示器显示模块中的驱动器提供各种显示位置切换控制信号，把显示数据送至显示混合电路，在并/串电路中转换成串行显示数据形式输出。将数字显示内容显示在 LCD 元件上。

图 8-14 所示为 51 系列单片机与 LCM 连接的一个简单范例，低位地址 A0 负责选通指令通道或数据通道，A1 负责决定读或写操作；高位地址与 MCU 的读写信号联合译码确定使能信号。

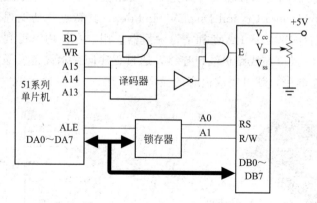

图 8-14　LCM 与 MCU 的连接

8.4　智能仪表

8.4.1　智能仪表综述

随着大规模和超大规模集成电路、计算机技术、通信网络技术的不断发展，微机化的智能化仪表诞生了，仪器仪表的研制与生产进入了一个崭新的阶段。

将计算机的软硬件技术和仪器仪表的设计相结合，大致形成了两个分支，一是计算机仪表（虚拟仪表）；二是智能仪表，又称为微机化仪表（Instruments Based on Microprocessor）。计算机技术和微电子技术在仪器仪表研发生产上的普遍应用，使得目前使用的绝大多数类型的工业仪表都属于这一类型。

所谓计算机仪表，用户只要采购含有相关功能的仪表的硬件模块，这些模块都已做成标准插件，将采购的模块直接插到通用微机的总线扩展槽内或通用通信接口上（USB 接口、

RS232 串口、以太网接口），便构成了计算机仪表的硬件平台。它既是计算机又是仪表，因为它不但具有微机的所有功能，而且增加了某种仪表所具有的特殊功能。在相关软件的支持下，它能将各种测量数据以数值、图形、曲线等多种模式在电脑显示屏上显示出来，所显示的图形美观形象，色彩丰富，信息量大。用户可借助鼠标单击电脑显示屏上那些仿真的虚拟操作按钮进行操作，"虚拟仪表"由此而得名。

为了与传统仪器仪表相对应，习惯上将仍具有仪表外形的、内部装有 MCU 等芯片的可编程监控仪表叫作智能仪表，或叫微机化仪表。智能仪表一般都具有量程自动转换、自校正、自诊断等智能分析能力；传统仪表中难以实现的问题如通信、复杂的公式计算以及非线性校正等问题，对于智能仪表而言，只需软、硬件设计配合得当就可顺利解决。智能仪表的硬件结构更为简单，且稳定、可靠，与传统仪器仪表相比性能价格比大为提高。

传统模拟式仪表和数字式仪表，内部都没有微处理器，因此没有运算处理功能。一般只能检测和显示一个测量点的一种被测参数，而微机化仪表组成的检测系统巡回检测多个测量点或多种被测参数并非难事。微机化仪表既能检测和显示被测量数据，又能采集和记录被测量数据，如果和上位机——微型计算机相连的话，功能更强大，不仅可扩大测量功能和测量范围，提高测量精度，还可实现测量工作的智能化与网络化。

智能仪表已是现代仪表工业的发展方向。

8.4.2　智能仪表硬件

8.4.2.1　智能仪表硬件的核心——微控制器（MCU）

智能仪表与传统仪表的最大区别就是在仪表电路中包含有一个或数个微控制器芯片（Microcontroller Unit，简称 MCU）。MCU 是微机化仪表的心脏或大脑，由此可见其重要性。

智能仪表采用的 MCU 芯片，根据集成度、接口类型、处理能力的不同，可分为嵌入式芯片（ARM）、单片机芯片、DPS 芯片等类型，每一种类都包含大量不同性能和成本的具体型号。

MCU 的硬件系统在一块芯片上集成了计算机的基本部件，包括中央处理器（CPU）、存储器（RAM/ROM）、输入输出接口（I/O）、计数器/定时器、中断源以及其他有关部件。一块芯片就构成一台计算机。MCU 具有以下特点：

（1）高可靠性

芯片本身是按工业测控环境要求设计的，其工业抗干扰能力优于一般的通用微处理器，且程序指令与系统常数均固化在 ROM 中，不易被破坏；硬件集成度高，使系统整体可靠性大大提高。

（2）功能易扩展

MCU 具有计算机正常运行所必需的部件，芯片外部有许多供扩展用的总线及并行、串行 I/O 管脚，很容易构成各种规模的计算机应用系统。

（3）指令系统极为丰富

为满足工业控制要求，MCU 的指令系统均有极为丰富的条件分支转移、逻辑操作以及位处理指令，可以编制控制功能极强的监控程序和各种功能子程序。

（4）开发周期短、成本低

用于开发各类微机化产品，周期短、成本低，大有取代纯粹的数显仪表的趋势。

（5）体积小

MCU 的高集成度使得整个电路系统的体积有可能大幅度缩小，从而使仪器仪表微型化。携带和使用更为方便的迷你式仪器仪表目前比比皆是。

8.4.2.2 智能化仪表的人机接口

人机接口指仪表使用中显示测量信息和接收操作人员操作指令的部分，具体而言是智能仪表的显示和键盘信息的处理电路。

（1）显示接口

在智能仪表中，数字显示器通常与 MCU 的 I/O 接口连接。所以在智能仪表中通常都采用集成度更高的专用芯片或采用简便易行的软件编程控制显示操作。

智能仪表采用的显示器件主要是 LED 显示器或 LCD 显示器，智能仪表对输出内容的处理通常采用软件译码，微机输出的是通过查表软件得到的段选码。因此接口电路中无需译码器，只需要锁存器和驱动器。其成本更低，可靠性也更高。软件命令可采用更多的方式控制显示的模式和质量，大大丰富了显示效果。

（2）键盘接口

键盘是一组按键的集合。按键是一种按压式或触摸式动合型按钮开关。平时（常态）按键的触点处于断开状态，当按压或触摸接键时触点才处于闭合连通状态。

按键闭合时能向微机输入数字（0～9 或 0～F）的键称为数字键，能向微机输入命令以实现某项功能的键称为功能键或命令键。键盘上的按键是按一定顺序排列在一起的，每个按键在仪表表面都有各自的命名，但它们本质上都是同类的一组开关。为了能使 MCU 里的 CPU 区分各个按键，必须给每个按键赋予一个独有的编号，按键的编号或编码称为键号或键值。CPU 知道了按键的键号或键值，就能区分这个键是数字键还是功能键。如果是数字键，就直接将该键值送到显示缓冲区进行显示，如果是功能键则由该键值找到执行该键功能的程序的入口地址，并转去运行该程序即执行该键的命令。因此确定按键的键值是执行该键功能的前提。

键盘接口与键盘程序的根本任务就是要监测有没有键按下；按下的是哪个位置的键，这个键的键值是多少。这个任务叫作键盘扫描。键盘扫描可以用硬件来实现，也可以用软件来实现。

如图 8-15 所示为键盘接口扫描原理。为了能让 MCU 监测按键是否闭合，通常将按键开关的一个触点通过一个电阻（称上拉电阻）接＋5V 电源（这个触点称为"测试端"）；另一个触点连接扫描信号输出端（KeyScan1～KeyScan3）。在 MCU 控制下，三条扫描信号线快速轮流输出低电平信号；这样当按键开关未闭合时，其测试端为高电平；当按键开关闭合时，其对应测试端（Key1、Key2、Key3）便为低电平。MCU 通过扫描线信号和测试端电平高或低来判断该键是否按下，判定规则如图 8-15 附表所示。

MCU 在工作时，可通过专门设计的程序，监视操作人员是否按键，一旦发现按键，立刻判断用户按键位置，并可通过执行与该按键对应的特定程序代码，完成对应的按键操作功能。

8.4.2.3 输入输出通道

输入输出通道是智能仪表与被测参数以及生产过程控制相互沟通的界面。它承担着传送测量信息和控制信息的任务，是工业自动化系统中的重要环节。

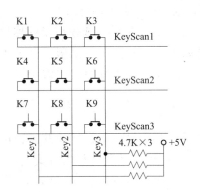

扫描状态与键位判定

扫描状态	Key1 电平	Key2 电平	Key3 电平
KeyScan1 为 0	0→K1 按下	0→K2 按下	0→K3 按下
KeyScan2 为 0	0→K4 按下	0→K5 按下	0→K6 按下
KeyScan3 为 0	0→K7 按下	0→K8 按下	0→K9 按下

图 8-15 键盘扫描原理

（1）模拟量输入通道（A/D）

模拟量输入通道又叫测量通道，是检测系统中被测对象与智能仪表之间的联系通道。因为智能仪表只能接收数字电信号，而被测对象常常是一些非电量，所以输入通道的第一道环节是把被测非电量转换为可用电信号的传感器。除现有少数几种数字传感器外，大多数传感器都是将模拟非电量转换为模拟电量，而且这些模拟电量通常还需经"前置运算放大"，再经 A/D 转换变成数字量，才能输入给 MCU。值得一提的是微机化检测系统通常用于巡回测量多种物理量（多个被测参数）或同一种物理量的多个测量点（多点测量），每一种测量参数或每一个测量点各需一个传感器、一个前置运算放大电路以及一个 A/D 转换器组成一路模拟输入通道。这种被称为"分散采集方式"的输入通道结构将造成硬件设计成本上升，可靠性下降。

另一种被称为"集中采集方式"的输入通道结构则在 A/D 转换器前加一个多路采集芯片，多路采集芯片相当是一个多路电子开关，由 MCU 来控制哪一路开关闭合，以选通传感器。

集中采集式的特点是多路被测信号分别经各自的传感器和前置运算放大后，进入共用的数据采集与保持电路，被测信号将依次或按一定顺序经 A/D 转换器转换成数字量并送入MCU。参见图 8-16 所示多路输入通道集中采集方式。这种结构模式可降低硬件成本，提高可靠性，应用较为广泛。

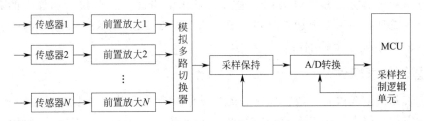

图 8-16　多路输入通道集中采集方式

（2）模拟量输出通道（D/A）

模拟量输出通道也叫控制通道。智能仪表功能强不仅体现在"数显功能"上，即能用数字量高精度显示被测信号，而且更具体体现在"调节控制功能"上，即通过对被测数据的处理和运算，操作控制设备（加热器、电动机、调节阀、气动/液动活塞等），使被测量符合工业生产的要求。所以智能仪表往往是把"调节控制仪表"和"检测显示仪表"融为一体的仪表。智能仪表的 D/A 输出通道，是用来输出控制设备的操作信号的。

和输入通道相对应，输出通道含有 D/A 转换器，即把数字量转换成模拟量的器件。因为目前绝大多数执行机构的输入信号是模拟信号，比如一个蒸汽阀门，是用直流电压或直流电流的大小来控制阀门的开度，阀门的开度的大小引起通向锅炉加热蒸汽多少，从而控制锅炉的温度，使实际温度值符合生产需求。

（3）开关量的输入输出通道（DI/DO）

很多工业过程中使用的传感器只采用两种状态表示被测信号，如按钮的开闭、物体移动是否到达指定的位置、阀门的打开或关闭等，这类信号可用开关量信号的方式进行输入；仪器系统也输出开关量信号，去操作工业设备，如启动电机、打开/关闭加热开关、发出/停止声光报警等。

开关量输入信号有电平输入和触点输入两种方式，电平输入通过输入信号的电压幅值大于或小于某个电压标准来判定信号状态，一般都采用 TTL/CMOS 电平作为电压幅度标准，因此开关量信号也称为数字量信号。触点输入信号是指连接测量端的外部信号是一个机械或电子开关，以开关的闭合或断开表示信号状态。测量时需要为开关连接辅助电源或接地信号，在开关的开闭状态变化时，使测量端的电平信号发生变化，进而判断开关的状态变化。

脉冲量信号与电平式开关量信号类似，当开关量按一定频率变化时，则该开关量就可视为脉冲量信号，也就是说脉冲量信号具有周期性特点。

脉冲量信号的表现形式为频率、周期或计数值，用于测定时间、速度、角位移等信号。例如用码盘、霍尔传感器表示的物体旋转信号、涡流传感器、齿轮式传感器传送的流量信号等都具有脉冲量信号的特性，

开关量的输入输出可利用 MCU 的 I/O 端口直接进行，不需要再通过 A/D 转换，不过为了抵抗工业生产现场的电信号噪声干扰，开关量输入输出通道必须加"光隔离器件"。

（4）通信端口

随着网络化技术的普及，智能仪表的数据信息共享已成为其基本的功能要求。在智能仪表的输入输出通道组成中，与其他工业设备的数据共享主要通过数字化的通信端口实现。主要的类型有工业串行总线、工业以太网、现场总线等类型的通信端口。不同类型的通信端口使用专用的通信协议和连线规则，通过网络化结构进行工业仪表和设备的数据通信。智能仪表至少需具备一种以上通信端口，最为常见的是 RS232/RS485 串行端口、Ethernet 以太网端口、USB 通用串行端口等。

8.4.3 智能仪表软件

智能仪表和模拟式仪表、数字式仪表的最大的差别在于模拟式仪表、数字式仪表只要硬件连接一完成，仪表就能工作，事后的调试、标定仅是为了达到规定的测量精度与测量范围；而智能仪表如果只有硬件完成连接，仪表根本不会工作。人们必须为它编制相关的软件（计算机程序），智能仪表才能工作。一样的硬件设计，如编制的软件有差异，智能仪表工作起来也将千差万别。所以，智能仪表或微机化检测系统是软硬件结合的产物，两者缺一不可。智能仪表的硬件相当于人的四肢和躯干，软件相当于人的大脑和思想。所以智能仪表具有一定的人工智能，有时也叫"智能仪表"。

智能仪表的软件由监控程序、中断程序、测量程序、数据处理程序以及各个功能子程

序组成。

（1）监控主程序

监控主程序是整个软件中的主线，它调用各模块并将它们联系起来，形成一个有机的整体，从而实现对系统的全部管理功能。监控主程序基本组成如图 8-17 所示。其程序的主要功能如下：

① 管理键盘和显示器，按键盘键入的命令调用相应的功能子程序。

② 接收输入输出接口、内部电路等发出的中断请求信号，按中断优先级的顺序转入相应的服务程序，进行实时测量、控制或处理。

③ 对定时器进行管理，保证看门狗电路正常工作。

④ 实现对仪器错误的自身诊断处理。

⑤ 实现仪器的初始化，手动/自动控制以及掉电保护等。

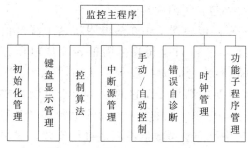

图 8-17　监控主程序的基本组成

（2）测量控制程序

测量控制程序完成测量以及测量过程的控制任务，如多通道切换、采样、A/D 转换、D/A 转换、越限报警等。这些功能可以由若干个程序模块实现，供监控程序或中断服务程序调用。

（3）数据处理程序

数据处理程序包括各种数值运算（算术运算、逻辑运算和各种函数运算）、非数值运算（如查表、排序和插入等）和数据处理（非线性校正、温度补偿、数字滤波和标度变换等）程序。

（4）中断处理程序

处理各种服务请求，有时调用测量控制程序或数据处理程序。紧急事故优先处理、报警。

8.4.4　智能仪表标度变换和线性化

智能仪表和模拟式仪表、数字式仪表一样也需要标度变换和线性化。为了体现出智能仪表的优越性，智能仪表一般都会尽可能用软件来完成各自的标度变换和线性化。并将标度变换和线性化一体实现。

下面用实例来分析智能仪表如何用软件来实现线性化即非线性校正的。

软件编程的方法一般又分成查表法和公式计算法两种。

（1）查表法

利用 MCU 的存储器构建一种特定的测量数据表，存储器单元存放测量数据的参考值，而存储单元的地址则用于表示测量视距对应的被测量，从而构成一个有序线性表。MCU 的监控系统在获得 A/D 转换后的测量数据后，利用特定的算法程序查询表格，找到与测量数据最接近的参考值，其存储单元的地址就对应于线性化后的显示输出。

下面举一个简化的例子来说明查表法是怎么实施的。

设用 Pt100 铂热电阻作为传感器来测温，仪表的测量范围为 0～250℃。在存储器空间中采用每个数据两个字节的方式，建立数据表。在地址为 1000 的单元存放 "100.00" 这个数值，它就是 0℃时 Pt100 热电阻的阻值（单位：Ω）。1℃ 时的铂电阻阻值 "100.39" 存放在地址 1002 开始的两个字节中……就这样依次存放下去，直到在地址 1500 和 1501 处存放 250℃ 的电阻值 "194.07" 为止。一张 Pt100 铂热电阻的温度-电阻对照表（0～250℃）就存放好了。表格排列示意图如图 8-18 所示。表中存放的是电阻值，而每个单元对应的地址编号就包含了温度这一信息。

设被测温度实际是 200℃，传感器 Pt100 热电阻将这个温度信号转变成 175.84Ω 的电阻信号，经过电桥将电阻值转变成电压信号，再经前置放大、A/D 转换使之成为二进制形式的 "数字量"。这个 "数字量" 就是 A/D 转换的结果，设它的大小用十进制来描述应该正好是 174.84，查表程序以一定的算法将这个 "数字量" 和已存放在存储器中的那张表格里的参考数值不断地进行比较，很快就可找到地址为 1400 的单元内存放的数值和 A/D 芯片转换后的 "数字量" 相等。由公式（1400−1000）÷2 便得到 "200" 这个数值，而这个值和温度值正好吻合。最后将温度值 "200" 显示出来即可。

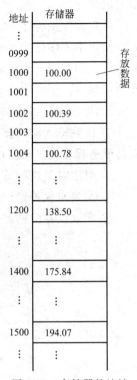

图 8-18　存储器的地址和存放数据的示意

即使表中没有完全匹配的数据，也可在算法中采用合适的误差处理原则，找到最合理的、误差最小的测量结果。例如，电阻测量结果经 A/D 转换后获得的数据对应十进制是 100.48，通过和表中数据的大小比较，发现 100.39 偏小，而 100.78 偏大。再计算测量数据与这两个值的差值绝对值，发现 100.39 的值最为接近。故选择（1002−1000)/2＝1（℃），为最合理的测量结果，其误差小于 0.5℃。如果希望得到更精确的结果，也可采用适当的插值算法获得精确到小数点后 1 位的温度值。

智能仪表的 "查表" 也是一种映射，当得到 "地址" 值之后，只需按一定的规律运算，就能得到和被测量 "数值" 与 "量纲" 两者都吻合的量，随后供后继的显示器显示，这就是标度变换。图 8-19 示意的就是查表法进行线性化及标量变换的过程。

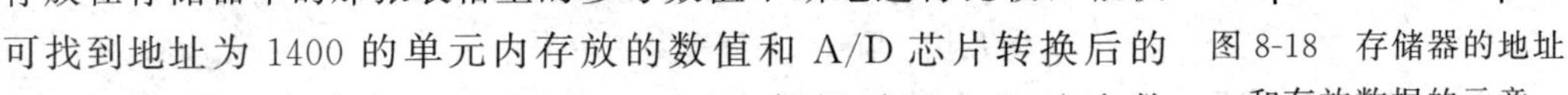

温度 ←非线性关系→ 电阻值 ←线性映射→ 表格 ←非线性关系→ 地址 ←标量变换→ 供显示的数值 → 显示

图 8-19　查表法进行线性化、标量变换的过程

（2）公式计算法

利用微处理器得的数据运算能力，根据被测量与测量所得数据的函数关系，对测量数据进行运算，以获得最终的输出结果。下面以铂热电阻测温为例来说明公式计算法的原理。

查有关手册，可得铂热电阻在 0～630℃ 范围内其温度-电阻值的非线性关系，可精确地用下式表示：

$$R_t = R_0(1 + At + Bt^2 + Ct^3) \tag{8-10}$$

式中，t 是温度；R_t 是电阻值；R_0 为 $t=0℃$ 时的电阻值，是已知常量；系数 A、B、C 均是常量。利用以上公式可获得原函数的反函数形式 $t=g(R_t)$。当智能仪表中的程序获得 A/D 芯片转换成的电阻值后，将这个电阻值代入公式 $t=g(R_t)$ 中，立即可计算出对应的温度值。

从上述分析中可知，智能仪表智能仪表采用的查表法、公式计算法采用的是数据的软件处理的方法，它必然使仪表的硬件成本大大减小。随着大规模集成电路的不断发展以及工业化大批量生产，智能仪表成本大大降低，甚至会低于普通的数字式仪表，而功能却大大增强，除了显示外，又能控制、记录、相互之间进行通信等，是仪表的一种发展方向。

8.5　虚拟仪器与图形化显示技术

8.5.1　虚拟仪器技术概述

随着计算机技术、通信技术、微电子技术的高速发展，仪器测量技术也开始由传统仪器向计算机化方向迈进。20 世纪 80 年代中期，美国国家仪器公司（National Instrument，简称 NI）首先提出了"软件就是仪器"这一虚拟仪器（Virtual Instrument，简称 VI）概念，并随之推出第一批实用成果。这一创新使得用户能够根据自己的需要定义仪器功能，而不像传统仪器那样受到厂商的限制。虚拟仪器的出现彻底改变了传统的仪器观念，开辟了测量控制技术的新纪元。

根据概念创建者美国国家仪器公司的定义，虚拟仪器技术就是利用高性能的模块化硬件，结合高效灵活的软件来完成各种测试、测量和自动化的应用。灵活高效的软件能帮助您创建完全自定义的用户界面，模块化的硬件能方便地提供全方位的系统集成，标准的软硬件平台能满足对同步和定时应用的需求。只有同时拥有高效的软件、模块化 I/O 硬件和用于集成的软硬件平台这三大组成部分，才能充分发挥虚拟仪器技术性能高、扩展性强、开发时间少以及出色的集成这四大优势。

所谓虚拟仪器，其基本思想是：用计算机软件和仪器软面板实现仪器的测量和控制功能。在使用虚拟仪器时，用户可通过软件在计算机上以友好的用户界面（模仿传统仪器控制面板，故称为仪器软面板）来控制硬件系统进行测量显示，犹如操作一台虚设的仪器，虚拟仪器因此而得名。

具体就是在通用的计算机平台上定义和设计等同常规仪器的各种功能，用计算机资源取代传统仪器中的输入、处理和输出等部分，实现仪器硬件核心部分的模块化和最小化。用户操作计算机的同时就是在使用一台专门的电子仪器。虚拟仪器以计算机为核心，充分利用计算机强大的图形界面和数据处理能力，提供对测量数据的分析处理和显示功能。虚拟仪器技术强调软件在测控系统中的重要的地位，但也并不排斥测试硬件平台的重要性。虚拟仪器测量控制系统通过信号采集设备和调理设备将计算机硬件和被测量硬件（传感器等）直接连接起来，再通过软件取代常规仪器硬件，将计算机硬件资源与仪器硬件有机地融合为一体，从而把计算机强大的计算处理能力和仪器硬件的测量、控制能力结合在一起，大大缩小了仪器硬件的成本和体积，并通过软件来实现对数据的显示、存储以及分析处理。

虚拟仪器本质上由硬件和软件两部分组成，但虚拟仪器的核心思想就是"仪器仪表功能的软件化"。虚拟仪器的结构框图如图 8-20 所示。

表 8-1 列举了虚拟仪器与传统仪器相比较的优点。

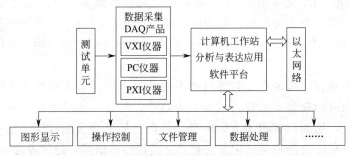

图 8-20　虚拟仪器的结构框图

表 8-1　虚拟仪器与传统仪器的比较

传统仪器	虚拟仪器
功能由仪器厂商定义	功能由用户自己定义
与其他仪器设备的连接十分有限	可方便地与网络、外设等多种仪器连接
人工读取数据	计算机直接读取数据并进行分析处理
数据无法编辑	数据可编辑、存储、打印
硬件是关键部分	软件是关键部分
系统封闭、功能固定、可扩展性差	基于计算机技术开放的功能块可构成多种仪器
技术更新慢	技术更新快
开发和维护费用高	基于软件体系的结构，大大节省开发维护费用

可以肯定地说，虚拟仪器概念的出现是传统仪测量系统理念的一次巨大变革，是将来仪器仪表发展的一个重要方向。虚拟仪器技术是现代计算机系统和仪器系统技术相结合的产物，是当今计算机辅助测试（CAT）领域的一项重要技术。它必将推动着传统仪器朝着数字化、模块化、网络化的方向发展。

8.5.2　虚拟仪器的体系结构中的硬件组成

（1）虚拟仪器的硬件组成

虚拟仪器的硬件主体是电子计算机，通常是个人电脑（微机），也可以是任何通用电子计算机。虚拟仪器的硬件平台是各种传感器和专门设计的各色各样的测控模块。

由开发厂家提供的这些电子测控模块包含的功能有：信号调理器、模拟/数字转换器（A/D）、数字/模拟转换器（D/A）、数据采集卡（DAQ）等。计算机及其配置的测控模块组成了虚拟仪器测试硬件平台的基础。用户还可以灵活选配开发厂家提供的上述功能的组合模块，让虚拟仪器组成更为完善的硬件平台。

（2）硬件的标准体系结构

按照测控功能硬件的不同，虚拟仪器的数据采集 DAQ（Data Acquisition）产品可分为基于 PC 总线、VXI 标准或 PXI 标准的体系结构。

① 在基于 PC 总线的体系结构中，虚拟仪器硬件通过 USB 接口、以太网或 PCI 插口连接到 PC。这种系统具有两种主要架构：将多功能 I/O 设备直接连接到 PC 或将 Compact-DAQ 机箱连接到 PC，并在机箱中插入集成信号调理的 I/O 模块。Compact DAG 为直接连接传感器提供了可自定义程度最高的解决方案。图 8-21（a）所示为 NI 公司的一款采用 USB 接口的多功能 DAQ 设备。

② VXI（Vme Bus Extension for Instrumentation）即 VME 总线在仪器领域的扩展，是 1987 年在 VME 总线、Euro Card 标准（机械结构标准）和 IEEE 488 等标准的基础上，

由主要仪器制造商共同制定的开放性仪器总线标准。VXI 系统最多可包含 256 个装置，主要由主机箱、"0 槽"控制器、具有多种功能的模块仪器、驱动软件和系统应用软件等组成。系统中各功能模块可随意更换，即插即用，可随意组成新系统。VXI 的价格相对较高，适合于尖端的测试领域。

③ PXI（PCI Extension for Instrumentation）即 PCI 在仪器领域的扩展，是 NI 公司于 1997 年发布的一种新的开放性、模块化仪器总线规范。其核心是 Compact PCI 结构和 Microsoft Windows 软件。DAQ 设备形式如图 8-21（b）所示。

(a) 采用USB接口的DAQ设备　　　　　　　　(b) PXI总线箱及DAQ插件

图 8-21　DAQ 设备

在性能上，随着模数转换技术、仪器放大器、抗混淆滤波器与信号调理技术的迅速发展，已使 DAQ 卡成为引人注目的仪器选件。目前，DAQ 卡的采样频率高达兆赫级，甚至可达 1GHz，精度高达 24 位，通道数高达 64 个，并能任意结合数字 I/O、模拟 I/O、计数器/定时器等通道。

仪器厂家生产了大量的 DAQ 模块化仪器产品可供用户选择，如示波器、数字万用表、串行数据分析仪、动态信号分析仪和任意波形发生器等。在 PC 上挂接若干 DAQ 模块化仪器产品，配上相应的软件，就可以构成一台具有若干功能的 PC 仪器。这种基于计算机的仪器，既具有高档仪器的测量品质，又能满足测量需求的多样性。

8.5.3　虚拟仪器的体系结构中的软件组成

在计算机硬件和必要的仪器测控模块确定之后，制作和使用虚拟仪器的关键就是开发应用软件。应用软件直接面对操作用户，通过提供直观友好的测控操作界面、丰富的数据分析与处理能力。应用软件主要反映在三个层面：提供集成的"开发环境""仪器驱动程序"以及虚拟仪器的"用户接口"。

（1）开发环境

开发环境也是一个集成软件。利用开发环境先设计虚拟仪器框架，把一台虚拟仪器所需的仪器硬件和软件结合在一起组成一个统一体，如数据采集、数据分析、数据表达（文件管理、数据显示和复制输出）以及用户接口等。开发环境必须是灵活的，这样用户才容易组建虚拟仪器系统或根据应用要求变化重新配置。

虚拟仪器的开发环境主要有两种形式。一种是以通用编程语言为开发工具，如 Visual C++、Visual Basic、Delphi、C#等。这种方式在界面开发中采用图形化手段，但在核心的数据处理功能方面和驱动操作方面还是以高级语言编写的代码模块作为主要设计手段。另一种是基于专业测控语言开发平台，采用图形化的编程模式，如 HP 公司的 HP-VEE 和美国 NI 公司的 LabVIEW。这种模式利用建立和连接图标来构成虚拟仪器系统工作程序，以图标组态的模式来定义系统功能，具有编程效率高、通用性强、交叉平台互换性好的特点，被称为全面的"G 语言（Graphics Language，图形化编程语言）"。NI-LabVIEW 程序平台是其最早的也是最具影响的开发软件，目前最新推出的是 2019 版，可在该公司官网上下载试用版学习和了解其使用方法 。

（2）仪器驱动程序（仪器硬件高级接口）

仪器驱动程序（Instrument driver）是虚拟仪器开发软件平台和数据采集硬件平台之间的一个软件接口，是完成对某一特定仪器的控制与通信的软件程序集，它是应用程序实现仪器控制的桥梁。每个仪器模块都有自己的仪器驱动程序，仪器厂商以源代码的形式提供给用户。驱动程序库中包括各制造厂商的数百种仪器测控模块的驱动程序，用户不必成为测控硬件设备方面的专家，借助驱动程序提供的测试和设置功能，就可以方便、有效、透明地使用这类仪器硬件。例如 NI 公司为其所生产的各种虚拟仪器的硬件设备提供的 DAQMx 软件就属于这类程序。

仪器驱动程序建立开发环境与仪器硬件接口，用户就可以集中精力开发顶层的应用功能，而不是把精力花在仪器的底层硬件接口编程方面。采用仪器驱动程序后，用户只要把经驱动获得的被采集数据与用户接口代码组合在一起就可以迅速而方便地制作虚拟仪器。

（3）用户接口

在虚拟仪器设计中，可以用软件设计，以图形化界面为使用者提供各项操作和显示功能。对虚拟仪器而言，其软件不仅包括一般用户接口特性（如菜单、对话框、按钮和图形），而且也包括仪器应用所必不可少的旋钮、开关、滑动调整器、表头、条形图、可编程光标和数字显示等。

8.5.4 虚拟仪器的设计简介

启动 LabVIEW 程序后首先打开 LabVIEW 的启动窗口，界面如图 8-22 所示。

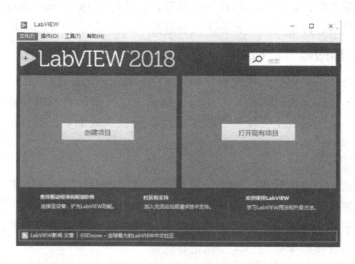

图 8-22 LabVIEW 的启动界面

在 LabVIEW 启动窗口单击"创建项目"后，选择打开界面中的"VI"选项，即可进入基本的虚拟仪器应用程序编程环境，环境由两个窗口组成，即前面板窗口和程序框图窗口。前面板窗口用于设计用户操作界面，构建虚拟仪器系统的用户操作平台；程序框图窗口用于设计程序流程，构建虚拟仪器系统的功能结构。

　　如图 8-23 所示为 LabVIEW 设计虚拟仪表的用户接口设计窗口，称为前面板窗口。在窗口中包含的"控件"工具窗口里，包含了为使用者提供各种操作和显示功能的图形化图标（也称"控件"）。只要从控件窗口中把图标拖曳到前面板窗口，进行适当的排列、设置，就可组成虚拟仪表的操作界面。图 8-23 中的开关、旋钮、按钮、曲线坐标等都是利用不同控件实现的。

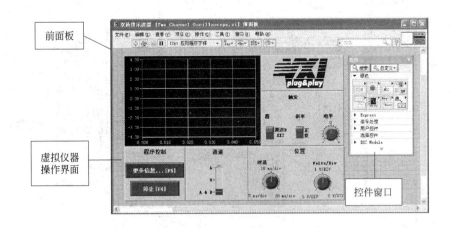

图 8-23　LabVIEW 的"前面板窗口"

　　图 8-24 所示为 LabVIEW 设计虚拟仪表的数据处理功能设计窗口，称为程序框图窗口。窗口中的小图标称为"函数节点"，是从窗口所附属的函数选板窗口中选择和拖曳出来的，可提供不同的数据运算、对比等处理功能。利用流程线连接各函数节点，决定数据传送的来源和去向。程序运行由流程线控制，按从左向右的顺序运行，函数选板还提供了程序运行控制的不同模式，例如图 8-24 中的矩形方框可实现程序流程的循环运行、条件运行。

　　每个 LabVIEW 设计的虚拟仪表都是利用这两个窗口设计图形化显示、操作和数据处理的各项功能。

8.5.5　虚拟仪器的技术优势

　　和常规仪器技术相比，NI 虚拟仪器技术有四大优势：

　　（1）性能高

　　虚拟仪器技术是在微机（PC）技术的基础上发展起来的，所以完全继承了以现成即用的 PC 技术为主导的最新商业技术的优点，包括功能超卓的处理器和文件 I/O，使您在数据高速导入磁盘的同时就能实时地进行复杂的分析。此外，不断发展的因特网和越来越快的计算机网络使得虚拟仪器技术展现其更强大的优势。

　　（2）扩展性强

　　NI 虚拟仪器技术的软硬件工具使得工程师和科学家们不再受硬件仪器的限制。这些都得益于 NI 软件的灵活性，我们要做的只是更新计算机或测量硬件，就能以最少的硬件投资和极少的、甚至无需软件上的升级即可改进自己的系统。在利用最新科技的时候，还可以把它们集成到现有的测量设备，最终以较少的成本加速产品的设计时间。

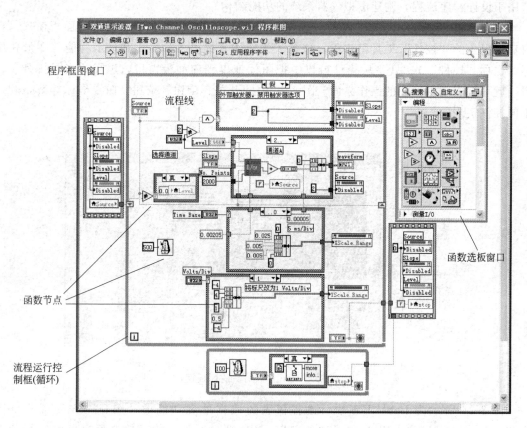

图 8-24　程序框图窗口

（3）开发时间少

在驱动和应用两个层面上，NI 虚拟仪器技术高效的软件构架能与计算机、仪器仪表和通讯方面的最新技术结合在一起。NI 设计这一软件构架的初衷就是为了方便用户的操作，同时还提供了灵活性和强大的功能，使用户轻松地配置、创建、发布、维护和修改高性能、低成本的测量和控制解决方案。

（4）无缝集成

虚拟仪器技术从本质上说是一个集成的软硬件概念。随着产品在功能上不断地趋于复杂，工程师们通常需要集成多个测量设备来满足完整的测试需求，而连接和集成这些不同设备总是要耗费大量的时间。NI 虚拟仪器软件平台为所有的 I/O 设备提供了标准的接口，帮助用户轻松地将多个测量设备集成到单个系统，减少了任务的复杂性。

总之，虚拟仪器是将来仪器发展的一个重要方向。

思考题和习题

1. 由传感器检测元件送给仪表的信号为什么要标准化以及标度变换？

2. 积分型 A/D 芯片一般抗干扰能力强（尤其对工频干扰而言），为什么？

3. 二次仪表在非线性补偿方面有哪些方法？

4. 什么是显示驱动的静态模式和动态模式？

5. 为什么智能仪表大多采用微处理器作为它的处理器芯片？

6. 智能仪表中能不能把 A/D 转换的结果直接送去显示？为什么？

7. 采集电路有哪几种组成方案？分别适用什么场合？

8. 本书"智能仪表"一节中，"查表法"里的地址为什么包含了"温度值"的相关信息？

9. 什么是虚拟仪器？它与传统仪器有什么区别？

10. 虚拟仪器由哪几部分组成？图形化编程语言的编程方式有何特点？

11. LabVIEW 的前面板和程序框图窗口各有什么作用？

第9章　日新月异的测量技术及应用

随着计算机、微电子、网络通信等应用技术的迅猛发展，数学、物理、化学以及控制理论等基础学科也取得飞速进步。近年来，测量技术日新月异，测量领域和范围在不断地拓宽，新型的传感技术与设备不断涌现。新的传感器在智能化、多功能、集成化、网络化等方面具有区别于传统传感器的显著特征。随着 Internet 的出现并非常迅速地渗透到人们生活的各个领域，测量与仪表技术也得到了新的应用空间和机遇。本章将简要介绍机电一体化技术、仿生传感技术、多传感器数据融合技术、软测量技术以及物联网技术等方面的内容。

9.1　一体化技术

一体化技术全称机电一体化技术，又称为机械电子技术，是机械设备基于传感与检测技术实现自动化、智能化并持续发展的产物，是新的传感与测量技术的应用的最重要的体现。一体化技术涉及传感器与检测技术、微电子技术、信息技术、计算机技术与机械设计等多领域的交叉与融合，已经成为当前诸多高新技术产业和智能设备装备赖以存在与发展的基础。一体化技术的飞速发展使工业上的机械与设备在技术、结构、生产、装备性能及控制体系上均发生了巨大变化，使工业生产由传统的较为初级的机械电气迈入到机电一体化、自动化的高级发展阶段。

一体化技术涵盖了新的软件技术和硬件技术。一方面，各种传感器与检测技术的发展是机械设备的控制实现自动化的核心因素。随着新型传感器技术的成熟及各类新型传感器产品的研发，设备运转状态的检测精度越来越高，对设备的自动化控制效果越来越精准。另一方面，信息处理技术（包括接口技术）与软件处理系统的升级提高了设备输出信号的种类、质量与真实性程度，使得传感器系统的数据可靠性与稳定性越来越高，而程序标准化、模块化、软件系统固化与工程化更促进了企业深度开发与定制水平。随着工业互联网、物联网概念的兴起，一体化技术也迎来了新的发展机遇。本节就一体化技术的几个主要应用场景作简要的介绍。

9.1.1　数控机床与数控技术

数控机床是采用了数控技术的机床，由数字信号控制机床运动及加工过程。数控机床是一种典型的机电一体化产品，能实现机械加工的高速度、高精度和高度自动化，是国家工业水平的重要体现。最早的数控机床可追述至 1947 年，美国的帕森斯公司利用全数字计算机对直升机叶片轮廓的加工路径进行了数据处理，使得加工精度提升到 0.00381mm。我国从 1985 年开始研究数控技术，经过多年的发展，基本掌握了关键技术，建立了多处数控开发和生产基地，初步形成了自己的数控产业。

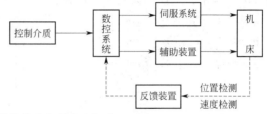

图 9-1 数控机床与其基本组成

数控机床主要由控制介质与数控系统、伺服系统、反馈装置和机床本体等四大部分构成，如图 9-1 所示。控制介质的作用是将数控代码传递并存入数控系统内，根据控制存储介质的不同，输入装置可以是光电阅读机、磁带机或软盘驱动器等。数控机床加工程序也可通过键盘用手工方式直接输入数控系统；数控加工程序还可由编程计算机或采用网络通信方式传送到数控系统中。数控系统则是数控机床的核心。数控装置从内部存储器中取出或接受输入装置送来的一段或几段数控加工程序，经过数控装置的逻辑电路或系统软件进行编译、运算和逻辑处理后，输出各种控制信息和指令，控制机床各部分的工作，使其进行规定的有序运动和动作。伺服系统则接受来自数控装置的指令信息，经功率放大后，严格按照指令信息的要求驱动机床移动部件，以加工出符合图样要求的零件。伺服系统的精度和动态响应性能是影响数控机床加工精度、表面质量和生产率的最重要因素之一，它一般由驱动控制单元、驱动单元、机械传动单元、执行元件和检测反馈环节等组成。其中，驱动控制单元和驱动单元组成伺服驱动系统；机械传动部件和执行元件组成机械传动系统；检测元件与反馈电路组成反馈系统。辅助装置的主要作用是接收数控装置输出的开关量指令信号，经过编译、逻辑判别和运动，再经功率放大后驱动相应的电器，带动机床的机械、液压、气动等辅助装置完成指令规定的开关量动作，包括主轴运动部件的变速、换向和启停指令，刀具的选择和交换指令，冷却、润滑装置的启动与停止，工件和机床部件的松开、夹紧，分度工作台转位分度等辅助动作。机床本体与传统机床相似，也由主轴传动装置、进给传动装置、床身、工作台以及辅助运动装置、液压气动系统、润滑系统、冷却装置等组成。但数控机床在整体布局、外观造型、传动系统、刀具系统的结构以及操作机构等方面都已发生了很大的变化，目的是为了满足综合检测与控制实现充分发挥机床的性能。

对机床的运行状态来说，主要的传感检测目标有驱动系统、轴承与回转系统、温度的监测与控制及安全性等，其传感参数有机床的故障停机时间、被加工件的表面粗糙度和加工精度、功率、机床状态与冷却润滑液的流量等；工件的过程传感，则包括质量控制、工序识别与工件位姿；为了保障刀具与砂轮处于正常工作状态，还需要对刀具与砂轮的磨损状态进行实时监测，以避免停机、设备事故或人身安全事故。

9.1.2 工业机器人

早期的工业机器人常被称为示教再现机器人，因其只能根据示教进行重复运动，缺乏灵活性，同时对工作环境和作业对象的变化缺乏适应性。随着传感器与检测技术的飞速发展，现在的部分工业机器人已经装备了复杂的计算机运算控制系统与传感器检测系统，具有了简单的判断与逻辑思维能力，从而实现自主分析判断等反馈机制。

工业机器人也是典型的机电一体化产物。目前，随着传感技术、信息技术的发展与成熟，第二代工业机器人可以实现获取和处理作业环境和操作对象的简单信息，已在工业现场获得了广泛应用。工业机器人由三部分、6 个子系统构成，如图 9-2 所示。

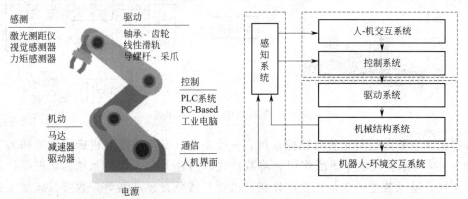

图 9-2　工业机器人及其基本结构

驱动系统给每个关节即每个运动自由度安置传动装置，使机器人运动起来。机械结构系统由机身、手臂、末端操作器三大件组成。每一大件都有若干自由度，构成一个多自由度的机械系统。常见的机器人手臂一般由上臂、下臂和手腕组成。末端操作器是直接装在手腕上的一个重要部件，可以是两手指或多手指的手爪，也可以是喷漆枪、焊枪等。感受系统是基于各种传感器和检测技术获取内部和外部环境状态的关键信息，是机器人的机动性、适应性和智能化的水准的体现。机器人-环境交互系统是实现机器人与外部环境中的设备相互联系和协调的系统。人-机交互系统是人与机器人进行联系和参与机器人控制的装置。控制系统根据机器人的作业指令程序以及从传感器反馈回来的信号，支配机器人的执行机构去完成规定的运动和功能。

当前，人工智能（AI）技术正推动工业机器人向第三代发展。人工智能包括学习知识的能力、推理能力、语言能力和形成自己的观点的能力。目前学者已经在有限的人工智能领域取得了很大进展，使得机器人可以模仿人类某些特定的智能要素。例如通过传感器（或人工输入的方式）来收集关于某个情景的信息，并将此信息与已存储的信息进行比较，以识别确定含义。又比如根据收集的信息计算短期各种可能的动作的后果，然后快速选择最优的操作，象棋计算机就是此类机器的一个范例。

9.1.3　柔性制造系统 FMS 简介

柔性制造系统 FMS（如图 9-3 所示，全称为 Flexible Manufacturing System）是一种集多种高新技术于一体的，适应多品种，中、小批量的生产现代化制造系统。FMS 最初是在 20 世纪 60 年代由英国 Molins 公司的工程师 David Williamson 提出的。他在一个机加工车间安装了第一套 FMS，名为 Molins System-24，这就是世界上最初的柔性加工系统。当前 FMS 不断发展和进步，其应用范围也更加广泛。

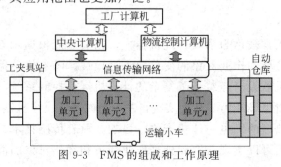

图 9-3　FMS 的组成和工作原理

FMS系统由三部分组成，即加工系统、物流系统与控制系统。加工系统由多个数控机床组成。物流系统负责建立各加工单元之间的自动化联系。与传统的自动生产线或流水线不同的是，FMS的工件输送系统可以自定义运送方案，甚至是多种工件混杂输送，并具有自动存取机能，用以调节加工节拍的差异。控制系统对整个系统进行过程监控与控制，通过对状态数据的采集与处理实现加工系统和物流系统的自动控制。

FMS的工作原理为：当系统接到上一级控制系统的有关生产计划信息和加工信息后，由控制系统中的信息模块进行数据信息的处理、分配，并按照所给程序对物流系统工程进行控制。比如根据生产的品种及调度计划信息提供相应的物料与夹具，由输送系统送出。工业机器人或自动装卸机按照信息系统的指令和工件及夹具的编码信息，自动识别和选择所装卸的工件及夹具，并将其安装在相应机床上。机床的加工程序识别装置根据送来的工件及加工程序编码，选择加工所需的加工程序，进行检验然后加工。全部加工完毕后，运输系统送入成品库，夹具被送回夹具库，同时记录加工质量、数量信息。当需要改变加工产品时，只要改变传输给信息系统的生产计划信息、技术信息和加工程序，整个系统即能迅速、自动地按照新的要求来完成新产品的加工。

FMS在制造领域有着高度自动化、高利用率和高生产效率的优势，但往往投资也是非常巨大的。加工系统、自动化的立体仓库、自动化导引小车、机器人、控制系统（软、硬件，尤其是高精度传感设备与技术）等先进设备的投入都远大于传统的自动化流水线。而且系统的使用和维护也需要有较高水平的工人和技术人员。随着FMS技术的发展，FMS正朝着模块化、自动化方向发展，也逐步向人力资源管理和供应链管理等领域渗透。

9.2 仿生传感器

仿生传感技术是近年来生物医学和电子学、工程学相互渗透而发展起来的一种新型的信息技术，比较常见的是生物体模拟的传感器。众所周知，我们人类的身体是一部复杂的机器，在身体内集成了各种各样既灵敏又精确的传感器，辅助我们获取信息并进行反馈和处理。人们仿造我们人类的（或其他生物的）这种高度发达的传感器，对人的各种感觉如视觉、听觉、感觉、嗅觉和思维等行为进行模拟，研制出了能自动捕获和处理信息、能模仿人类行为的装置，这就是仿生传感器。

各种类型的仿生传感器多用于机器人技术领域，在触感、刺激以及视听辨别等方面已有最新研究成果问世。其中，应用较多的是各种类型的多功能触觉传感器，譬如人造皮肤触觉传感器就是其中之一。仿生传感器可分为外部传感器和内部传感器两大类。内部传感器的功能是检测运动学和力学参数，让机器人按规定进行工作。外部传感器（感觉传感器）的功能是识别外部环境，为机器人提供信息来应付环境的种种变化。所谓的感觉传感器其功能是尽可能再现人的视觉、触觉、听觉、冷热觉、病觉、味觉等感觉。本节主要介绍外部传感器，包括视觉、听觉、触觉、接近觉传感器等。

9.2.1 视觉传感器

9.2.1.1 计算机视觉

计算机视觉主要模拟人眼的视觉功能，从图像或图像序列中提取信息，对客观世界的三维景物和物体进行形态和运动的识别。通过明暗觉传感器判别对象物体的有无，检测其轮廓；通过形状觉传感器检测物体的面、棱、顶点、二维或三维形状，提取物体轮廓，识别物体及物体固有特征；通过位置觉传感器检测物体的平面位置、角度、到达物体的距离，达到确定物体空间位置、识别物体方向和移动范围等目的；通过色觉传感器检测物体的色彩，从而能根据颜色的不同选择正常的工作地。计算机视觉多半是用电视摄像机和计算机技术来实现的。所以计算机视觉系统的工作过程可分为检测、分析、描绘和识别四个主要步骤。其应用大致有如下几个方面。

① 大尺寸航天图像的图像解释。

② 精确制导。提供目标识别和跟踪算法，将图像理解应用于导弹制导系统。

③ 视觉导航。支持陆地侦查车辆的导航、应用任务，包括道路跟踪、地形分析、障碍防撞和目标识别。

④ 工业视觉。图像分割自动建模以及可视化反馈会辅助先进的设计和制造的实现。

计算机视觉与人类视觉各有其自身特点和优势，从性能比较来看，计算机视觉系统的分辨能力和处理速度远不如人的视觉系统，但它可以提供定量的数据，而且感光范围远远超过了人眼，不仅可以探测可见光，还可以探测紫外光和红外光。

9.2.1.2 人工视网膜

人的视网膜是人的视力的"硬件"。视网膜中有一层带有感光体，其中的感光细胞把摄入的光转变成电信号，再通过视网膜传递到神经节细胞，从而经神经进入大脑，在大脑内经过"翻译"后，使人了解所见的情景。目前，世界上有很多科研机构致力于仿生人工视网膜，所采用的原理和方法各有不同。例如人造硅片视网膜是将轻巧微型的硅晶片放置于视网膜底层，它可以把影像产生的光能转化成电流脉冲，刺激视网膜内上有功能的感光细胞，并利用偶然透入眼内的光线补充能量。该视网膜主要用于感光细胞受损的病人。又例如人工视觉系统则是用电脑摄像机摄取的影像转换成脉冲并传递给植在大脑视觉皮层的电极，从而刺激脑细胞，产生视觉。该技术可用于除了脑皮质损伤以外的所有盲人。

9.2.2 听觉传感器

具有语音识别功能的传感器称为听觉传感器。听觉传感器是人工智能装置，包括声音检测转换和语音信息处理两部分。

声音检测模块用于收集音频信号，主要采用压电和磁电传感器语音信息处理模块则利用特征识别内容，使机器人实现人-机通话。基于特征的语音识别是用模式识别技术识别未知的输入声音，分为特定话者和非特定话者。对于前者，单片大规模集成电路在 20 世纪 80 年代末就商品化了，其芯片代表型号有：TMS320C25FNL、TMS320C25GBL、TMS320C30GBL 和 TMS320C50PQ 等。而非特征话者需要对一组代表性的语音进行训练。

人工听觉传感技术的成功应用有"人工耳蜗"，又称为电子耳蜗，也是目前唯一可使全聋患者恢复听觉的装置，参见图 9-4。近年来，随着电子信息高新技术的飞速发展，我国人工耳蜗研究与应用也有了很大的进展，从开始只帮助聋哑病人唇读的单通道装置，发展到能使病人打电话听电话的多通道装置。

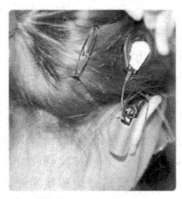

图 9-4　人工耳蜗

9.2.3　触觉传感器

触觉传感器是模仿人的皮肤触觉功能的传感器，用来感知被接触物体的特性以及传感器接触对象物体后自身的状况，例如是否握牢对象物体等。触觉传感器还能感知物体表面特征和物理性能，如柔软性、弹性、硬度、粗糙度、材质等。触觉传感器传统的有机械或差动变压器式、压阻式（如碳毡、导电橡胶）等，后来又发展出电容式阵列触觉传感器、光电式触觉传感器、利用压电效应的压电式等等。在制作工艺上也有很大改进，比如利用半导体集成工艺，以获得高输入阻抗和较高的抗干扰能力。

触觉传感器要解决"触觉"和"压觉"两方面信息的感知。触觉是检测夹持器或执行器与对象物之间有无接触，其传感器输出信号多数为开关信号。而压觉是检测夹持器或执行器与对象物之间的力的感知，即接触力的大小及分布，其传感器输出信号通常为模拟信号。

常用的触觉传感器有探针式和变面积式；而压觉传感器则常用硅电容式方案。

（1）探针式触觉传感器

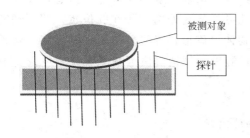

图 9-5　探针式触觉传感器

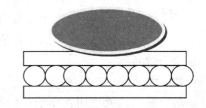

图 9-6　变面积式触觉传感器

探针式触觉传感器的结构原理如图 9-5 所示，它由一个宽间距位移传感器阵列组成，将一组可移动探针安装在一个平面上，探针底端同位移传感器相连。在无对象物接触的情况下，探针阵列由弹簧产生的复位力维持在初始参考位置上，当探针阵列与对象物接触而产生位移时，探针底部连接的位移传感器将检测出该位移，通过对探针阵列的顺序扫描检测，从而识别接触处的探针各点。

（2）变面积式触觉传感器

变面积式触觉传感器如图 9-6 所示，多组小弹性钮构成的阵列与刚性基座相接触，构成变面积式触觉传感器的敏感元件。弹性钮受力后，其与基座的接触面积在外在压力的作用下发生改变。由于每个弹性钮与基座之间接触面积的变化与被测力成平方关系，而接触面积的变化导致了接触电阻的改变，因此可通过对各个接触电阻值的顺序扫描检测，从而获得传感器表面各点的接触状态。

（3）硅电容式压觉传感器

硅电容式压觉传感器着重感受触觉表面上所受到的压力大小和对象物的形状，再通过进一步处理输出信号，最终可识别对象物，并判断它的位置和姿态。硅电容式压觉传感器采用由半导体电容敏感单元组成的阵列型结构，由于形状信息是将对象物对触觉表面的压力转换处理后得到的，所以这种传感器实际上同时体现了"接触觉"和"压觉"这两种功能。

9.2.4 接近觉传感器

9.2.4.1 接近觉传感器的作用及分类

接近觉传感器的作用是：①在接触对象前得到必要的信息，以便准备后继动作，如当机械手离对象物较远时，使之高速运动；而当机械手离对象物较近时，则使之减速靠近或离开；②发现前方障碍物时限制行程，避免碰撞；③获取对象物表面各点的距离信息，从而测出对象物的表面形状。

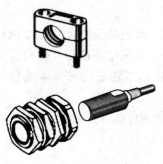

图9-7 一款基于电磁感应式的非接触式接近觉传感器

接近觉传感器分为非接触式和接触式两类。非接触式接近传感器又可分为气动式、电容式、电磁感应式、超声波式和光电式。图9-7是一款基于电磁感应式的非接触式接近觉传感器。接触式接近觉传感器同触觉传感器较为相近，常用的接触式接近觉传感器为触须传感器。这里我们以触须传感器为例说明其原理及应用。

9.2.4.2 触须传感器

自然界许多生物以触须来感应和获取外界信息，如某些昆虫依靠长长触须就可确认远处物体所在的位置，并判别其大小，避免与靠近物体的碰撞，等等。作为触觉感官，触须可以在光源缺少的环境里较好地解决因视觉系统效率降低而导致信息缺失的问题。

（1）动物触须的工作机理

大量动物触觉试验表明：动物触须接触到物体时，触须能产生不同程度的振动。振动沿着触须传至末梢，被与其相连的皮层中神经感知，产生相应的信号传入大脑神经细胞，进而被大脑解码、获取信息。动物们通过多次感知外界信息并与之前的经验进行匹配，其大脑便能识别接触到的不同物体，并指导其做出相应的反应。

（2）触须传感器的工作原理

机器人利用触须传感器可实现对外界环境的感知。触须传感器基于同样的工作原理，参见图9-8。由采样

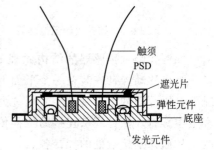

图9-8 触须传感器的结构

卡实时记录PSD（Position Sensitive Device，位置敏感器件）的输出信号，即人工触须根部

由于与物体接触所产生的微小位移，以此来判断接触物的位置、轮廓。微小位移量的大小、变化的速率表征了目标物的位置、距离、角度位置信息，其中，微小位移的幅值大小反比于接触物的距离，且当距离近时微小位移的变化较为迅速。PSD 属于半导体器件，一般做成 P＋N 结构，具有灵敏度高、分辨率高、响应速度快和配置电路简单等优点，其弱点主要是非线性。其工作原理是基于横向光电效应。作为一种新型器件，PSD 已经被广泛应用在位置坐标的精确测量上，如兵器制导和跟踪、工业自动控制以及位置变化等技术领域上。

其他仿生传感器还有力觉、滑觉、嗅觉、味觉传感器等，这里不再赘述。

当前，机器人领域的发展推动着仿生学不断进步。而随着仿生传感器的发展，传感器的种类与数量越来越多。每一种仿生传感器都有其自身的特征和使用条件与范围。为了获得较全面的环境或对象的信息，就需要对不同传感器所得的部分、侧面的信息进行融合处理。

9.3　多传感器数据融合技术

集成和融合是现代信息处理和控制的两大方向。随着社会和科学技术的进步和发展，人们对传感器的需求越来越多，要求也越来越高。在实际应用中，单一功能的传感器往往不能满足越来越高的系统要求，集成式多传感器应运而生。但在复杂的环境下，单一传感器所检测的信号很可能带有大量噪声或不相关的其他信号。此时，用传统的独立地对传感器的数据进行处理的方法会隔断不同传感器之间的有机联系，丢失数据特征，造成数据浪费。对多个传感器的数据同时综合处理、得出准确而可靠的结论，这就是多传感器数据融合技术（Multi-sensor Data Fusion）。

多传感器数据融合技术最初是围绕军用系统而研究的。目前，它在非军事领域如机器人、检测、交通管制、遥感、辅助医疗检测、工业控制等方面也得到了广泛应用。

9.3.1　基本原理

多传感器数据融合本质上是一种仿生信息功能。人类或其他生物常将自身各种器官获得的信息和先验知识进行融合，才能准确地对周围环境和正在发生的事物进行估计。多传感器数据融合充分利用了多个传感器，通过让这些传感器在时间、空间上进行互补或综合，从而获得对目标事物的一致性描述，使得系统整体性能远远强于多个传感器的简单叠加。

作为传感器信息处理的方法，多传感器数据融合可以在不同的融合层次上进行。按照信息抽象程度的不同，融合层次可分为三类：

（1）原始层

原始层也称数据层，是最低层次的融合，是在对原始数据不经处理或经过很少处理的基础上进行的。当传感器所测信息相同时，可以在原始层进行融合，否则只能在决策层或特征层进行。原始层的数据融合可以充分利用原始信息，但是信息处理量比较大，时间代价也高，融合的方法依赖于传感器和信号的特点，不容易提出普适的一般性方法。

（2）特征层

特征层是在传感器的原始信息中提取出的典型的特征信息。在该层中，对多个传感器的观察值进行特征的提取，总和为一组特征向量。特征层的数据融合兼备原始层和决策层的优缺点，具有较大的应用范围。典型的融合技术有模式识别技术。

（3）决策层

决策层是在每个传感器对目标属性做出决策后，对多传感器的信息进行融合，以得到一致性的决策结果，是最高层次的数据融合。决策层融合具有良好的容错性，而且对原始传感器的信息没有特殊的要求。该方法需要对原始信息进行预处理，因此信息处理量较大。

9.3.2 数据融合模型与方法

数据融合技术主要包括数据融合模型和数据融合方法，前者决定系统的框架和模式，后者决定具体算法和处理过程。

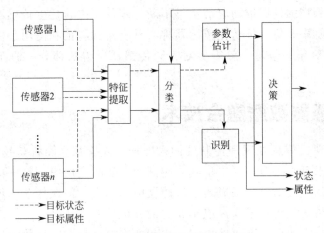

图 9-9 多传感器数据模型和原理

功能模型是适用于任何融合系统的一组定义，如图 9-9 所示。数据融合系统的功能有特征提取、分类、识别、参数估计和决策。特征提取的目的是统一各传感器的时间和空间参考点，以形成数据融合所需要的同一个时间、空间参考点；分类也称数据相关，其作用是判断不同时间、空间的数据是否来自于同一个被观测目标，对相关单元采集到的新观测值与历史观测值进行处理，形成对目标的估计；识别是将观测信号的特征处理成特征向量，通过与已知类型的比对，确定目标的类别；参数估计也称目标跟踪，在传感器每次扫描结束时，将新的观测结果与原有的观测结果进行融合，从而估计目标参数如位置、速度、温度等，并用当前的估计预测下一次参数的量值；决策是根据被测目标的行为制定的应对措施，是将所有目标状态与之前确定的可能态势比较，确定哪种态势与目标状态最匹配，从而得出态势的估计和目标的趋势等，为决策者提供依据。其中特征提取与分类是基础，在特征识别和参数估计的阶段完成数据融合。融合分为两个步骤，第一步是低层处理，输出状态、特征、属性等等；第二层是高层处理，输出抽象结果，如目的。

多传感器数据融合的结构可分为：并联融合、串联融合和混合融合。这里不赘述。

数据融合的方法尚未呈体系，目前常用的方法可分为传统的随机类方法和新兴的人工智能方法两大类。随机类方法包含一些常用直观的方法，如加权平均、贝叶斯概率推理方法和卡尔曼滤波等等。这里简单介绍后两种的原理。

贝叶斯概率推理是将被测对象的观测值与被选假设进行比较，以确定能最佳描述观测值的假设。设被观测对象的假设为 A，x_i 为一组传感器中的一个对被观测对象的观测值。则可以确定其先验概率 $p(A)$，并得到相应的条件概率 $p(x \mid A)$。这样就可以根据贝叶斯理论计算后验概率 $p(X \mid A)$，其中 $X = (x_1, x_2, \cdots, x_n)$，从而可以按照最大后延概率的优化目标来选择被测对象的最佳估计。这就是典型的一级贝叶斯概率推理系统。在此基础上还有多级的贝叶斯概率推理系统，将不同传感器按级分类，组成结构性的贝叶斯系统。

卡尔曼滤波最初以及最成功的应用在于解决高精度导航问题，其本质上则是利用测量模型的统计特性，递推统计意义下的最优信息估计。它的核心思路是用一定权重来衡量当前测量值和上一时刻的预测估计值的偏差，用以修正下一时刻的状态估计。卡尔曼滤波对线性系统尤其高效，可以给出统计意义下的最优估计。由于采用递推的方式，它不需要大量的信息存储和计算，因此广泛应用于通信、导航、跟踪、遥感等研究与应用领域。

人工智能类方法则以神经网络和智能融合方法为代表，分别侧重于结构性的知识集中和对大量知识的抽象和工程化处理。

9.3.3　多传感器数据融合的应用

多传感器数据融合是显出系统不确定因素、提供正确观测结果的智能化处理技术，已广泛应用于军事应用、智能检测系统与机器人、过程或状态监视、地面与空中交通管制等等。

（1）军事应用

将多个、不同类别的传感器与大吞吐量的信息处理系统结合，进行信号的综合分析从而迅速地做出应对，本身就由军事需求而驱动发展。军事上的多传感器信息融合已随着隐身技术、反导、电子对抗等的发展而获得更广的应用。其中，最常见的应用是进行目标的探测、跟踪和识别，包括 C31 系统（指挥自动化系统）、自动识别武器、自主式运载制导、遥感、战场监视和自动威胁识别系统等。具体应用如对舰艇、飞机、导弹等的检测、定位、跟踪和识别，以及海洋监视系统、空对空防御系统、地对空防御系统等。海洋监视系统包括对潜艇、鱼雷、水下导弹等目标的检测、跟踪和识别，传感器有雷达、声呐、远红外传感器、综合孔径雷达等。空对空、地对空防御系统主要用来检测、跟踪、识别敌方飞机、导弹和防空武器，传感器包括雷达、ESM（电子支援措施）接收机、远红外敌我识别传感器、光电成像传感器等。国际上比较典型的军事数据融合系统有 TCAC——战术指挥控制系统、BETA——战场利用和目标截获系统、AIDD——炮兵情报数据融合系统等。在国际上近年来几次局部战争中，数据融合显示了强大的威力，发挥了重要作用。

（2）智能检测系统与机器人

多传感器数据融合可以消除单个或某类传感器检测时的不确定性，提高了系统的可靠性和输出的准确性。最常见的如 MEMS 多轴陀螺仪芯片的应用。直接积分获取角度存在着随时间增加的巨大误差，而对各轴角速度和加速度进行数据融合（一般都包括卡尔曼滤波）可以实现准确的姿态或方向输出。

另外，受传感技术和传感器性能的限制，机器人的精确控制的性能有限，因此常设置更多传感器，利用计算机或嵌入式设备完成数据融合，使机器人的运动和行为更加准确和灵活。

（3）过程或状态监视

多传感器数据融合是识别引起系统状态超出正常运行范围的故障条件的重要应用领域之一，已在核反应堆和石油平台监视系统中大量采用。融合的目的是识别引起系统状态超出正常运行范围的故障条件，并据此触发报警器。通过时间序列分析、频率分析、小波分析，从各传感器获取的信号模式中提取出特征数据，所提取的特征数据输入神经网络模式识别器，再由神经网络模式识别器进行特征级数据融合，以识别出系统的特征数据，并输入到模糊专家系统进行决策级融合。最后，决策出被测系统的运行状态、设备工作状况和故障开关等。

连续监视、预测运动目标，也是一种典型的应用场景。比如根据各种医疗仪器的数据病例、病历、病史、气候、季节等观测信息，可以实现对病人的自动监护。天气预测中，卫星云图、气流、温度、压力多个观测数据流等也是预测天气所常用的数据融合实例。

（4）地面与空中交通管制

为获取交通信息流中的全方位的实时交通流信息，需要多个传感协同工作并由中央分析系统进行融合分析，获取交通状态如车流量、车速、车道占用、交融流密度、排队长度等等。常用的方案是采用环形线圈传感器识别车辆的存在和车流量；利用不同方向排列的多个线圈传感器可以准确识别车辆速度和走向等等。在交通安全方面，多数据融合已应用于识别疲劳驾驶状态，采取提醒或驾驶辅助措施。一般应用红外线与脉冲发光二极管结合，可以定位驾驶员的瞳孔，再通过图像处理分析瞳孔是否变小、抵达阈值；分析车转向传感器的数据可以识别、计算偏离行车道的状态及持续时间；再通过车前端的雷达判断距离前车或障碍物的距离。最终数据融合给出疲劳状态和程度的判断，给出报警音或智能制动，避免车祸的发生。

对空中管制的智能融合系统主要基于天气、雷达和无线电，采用多数据源的融合技术提高空中交通管制的准确性和效率。

9.4 软测量技术

9.4.1 概述

随着现代工业过程对控制、计量、节能增效和运行可靠性等要求的不断提高，需要测量的各种参数也日益增多，如成分、物性等与过程操作和控制密切相关的检测参数的测量信息。但是，工业生产常涉及物理、化学、物质转化、能量传递等，引入了很多的复杂性和不确定性，导致一些过程参量的测量十分困难。

无论是过程控制中先进过程控制算法的具体实施，还是操作优化、生产协调、故障诊断、状态监测等，其工程实现的前提都是有效获取反映过程的信息。由于过程检测技术发展水平的限制，导致了许多先进的控制算法目前只能停留在理论探讨上，难以工业实际应用。一般解决工业过程的测量问题有两条途径：其一是沿袭传统的检测技术发展思路，通过研制新型的过程测量仪表，以硬件形式实现过程参数的直接在线测量；其二就是采用间接测量的思路，利用易于获取的其他的测量信息，通过计算来实现对被测变量的估计。近年来在过程控制和检测领域涌现出的一种新技术——软测量技术（Soft-sensing Technique）正是这一思想的集中体现。

软测量就是基于某种最优化准则，选择与被估计变量相关的一组可测变量，构造某种以可测变量为输入、被估变量为输出的数学模型，用计算机软件实现重要过程变量的估计。这类数学模型及相应的计算机软件也称为"软仪表"。图9-10为软测量的基本框架。

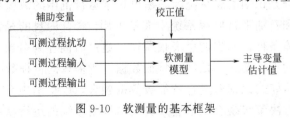

图 9-10 软测量的基本框架

其中辅助变量包含可测扰动、过程的输入信号以及输出信号。

软测量技术的核心是建立被测对象的精确可靠的模型。模型的建立大致可以分为以下几种：

① 机理建模：是根据过程本身的内在机理，运用能量平衡、物料平衡等一系列关系建立系统的模型。对于工艺机理明确的工艺过程，该方法能构造出性能较好的软仪表。但是对于机理研究尚不清楚的复杂工业过程，难以建立合适的机理模型。此时该方法就需要与其他参数估计方法相结合才能构造软仪表。

② 经验建模：是利用多元线性回归分析、非线性回归分析、神经网络、模糊理论等技术建立系统模型。由于大部分工业过程都具有多变量、时变性、非线性、强耦合等特点，因而利用神经网络和模糊理论建立非线性软测量模型也成为当前的研究热点之一。

③ 混合建模：对于有些存在严重的非线性和不确定性的化工过程，难以单独采用机理方法或经验建模方法，但可以借助已知的对象特性确定经验模型的结构和辅助变量，再利用经验方法确定模型的具体参数，也称"灰箱子"建模。这种方法目前应用最广泛。

9.4.2　软测量技术的实现步骤

9.4.2.1　辅助变量的选择

辅助变量的选择确定了软测量的输入信息矩阵，因而直接决定了软测量模型的结构和输出。辅助变量的选择包括变量类型、变量数量和检测点位置的选择。这三个方面是相互关联、互相影响的，并由过程特性所决定，同时在实际应用中还应考虑经济性、可靠性、可行性以及维护性等额外因素的制约。

辅助变量的选择要根据过程机理分析和实际工况来确定。一般可以依据以下原则来选择辅助变量：

① 过程实用性：工程上易于在线获取并有一定的测量精度。

② 灵活性：对过程输出或不可测扰动能做出快速反应。

③ 特异性：对过程输出或不可测扰动之外的干扰不敏感。

④ 准确性：构成的软测量仪表应能满足精度要求。

⑤ 鲁棒性：对模型误差不敏感。

辅助变量的选择范围是对象的可测变量集。现代工业某些对象常具有数百个检测变量，因此可根据工业对象的机理、工艺流程以及专业人员的经验来选取辅助变量。辅助变量的个数的下限值为被估计主导变量的个数，而最佳数目则与过程的自由度测量噪声以及模型的不确定性有关。至于如何选择最佳个数我们建议从系统的自由度出发，先确定辅助变量的最小个数，再结合实际过程特点适当增加，以便更好地处理动态特性等问题。"知识发现"和"数据融合技术"这两种十分优秀的方法，能帮助我们从海量数据中挑选出合适的数目的辅助变量。

对于许多工业过程，与辅助变量相对应的检测点位置的选择是相当重要的。对于精馏塔来讲，可供选择的检测点很多，而每个检测点所能发挥的作用则各不相同。一般情况下，可采用奇异值分解或工业控制仿真软件等进行监测点的选取。辅助变量的数目和监测点位置常常是同时确定的，用于选择变量数目的准则往往也被应用于检测点位置的选择。

9.4.2.2　测量数据的处理

软仪表是根据过程中辅助变量的测量数据经过数值计算从而实现软测量的，其性能很大程度上依赖于所获过程测量数据的准确性和有效性，因此对软测量数据的处理是软测量技术实际应用中的一个重要方面。测量数据处理包括测量误差处理和测量数据变换两部分。其中测量误差如何处理为关键。

（1）测量数据的误差

在实际应用中，过程数据是来自现场的，受测量仪表精度、可靠性和现场测量环境等因素的影响，不可避免地含有原因各样的测量误差。采用低精度或较少的测量数据可能导致软仪表测量性能的大幅度下降，严重时甚至导致软仪表的失败。因此测量数据的误差处理对于保证软仪表的正常可靠运行是非常重要的。测量数据的误差可分为随机误差和粗大误差两大类。

随机误差是受随机因素（例如操作过程的微小扰动和测量信号的噪声等）的影响，一般不可避免，但符合一定统计规律，可采用数字滤波方法来消除，例如算术平均滤波、中值滤波和阻尼滤波等。随着系统对精度要求的不断提高，近年来又提出了数据协调（Data Reconciliation）处理技术，主要有主元分析法和正交分解法等两种实现方法，用于随机误差的处理也相当有效。

（2）异常数据的判别与剔除

粗大误差是在实际测量中常由于测量和记录的严重失误，或由于仪器仪表的突然波动，而造成的异常的观测结果，也称为异常数据。实际过程中，显然异常数据出现的概率很小，但这些极少量的数据将会严重恶化测量数据的品质，破坏数据的统计特性，甚至导致软测量整个系统优化控制的失败，因此异常数据的确定与剔除是必需的。对于样本数据是否为异常数据，可用两种方法鉴别：一类是技术判别法，即根据工艺机理分析、物料或能量平衡等性质进行技术分析，以判别偏差较大的数据是否为异常数据，处理主要采用限幅滤波法；另一类称为统计判别法，单纯地应用数学的方法做出鉴别，例如常常采用的 3σ 准则判别法。

对于异常数据的处理是对其进行删除，采用上一次数据，并作删除标记。如果连续三次均为异常数据，则启动报警信号系统，等待操作人员的进一步确认。

9.4.2.3　数学模型的建立

软仪表的核心是表征辅助变量和主导变量之间的数学关系的软测量模型，如图 9-10 所示。因此构造软仪表的本质就是建立软测量模型。即建立由辅助变量构成的可测信息集 θ 到主导变量估计 $\hat{y}$ 的映射，用数学公式表示为：

$$\hat{y} = f(\theta)$$

常用的软测量技术的建模方法有：机理建模、回归分析、状态估计、模式识别、人工神经网络、模糊数学等。其中，机理建模是最明确的建模方法；回归分析是经典方法，依赖于足够多的样本数据；状态估计利用已有原理反映主导变量与辅助变量的动态关系，常用的有 Kalman 滤波器和 Luenberger 滤波器；模式识别通过提取系统特征构建模型，常与人工神经网络、模糊技术结合；基于人工神经网络的软测量建模是近年来研究最多、发展最快的方法，适用于高度非线性、严重不确定的系统；模糊数学依赖于特征构建模糊描述模型，适用于难以用常规数学手段描述的场合。

另外，其他的建模方法如相关分析、现代非线性信息处理技术等，限于技术发展水平，在过程控制中目前实例应用还较少。

目前已有专门的软测量模型开发工具，如某公司提供的 Profit SensorPro 开发工具，可以实现利用回归分析构造过程的软测量模型。

9.4.2.4 软仪表的在线校正

工业中的设备在运行过程中，随着操作条件的变化，其过程对象特性和工作点不可避免地要发生变化和漂移，因此在软仪表的应用过程中，必须对软测量模型进行在线校正才能适应新的工况。

软测量模型的在线校正包括模型结构的优化和模型参数的修正两方面。通常对软仪表的在线校正仅修正模型的参数，具体的方法有自适应法、增量法和多时标法等。对模型结构的优化（修正）较为复杂，它需要较长的时间获取大量的样本数据。为解决软仪表模型结构在线校正和实时性两方面的矛盾，已提出基于短期学习和长期学习思想的校正方法。

软测量模型校正需考虑校正数据的获取问题以及校正样本数据与过程数据之间在时序上的匹配等问题。在可以方便地获取较多校正数据的情况下，模型的校正一般不会有太大的困难。但在校正数据难以获取的情况下（例如需人工离线取样分析的场合），此时模型的校正采用何种方法是一个很值得推敲研究的问题。

软测量模型的自动校正有两种：定时校正或基于评价校正。前者指运行一段时间后对软模型进行参数校正；后者则是设置一软测量模型评价软件模块，根据实际情况做出是否需要模型校正和进行何种校正的判断，然后再自动调用模型校正软件对软测量模型进行校正。

9.4.2.5 软测量各模块之间的结构关系

如上所诉知，软测量模型是利用过程变量的历史数据建立的。在现场测量数据中可能含有随机误差甚至粗大误差，必须经过数据变换和数据校正等预处理这一模块，将真实信号从含噪声的混合信号中分离出来，才能用于软测量建模。将这些处理后的数据就作为软测量模型的输入信号，而其输出就是对主导变量的估计值。在应用过程中，软测量模型需要根据工况的波动而加以在线修正，以得到更适合当前工况的软测量模型，提高模型的估计精度。因此，软测量结构中各模块之间的关系如图 9-11 所示。

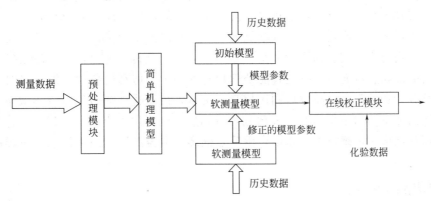

图 9-11 软测量各模块之间的结构关系

9.4.3 软测量技术的应用与趋势

工业上为了确保生产装置安全、高效地运行，常需要对和系统稳定及产品质量密切相关的重要过程变量进行实时优化控制，但这些变量往往无法直接测得。软测量技术主要依据对可测易测过程变量（称为辅助变量，如压力、温度等）与难以直接测量的待测过程变量（称为主导变量，如产品分布、物料成分）之间的数学关系的认识，采用各种先进计算方法，用计算机软件实现对待测变量的估计。软测量技术本身也是在不断解决众多复杂的测量控制问题中发展起来的，用软测量技术解决复杂的控制问题远优于传统的控制方法。

软测量技术作为一种新型的过程参数检测技术，为解决复杂过程参数的检测控制提供了一条有效的途径。自 20 世纪 90 年代以来，软测量技术的发展相当迅速，在理论研究和实际应用两方面均取得了多方面的成果，展示了良好的工业应用前景。软测量技术不仅是研究热点，也是过程控制和过程检测领域的一个重要研究发展方向。但作为新兴的技术，软测量技术的系统的理论体系目前尚未完全形成，仍有不少理论和实践问题有待于今后进一步研究。从目前的研究现状和进展可知，软测量技术的研究趋势有：

① 测量数据处理尤其是粗大误差的处理，对提高软仪表的准确性和可靠性具有重要的作用。目前对于数据处理的理论研究已取得了不小的成绩，但离实际应用还有较大的距离。如何缩小理论和实践间的差距以提高数据处理水平是很值得研究的课题。

② 软仪表在线校正技术对软仪表的实际应用具有重大意义，但迄今为止校正方法和技术还十分有限。因此开发、研究更多的实用校正方法以适应复杂过程的要求，亦将是软测量技术研究发展的重要方向。

③ 神经网络建模软测量模型是软测量技术的核心建模方法之一。神经网络技术由于具有很强的非线性逼近和自学习功能，特别适用于复杂非线性系统。近年来，应用神经网络技术建立软测量模型的研究已显示出巨大潜力，因此基于神经网络的软测量建模也将是重要的研究方向之一。

9.5 物联网技术

物联网的基本含义是通过射频识别、传感器节点、全球定位系统、激光扫描器等传感设备，按照约定的协议将物品与互联网连接，进行通信和信息交换，最终实现识别、定位、追踪、监控、管理一体化，智能化的网络。物联网的本质是将物品信息化，使之成为网络终端之一，实现人与物、物与物之间的信息交流，提高工作效率，节约成本。

一般来说，物联网应具有三个基本能力。一是及时感知信息的能力，即利用各种可行的传感技术实现对物的信息的实时采集。二是可靠的信息传输能力，即保障信息的传输和信息的交流的准确和可靠性。三是智能处理信息的能力，即利用各种智能技术对海量数据和信息进行分析和处理，以高效地利用信息、决策，最终达到提高整体协作效率。与之对应，物联网的体系结构至少具有三大部分：感知层、网络层、应用层。其中，感知层以网络化传感器和网络化传感技术为基础，由节点众多、覆盖广泛、如神经末梢一样的网络化传感设备支持构成。

9.5.1 网络化传感器

传统的传感器只具有信号采集功能。它只能输出模拟信号，不具备信号的数字化和信号处理功能。智能传感器是传感器与微型计算机结合的产物。它把微型计算机芯片与传感器集成，使传感器兼具信号检测、信号处理与编程控制的功能。网络化智能传感器即在智能传感技术上融合通信技术和计算机技术，使传感器具备自检、自校、自诊断及网络通信功能，从而实现信息的"采集""传输"和"处理"，真正成为统一协调的一种新型智能传感器。

9.5.1.1　网络化传感器的特点

① 网络化智能传感器使传感器由单一功能、单一检测向多功能和多点检测方向发展；从"被动"检测向"主动"进行信息处理方向发展；从就地测量向远距离实时在线测控方向发展。

② 网络化使得传感器可以就近接入网络，传感器与测控设备间再无需点对点连接，多个传感器可通过总线串在一起，大大减少了现场线缆，方便现场布线；节省投资，易于系统维护，也使系统更易于扩充。

③ 网络化仪器实现了资源共享，使一台仪器为更多的用户所使用，降低了测量系统的成本。对于有危险的、环境恶劣的数据采集可以进行远程采集，并将采集的数据放在服务器中供用户使用。重要的数据进行多机备份，能够提高系统的可靠性。

④ 网络化传感器直接输出数字信号，传输过程中没有精度的损失，系统精度可以保证；信号直接进入采集器，系统可能发生故障的环节少，便于维护。

网络化智能传感器的核心是传感器本身实现了网络通信协议。网络化传感器可以使现场数据就近接入网络，而信息可以在整个网络覆盖的范围内传输。由于采用统一的网络协议，不同厂家的产品可以互换，互相兼容。网络化可以使测量人员不受时间限制随时随地地获取所需的信息，因此可以说"网络就是仪表"。

9.5.1.2　网络化传感器的基本结构

网络化智能传感器一般由信号采集单元、数据处理单元和网络接口单元组成。这三个单元可以是采用不同芯片构成"合成式"的，也可能是单片式结构。其基本结构如图 9-12 所示。

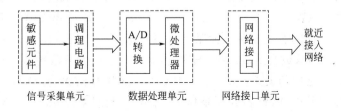

图 9-12　网络化智能传感器的基本结构

网络化智能传感器的处理核心是嵌入式微处理器。嵌入式微处理器具有体积小、功耗小、可靠性高、抗干扰能力强等特点，带有高速 CMOSFlash/EEPROM，片内可以集成多个通道的模/数转换模块，完成信号数据的采集、处理（如数字滤波、非线性补偿、零点漂移与温度补偿、自诊断与自保护等）和数据输出调度（包括数据通信和控制量本地输出）。因此，传感器的线性度和测量精度大大提高。同时，由于传感器已进行了大量的信息处理，减少了测控系统中主控站的计算工作量的同时也减少了系统中的信息传输量，可以使系统的可靠性和稳定性大大提高。

9.5.1.3　网络化传感器的应用

网络化传感器已应用在对江河的水文监测中，从源头到入海口，在关键测控点处用传感器对水位、流量、雨量进行实时在线监测。网络化传感器就近登临网络，组成分布式流域网络化水文监控系统，对全流域及其动向进行在线监控。随着计算机网络技术的推广与普及，网络化传感器必将得到更广泛的应用。基于网络化、模块化、开放性等原则，网络化传感器使现代测控由传统的集中模式转变为分布模式，实现了在线的信息采集、发布，但由此带来的工业测控系统的信息安全问题也不可忽略。

9.5.1.4 无源无线传感器

"源"与"线"都是针对传统的传感器而言的。一般地，传感器需要接上电源来驱动，而传感器的信号的获得又需要连线来导出。但是这种被测单元与电源和采集设备间的连线通常带来很多应用上的缺陷和问题，如带有移动部件时进行滑刷、电机转子和许多运动物体的参量测量时，会改变力学属性和电路性能，可能出现中断、噪声，使得测量不准确或中断。对于一些较为特殊的应用场景，如对直升机旋转时螺旋桨尖端速度和角速度的测量，汽车碰撞时车内加速度的测量，汽车轮胎内部压力、温度和摩擦的测量等，往往无法采用连线的方式；又比如一些不能提供电源、需长期监测的场合，或电池不易更换的传感位置和易燃易爆等危险场合的应用，这种有源的传感器显然也不能应用。这时，就需要采用无源无线传感器来实现测量。

无源无线传感器根据能量耦合方式可分为两类：电感线圈耦合型和天线型。利用电感线圈耦合供能的传感器和应答器作为身份监测器，已广泛用于商场、图书馆、机场的 ID 识别、物品管理和智能化的交通系统中。由于采用线圈等电磁耦合方式，能量主要集中在线圈中心很近的区域，其传感的距离很近，耦合的电能直接提供给传感器和处理电路。而天线型传感器采用天线收集空间的电磁能量，然后高效地转化为其他形式的能量。它能感知被测量的大小，再将被调制的传感量通过天线高效地转化成电磁能量发送给远端的接收系统，实现无源无线的传感和测量。由于能量转换方式的不同，天线型无源无线传感器理论上比电感耦合型传感器有更远测量距离。目前，声表面波传感器是将天线的电磁能直接、高效地转换为声能进行传感的最佳器件之一，在网络化传感领域应用广泛。

声表面波简称 SAW（Surface Acoustic Wave），是一种沿弹性基体表面传播的声波，是存在于任何固体表面的客观现象。而某些外界因素（如温度、压力、加速度、磁场、电压等）对 SAW 的传播参数会造成影响。各种测量物理、化学参数的 SAW 传感器就是根据这些影响与外界因素之间的关系而研制的。SAW 传感器由 SAW 振荡器、敏感的界面膜材料和振荡电路组成，其中 SAW 振荡器是核心，由压电材料基片和沉积在基片上不同功能的叉指换能器所组成，有延迟线型（DL 型）和谐振器型（R 型）两种。

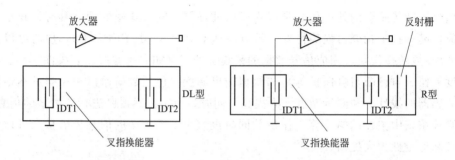

图 9-13　DL 型与 R 型声表面波传感器

如图 9-13 所示，延迟线型 SAW 振荡器由声表面波延迟线和放大电路组成。由 IDT1 激发出声表面波，传播到换能器 IDT2 转换成电信号，再经放大后反馈回 IDT1 以便保持振荡状态。延迟线型 SAW 振荡器要求增益足够高的放大器，用以抵消延迟线及外围电路的损耗，在满足一定的相位条件时，这一系统就能产生振荡。

谐振器型 SAW 振荡器外侧有多个反射栅阵列，且 2 个相邻的指条之间的距离为半波长的整数倍，使声表面波在反射栅阵列之间来回反射，形成驻波。将 2 个 IDT 置于驻波场的波腹处，通过发射和接收 IDT 来完成声电转换。当对发射叉指 IDT 加以交变信号时，材料表面就产生与所加电场强度成比例的机械形变，产生 SAW。谐振器型 SAW 也要求放大器的增益能补偿谐振器及其连接导线的损耗，同时满足一定的相位条件，使得振荡器可以起振并维持振荡。

SAW 传感器已应用于多种物理量的测量，如振幅、相位、频率、压力等等。例如，一些已经投入使用的无源无线温度传感器是采用声表面波延迟线为核心做成谐振器，并在两叉指电极之间涂覆一层温度敏感的材料而制成。

当前，虽然声表面波传感器在一些应用领域如角速率、温湿度以及某些气体传感器，其检测精度以及灵敏度还不能与传统传感器相比，但是由于巨大的便捷性与潜力，正促使新方法新技术的研发以改善器件性能、提高系统稳定性。声表面波传感设备体积小、便携、功耗低，较之传统的传感器具有更大的竞争力。声表面波传感器天生便于多功能集成化，代表了智能化与无线传感技术的主流方向。

9.5.1.5　RFID

射频识别技术 RFID（Radio Frequency Identification），又称作电子标签或无线射频识别，是一种通过无线电信号识别特定目标并读写相关数据的通信技术，它无需识别系统就可以与特定目标之间建立关联。RFID 读取速度快、信息安全可靠，因此正获得越来越广泛的应用。

在 20 世纪 90 年代时，射频识别技术已经开始应用于供应链的管理领域当中。目前，RFID 已经形成了从低频到高频，再从低端到高端的一系列的产品，形成了相对成熟稳定的产业链。Philips、IBM 以及 Microsoft 等国际厂商都在发展自己的 RFID 技术。在我国，RFID 技术已经成熟投用于集装箱管理和铁路、车号识别系统等。

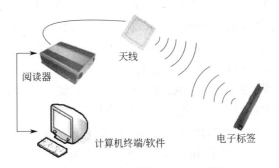

图 9-14　RFID 系统的组成和原理

如图 9-14 所示，RFID 系统常由 4 部分组成。其中阅读器是读取（或写入）标签信息的设备；天线负责在标签和读取器间传递射频的信号；电子标签由耦合元件以及芯片所组成，每个标签具有唯一的一个电子编码，附着在物体上用来标识目标对象；应用软件则是 RFID 系统针对不同需求而开发的，它可以通过阅读器对电子标签进行读写和控制，将收集到的数据进行处理和统计。

按照供电方式，RFID 系统又分为无源 RFID、有源 RFID 和半有源 RFID。

无源 RFID 是利用电子标签通过接受射频识别阅读器传输来的微波信号，以及通过电磁感应线圈获取能量来对自身短暂供电，从而完成此次信息交换。由于没有供电系统，所以无源 RFID 产品的体积可以达到厘米量级甚至更小，而且自身结构简单、成本低、故障率低、使用寿命长。但其有效识别距离通常较短，一般用于近距离的接触式识别。无源 RFID 的主要工作在较低频段 125kHz、13.56MHz 等，其典型应用包括：公交卡、二代身份证、食堂餐卡等。

有源 RFID 主要应用在高速公路电子不停车收费系统。它通过外接电源供电，主动向射频识别阅读器发送信号。有源 RFID 主要工作在 900MHz、2.45GHz、5.8GHz 等较高频段，且具有远距性、高效性，使得它主要用在一些需要高性能、大范围的射频识别应用场合。

半有源 RFID 又叫作低频激活触发技术。即在不工作时，RFID 处于休眠状态，仅对标签中保持数据的部分进行供电，以维持较长时间的运行。当标签进入射频识别阅读器识别范围后，阅读器先现以 125kHz 低频信号在小范围内精确激活标签，再通过 2.4GHz 高频微波进行信息传递。目前一些生产线采用了半有源 RFID 进行产品检定。

技术所具有的优势主要有：读写速度快、工作环境宽松、可携带大量数据、支持远距离传输等等。

9.5.2 网络化仪表与设备

测量领域和范围在不断地拓宽，而计算机与现代仪器设备间的界限也日渐模糊。近年来，随着 Internet 异常迅速地渗透到人们工作、生活的各个方面，测量与仪表技术也迎来了新的发展空间和机遇。新型的网络化传感技术与仪器应运而生。网络化传感仪器包括基于总线技术的分布式测控仪器、虚拟仪器、网络化智能传感系统等。网络化仪器可以把信息系统与测量系统通过 Internet 连接起来实现资源共享，能高效地完成各种复杂艰巨的测量控制任务，从而促使现代测量技术向网络化仪器测量的方向发展。

在网络化仪器环境条件下，被测对象可通过测试现场的普通仪器设备，将测得数据（信息）通过网络传输给异地的精密测量设备或高档次的微机化仪器去分析、处理、实现测量信息的共享与回传，从而可远程掌握网络节点处信息的实时变化的趋势。网络化仪器在智能交通、楼宇信息化、工业自动化、环境监测、远程医疗、石油化工以及电站等众多领域得到越来越广泛的应用。网络化传感技术渐趋智能化，催生了物联网技术。

企业内部信息网的主流是基于 web 的开放性的基于 TCP/IP 协议的信息网络 Intranet。它可以非常方便与外界连接，尤其是与 Internet 连接。Internet 的相关技术，已经给企业的经营和管理带来极大便利；反过来 Internet 技术应用开发也主动面向工业的测控系统，为传统的测控系统产生越来越大的改变。

软件是网络化传感技术和仪器开发的关键。Unix、Windows NT、Netware 等网络化计算机操作系统，现场总线，标准的计算机网络协议，和 Internet 有关的 TCP/IP 协议等，在开放性、稳定性、可靠性方面均有很大优势，利用它们很容易实现测控网络的体系结构。在开发环境方面，NI 公司的 Labview 和 LabWindows/CVI、HP 公司的 VEE、微软公司的 VB、VC 等，都提供了开发网络应用项目的工具包。

9.5.2.1 基于现场总线技术的网络化仪表测控系统

（1）网络化仪表的网络结构

网络化传感器的关键是接口技术。目前主要有基于现场总线的网络传感器和基于以太网（Ethernet）协议的网络传感器两大类。

现场仪表的智能化和全数字控制系统催生了现场总线控制系统 FCS（Fieldbus Control System），使其成为当前世界上最热门的控制系统。FCS 是连接现场智能设备和自动化系统的数字化的、双向传输的、多分枝结构的通信网络。它可以基于一根缆线连接所有现场，实现远程监测、控制、远传等。它取了代传统使用的 4～20mA 模拟传输方式。现场总线种类繁多，典型的基于 FCS 的网络化仪表测控系统的结构如图 9-15 所示。

由于现场总线技术的优越性，各大公司都开发出自己的产品，应用于不同的领域，形成了不同的标准。由于标准互不兼容，不同厂家的网络传感器也无法兼容使用。为了解决这一问题，IEEE 制定了简化控制网络和智能传感器连接标准的 IEEE1451 标准，为智能传感器和现有的现场总线提供了通用的接口标准，促进了现场总线式网络化传感器的发展与应用。

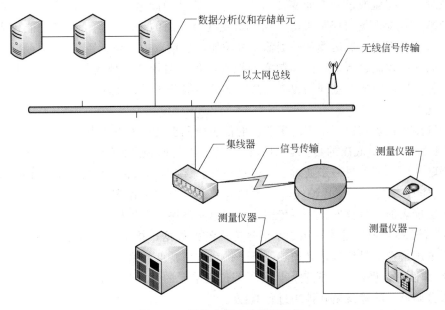

图 9-15 网络化仪表的测控系统

另外，由于以太网开放性好、速度快、成本低等优势，出现了基于以太网的网络传感器，其中集成了 ICP/IP，可以使其成为 Internet/Intranet 上的一个节点。任何一个网络传感器都可以接入以太网进行传输。由于采取了统一的网络协议，不同厂家的产品可以互换和兼容。

（2）现场总线控制系统的关键要点

FCS 具有开放性、互操作性和互换性、全数字化等特点，最关键的有三点：

① FCS 系统的核心是总线协议，即总线标准。采用双绞线、光缆或无线电方式传输数字信号，大大减少导线量，提高了可靠性和抗干扰能力。FCS 从传感器、变送器到调节控制器、智能阀门等各种类型的二次仪表都用的是数字信号，使我们方便而准确地处理复杂的信号。而且，数字通信的查错功能可检出传输中的误码，大大保证并能提高信号传送的

质量。

FCS 可以将 PID 控制彻底分散到现场设备（Field Device）中。基于现场总线的 FCS 又是全分散、全数字化、全开放和可互操作的新一代生产过程自动化系统，它将取代现场一对一的 4～20mA 模拟信号线，给传统的工业自动化控制系统体系结构带来革命性的变化。

② FCS 系统的基础是数字智能现场装置。控制功能下放到现场仪表中，控制室内的仪表装置主要完成数据处理、监督控制、优化控制、协调控制和管理自动化等功能。数字智能现场装置是 FCS 系统的硬件支撑，也是基础。从传感器、变送器到阀门执行机构等都是微机化的、智能的。FCS 系统执行的是自动控制装置与现场装置之间的双向数字通信现场总线信号制。现场装置必须遵循统一的总线协议，具备数字通信功能，能实现双向数字通信。而且，现场总线的一大特点就是要增加现场一级控制功能。

③ FCS 系统的本质是信息处理现场化。对于一个控制系统，无论是采用 DCS 还是采用基于现场总线技术的网络化仪表测控系统，系统需要处理的信息量至少是一样多的。实际上，采用现场总线后，现场总线系统的信息量没有减少，甚至增加了，而传输信息的线缆却大大减少了。这就要求一方面要提高线缆传输信息的能力，另一方面要让大量信息在现场完成处理，减少现场与控制机房之间的信息往返。总的来说，是由现场智能仪表完成数据采集、数据处理、控制运算和数据输出等功能，现场数据（包括采集的数据和诊断数据）传送到控制室的控制设备上，由控制室的控制设备来监视各个现场仪表的运行状态，保存上传的数据，同时完成少量现场仪表无法完成的高级分析与控制功能。

（3）优点

与传统测控仪表相比，基于现场总线的仪表单元也具有如下优点：

① 网络化：从最底层的传感器和执行器到上层的监控/管理系统，均通过现场总线网络实现互联，同时还可进一步通过上层监控/管理系统连接到企业内部网甚至 Internet。

② 一对 N 结构：一对传输线，N 台仪表单元，双向传输多个信号，安装、维护容易，远优于传统仪表的一台仪器、一对传输线只能单向传输一个信号。

③ 可靠性高：现场总线采用数字信号传输测控数据，抗干扰能力强，精度高；而传统仪表由于采用模拟信号传输，必须辅以抗干扰和提高精度的措施。

④ 操作性好：操作员在控制室即可了解仪表单元的运行情况，且可以实现对仪表单元的远程参数调整、故障诊断和控制过程监控。

⑤ 综合功能强：现场总线仪表单元是以微处理器为核心构成的智能仪表单元，同时实现了检测、变换和补偿功能，一表多用。

⑥ 组态灵活：不同厂商的设备既可互联也可互换，现场设备间可实现互操作，通过进行结构重组，可实现系统的灵活调整。

现场总线网络测控系统，现场设备、各种仪器仪表都嵌入在相互联系的现场数字通信网络中，可靠性高，稳定性好，抗干扰能力强，通信速率快，造价相对低廉且维护成本低。由于其内在的开放式特性和互操作能力，现场总线网络测控系统目前已在实际生产中得到大量成功的应用。

9.5.2.2 面向 Internet 的网络化仪表测控系统

当今时代，以 Internet 为代表的计算机网络的迅速发展及相关技术的日益完善，突破了传统通信方式的时空和地域，使更大范围内的通信变得十分容易。Internet 拥有的硬件和软件资源正在越来越多的领域中得到应用，比如电子商务、网上教学、远程医疗、远程数据采集与控制、高档测量仪器设备资源的远程实时调用、远程设备故障诊断等。与此同时，高性能、高可靠性、低成本的网关、路由器、中继器及网络接口芯片等网络互联设备的不断进步，又方便了 Internet 与不同类型测控网络、企业网络间的互联。利用现有 Internet 资源而不需建立专门的拓扑网络，使组建测控网络、企业内部网络以及它们与 Internet 的互联都十分方便，这就是面向 Internet 的网络化仪表测控系统。

9.5.3　网络化传感技术的物联网应用

网络化传感器和网络化仪器、仪表在物联网中随时随地收集信息、检测状态，是感知物理世界的基础。现在已存在并成熟的物联网中的传感与应用包括：

① 城市管理：智能路况与交通系统（跟踪车辆、行人与路况突发事件，优化录像提供建议）、智能照明（检测天气变化和天光明暗，自动启动路灯和改变颜色）、垃圾回收（根据监测的生活垃圾量的分布优化垃圾回收路线，统筹垃圾回收管理）。

② 智慧工业与农业：室内定位（基于 Zigbee 和 RFID 或 NFC 的厂房内的设备、资产的定位）；M2M（设备、资产的自动诊断与控制）；温度、湿度、气体含量监控（检测气体成分与含量，保障作业工人和原材料的安全）；环保监测（监测气体种类与含量，识别火灾或工厂环境污染量）；智能大棚（基于多种传感器的微气候感知，提高农作物产量）；养殖动物跟踪（基于无源无线传感器跟踪动物的身份及确认位置）；气象预测（统筹天气情报，预测天气变化）。

③ 智能零售与物流：可追述供应链（监控产品及供应仓库的参数）；NFC 近场通信交易（处理公共交通和商场的实时付款）；购物推荐系统（根据顾客参数信息包括历史分析偏好与习惯，提供商品推荐与导购建议）；快递联网（监控快递快件的运输及物流状态）。

④ 智能化家居：能源与供水优化（根据生活习惯，对家具电器的用电用水情况给出节约成本与资源的建议）；家电智能化（识别主人的接近或离开，开启或关闭设备）；保安系统（检测门窗、有害气体含量，确保居家安全）。

物联网以需求为动力，近年来正不断满足人民大众对智能化的美好生活的渴望。物联网时代的序幕，正在快速开启。

 ## 思考题和习题

1. 工业机器人中的传感系统主要存在于哪一个主要组成部分之中？
2. 试分析视觉传感器和触觉传感器的差异。它们分别适合在哪些恶劣环境中工作？
3. 软测量技术相对于传统的检测技术有何特点和优越之处？
4. 软测量的基本原理和实现步骤是什么？
5. 什么是网络化传感器？它与传统传感器相比有何优点？
6. 网络化现场总线的仪表一对 N 结构是什么意思？
7. 以网络化传感技术的一个例子，分析其主要组成结构和原理。

附录一　　　常用热电偶分度表

附表1　铂铑₁₀-铂热电偶分度表

附表1　铂铑$_{10}$-铂热电偶分度表

（参比端温度为0℃）

分度号：S

温度/℃	热电动势/μV										温度/℃
	0	1	2	3	4	5	6	7	8	9	
−50	−236										−50
−40	−194	−199	−203	−207	−211	−215	−220	−224	−228	−232	−40
−30	−150	−155	−159	−164	−168	−173	−177	−181	−186	−190	−30
−20	−103	−108	−112	−117	−122	−127	−132	−136	−141	−145	−20
−10	−53	−58	−63	−68	−73	−78	−83	−88	−93	−98	−10
0	0	−5	−11	−16	−21	−27	−32	−37	−42	−48	0
0	0	5	11	16	22	27	33	38	44	50	0
10	55	61	67	72	78	84	90	95	101	107	10
20	113	119	125	131	137	142	148	154	161	167	20
30	173	179	185	191	197	203	210	216	222	228	30
40	235	241	247	254	260	266	273	279	286	292	40
50	299	305	312	318	325	331	338	345	351	358	50
60	365	371	378	385	391	398	405	412	419	425	60
70	432	439	446	453	460	467	474	481	488	495	70
80	502	509	516	523	530	537	544	551	558	566	80
90	573	580	587	594	602	609	616	623	631	638	90
100	645	653	660	667	675	682	690	697	704	712	100
110	719	727	734	742	749	757	764	772	780	787	110
120	795	802	810	818	825	833	841	848	856	864	120
130	872	879	887	895	903	910	918	926	934	942	130
140	950	957	965	973	981	989	997	1005	1013	1021	140
150	1029	1037	1045	1053	1061	1069	1077	1085	1093	1101	150
160	1109	1117	1125	1133	1141	1149	1158	1166	1174	1182	160
170	1190	1198	1207	1215	1223	1231	1240	1248	1256	1264	170
180	1273	1281	1289	1297	1306	1314	1322	1331	1339	1347	180
190	1356	1364	1373	1381	1389	1398	1406	1415	1423	1432	190
200	1440	1448	1457	1465	1474	1482	1491	1499	1508	1516	200
210	1525	1534	1542	1551	1559	1568	1576	1585	1594	1602	210
220	1611	1620	1628	1637	164	1654	1663	1671	1680	1689	220
230	1698	1706	1715	1724	1732	1741	1750	1759	1767	1776	230
240	1785	1784	1802	1811	1820	1829	1838	1846	1855	1864	240
250	1873	1882	1891	1899	1908	1917	1926	1935	1944	1953	250

温度 /℃	热电动势/μV										温度 /℃
	0	1	2	3	4	5	6	7	8	9	
260	1962	1971	1979	1988	1997	2006	2015	2024	2033	2042	260
270	2051	2061	2069	2078	2087	2096	2105	2114	2123	2132	270
280	2141	2150	2159	2168	2177	2186	2195	2204	2213	2222	280
290	2232	2241	2250	2259	2268	2277	2286	2295	2304	2314	290
300	2323	2332	2341	2350	2359	2368	2378	2387	2396	2405	300
310	2414	2424	2433	2442	2451	2460	2470	2479	2488	2497	310
320	2506	2516	2525	2534	2543	2553	2562	2571	2581	2590	320
330	2599	2608	2618	2627	2636	2646	2655	2664	2674	2683	330
340	2692	2702	2711	2720	2730	2739	2748	2758	2767	2776	340
350	2786	2795	2805	2814	2823	2833	2842	2852	2861	2870	350
360	2880	2889	2899	2908	2917	2927	2936	2946	2955	2965	360
370	2974	2984	2993	3003	3012	3022	3031	3041	3050	3059	370
380	3069	3078	3088	3097	3107	3117	3126	3136	3145	3155	380
390	3164	3174	3183	3193	3202	3212	3221	3231	3241	3250	390
400	3260	3269	3279	3288	3298	3308	3317	3327	3336	3346	400
410	3356	3365	3375	3384	3394	3404	3413	3423	3433	3442	410
420	3452	3462	3471	3481	3491	3500	3510	3520	3529	3539	420
430	3549	3558	3568	3578	3587	3597	3607	3610	3626	3636	430
440	3645	3655	3665	3675	3684	3694	3704	3714	3723	3733	440
450	3743	3752	3762	3772	3782	3791	3801	3811	3821	3831	450
460	3840	3850	3860	3870	3879	3889	3899	3909	3919	3928	460
470	3938	3948	3958	3968	3977	3987	3997	4007	4017	4027	470
480	4036	4046	4056	4066	4076	4086	4095	4105	4115	4125	480
490	4135	4145	4155	4164	4174	4184	4194	4204	4214	4224	490
500	4234	4243	4253	4263	4273	4283	4293	4303	4313	4323	500
510	4333	4343	4352	4362	4373	4382	4393	4402	4412	4422	510
520	4432	4442	4452	4462	4472	4482	4492	4502	4512	4522	520
530	4532	4542	4552	4562	4572	4582	4592	4602	4612	4622	530
540	4632	4642	4652	4662	4672	4682	4692	4702	4712	4722	540
550	4732	4742	4752	4762	4772	4782	4792	4802	4812	4822	550
560	4832	4842	4852	4862	4873	4883	4893	4903	4913	4923	560
570	4933	4943	4953	4963	4973	4984	4994	5004	5014	5024	570
580	5034	5044	5054	5065	5075	5085	5095	5105	5115	5125	580
590	5136	5146	5156	5166	5176	5186	5197	5207	5217	5227	590
600	5237	5247	5258	5268	5278	5288	5298	5309	5319	5329	600
610	5339	5350	5360	5370	5380	5391	5401	5411	5421	5431	610
620	5442	5452	5462	5473	5483	5493	5503	5514	5524	5534	620
630	5544	5555	5565	5575	5586	5596	5606	5617	5627	5637	630
640	5648	5658	5668	5679	5689	5700	5710	5720	5731	5741	640
650	5751	5762	5772	5782	5793	5803	5814	5824	5834	5845	650
660	5855	5866	5876	5887	5897	5907	5918	5928	5939	5949	660
670	5960	5970	5980	5991	6001	6012	6022	6033	6043	6054	670

温度 /℃	热电动势/μV										温度 /℃
	0	1	2	3	4	5	6	7	8	9	
680	6064	6075	6085	6096	6106	6117	6127	6138	6148	6159	680
690	6169	6180	6190	6201	6211	6222	6232	6243	6253	6264	690
700	6274	6285	6295	6306	6316	6327	6338	6348	6359	6369	700
710	6380	6390	6401	6412	6422	6433	6443	6454	6465	6475	710
720	6486	6496	6507	6518	6528	6539	6549	6560	6571	6581	720
730	6592	6603	6613	6624	6635	6645	6656	6667	6677	6688	730
740	6699	6709	6720	6731	6741	6752	6763	6773	6784	6795	740
750	6805	6816	6827	6838	6848	6859	6870	6880	6891	6902	750
760	6913	6923	6934	6945	6956	6966	6977	6988	6999	7009	760
770	7020	7031	7042	7053	7063	7074	7085	7096	7107	7117	770
780	7128	7139	7150	7161	7171	7182	7193	7204	7215	7225	780
790	7236	7247	7258	7269	7280	7291	7301	7312	7323	7334	790
800	7345	7356	7367	7377	7388	7399	7410	7421	7432	7443	800
810	7454	7465	7476	7486	7497	7508	7519	7530	7541	7552	810
820	7563	7574	7585	7596	7607	7618	7629	7640	7651	7661	820
830	7672	7683	7694	7705	7716	7727	7738	7749	7760	7771	830
840	7782	7793	7804	7815	7826	7837	7848	7859	7870	7881	840
850	7892	7904	7915	7926	7937	7948	7959	7970	7981	7992	850
860	8003	8014	8025	8036	8047	8058	8069	8081	8092	8103	860
870	8114	8125	8136	8147	8158	8169	8180	8192	8203	8214	870
880	8225	8236	8247	8258	8270	8281	8292	8303	8314	8325	880
890	8336	8348	8359	8370	8381	8392	8404	8415	8426	8437	890
900	8448	8460	8471	8482	8493	8504	8516	8527	8538	8549	900
910	8560	8572	8583	8594	8605	8617	8628	8639	8650	8662	910
920	8673	8684	8695	8707	8718	8729	8741	8752	8763	8774	920
930	8786	8797	8808	8820	8831	8842	8854	8865	8876	8888	930
940	8899	8910	8922	8933	8944	8956	8967	8978	8990	9001	940
950	9012	9024	9035	9047	9058	9069	9081	9092	9103	9115	950
960	9126	9138	9149	9160	9172	9183	9195	9206	9217	9229	960
970	9240	9252	9263	9275	9286	9298	9309	9320	9332	9343	970
980	9355	9366	9378	9389	9401	9412	9424	9435	9447	9458	980
990	9470	9481	9493	9504	9516	9527	9539	9550	9562	9573	990
1000	9585	9596	9608	9619	9631	9642	9654	9665	9677	9689	1000
1010	9700	9712	9723	9735	9746	9758	9770	9781	9793	9804	1010
1020	9816	9828	9839	9851	9862	9874	9886	9897	9909	9920	1020
1030	9932	9944	9955	9967	9979	9990	10002	10013	10025	10037	1030
1040	10048	10060	10072	10083	10095	10107	10118	10130	10142	10154	1040
1050	10165	10177	10189	10200	10212	10224	10235	10247	10259	10271	1050
1060	10282	10294	10306	10318	10329	10341	10353	10364	10376	10388	1060
1070	10400	10411	10423	10435	10447	10459	10470	10482	10494	10506	1070
1080	10517	10529	10541	10553	10565	10576	10588	10600	10612	10624	1080

温度/℃	热电动势/μV										温度/℃
	0	1	2	3	4	5	6	7	8	9	
1090	10635	10647	10659	10671	10683	10694	10706	10718	10730	10742	1090
1100	10754	10765	10777	10789	10801	10813	10825	10836	10848	10860	1100
1110	10872	10884	10896	10908	10919	10931	10943	10955	10967	10979	1110
1120	10991	11003	11014	11026	11038	11050	11062	11074	11086	11098	1120
1130	11110	11121	11133	11145	11157	11169	11181	11193	11205	11217	1130
1140	11229	11241	11252	11264	11276	11288	11300	11312	11324	11336	1140
1150	11348	11360	11372	11384	11396	11408	11420	11432	11443	11455	1150
1160	11467	11479	11491	11503	11515	11527	11539	11551	11563	11575	1160
1170	11587	11599	11611	11623	11635	11647	11659	11671	11683	11695	1170
1180	11707	11719	11731	11743	11755	11767	11779	11791	11803	11815	1180
1190	11827	11839	11851	11863	11875	11887	11899	11911	11923	11935	1190
1200	11947	11959	11971	11983	11995	12007	12019	12031	12043	12055	1200
1210	12067	12079	12091	12103	12116	12128	12140	12152	12164	12176	1210
1220	12188	12200	12212	12224	12236	12248	12260	12272	12284	12296	1220
1230	12308	12320	12332	12345	12357	12369	12381	12393	12405	12417	1230
1240	12429	12441	12453	12465	12477	12489	12501	12514	12526	12538	1240
1250	12550	12562	12574	12586	12598	12610	12622	12634	12647	12659	1250
1260	12671	12683	12695	12707	12719	12731	12743	12755	12767	12780	1260
1270	12792	12804	12816	12828	12840	12852	12864	12876	12888	12901	1270
1280	12913	12925	12937	12949	12961	12973	12985	12997	13010	13022	1280
1290	13034	13046	13058	13070	13082	13094	13107	13119	13131	13143	1290
1300	13155	13167	13179	13191	13203	13216	13228	13240	13252	13264	1300
1310	13276	13288	13300	13313	13325	13337	13349	13361	13373	13385	1310
1320	13397	13410	13422	13434	13446	13458	13470	13482	13495	13507	1320
1330	13519	13531	13543	13555	13567	13579	13592	13604	13616	13628	1330
1340	13640	13652	13664	13677	13689	13701	13713	13725	13737	13749	1340
1350	13761	13774	13786	13798	13810	13822	13834	13846	13859	13871	1350
1360	13883	13895	13907	13919	13931	13943	13956	13968	13980	13992	1360
1370	14004	14016	14028	14040	14053	14065	14077	14089	14101	14113	1370
1380	14125	14138	14150	14162	14174	14186	14198	14210	14222	14235	1380
1390	14247	14259	14271	14283	14295	14307	14319	14332	14344	14356	1390
1400	14368	14380	14392	14404	14416	14429	14441	14453	14465	14477	1400
1410	14489	14501	14513	14526	14538	14550	14562	14574	14586	14598	1410
1420	14610	14622	14635	14647	14659	14671	14683	14695	14707	14719	1420
1430	14731	14744	14756	14768	14780	14792	14804	14816	14828	14840	1430
1440	14852	14865	14877	14889	14901	14913	14925	14937	14949	14961	1440
1450	14973	14985	14998	15010	15022	15034	15046	15058	15070	15082	1450
1460	15094	15106	15118	15130	15143	15155	15167	15179	15191	15203	1460
1470	15215	15227	15239	15251	15263	15275	15287	15299	15311	15324	1470
1480	15336	15348	15360	15372	15384	15396	15408	15421	15432	15444	1480
1490	15456	15468	15480	15492	15504	15516	16528	15540	15552	15564	1490

温度/℃	热电动势/μV										温度/℃
	0	1	2	3	4	5	6	7	8	9	
1500	15576	15589	15601	15613	15625	15637	15649	15661	15673	15685	1500
1510	15697	15709	15721	15733	15745	15757	15769	15781	15893	15805	1510
1520	15817	15829	15841	15853	15865	15877	15889	15901	15913	15925	1520
1530	15937	15949	15961	15973	15985	15997	16009	16021	16033	16045	1530
1540	16057	16069	16080	16092	16104	16116	16128	16140	16152	16164	1540
1550	16176	16189	16200	16212	16224	16236	16248	16260	16272	16284	1550
1560	16296	16308	16319	16331	16343	16355	16367	16379	16391	16403	1560
1570	16415	16427	16439	16451	16462	16474	16486	16498	16510	16522	1570
1580	16534	16546	16558	16569	16581	16593	16605	16617	16627	16641	1580
1590	16653	16664	16676	16688	16700	16712	16724	16736	16747	16759	1590
1600	16771	16783	16795	16807	16819	16830	16842	16854	16866	16878	1600
1610	16890	16901	16913	16825	16937	16949	16960	16972	16984	16996	1610
1620	17008	17019	17031	17043	17055	17067	17078	17090	17102	17114	1620
1630	17125	17137	17149	17161	17173	17184	17196	17208	17220	17231	1630
1640	17243	17255	17207	17278	17290	17302	17313	17325	17337	17349	1640
1650	17360	17372	17384	17396	17407	17419	17431	17432	17454	17466	1650
1660	17477	17489	17501	17512	17524	17536	17548	17559	17571	17583	1660
1670	17594	17606	17617	17629	17641	17652	17664	17676	17687	17699	1670
1680	17711	17722	17734	17745	17757	17769	17780	17792	17803	17815	1680
1690	17826	17838	17850	17861	17873	17884	17896	17907	17919	17930	1690
1700	17942	17953	17965	17976	17988	17999	18010	18022	18033	18045	1700
1710	18056	18068	18079	18090	18102	18113	18124	18136	18147	18158	1710
1720	18170	18181	18192	18204	18215	18226	18237	18249	18260	18271	1720
1730	18282	18293	18305	18316	18327	18338	18349	18360	18372	18383	1730
1740	18394	18405	18416	18427	18438	18449	18460	18471	18482	18493	1740
1750	18504	18515	18526	18536	18547	18558	18569	18580	18591	18602	1750
1760	18612	18623	18634	18645	18655	18666	18677	18687	18698	18709	1760

附表2　镍铬-镍硅热电偶分度表

（参比端温度为0℃）

分度号：K

温度/℃	热电动势/μV										温度/℃
	0	1	2	3	4	5	6	7	8	9	
−270	−6458										−270
−260	−6441	−6444	−6446	−6448	−6450	−6452	−6453	−6455	−6456	−6457	−260
−250	−6404	−6408	−6413	−6417	−6421	−6425	−6429	−6432	−6435	−6438	−250
−240	−6344	−6351	−6358	−6364	−6371	−6377	−6382	−6388	−6394	−6399	−240
−230	−6262	−6271	−6280	−6289	−6297	−6306	−6314	−6322	−6329	−6337	−230
−220	−6158	−6170	−6181	−6192	−6202	−6213	−6223	−6233	−6243	−6253	−220
−210	−6035	06048	−6061	−6074	−6087	−6099	−6111	−6123	−6135	−6147	−210
−200	−5891	−5907	−5922	−5936	−5951	−5965	−5980	−5994	−6007	−6021	−200

温度 /℃	热电动势/μV										温度 /℃
	0	1	2	3	4	5	6	7	8	9	
−190	−5730	−5747	−5763	−5780	−5796	−5813	−5829	−5845	−5860	−5876	−190
−180	−5555	−5569	−5587	−5606	−5624	−5640	−5660	−5678	−5695	−5712	−180
−170	−5354	−5374	−5394	−5414	−5434	−5454	−5474	−5493	5512	−5531	−170
−160	−5141	−5163	−5185	−5207	−5228	−5249	−5271	−5292	−5313	−5333	−160
−150	−4912	−4936	−4959	−4983	−5006	−5029	−5051	−5074	−5097	−5119	−150
−140	−4669	−4694	−4719	−4743	−4768	−4792	−4817	−4841	−4865	−4889	−140
−130	−4410	−4437	−4463	−4489	−4515	−4541	−4567	−4593	−4618	−4644	−130
−120	−4138	−4166	−4193	−4221	−4248	−4276	−4303	−4330	−4357	−4384	−120
−110	−3852	−3881	−3910	−3939	−3968	−3997	−4025	−4053	−4082	−4110	−110
−100	−3553	−3584	−3614	−3644	−3674	−3704	−3734	−3764	−3793	−3823	−100
−90	−3242	−3274	−3305	−3337	−3368	−3399	−3430	−3461	−3492	−3523	−90
−80	−2920	−2953	−2985	−3018	−3050	−3082	−3115	−3147	−3179	−3211	−80
−70	−2586	−2620	−2654	−2687	−2721	−2754	−2788	−2821	−2854	−2887	−70
−60	−2243	−2277	−2312	−2347	−2381	−2416	−2450	−2484	−2518	−2552	−60
−50	−1889	−1925	−1961	−1996	−2032	−2067	−2102	−2137	−2173	−2208	−50
−40	−1527	−1563	−1601	−1636	−1673	−1709	−1745	−1781	−1817	−1853	−40
−30	−1156	−1193	−1231	−1268	−1305	−1342	−1379	−1416	−1453	−1490	−30
−20	−777	−816	−854	−892	−930	−968	−1005	−1043	−1081	−1118	−20
−10	−392	−431	−469	−508	−547	−585	−624	−662	−701	−739	−10
0	0	−39	−79	−118	−157	−197	−236	−275	−314	−353	0
0	0	39	79	119	158	198	238	277	317	357	0
10	397	437	477	517	557	597	647	677	718	758	10
20	798	838	879	919	960	1000	1041	1081	1122	1162	20
30	1203	1244	1285	1325	1366	1407	1448	1489	1529	1570	30
40	1611	1652	1693	1734	1776	1817	1858	1899	1940	1981	40
50	2022	2064	2105	2146	2188	2229	2270	2312	2353	2394	50
60	2436	2477	2519	2560	2601	2643	2684	2726	2767	2809	60
70	2850	2892	2933	2975	3016	3058	3100	3141	3183	3224	70
80	3266	3307	3349	3390	3432	3473	3515	3556	3598	3639	80
90	3681	3722	3764	3805	3847	3888	3930	3971	4012	4054	90
100	4095	4137	4178	4219	4261	4302	4343	4384	4426	4467	100
110	4508	4549	4590	4632	4673	4714	4755	4796	4837	4878	110
120	4919	4960	5001	5042	5083	5124	5164	5205	5246	5287	120
130	5327	5363	5409	5450	5490	5531	5571	5612	5652	5693	130
140	5733	5774	5814	5855	5895	5936	5976	6016	6057	6097	140
150	6137	6177	6218	6258	6298	6338	6378	6419	6459	6499	150
160	6539	6579	6619	6659	6699	6739	6779	6819	6859	6899	160
170	6939	6979	7019	1059	7099	7139	7179	7219	7259	7299	170
180	7338	7378	7418	7458	7498	7538	7578	7618	7658	7697	180
190	7737	7777	7817	7857	7897	7937	7977	8017	8057	8097	190
200	8137	8177	8216	8256	8296	8336	8376	8416	8456	8497	200

温度/℃	热电动势/μV										温度/℃
	0	1	2	3	4	5	6	7	8	9	
210	8537	8577	8617	8657	8697	9737	8777	8817	8857	8898	210
220	8938	8978	9018	9058	9099	9139	9179	9220	9260	9300	220
230	9341	9381	9421	9462	9502	9543	9583	9624	9664	9705	230
240	9745	9786	9826	9867	9907	9948	9989	10029	10070	10111	240
250	10151	10192	10233	10274	10315	10355	10396	10437	10478	10519	250
260	10560	10600	10641	10682	10723	10764	10805	10846	10887	10928	260
270	10969	11010	1105	11093	11134	11175	11216	11257	11298	11339	270
280	11381	11422	11463	11504	11546	11587	11628	11669	11711	11752	280
290	11793	11835	11876	11918	11959	12000	12042	12083	12125	12166	290
300	12207	12249	12290	12332	12373	12415	12456	12498	12539	12581	300
310	12623	12664	12706	12747	12789	12831	12872	12914	12955	12997	310
320	13039	13080	13122	13164	13205	13247	13289	13331	13372	13414	320
330	13456	13497	13539	13581	13623	13665	13706	13748	13790	13832	330
340	13874	13915	13957	13999	14041	14083	14125	14167	14208	14250	340
350	14292	14334	14376	14418	14460	14502	14544	14586	14628	14670	350
360	14712	14754	14796	14838	14880	14922	14964	15006	15048	15090	360
370	15132	15174	15216	15258	15300	15342	15384	15426	15468	15510	370
380	15552	15594	15636	15679	15721	15763	15805	15847	15889	15931	380
390	15974	16016	16058	16100	16142	16184	16227	16269	16311	16353	390
400	16395	16438	16480	16522	16564	16607	16649	16691	16733	16776	400
410	16818	16860	16902	16945	16987	17029	17072	17114	17156	17199	410
420	17241	17283	17326	17368	17410	17453	17495	17537	17580	17622	420
430	17664	17707	17749	17792	17834	17876	17919	17961	18004	18046	430
440	18088	18131	18173	18216	18258	18301	18343	18385	18428	18470	440
450	18513	18555	18598	18640	18683	1725	18768	18810	18853	18895	450
460	18938	18980	19023	19065	19108	19150	19193	19235	19278	19320	460
470	19363	19405	19448	19490	19533	19576	19618	19661	19703	19746	470
480	19788	19831	19873	19910	19959	20001	20044	20086	20129	20172	480
490	20214	20257	20299	20342	20385	20427	20470	20512	20555	20598	490
500	20640	20683	20725	20768	20811	20853	20896	20938	20981	21024	500
510	21066	21109	21152	21194	21237	21280	21322	21365	21407	21450	510
520	21493	21535	21578	21621	21663	21706	21749	21791	21834	21876	520
530	21919	21962	22004	22047	22090	22132	22175	22218	22260	22303	530
540	22346	22388	22431	22473	22516	22559	22601	22644	22687	22729	540
550	22772	22815	22857	22900	22942	22985	23028	23070	23113	23156	550
560	23198	23241	23284	23326	23369	23411	23454	23497	23539	23582	560
570	23624	23667	23710	23752	23795	23837	23880	23923	23965	24008	570
580	24050	24093	24136	24178	24221	24263	24306	24348	24391	24434	580
590	24476	24519	24561	24604	24646	24689	24731	24774	24817	24859	590
600	24902	24944	24987	25029	25072	25114	25157	25199	25242	25284	600
610	25327	25369	25412	25454	25497	25539	25582	25624	25666	25709	610

温度 /℃	热电动势/μV										温度 /℃
	0	1	2	3	4	5	6	7	8	9	
620	25751	25794	25836	25879	25921	25964	26006	26048	26091	26133	620
630	26176	26218	26260	26303	26345	26387	26430	26472	26515	26557	630
640	26599	26642	26684	26726	26769	26811	26853	26896	26938	26980	640
650	27022	27065	27107	27149	27192	27234	27276	27318	27361	27403	650
660	27445	27487	27529	27572	27614	27656	27698	27740	27783	27825	660
670	27867	27909	27951	27993	28035	28078	28120	28162	28204	28246	670
680	28288	28330	28372	28414	28456	28498	28540	28583	28625	28667	680
690	28709	28751	28793	28835	28877	28919	28961	29002	29044	29086	690
700	29128	29170	29212	29254	29296	29338	29380	29422	29464	29505	700
710	29547	29589	29631	29673	29715	29756	29798	29840	29882	29924	710
720	29965	30007	30049	30091	30132	30174	30216	30257	30299	30341	720
730	30383	30424	30466	30508	30549	30591	30632	30674	30716	30757	730
740	30799	30840	30882	30924	30965	31007	31049	31090	31131	31173	740
750	31214	31256	31297	31339	31380	31422	31463	31504	31546	31587	750
760	31629	31670	31712	31753	31794	31836	31877	31918	31960	32001	760
770	32042	32084	32125	32166	32207	32249	32290	32331	32372	32414	770
780	32455	32496	32537	32578	32619	32661	32702	32743	32784	32825	780
790	32866	32907	32948	32990	33031	33072	33113	33154	33195	33236	790
800	33277	33318	33359	33400	33441	33482	33523	33564	33604	33645	800
810	33686	33727	33768	33809	33850	33891	33931	33972	34013	34054	810
820	34095	34136	34176	34217	34258	34299	34339	34380	34421	34461	820
830	34502	34543	34583	34624	34665	34705	34746	34787	34827	34868	830
840	34909	34949	34990	35030	35071	35111	35152	35192	35233	35273	840
850	35314	35354	35395	35435	35476	35516	35557	35597	35637	35678	850
860	35718	35758	35799	35839	35880	35920	35960	36000	36041	36081	860
870	36121	36162	36202	36242	36282	36323	36363	36403	36443	36483	870
880	36524	36564	36604	36644	36684	36724	36764	36804	36844	36885	880
890	36925	36965	37005	37045	37085	37125	37165	37205	37245	37285	890
900	37325	37365	37405	37445	37484	37524	37564	37604	37644	37684	900
910	37724	37764	37803	37843	37883	37923	37963	38002	38042	38082	910
920	38122	38162	38201	38241	38281	38320	38360	38400	38439	38479	920
930	38519	38558	38598	38638	38677	38717	38756	38796	38836	38875	930
940	38915	38954	38994	39033	39073	39112	39152	39191	39231	39270	940
950	39310	39349	39388	39428	39467	39507	39546	39585	39625	39664	950
960	39703	39743	39782	39821	39861	39900	39939	39979	40018	40057	960
970	40096	40136	40175	40214	40253	40292	40332	40371	40410	40449	970
980	40488	40527	40566	40605	40645	40684	40723	40762	40801	40840	980
990	40879	40918	40957	40996	41035	41074	41113	41152	41191	41230	990
1000	41269	41308	41347	41385	41424	41463	41502	41541	41580	41619	1000
1010	41657	41696	41735	41783	41813	41851	41890	41929	41968	42006	1010
1020	42045	42084	42123	42161	42200	42239	42277	42316	42355	42393	1020

温度/℃	热电动势/μV										温度/℃
	0	1	2	3	4	5	6	7	8	9	
1030	42432	42470	42509	42548	42586	42625	42663	42702	42740	42777	1030
1040	42817	42856	42894	42933	42971	43010	43048	43087	43125	43164	1040
1050	43202	43240	43279	43317	43356	43394	43432	43471	43509	43547	1050
1060	43585	43624	43662	43700	43739	43777	43815	43853	43891	43930	1060
1070	43969	44006	44044	44082	44121	44159	44197	44235	44273	44311	1070
1080	44349	44387	44425	44463	44501	44539	44577	44615	44653	44691	1080
1090	44729	44767	44805	44843	44881	44919	44957	44995	45033	45070	1090
1100	45108	45146	45184	45222	45260	45297	45335	45373	45411	45448	1100
1110	45486	45524	45561	45599	45637	45675	45712	45750	45787	45825	1110
1120	45863	45900	45938	45975	46913	46051	46088	46126	46163	46201	1120
1130	46238	46275	46313	46350	46388	46425	46463	46500	46537	46575	1130
1140	46612	46649	46687	46724	46761	46799	46836	46873	46910	46948	1140
1150	46985	47022	47059	47096	47113	47170	47208	47245	47282	47319	1150
1160	47356	47393	47430	47468	47505	47542	47579	47616	47653	47689	1160
1170	47726	47763	47800	47837	47874	47911	47948	47985	48021	48058	1170
1180	48095	48132	48169	48205	48242	48279	48316	48352	48389	48426	1180
1190	48462	48499	48536	48572	48609	48645	48682	48718	48755	48792	1190
1200	48828	48865	48901	48937	48974	49010	49047	49083	49120	49156	1200
1210	49192	49229	49265	49301	49338	49374	49410	49446	49483	49519	1210
1220	49555	49591	49627	49663	49700	49736	49772	49808	49844	49880	1220
1230	49916	49952	49988	50024	50060	50096	50132	50168	50204	50240	1230
1240	50276	50311	50347	50383	50419	50455	50491	50526	50562	50598	1240
1250	50633	50669	50705	50741	50776	50812	50847	50883	50919	50954	1250
1260	50990	51025	51061	51096	51132	51167	51203	51238	51274	51309	1260
1270	51344	51380	5151415	51450	51486	51521	51556	51592	51627	51662	1270
1280	51697	51733	51768	51803	51838	51873	51908	51943	51979	52014	1280
1290	52049	52084	52119	52154	52189	52224	52259	52294	52329	52364	1290
1300	52398	52433	52468	52503	52538	52573	52608	52642	52677	52712	1300
1310	52747	52781	52816	52851	52886	52920	52955	52989	53024	53059	1310
1320	53093	53128	53162	53197	53233	53266	53301	53335	53370	53404	1320
1330	53439	53473	53507	53542	53576	53611	53645	53679	53714	53748	1330
1340	53782	53817	53851	53885	53920	53954	53988	54022	54057	54091	1340
1350	54125	54159	54193	54228	54262	54296	54330	54364	54398	54432	1350
1360	54466	54501	54535	54569	54603	54637	54671	54705	54739	54773	1360
1370	54807	54841	54875								1370

附录二　　　常用热电阻分度表

附表3　工业用铂热电阻分度表

分度号：Pt100　　　　$R_0 = 100.00\Omega$　　　　$\alpha = 0.003850$

温度 /℃	热电阻值 /Ω									
	0	1	2	3	4	5	6	7	8	9
−200	18.49									
−190	22.80	22.37	21.94	21.51	21.08	20.65	20.22	19.79	19.36	18.93
−180	27.08	25.65	26.23	25.80	25.37	24.94	24.58	24.09	23.66	23.23
−170	31.32	30.90	30.47	30.05	29.63	29.20	28.78	28.35	27.93	27.50
−160	35.53	35.11	34.69	34.27	33.85	33.43	33.01	32.59	32.16	31.74
−150	39.71	39.30	38.88	38.46	38.04	37.63	37.21	36.79	36.37	35.95
−140	43.87	43.45	43.04	42.63	42.21	41.79	41.38	40.96	40.55	40.13
−130	48.00	47.59	47.18	46.76	46.35	45.94	45.52	45.11	44.70	44.28
−120	52.11	51.70	51.29	50.88	50.47	50.06	49.64	49.23	48.82	48.42
−110	56.19	55.78	55.38	54.97	54.56	54.15	53.74	53.33	52.92	52.52
−100	60.25	59.85	59.44	59.04	58.63	58.22	57.82	57.41	57.00	56.00
−90	64.30	53.90	63.49	63.09	62.68	62.28	61.87	61.47	61.06	60.66
−80	68.33	67.92	67.52	67.12	66.72	66.31	65.91	65.51	65.11	64.70
−70	72.33	71.93	71.53	71.13	70.73	70.33	69.93	69.53	69.13	68.73
−60	76.33	75.93	75.53	75.13	74.73	74.33	73.93	73.53	73.13	72.73
−50	80.31	79.91	79.51	79.11	78.72	78.32	77.92	77.52	77.13	76.73
−40	84.27	83.88	83.48	83.08	82.69	82.29	81.89	81.89	81.10	80.70
−30	88.22	87.83	87.43	87.04	86.64	86.25	85.85	85.46	85.06	84.67
−20	92.16	91.77	91.37	90.98	90.59	90.19	89.80	89.40	89.01	88.62
−10	96.09	95.69	95.30	94.91	94.52	94.12	93.73	93.34	92.95	92.55
0	100	99.61	99.22	98.83	98.44	98.04	97.65	97.26	96.87	96.48
0	100.00	100.39	100.78	101.17	101.56	101.95	102.34	102.73	103.12	103.51
10	103.90	104.29	104.68	105.07	105.46	105.85	106.24	106.63	107.02	107.40
20	107.79	108.18	108.57	108.96	109.35	109.73.	110.12	110.51	110.90	111.28
30	111.67	112.06	112.45	112.83	113.22	113.61	113.99	114.38	114.77	115.15
40	115.54	115.93	116.31	116.70	117.08	117.47	117.85	118.24	118.62	119.01
50	119.40	119.78	120.16	120.55	120.93	121.32	121.70	122.09	122.47	122.86
60	123.24	123.62	124.01	124.39	124.77	125.16	125.54	125.92	126.31	126.69
70	127.07	127.45	127.84	128.22	128.60	128.98	129.37	129.75	130.13	130.51
80	130.89	131.27	131.66	132.04	132.42	132.80	133.18	133.56	133.94	134.32
90	134.70	135.08	135.46	135.84	136.22	136.60	136.98	137.36	137.74	138.12
100	138.50	138.88	139.26	139.64	140.02	140.39	140.77	141.15	141.53	141.91
110	142.299	142.66	143.04	143.42	143.80	144.17	144.55	144.93	145.31	145.68

温度 /℃	热电阻值 /Ω									
	0	1	2	3	4	5	6	7	8	9
120	146.06	146.44	146.81	147.19	147.57	147.94	148.32	148.70	149.07	149.45
130	149.82	150.20	150.57	150.95	151.33	151.70	152.08	152.45	152.83	153.20
140	153.58	153.95	154.32	154.70	155.07	155.45	155.82	156.19	156.57	156.94
150	157.31	157.69	158.06	158.43	158.81	159.18	159.55	159.93	160.30	160.67
160	161.04	161.42	161.79	162.16	162.53	162.90	163.27	163.65	164.02	164.39
170	164.76	165.13	165.50	165.87	166.24	166.61	166.98	167.35	167.72	168.09
180	168.46	168.83	169.20	169.57	169.94	170.31	170.68	171.05	171.42	171.79
190	172.16	172.53	172.90	173.26	173.63	174.00	174.37	174.74	175.10	175.47
200	175.84	176.21	176.57	176.94	177.31	177.68	178.04	178.41	178.78	179.14
210	179.51	179.88	180.24	180.61	180.97	181.34	181.71	182.07	182.44	182.80
220	183.17	183.53	183.90	184.26	184.63	184.99	184.36	185.72	16.09	186.45
230	186.82	187.18	187.54	187.91	188.27	188.63	189.00	189.36	189.72	190.09
240	190.45	190.81	191.18	191.54	191.90	192.26	192.63	192.99	193.35	193.71
250	194.07	194.44	194.80	195.16	195.52	195.88	196.24	196.60	196.96	197.33
260	197.69	198.05	198.41	198.77	199.13	199.49	199.85	200.21	200.57	200.93
270	201.29	201.65	202.01	202.36	202.72	203.08	203.44	203.80	204.16	204.52
280	204.88	205.23	205.59	205.95	206.31	206.67	207.02	207.38	207.74	208.10
290	208.45	208.81	209.17	209.52	209.88	210.24	210.59	210.95	211.31	211.66
300	212.02	212.37	212.73	213.09	213.44	213.80	214.15	214.51	214.86	215.22
310	215.57	215.93	216.28	216.64	216.99	217.35	217.70	218.05	218.41	218.76
320	219.12	219.47	219.82	220.18	220.53	220.88	221.24	221.59	221.94	222.29
330	222.65	223.00	223.35	223.70	224.066	224.41	224.76	225.11	225.46	225.81
340	226.17	226.52	226.87	227.22	227.57	227.92	228.27	228.62	228.97	229.32
350	229.67	230.02	230.37	230.72	231.07	231.42	231.77	232.12	232.47	232.82
360	233.17	232.52	232.87	234.22	234.56	234.91	235.26	235.61	235.96	236.31
370	236.65	237.00	237.35	237.70	238.04	238.39	239.74	139.09	139.43	239.78
380	240.13	240.47	240.82	241.17	41.51	241.86	242.20	242.55	242.90	243.24
390	243.59	243.93	244.28	244.62	244.97	245.31	245.66	246.00	246.35	246.69
400	247.04	247.38	247.73	248.07	248.41	248.76	249.10	249.45	249.79	250.13
410	250.48	250.82	251.16	251.50	251.85	252.19	252.53	252.88	253.22	253.56
420	253.90	254.24	254.59	254.93	255.27	255.61	255.95	256.29	256.64	256.98
430	257.32	257.66	258.00	258.34	258.68	259.02	259.36	259.70	260.04	260.38
440	260.72	261.06	161.40	261.74	262.08	262.42	262.76	263.10	263.43	263.77
450	264.11	264.45	264.79	265.13	265.47	265.80	266.14	266.48	266.82	267.15
460	267.49	267.83	268.17	268.50	268.84	269.18	269.51	269.85	270.19	270.52
470	270.86	271.20	271.53	271.87	272.20	272.54	272.88	273.21	273.55	273.88
480	274.22	274.55	274.89	275.22	275.56	275.89	276.23	276.56	276.89	277.23
500	280.90	281.23	281.56	281.89	282.23	282.56	282.89	283.22	283.55	283.89
510	284.22	284.55	284.88	285.21	285.54	284.87	286.21	286.54	286.87	287.20
520	287.53	287.86	288.19	288.52	288.85	289.18	289.51	289.84	290.17	290.50

温度 /℃	热电阻值 /Ω									
	0	1	2	3	4	5	6	7	8	9
530	290.83	291.16	291.49	291.81	292.14	292.47	292.80	293.13	293.46	293.79
540	294.11	294.44	294.77	295.10	295.43	295.75	296.08	296.41	296.74	297.06
550	297.39	297.72	298.04	298.37	298.70	299.02	299.35	299.68	300.00	300.33
560	300.65	300.98	301.31	301.63	301.96	302.28	302.61	302.93	303.26	303.58
570	303.91	304.23	304.56	304.88	305.20	305.53	305.85	306.18	306.50	306.82
580	307.15	307.47	307.79	308.12	308.44	308.76	309.09	309.41	309.73	310.05
590	310.38	310.70	311.02	311.34	311.67	311.99	312.31	312.63	312.95	313.27
600	313.59	313.92	314.14	314.56	314.88	315.20	315.52	315.84	316.16	316.48
610	316.80	317.12	317.44	317.76	318.08	318.40	318.72	319.04	319.36	319.68
620	319.99	320.31	320.63	320.95	321.27	321.59	321.91	322.22	322.54	322.86
630	323.18	323.49	323.81	324.13	324.45	324.76	324.08	325.40	325.72	326.03
640	326.35	326.66	326.98	327.30	327.61	327.93	328.25	328.56	328.88	329.19
650	329.51	329.82	330.14	330.45	330.77	331.08	331.40	331.71	332.03	332.34
660	332.66	332.97	333.28	333.60	333.91	334.23	334.54	334.85	335.17	335.48
670	335.79	336.11	336.42	336.73	337.04	337.36	337.67	337.98	338.29	338.61
680	338.92	339.23	339.54	339.85	340.16	340.48	340.79	341.10	341.41	341.72
690	342.03	342.34	342.65	342.96	343.27	343.58	343.89	344.20	344.51	344.82
700	345.13	345.44	345.75	346.06	346.37	346.68	346.99	347.30	347.60	347.91
710	348.22	348.53	348.84	349.15	349.45	349.76	350.07	350.38	350.69	350.99
720	351.30	351.61	351.91	352.22	352.53	352.83	353.14	353.45	353.75	354.06
730	35r.37	354.67	354.98	355.28	355.59	355.90	356.20	356.51	356.81	357.12
740	357.42	357.73	358.03	358.34	358.64	358.95	359.25	359.55	359.86	360.16
750	360.47	360.77	361.07	361.38	361.68	361.98	362.29	362.59	362.89	363.19
760	363.50	363.80	364.10	364.40	364.71	365.01	365.31	365.61	365.91	366.22
770	366.52	366.82	367.12	367.42	367.73	368.02	368.32	368.63	368.93	369.23
780	369.53	369.83	370.13	370.43	370.73	371.03	371.33	371.63	371.93	372.22
790	372.52	372.82	373.12	373.42	373.72	374.02	374.32	374.61	374.91	375.21
800	375.50	375.81	376.10	376.40	376.70	377.00	377.29	377.59	377.89	378.19
810	378.48	378.78	379.08	379.37	379.67	379.97	380.26	380.56	380.85	381.15
820	381.45	381.74	382.04	382.33	382.63	382.92	383.22	383.51	383.81	384.10
830	384.40	384.69	384.98	385.28	385.57	385.87	386.16	386.45	386.75	387.04
840	387.34	387.63	387.92	388.21	388.51	388.80	389.09	389.39	389.68	389.97
850	390.26									

注：Pt10 型电阻分度表可将 Pt100 型分度表中电阻值的小数点左移一位而得。

附表 4 工业用铜热电阻分度表

分度号：Cu50 $R_0=50.00\Omega$ $\alpha=0.004280$

温度/℃	0	1	2	3	4	5	6	7	8	9
	热电阻值/Ω									
−50	39.24									
−40	41.40	41.18	40.97	40.75	40.54	40.32	40.10	39.89	39.67	39.46
−30	43.55	43.34	43.12	42.91	42.69	42.48	42.27	42.05	41.83	41.61
−20	45.70	45.49	45.27	45.06	44.84	44.63	44.41	44.20	443.98	43.77
−10	47.87	47.64	47.42	47.21	46.99	46.78	46.56	46.35	46.13	45.92
0	50.00	49.78	49.57	49.35	49.14	48.92	48.71	48.50	48.28	48.07
0	50.00	50.21	50.43	50.64	50.86	51.07	51.28	51.50	51.71	51.93
10	52.14	52.36	2.577	52.78	53.00	53.21	53.43	53.64	53.86	54.07
20	54.28	54.50	54.71	54.92	55.14	55.35	55.57	55.78	56.00	56.21
30	56.42	56.64	56.85	57.07	57.28	57.49	57.71	57.92	58.14	58.35
40	58.56	58.78	58.99	59.20	59.42	59.63	59.85	60.06	60.27	60.49
50	60.70	60.92	61.13	61.34	61.56	61.77	61.98	62.20	62.41	62.63
60	62.84	623.05	63.27	63.48	63.70	63.91	64.12	64.34	64.55	64.76
70	64.98	65.19	65.41	65.62	65.83	66.05	66.26	66.48	66.69	66.90
80	67.12	67.33	67.54	67.76	67.97	68.19	68.40	68.62	68.83	69.04
90	69.26	69.47	69.68	69.90	70.11	70.33	70.54	70.76	70.94	71.18
100	71.40	71.61	71.83	72.04	72.25	72.47	72.68	72.90	73.11	73.33
110	73.54	73.75	73.97	74.18	74.40	74.61	74.83	75.04	75.26	75.47
120	75.68	75.90	76.11	76.33	76.54	76.76	76.97	77.19	77.40	44.62
130	77.83	778.05	78.26	78.48	78.69	79.91	79.12	79.34	79.55	79.77
140	79.98	80.20	80.41	80.63	80.84	81.06	81.27	81.49	81.70	81.92
150	82.13	—	—	—	—	—	—	—	—	—

分度号：Cu100 $R_0=50.00\Omega$ $\alpha=0.004280$

温度/℃	0	1	2	3	4	5	6	7	8	9
	热电阻值/Ω									
−50	78.49									
−40	82.80	82.36	81.94	81.50	81.08	80.64	80.20	79.78	79.34	78.92
−30	87.10	86.68	86.24	85.82	85.38	84.96	84.54	84.10	83.66	83.22
−20	91.40	90.98	90.54	90.12	89.68	89.26	88.82	88.40	87.96	87.54
−10	95.70	95.28	94.84	94.42	93.98	93.56	93.12	92.70	92.26	91.84
−0	100.00	99.56	99.14	98.70	98.28	97.84	97.42	97.00	96.56	96.14
0	100.00	100.42	100.86	101.28	101.72	102.14	102.56	103.00	103.42	103.86
10	104.28	104.72	105.14	105.56	106.00	106.42	106.86	107.28	107.72	108.14
20	108.56	109.00	109.42	109.84	110.28	110.72	111.14	111.56	112.00	112.42
30	112.84	113.28	113.70	114.14	114.56	114.98	115.42	115.84	116.28	116.70
40	117.12	117.56	117.98	118.40	118.84	119.26	119.70	120.12	120.54	120.98
50	121.40	121.84	122.26	122.68	123.12	123.54	123.96	124.40	124.82	125.26
60	125.68	126.10	126.54	126.96	127.40	127.82	128.24	128.68	129.10	129.52
70	129.96	130.38	130.82	131.24	131.66	132.10	132.52	132.96	133.38	133.80
80	134.24	134.66	135.08	135.52	135.94	136.38	136.80	137.24	137.66	138.08
90	138.52	138.94	139.36	139.80	140.22	140.66	141.08	141.52	141.94	142.36
100	142.80	143.22	143.66	144.08	144.50	144.94	145.36	145.80	146.22	146.66
110	147.08	147.50	147.94	148.36	148.80	149.22	149.66	150.08	150.52	150.94
120	151.36	151.80	152.22	152.66	153.08	153.52	153.94	154.38	154.80	155.24
130	155.66	156.10	156.52	156.96	157.38	157.82	158.24	158.68	159.10	159.54
140	159.96	160.40	160.82	161.26	161.68	162.12	162.54	162.98	163.40	163.84
150	164.27									

参 考 文 献

[1] 陈忧先，等. 化工测量及仪表 [M]. 3 版. 北京：化学工业出版社，2010.

[2] 胡向东，等. 传感器与检测技术 [M]. 3 版. 北京：机械工业出版社，2018.

[3] 徐科军，等. 传感器与检测技术 [M]. 北京：电子工业出版社，2019.

[4] 左锋，董爱华. 自动检测和虚拟仪器技术 [M]. 北京：科学出版社，2018.

[5] 王化祥. 传感器原理与应用技术 [M]. 北京：化学工业出版社，2018.

[6] 张志勇，等. 现代传感器原理及应用 [M]. 北京：电子工业出版社，2014.

[7] 樊尚春. 传感器技术及应用 [M]. 3 版. 北京：北京航空航天大学出版社，2019.

[8] 郭艳艳，等. 传感器与检测技术 [M]. 北京：科学出版社，2019.

[9] 林敏，等. 自动检测技术及应用 [M]. 北京：清华大学出版社，2016.

[10] 梁森. 自动检测技术及应用 [M]. 3 版. 北京：机械工业出版社，2018.

[11] Alan S Morris Measurement and Instrumentation Principles 3rd Edition. Butterworth-Heinemann Elsevier Ltd，Oxford，United Kingdom，2015.

[12] 王森，等. 在线分析仪器手册 [M]. 北京：化学工业出版社，2008.

[13] 高喜奎，等. 在线分析系统工程技术 [M]. 北京：化学工业出版社，2014.